新 遺伝医学やさしい系統講義

19講

監修 **福嶋義光** 信州大学医学部遺伝医学教室 特任教授

編集 **櫻井晃洋** 札幌医科大学医学部遺伝医学 教授
　　 古庄知己 信州大学医学部遺伝医学教室 教授

講師

- 櫻井晃洋
- 清水健司
- 青木洋子
- 池田真理子
- 山本圭子
- 松尾真理
- 森貞直哉
- 鎌谷洋一郎
- 湯地晃一郎
- 三宅紀子
- 和田敬仁
- 古庄知己
- 荒川玲子
- 山田重人
- 植木有紗
- 山本佳世乃
- 佐々木愛子
- 三宅秀彦
- 田辺記子

メディカル・サイエンス・インターナショナル

●講師一覧（講義順）

櫻井　晃洋	札幌医科大学医学部遺伝医学／札幌医科大学附属病院遺伝子診療科
清水　健司	静岡県立こども病院 遺伝染色体科
青木　洋子	東北大学大学院医学系研究科 遺伝医療学分野
池田　真理子	藤田医科大学 臨床遺伝科
山本　圭子	東京女子医科大学病院遺伝子医療センター ゲノム診療科
松尾　真理	東京女子医科大学病院遺伝子医療センター ゲノム診療科
森貞　直哉	兵庫県立こども病院 臨床遺伝科
鎌谷　洋一郎	東京大学大学院新領域創成科学研究科 メディカル情報生命専攻 複雑形質ゲノム解析分野
湯地　晃一郎	東京大学医科学研究所 国際先端医療社会連携研究部門
三宅　紀子	横浜市立大学医学部 遺伝学
和田　敬仁	京都大学大学院医学研究科 医療倫理学・遺伝医療学分野
古庄　知己	信州大学医学部 遺伝医学教室／信州大学医学部附属病院 遺伝子医療研究センター
荒川　玲子	国立国際医療研究センター病院 臨床ゲノム科
山田　重人	京都大学医学研究科附属先天異常標本解析センター
植木　有紗	慶應義塾大学病院 臨床遺伝学センター／慶應義塾大学病院 腫瘍センター
山本　佳世乃	岩手医科大学医学部 臨床遺伝学科
佐々木　愛子	国立成育医療研究センター 周産期・母性診療センター
三宅　秀彦	お茶の水女子大学大学院人間文化創成科学研究科ライフサイエンス専攻　遺伝カウンセリングコース
田辺　記子	国立がん研究センター中央病院 遺伝子診療部門

Medical Genetics: Experts' 19 Lectures
Second Edition
Edited by Yoshimitsu Fukushima, Akihiro Sakurai, Tomoki Kosho

©2019 by Medical Sciences International, Ltd., Tokyo
All rights reserved.
ISBN 978-4-8157-0166-6

Printed and Bound in Japan

はじめに

　いよいよわが国でも遺伝医療・ゲノム医療が本格的に始まろうとしている。「医学教育モデル・コア・カリキュラム」（平成28年度改訂版）の「全身におよぶ生理的変化，病態，診断，治療」の大項目に，新しく「遺伝医療・ゲノム医療」の項目が加えられたことからも明らかである。そのねらいには，「遺伝情報・ゲノム情報の特性を理解し，遺伝情報・ゲノム情報に基づいた診断と治療，未発症者を含む患者・家族の支援を学ぶ」と記載されている。この記述は新しい医療の本質を端的に表したものであり，遺伝医療・ゲノム医療は患者だけではなく，未発症者，すなわち発症していないすべての人をも対象とした医療であることを示しており，また，臓器横断的な取り組みが必要であることを示している。

　遺伝医療・ゲノム医療を深く理解するためには，臓器別の細切れの知識の集合ではなく，遺伝学の根本理念に基づいて系統的に学ぶことが必要である。わが国の遺伝医学教育の充実を図るため，私たちは2009年に，米国の医学教育では最も広く用いられている遺伝医学の教科書である"Thompson & Thompson Genetics in Medicine, 7th ed."を翻訳し，『トンプソン＆トンプソン遺伝医学』として出版した。

　2010年の日本人類遺伝学会第55回大会（大会長 福嶋義光）では，1コマ45分，18回完結の系統講義を，その領域におけるわが国の第一人者に講義を行っていただきDVD録画した。講義の章立ては『トンプソン＆トンプソン遺伝医学』に従っており，講義スライドの多くも同書の図表が使われている。このDVD録画をテープ起こしして作成されたのが，本書の初版となる『遺伝医学やさしい系統講義18講』である。幸いなことに多くの方々に利用していただいており，監修者としてとても嬉しく思っている。

　『トンプソン＆トンプソン遺伝医学 第2版』が2017年に出版された際，同様の入門書を作成することを企画した。編集者として櫻井晃洋先生（札幌医科大学教授）と古庄知己先生（信州大学教授）に加わっていただき，これからの臨床遺伝医療を担う若手の研究者・医療者を講義担当者として推薦していただいた。前回と同様，1コマ45分，19回完結の系統講義を行い，DVD録画・テープ起こしにより完成したのが，本書『新 遺伝医学やさしい系統講義19講』である。講義は最新の情報が網羅されているだけではなく，講演者自身がどのように理解し学んできたのかがよくわかる語り口でなされており，初学者にとってはとっつきやすいものになっている。また，19名の講演者のうち，10名が女性であり，この分野での女性の活躍が著しいことを示している。

　なお，今回収録された講義DVDは，メディカル・サイエンス・インターナショナル社の

ご厚意により，全国遺伝子医療部門連絡会議で利用させていただけることとなった。同連絡会議では，遺伝医学関連学会（日本人類遺伝学会，日本遺伝カウンセリング学会，日本遺伝子診療学会）の会員を対象にこのDVDの貸出事業<http://www.idenshiiryoubumon.org/elearning/index.html>を行っている。

『新 遺伝医学やさしい系統講義19講』は，遺伝医学の入門書としてはきわめて優れたものではあるが，より深く学ぶためには，『トンプソン＆トンプソン遺伝医学 第2版』と連動して学ぶことをお勧めする。

本書で学んだ方々が，わが国でも本格的に開始されはじめた遺伝医療・ゲノム医療の当事者，すなわち，患者だけではなく，未発症者を含むすべての人々の医療の向上にご尽力いただけることを願っている。

2019年8月

福嶋 義光

本書の主要目次

第1講	イントロダクション：なぜ今，遺伝学を学ぶのか？	櫻井晃洋	1
第2講	ヒトゲノム入門：基礎知識を学ぶ	清水健司	13
第3講	遺伝子の構造と機能：遺伝子の発現はどのように調節されているか	青木洋子	33
第4講	ヒトの遺伝学的多様性：変異，多型にはどのような種類があるのだろうか？	池田真理子	55
第5講	染色体の異常を調べる：細胞学レベルとゲノムレベルの両方の検査が重要	山本圭子	69
第6講	染色体およびゲノムの量的変化に基づく疾患：常染色体と性染色体の異常について	松尾真理	91
第7講	単一遺伝子疾患：伝わり方を理解して診断・遺伝カウンセリングに役立てる	森貞直哉	103
第8講	多因子疾患：病気のなりやすさを考える	鎌谷洋一郎	121
第9講	集団遺伝学：集団としての多様性がどのように変化するか	湯地晃一郎	143
第10講	ヒト疾患における遺伝学的基礎の解明：疾患に関連する遺伝子はどうやってみつけるのか？	三宅紀子	153
第11講	遺伝性疾患の分子遺伝学：ヘモグロビン異常症から学ぶ分子メカニズム	和田敬仁	173
第12講	遺伝性疾患の機序：分子，細胞，生化学経路はどう変化しているのか？	古庄知己	189
第13講	遺伝性疾患の治療：単一遺伝子疾患を中心に	荒川玲子	213
第14講	発生遺伝学と先天異常：胚発生の基本的なメカニズムとそれにかかわる遺伝子	山田重人	229
第15講	腫瘍遺伝学と腫瘍ゲノム学：がんは遺伝子の変異によって起こる	植木有紗	245
第16講	リスク評価と遺伝カウンセリング：再発率を計算できるようになろう	山本佳世乃	261
第17講	出生前遺伝学的検査：さまざまな検査とその注意点	佐々木愛子	275
第18講	医療へのゲノム学の応用：ゲノム情報を一人ひとりの治療に役立てる時代へ	三宅秀彦	295
第19講	遺伝医学とゲノム医学における倫理社会的課題：現実に起こるさまざまなジレンマ	田辺記子	309

CONTENTS

はじめに　III

第1講　イントロダクション
なぜ今，遺伝学を学ぶのか？　　　　　　　　　　　（講師　櫻井晃洋）　**1**

遺伝と遺伝学の違いを知る　　　　　　　　　　　　　　　　　　　　　1
遺伝学の始まり　1　　　遺伝学の定義には「多様性」が含まれる　2
遺伝学が発展していく　3　　　一人一人の塩基配列解読が現実へ　4

健康を左右する3因子から病気をとらえる　　　　　　　　　　　　　　5
単一遺伝子疾患　5　　　多因子疾患　6　　　バリアントの頻度と影響の大きさ　6

遺伝医療は大きく変化している　　　　　　　　　　　　　　　　　　　7
疾患と遺伝情報　7　　　薬剤と遺伝情報　8　　　遺伝子の検査で注意すること　9

遺伝情報の特性を知る　　　　　　　　　　　　　　　　　　　　　　　9
教育体制の重要性　10

第2講　ヒトゲノム入門
基礎知識を学ぶ　　　　　　　　　　　　　　　　　　（講師　清水健司）　**13**

ゲノムの構成要素はややこしい　　　　　　　　　　　　　　　　　　13
大きさの違いを実感してみる　13　　　染色体を調べる　15　　　DNAの基本構造　16
DNAはどのように複製するか　18　　　長いDNAを核内に収納する　19
遺伝子はいくつ存在するのか　20　　　ヒトゲノムの解読　21　　　染色体と遺伝子密度　21
ゲノム中の出現頻度によって配列を分類する　22

ゲノム情報の多様性と情報の伝達　　　　　　　　　　　　　　　　　23
ゲノム情報の多様性　23　　　ゲノム情報はどのように伝達されるか　24
細胞のライフサイクルを細胞周期からとらえる　24　　　体細胞分裂による伝達　25
減数分裂による伝達　26　　　交叉や組換えの影響　28　　　精子形成と卵子形成　29
細胞分裂の生物学的意義　31

第3講 遺伝子の構造と機能
遺伝子の発現はどのように調節されているか
（講師 青木洋子） **33**

遺伝子について知ろう 33
遺伝子の構造 34　遺伝子ファミリー 35　偽遺伝子 37
非コード RNA 遺伝子 37

遺伝子発現は転写→翻訳と進む 38
転写 38　遺伝暗号 38　翻訳 41　ミトコンドリアゲノムの転写 41

βグロビン遺伝子を例に遺伝子発現をみてみよう 42
プロモーター 42　エンハンサーと座位制御領域 43　RNA スプライシング 43
ポリアデニル化, RNA 編集 45

エピジェネティクスとは何か 45
DNA メチル化 47　ヒストン修飾 48　ヒストンバリアント 48
クロマチン構造 48

一方のアレルだけが多く発現するように調節されることもある 50
アレル不均衡 50　体細胞遺伝子再構成 50　ランダムな単一アレル発現 50
インプリンティング 51　X 染色体不活化 51

第4講 ヒトの遺伝学的多様性
変異, 多型にはどのような種類があるのだろうか?
（講師 池田真理子） **55**

まずは用語を整理してみよう 55
遺伝学分野で用語の見直しがありました 56

遺伝的バリエーション 56
変異 56　多型 57　参照配列とバリエーションのデータベース 57

多型の種類 58
一塩基多型（SNP） 58　indel 多型 60　大きな多型 62

変異の由来と頻度 64
変異のタイプ別頻度 65

個人ゲノムの多様性と利用法 66
医療利用 66　商業利用について 67

第5講 染色体の異常を調べる
細胞学レベルとゲノムレベルの両方の検査が重要

（講師 山本圭子） **69**

染色体異常の解析方法 69

細胞遺伝学的手法と分子生物学的手法の違い 70　　Giemsa 分染法 71
FISH 法 72　　マイクロアレイ染色体検査 73
マイクロアレイ染色体検査（アレイ CGH）の実例 75
マイクロアレイ染色体検査の限界 76　　ゲノム配列決定法 78
細胞遺伝学的検査法と分子生物学的検査法の比較 79

染色体異常にはどのようなものがあるか 81

数的異常 81　　構造異常 81　　染色体異常の頻度 87
遺伝カウンセリングのためのガイドラインのまとめ 88
がんの染色体・ゲノム解析 89

第6講 染色体およびゲノムの量的変化に基づく疾患
常染色体と性染色体の異常について

（講師 松尾真理） **91**

染色体異常の機序と代表的疾患 91

染色体分離の異常 91　　ゲノム病：微細欠失／重複症候群 95
特発性染色体異常 96　　家族性染色体異常の分離 97
ゲノムインプリンティング病 97

性染色体異常 98

Y 染色体 98　　X 染色体 99　　性染色体異常 99

性分化疾患 101

アンドロゲン不応症候群 101　　先天性副腎過形成 102

神経発達障害および知的障害 102

X 連鎖知的障害と脆弱 X 症候群 102

第7講 単一遺伝子疾患
伝わり方を理解して診断や遺伝カウンセリングに役立てる

（講師 森貞直哉） **103**

単一遺伝子疾患とは？ 103

基本的な用語のおさらい 104　　浸透率と表現度 105
多面発現 105　　遺伝的異質性 105

家系図は大事！ · 107

変異アレルの遺伝形式 · 107
常染色体劣性遺伝疾患　107　　常染色体優性遺伝疾患　110
X 連鎖遺伝　112　　性差のあるその他の遺伝形式　114

モザイク · 116
モザイクの種類　116

トリプレットリピート病 · 117
Huntington 病　117　　脆弱 X 症候群　117　　筋強直性ジストロフィー　118

第 8 講　多因子疾患
病気のなりやすさを考える
(講師　鎌谷洋一郎) **121**

多因子疾患とは何か · 121
多因子疾患とよく似た表現　121

質的形質と量的形質で解析方法が異なる · 122
まず形質の定義から──表現型との違い　122　　質的と量的な形質　123

多因子疾患の解析では統計学が必要となる · 124
量的形質と正規分布　124　　質的形質を説明する閾値モデル　124
正規分布と確率密度関数　125　　共分散と分散　127

疾患の家系集積性と相関 · 128
多因子疾患の家族集積性と同胞再発率　128　　家系集積性を同胞再発率で調べる　129
親子回帰　130　　遺伝率　130　　双生児研究で遺伝率を求める　132
双生児研究の具体例　133　　3 つの指標の相互関係　134
指標利用の注意点　135

多因子疾患の実例 · 136
統合失調症　136　　SNP 遺伝率　138　　疾患の遺伝的相関　139
冠動脈疾患　139　　Alzheimer 病　140

第 9 講　集団遺伝学
集団としての多様性がどのように変化するか
(講師　湯地晃一郎) **143**

Hardy-Weinberg の法則 · 143
実例：CCR5 遺伝子　144　　Hardy-Weinberg 平衡　145

Hardy-Weinberg の法則に従わない原因 ……………………………………… 146

遺伝的浮動 146　　自然選択および平衡選択 147
新生変異 147　　遺伝子流動 148　　非ランダム交配 149

祖先情報マーカー …………………………………………………………………… 150

第10講　ヒト疾患における遺伝学的基礎の解明
疾患に関連する遺伝子はどうやってみつけるのか？　　（講師 三宅紀子）**153**

遺伝要因をどのように同定するか？ ……………………………………………… 153

連鎖解析とその実際 ……………………………………………………………… 154

連鎖解析の理解に必要な基礎メカニズム 155　　遺伝マーカー 155
組換え率 156　　連鎖平衡と不平衡 158
連鎖解析を用いたヒト遺伝子マッピング 159
ホモ接合性マッピング 161

関連解析によるマッピング ……………………………………………………… 162

ゲノムワイド関連解析（GWAS） 163

網羅的ゲノム配列決定法によるマッピング …………………………………… 165

塩基配列の解読 165　　配列情報を意味づける 166
バリアントの種類と頻度 168　　バリアントの評価ツール 169

第11講　遺伝性疾患の分子遺伝学
ヘモグロビン異常症から学ぶ分子メカニズム　　（講師 和田敬仁）**173**

単一遺伝子疾患とタンパク質の変化 …………………………………………… 173

機能への影響と疾患との関連 174
異質性と修飾遺伝子 175

ヘモグロビンの構造変化と遺伝子発現スイッチ ……………………………… 176

発生段階による遺伝子発現の遷移 177
グロビン遺伝子スーパーファミリー 177
βグロビン遺伝子と座位制御領域（LCR） 179

ヘモグロビン異常症は複数の機序が原因となる ……………………………… 180

鎌状赤血球症 181　　αサラセミア 181
ATR-X 症候群 182　　βサラセミア 184

第12講 遺伝性疾患の機序
分子，細胞，生化学経路はどう変化しているのか？
（講師 古庄知己）**189**

遺伝性疾患のさまざまな機序 189

酵素異常症 189

高フェニルアラニン血症 189 　　ライソゾーム蓄積病 193

酵素インヒビター異常症 193 　　急性間欠性ポルフィリン症 195

受容体異常症 196

LDL 受容体欠損症 197 　　PCSK9 プロテアーゼ異常 198

輸送異常 198

構造タンパク質異常 199

筋ジストロフィー 199 　　骨形成不全症 200

神経変性疾患 204

Alzheimer 病 204 　　ミトコンドリア病 206 　　リピート病 208

第13講 遺伝性疾患の治療
単一遺伝子疾患を中心に
（講師 荒川玲子）**213**

遺伝性疾患＝対応不能な病気ではない 213

遺伝性疾患にはさまざまなレベルで介入が可能 213

脊髄性筋萎縮症を例にして 214

遺伝子レベルでの介入 215

遺伝子の導入方法 215 　　骨髄移植 217 　　遺伝子発現の調整 219

タンパク質レベルでの介入 219

残存機能の増強 220 　　不足タンパク質の補充 222

代謝調節レベルでの介入 222

基質制限 223 　　補充 223 　　迂回 223

酵素阻害 224 　　除去 224 　　受容体拮抗 225

臨床症状レベルでの介入 225

遺伝性疾患治療の現状と今後の課題 225

長期的評価の重要性 226 　　遺伝的異質性とそれに合わせた治療 227

第14講　発生遺伝学と先天異常
胚発生の基本的なメカニズムとそれにかかわる遺伝子
（講師 山田重人）**229**

先天異常は何が原因となるのか ························· 229
異常形態学と先天異常のメカニズム　229
奇形を引き起こす要因　230　　多面発現　230

臨床で発生生物学が重要となる理由 ·················· 231
相同性と相似性　232　　発生における遺伝子と環境　232
催奇形因子と変異原　233

発生生物学の基本概念を理解する ···················· 233
ヒトの胚発生　233　　神経管閉鎖不全　236　　胚子期と胎児期　236
生殖細胞と幹細胞　236　　調節的発生とモザイク的発生　237
体軸の特定化とパターン形成　238

発生における細胞機構と分子機構 ···················· 240
転写因子による遺伝子調節　240
細胞間シグナル伝達とモルフォゲン　241
細胞の形態と極性の誘導　241
細胞の移動　241　　プログラム細胞死　243

複雑な発生とその異常を理解するために ·············· 244

第15講　腫瘍遺伝学と腫瘍ゲノム学
がんは遺伝子の変異によって起こる
（講師 植木有紗）**245**

がんとは何か？ ······································· 245
細胞周期とチェックポイント　246

がんに特有の遺伝子を分類 ···························· 246
ドライバー遺伝子とパッセンジャー遺伝子　246
がん原遺伝子とがん抑制遺伝子　248

散発がんで学ぶがんと変異の関係 ···················· 250
がんの不均一性　250　　ゲノム制御の異常　251
エピジェネティックな異常　252

遺伝性腫瘍症候群には生殖細胞系列病的バリアントが関与する ··· 253
がん原遺伝子が原因の遺伝性腫瘍症候群　254

がん抑制遺伝子が原因の遺伝性腫瘍症候群　254
網膜芽細胞腫　255　　　遺伝性乳がん卵巣がん症候群の例　255
Lynch 症候群　256　　　常染色体劣性（潜性）遺伝および易罹患性遺伝子　257
遺伝学的検査の特殊性には注意が必要　259

大きな転換期を迎えているがん診療　259
がんの個別化治療戦略のために　259

第16講　リスク評価と遺伝カウンセリング
再発率を計算できるようになろう　（講師　山本佳世乃）　261

遺伝カウンセリングの基盤となるリスク評価　261

再発率の計算と Bayes 分析　262
Bayes 分析　262

家系図から実際にリスクを計算してみよう　263
X 連鎖疾患　263　　　致死性の X 連鎖疾患　266
常染色体優性遺伝形式の不完全浸透疾患　269
晩期発症の疾患　270

経験的再発率　272

ゲノム情報にもとづいた診断と新しい課題　273

第17講　出生前遺伝学的検査
さまざまな検査とその注意点　（講師　佐々木愛子）　275

出生前検査の歴史を振り返る　275

母体血清マーカー検査　276
リスク算出の原理　276　　　結果の解釈と関連する情報　277
妊娠・出産と関連するリスクは多様　279
出生前診断では遺伝カウンセリングや検査前説明が重要となる　280

胎児超音波マーカー　282
NT 検査での判定　282　　　コンバインド検査　284
出生前遺伝学的検査に関する日本の指針　284

NIPT（無侵襲的出生前遺伝学的検査）　285
MPS を使った NIPT　285　　　NIPT 結果とその後の対応　286

絨毛検査と羊水検査 286

日本における出生前診断の現状 288
日本の基本統計　288

出生前診断における先進的な検査 290
マイクロアレイ染色体検査　290
エクソーム解析　292　　着床前診断　293

出生前遺伝学的検査に関し日本は特殊な状況にある 293

第18講　医療へのゲノム学の応用
ゲノム情報を一人ひとりの治療に役立てる時代へ　　（講師　三宅秀彦）**295**

急速に進む遺伝学の医療応用 295
日本における遺伝学的検査の実際：保険収載　296

分析的妥当性，臨床的妥当性，臨床的有用性 296
分析的妥当性　296　　臨床的妥当性　296　　臨床的有用性　300

遺伝情報は予測性を持つ 301
発症前診断　301　　非発症保因者診断　302
Expanded Carrier Screening　303　　遺伝学的スクリーニング　303

実用化の進む個別化医療・精密医療 305
薬理遺伝学的検査　305

direct-to-consumer 遺伝子検査 306

第19講　遺伝医学とゲノム医学における倫理社会的課題
現実に起こるさまざまなジレンマ　　（講師　田辺記子）**309**

遺伝医学は社会的・倫理的問題と切り離せない 309
社会状況は変化する　310

生命医学倫理の4原則 310

遺伝学的検査において発生する倫理的ジレンマ 311
出生前診断　311　　成人期発症疾患の発症前診断　312
小児に対する成人期発症疾患の検査　316
二次的所見への対応　317　　遺伝学的スクリーニング　317

遺伝情報とプライバシー 319

情報の開示問題　320　　遺伝情報と雇用・保険差別　321

優生学と非優生学 321

優生学と遺伝カウンセリングの違い　321　　非優生学　321

Genetics in Medicine 322

索引　323

第1講

イントロダクション：
なぜ今，遺伝学を学ぶのか？

櫻井晃洋 ●札幌医科大学医学部遺伝医学/札幌医科大学附属病院遺伝子診療科

遺伝医学は急速に発展を続けており，医療を変革しつつあります。これからの時代は，すべての医療従事者にとって，その専門にかかわらず，遺伝学の知識が必要不可欠となります。では，今，なぜ遺伝学を学ぶ必要があるのか，そもそも遺伝学とは何なのかを，本書の導入としてお話しします。

遺伝と遺伝学の違いを知る

「遺伝学って何だ？」ってあらためて聞かれたら，どう答えますか。そんなの当たり前，「遺伝学は，遺伝を学ぶ学問でしょう」と答える人が多いかもしれません。では，その「遺伝」とは，何なのでしょうか。辞典には，「何らかの特性が親から子に継承される生物学的過程が遺伝」と書いてあります。上の世代から下の世代に，いろいろな特徴が伝わっていくことを私たちはふつう，遺伝というわけですね。ということは，そのメカニズムを解明することが「遺伝学」でしょうか。この定義が正しいかどうか，それを考えていきたいと思います。

では，そのために，まずは過去を少し振り返るところから始めましょう。

遺伝学の始まり

近代遺伝学は，19世紀の後半から20世紀にかけて始まりました。メンデル（Gregor Mendel）が提唱したメンデル遺伝学については，みなさんよくご存知でしょう。しかし実は，それ以前から近代遺伝学の重要な動きは始まっていたのです。生物計測学派（biometric school）という学派に属する Francis Galton という人物がいました。彼は，例えば，両親の身長が平均より高い（あるいは低い）場合，その子どもの身長は平均より高いものの，両親世代に比べて，より全体の平均に近づくという回帰（regression）について説明しました。このように生物計測学派の人たちは，遺伝継承の法則は「量的」に表現できるものと考えました。この Galton の理論をさらに数学的に完成させたのが Karl Pearson です。Pearson は

1

第1講

統計学の創始者的存在でもありますから，名前を聞いたことがある方も多いかもしれません。当時は遺伝学者と統計学者はほぼ同一でした。実は，統計学というのは遺伝学から派生しているのです。

一方で，これとは異なる考え方をするのがメンデル遺伝学です。メンデルは量的ではなく，エンドウマメの色のような「質的」な形質（性質のこと）に着目して研究を重ねました。彼はエンドウマメの形質の伝わり方を詳しく観察することによって，「優性（顕性）の法則」「分離の法則」「独立の法則」といった現象を記述しました。メンデルが観察したエンドウマメの形質は質的な形質であり，これらの法則が観察しやすかったのです。メンデルはこういった質的な形質が，粒子状の物質によって上の世代から下の世代に伝わるのだろうと想定したわけです。

ところが，このメンデル遺伝学は，発表されてから30年以上も人々に顧みられることがありませんでした。20世紀に入って，ようやくメンデル遺伝学が再発見されるに至ります。そして，生物学上の重要な発見もあいつぎました。例えばオランダの植物学者，Hugo de Vriesは，変異株を観察することによって「突然変異」という概念を提唱しました。あるいはWalter Suttonという米国の科学者は，遺伝様式を染色体の動きで説明する「染色体説」を提唱しました。また，臨床医学の分野では，英国のArchibald Garrodが，アルカプトン尿症という遺伝性疾患がメンデルの法則に従って遺伝することを明らかにしました。

遺伝学の定義には「多様性」が含まれる

さて，私は既にここまで「遺伝学」という言葉を使ってきましたが，ではいよいよ本題です。遺伝学がそもそもどのように定義されたのかという

ことを説明していきましょう。遺伝学は英語では"genetics"ですが，geneticsという言葉が初めて世の中に現れたのは，実はそう昔のことではありません。メンデル遺伝学の再発見の直後，1905年にWilliam Batesonが初めて使った用語になります。Batesonはある人から，ケンブリッジ大学で新しい教室をつくるにあたってどのような名称でその教室を表現したらよいだろうか，という相談を受けました。Batesonの答えが，geneticsという新しい言葉だったのです（図1.1）。ちなみにBatesonはgenetics以外にも，遺伝学で現

図1.1　英国の遺伝学者Bateson（1861～1926年）
"genetics"という言葉を初めて用いた。

在もよく使われている用語をいろいろつくりだしています。例えば，ホモ接合，ヘテロ接合，あるいはアレルもすべて Bateson の造語です。

さて，では，genetics（遺伝学）では何を学ぶのでしょうか？　結論からいうと，genetics とは，heredity と variation を学ぶ学問と定義されます。上から下の世代に伝わっていくという継承という意味の heredity だけではないのですね。多様性という意味の variation についても学ぶのです。この両方を含めた学問が，遺伝学と定義されたのです（図 1.2）。しかし日本では，遺伝学は「多様性を学ぶ学問でもある」ということが，あまりよく理解されていない傾向がありました。

日本語の遺伝学という言葉には，誤解を生みがちな理由がいくつかあったのです。英語では，遺伝学は genetics，継承は heredity（あるいは inheritance）で，両者はまったく別な語ですね。しかし日本語では，本来別々の genetics（遺伝学）と heredity（遺伝）の両方に「遺伝」という言葉を使ってしまったのです。その結果，遺伝学といったときに，多様性という内容への意識がどうしても小さくなってしまいがちだったうという歴史的な経緯があるのです。

もう 1 つの理由は，日本に遺伝学という学問が最初に入ってきたのは，医学ではなく育種学だったことに関係します。育種学，つまり農学でも，よりよい作物をつくる，よりよい家畜をつくるという上で，遺伝学は非常に重要です。しかし，良質かつ均一な作物や家畜をつくりたいという観点が重要視される育種学や農学の世界では，多様性は不都合な特性になる場合が多いのです。したがって，多様性という観点への注目がますます弱くなったということになります。

さらにいいますと，これは日本に限ったことではないのですが，多様性を科学的に解析するためには，技術の発達を待たなかければならなかったというのも理由の 1 つでしょう。例えば，一人一人のゲノム配列の違いを比較して，多様性がどのようなものかを知るためには，近年の次世代シークエンサー技術の発達を待たなければなりませんでした。

遺伝学が発展していく

さて，少し時間を飛ばして 20 世紀後半の遺伝学についてみていきましょう。1953 年に James（ジェームズ） Watson（ワトソン）と Francis（フランシス） Crick（クリック）によって，DNA の二重らせん構造を報告する論文が発表されました。その数年後には，ヒトの染色体数が 46 本であると初めて報告されます。染色体というものはずっと以前から知られていたわけですが，ヒトの染色体の数が確定したのは意外に最近のことです。そしてその 3 年後には，Down 症候群が染色体の数の異常によるということが報告されました。さらには DNA がどのようにして RNA，そしてタンパク質を構成するアミノ酸のコードに翻訳されて

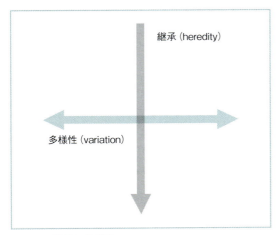

図1.2　継承と多様性
genetics は heredity（継承＝遺伝）と variation（多様性）の両方を学ぶ学問と定義される。

いくかということを明らかにする画期的な研究が続きます。Marshall Nirenberg によって，DNAの3塩基（つまりトリプレット）が，いかにして1つのアミノ酸を規定するかが明らかにされることになります（これについては第3講で詳しく扱います）。

さらに時代を下りますと，1960年代の後半には，制限酵素が発見されました。制限酵素は，DNAの特定の配列部分を切る酵素のことですが，これによって，DNAを加工したり，遺伝子の組換えを行うことが可能になりました。そして，その約10年後には，DNAの塩基配列の決定方法が確立されました（Sanger法と呼ばれる方法です）。そして1985年になると，Kary Mullisによってポリメラーゼ連鎖反応（polymerase chain reaction：PCR）法が開発されます。

1980年代になると，ヒトのゲノムの塩基配列を全部読み取ろうという壮大なヒトゲノム計画が始まりました。このプロジェクトが完了したのが2003年のことです。WatsonとCrickがDNA二重らせん構造を明らかにしてからちょうど50年後の節目の年にあたりました。

一人一人の塩基配列解読が現実へ

ヒト1人のゲノムの塩基配列は，約30億塩基対からなっています。その塩基配列の解読を行うのは，実際には大変な作業です。21世紀を迎えても，当初はヒト1人のゲノムの塩基配列を全部読み取るのに，約1億ドルもの膨大な費用が必要でした。ヒトゲノム計画が完成した2003年の時点でも，3,000万ドル程度の費用を要しました。ところが，2007〜2008年にかけて，次世代シークエンサーという革命的な技術が使えるようになると，ゲノムの塩基配列決定の費用は一気に安くなり，時間も大幅に短縮できるようになりまし

た。現在では，ヒト1人のゲノム配列の解読は，約1,000ドル程度で可能になっています。21世紀の初頭から比べると，実に10万分の1のコストです。

ヒトゲノム計画は，ヒト1人のゲノムの塩基配列をすべて読むという壮大な計画を完遂させたわけですが，それ以降も，この技術は大きく進歩してきています。次世代シーケンサーだけでなく，DNAマイクロアレイ，あるいはゲノムワイド関連解析（genome-wide association study：GWAS）など，次々に新たな技術が登場しました。それによって，各個人の遺伝子を網羅的に解析したり，大量のサンプルを短時間で解析したりできるようになってきました。その結果，多くの人のゲノム情報が得られるようになり，それをデータベースとして整備するというプロジェクトまで可能になってきたわけです。これによって，私たちが今まで知ることのできなかった未知の病因，あるいは診断できなかった疾患，こういったものを明らかにしようと多くの研究が進められてきています。

また，私たち一人一人の体質や特性は当然違うわけですが，その違いがどこからきているのかという，多様性の解明も進んできています。多様性に関する情報をもとにして，それぞれの人に合った医療，つまり個別化された医療を実現する，これが，現在のゲノム医学の進もうとしている道です。世界には78億の人がいますが，容姿や体質にしても，まったく同じ人はいないでしょう。では，その差の原因はどこにあるのだろうかということを，ゲノムレベルで探索できるようになってきています。

健康を左右する3因子から病気をとらえる

こういった時代背景にあって，遺伝医学はこれからどのように進んでいくのでしょうか．まず，私たち一人一人の健康状態を左右する「3つの因子」について，考えてみたいと思います（図1.3）．私たち一人一人には遺伝的な違いがあります．ヒトゲノムの30億の塩基配列を解読すると，評価の仕方にもよりますが，私たち一人一人の間には0.数パーセントの違いがあります．裏を返せば，99.何パーセントは同じなのですが，0.数パーセントのゲノムの違いが，私たち一人一人の違いをつくっているということになります．これが1つ目の因子である「遺伝要因」です．

私たちは，さまざまな環境のなかで生きていますが，私たちの健康状態は環境の影響を受けます．環境には，いわゆる外部環境だけでなく，生活習慣なども含まれます．これが2つ目の因子である「環境要因」です．

さらに3つ目の要素として，「時間」があります．これは「加齢」と置き換えてもいいでしょう．仮にもし，遺伝要因や環境要因が同じだったとしても，そこに時間という要因が積み重なることによって，私たちの健康状態は影響を受けます．これは，例えば老化といったことを想像するだけでも，容易に想像できるでしょう．

いろいろな疾患を3因子の観点で整理してみることは，疾患を研究するうえで重要です．ここでは，特に遺伝要因と環境要因の関与の仕方に着目し，単一遺伝子疾患と多因子疾患について説明します．

単一遺伝子疾患

以前は，遺伝性の疾患というと，1つの遺伝子が健康状態に大きく影響する病気のことを想像する場合が多かったと思います．こういう疾患が，単一遺伝子疾患です．メンデル遺伝病とも呼ばれます．先ほどの三次元の図でみると，遺伝要因が非常に強くかかわる場合のことです．このように遺伝要因の影響が大きい疾患の場合には，遺伝子の変化から疾患へと進むメカニズムを解明し，そこに介入していくという研究や治療法が現在活発に行われています．

ただし，単一遺伝子疾患でも環境要因がまったく関与しないかというと，そうではありません．環境要因には，薬や生活スタイルが含まれます．こういった環境要因によって疾患の発症を遅らせたり，予防したりということが可能な場合があります．

時間という面でも，関与があります．生まれつきの疾患は時間要因がゼロかもしれませんが，たとえば，遺伝性腫瘍のように，ある程度の年齢になってから発病する単一遺伝子疾患に関しては，その間に介入が可能です．

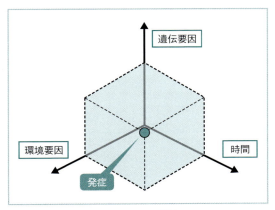

図1.3 健康を左右する3つの因子
疾患の発症に対して，遺伝要因，環境要因，時間を考慮することが重要である．実際には，さらに，偶然という因子も関与する．

多因子疾患

一方で、単一の遺伝子だけが原因ではない疾患がたくさんあります。多数の遺伝要因が関与し、また環境要因も比較的大きな働きをする場合が多い疾患です。これは生活習慣病などを考えるとわかりやすいと思いますが、例えば高血圧や糖尿病、あるいは多くのがんなどです。こういったものは多因子疾患と呼ばれています。

多因子疾患には、個々の影響力は小さいけれども、たくさんの遺伝子がかかわっています。同じような食生活をして、同じような運動習慣をしていても、ある人は糖尿病にも肥満にもならない一方で、どうしても血糖が上がってしまったり、血圧が上がってしまったりという人がいます。これは、それぞれの人が持っている遺伝要因の差によるものと考えられています。

多因子疾患に関与しているたくさんの遺伝子は、その1つ1つの遺伝子の影響の程度は大きくありません。そのため、各遺伝子の影響に対して介入することは、現実的には簡単ではありません。ですので、生活習慣病の治療や予防といったときに私たちが介入するのは、環境要因ということになります。具体的には生活指導や栄養指導、あるいは運動習慣の改善などです。環境要因へ介入することによって、多因子疾患の予防や治療を行い、実際にそれが効果を上げています。

バリアントの頻度と影響の大きさ

ここで視点を変えて、疾患を引き起こす遺伝子の影響の大きさというものに着目してみましょう。ある1つの遺伝子であっても、それを構成する塩基配列には人によって違いがあります。塩基配列の変化した型のことを、バリアントと総称します（バリアントと変異、多型といった用語の詳しい説明については第4講をみてください）。ここでは、いろいろな遺伝子のバリアントが疾患にどの程度の影響力を持つかということを考えてみたいと思います。

遺伝子のバリアントの影響力について考えるうえで、そのタイプのバリアントをもつ人が集団の中でどのくらいの割合を占めるか、ということと合わせて考えることが、疾患の研究において有用と考えられています。遺伝子バリアントの集団中での割合のことを、遺伝子バリアントの「アレル頻度」といいます。

図1.4 は、それぞれの遺伝子のバリアントが疾患にどのくらいかかわるかを示した図です。図1.4 の左上の部分に相当するのは、「影響力は大きいが、それを持つ人は少ない」というタイプのバリアントで、単一遺伝子疾患の原因バリアントになります。一方、たくさんの人が持っているバリアントだが（例えば集団の20～30%）、疾患に対する影響力は相対的に小さいというタイプ

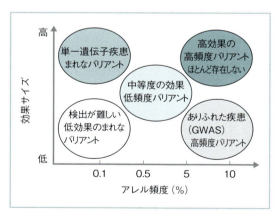

図1.4 遺伝子バリアントの頻度と疾患との関係
ある遺伝子バリアントが、表現型（病気や健康状態）にどのくらい強く影響するかを、バリアントの頻度（アレル頻度）の大きさとの関係で分類した図。アレル頻度とは、そのバリアントを持っている人の割合。

のバリアントもあります。GWASと呼ばれる研究方法の対象になるのがこれになります。

では，影響力の大きい遺伝子バリアントの関与する，遺伝性のがんを例に見てみましょう。このがんの原因遺伝子に関して，多くの人には変化がないのですが，一部の人には変化があります。変化がある人の頻度は低いけれども，その変化があると，高い確率でがんを発症するということになります。では，多因子疾患に属するがんではどうでしょうか。この場合にも，遺伝的にがんになりやすい人，なりにくい人はいるのですが，1つ1つの遺伝子の影響は相対的に小さいということになります。図1.4の右上に位置する「効果の大きい高頻度バリアント」は，疾患の原因としてはほとんど存在しません。

遺伝医療は大きく変化している

かつては遺伝性疾患の研究や遺伝子の解析では，遺伝要因の関与の大きい疾患がその対象でした。そのため，図1.4の左上部分についてはたくさんの知見が集積しています。しかし，遺伝子やゲノムを網羅的に調べることができるようになってくると，図の右下の部分，あるいは両者の中間にあるようなバリアントのデータも積み上がってきて，ゲノムの多様性を理解するための下地ができてきました。

それにともなって，遺伝医療にも大きな変化がもたらされました。以前は，先天的な疾患や出生時の異常などが主な研究対象だったため，遺伝医療は，小児科や産婦人科が主体で，単一遺伝子疾患や染色体異常が対象でした。これらの疾患の頻度は比較的低く，その疾患の多くには治療法がなかったという状況がありました。

しかし，ここまでに話してきたように，疾患の遺伝学的な背景についての理解が進み，解析技術に加え，医療技術や治療技術も進歩してきたことによって，今では遺伝医療は，あらゆる診療科がかかわる分野になっています。単一遺伝子疾患だけではなく，多因子疾患も遺伝医療の対象となりはじめています。そして，一人一人の個人差にもとづいた個別医療の提供をゴールとして目指すことが，これからの遺伝医療の進む道になるでしょう。

疾患と遺伝情報

先天性難聴を例に取り上げましょう。先天性難聴とは生まれつき耳の聞こえが悪い赤ちゃんのことです。この病態に関しては新生児難聴スクリーニングという検査が行われていて，早期の診断と発見に効果が上がっています。実は先天性難聴の約7割は遺伝性といわれています。先天性難聴の原因になる遺伝子は，100種類ほども知られているのです。

では，100種類もある遺伝子を調べることにどのような意味があるのでしょうか。症状としては先天性難聴という病名で一くくりになっていても，実は原因となる遺伝子によって個々の患者の病態や治療法には大きな違いがあります。例えば人工内耳が非常に効果的となる先天性難聴だったり，あるいは糖尿病や甲状腺疾患を伴う先天性難聴だったり，めまいを伴う先天性難聴だったり，といった具合です。難聴という部分は同じでも，それ以外の部分は原因ごとに違ったり，またそれによって最適な治療方法も違ったりするわけです。ですから，難聴という診断で終わらずに，さらに詳しい原因を解明することは，それぞれの患者によりよい医療を提供するための非常に貴重な情報になってきます。原因を明らかにして，臨床経過を予測し，最もよい治療を提供するという点

で，遺伝情報は非常に強い武器になるのです。

遺伝性の疾患は全部で 7,000 ほどもあるといわれていますが，そのうち原因が明らかになっているのはまだ半分程度です。未知の遺伝性疾患，あるいは原因がわからないままでいる患者さんはまだたくさんいるわけです。このような人たちの病因を明らかにし，新しい治療法の開発，あるいは新しい薬剤の開発へとつなげていく。また疾患の理解をさらに進めていく。こういった目的で，海外でも日本でも，診断のつかない稀少な疾患の患者さんの遺伝子を網羅的に調べ，原因を探るという国家的・全国的なプロジェクトが進められています。

例えば日本では「未診断疾患イニシアチブ（initiative on rare and undiagnosed diseases：IRUD）」が進められています。診断のつかない患者を，かかりつけの病院から全国に数十か所ある診療拠点病院へと紹介してもらいます。ここで患者の情報について詳しく検討した後に，やはり未知の疾患であるという可能性が考えられる場合には，全国に数か所ある解析センターで，その患者の遺伝子を全部調べ，原因を探索するというプロジェクトです。原因が明らかになれば，それにもとづいた治療ができます。実際にこのような解析によって約 3 割の患者で原因が明らかになります。3 割程度と思われるかもしれませんが，今までの知識や診断技術ではまったく診断がつかなかった人たちのうちの 3 割の診断がつくということですから，これはやはり非常に大きなことだと思います。

薬剤と遺伝情報

薬剤との関連についても，少しふれておきます。ある特定の疾患に対する A という薬剤と B という薬剤があったとします。A という薬は 10 人のうちの 5 人には非常によく効きますが，1 人には強い副作用が出ます。一方，B という薬剤は 3 割の人にはよく効き，2 割の人には副作用が出ます。以前ですと，このような状況で B という薬が市場に出回る可能性はなかったと思います。

ところが，薬剤の副作用というのは，その人が持つ遺伝的背景によって規定される部分が非常に大きいのです。例えばある人には，B という市場に出るチャンスがない薬が非常によく効くのだが，A という薬には副作用が出てしまう。奏効率や有害事象の数字だけで薬を評価するのでは，一部の人に非常によく効く薬というものが使えなくなってしまう可能性があるわけです。現在では，それぞれの人の遺伝的背景に合わせた薬を作り，使える人は限られるかもしれませんが，特定の人にとっては非常に効果の高い薬を作ることができるようになってきています。この薬剤戦略をうまく使っていけば，より多くの人が薬による恩恵を受けて，副作用で悩む人を少なくすることができる。これもやはりゲノム情報に基づいた治療ということになります。

こういった薬剤戦略が特に進んでいるのは，がん領域です。がん組織ではたくさんの遺伝子に変化が起きていますが，そのなかでもどの遺伝子に重要な変化が起きているかを調べることによって，その人に最も合った抗腫瘍薬を選択するといった医療が実装化されています。手術や放射線治療ももちろん重要な要素ですが，薬剤に関しては，遺伝子レベルでがんの特徴に合わせた治療が可能になってきています。どこの臓器にできたかということだけではなくて，どういった遺伝子の変化が背景にあるのかということを見極めて薬を使うという時代に入ってきているのです。ここでもやはり遺伝学的な情報がきわめて重要になってきます。ただし，がん組織の遺伝子変化の多くは，

がんにのみ生じており，血縁者への影響はないことは知っておく必要があります。

遺伝子の検査で注意すること

ところで遺伝子を調べるということは，技術的にそれほど難しいことではありません。遺伝子を調べるためのサンプルにしても，うがいをした水を集めるだけですみます。うがいをした水には，口腔粘膜細胞がたくさん入っているので，それからDNAを採って調べることができるのです。現在では日本でも，インターネットなどを介して遺伝的特性を調べる多くのサービスが，医療機関ではない企業により提供されています。体質を調べるものであったり，病気のなりやすさを調べるものであったりするわけですが，こういった時代に突入してるのが現代です。

しかし注意が必要です。医療として調べられている遺伝子の多くは，図1.4の図の左上の部分です。つまり頻度は低いけれども影響力が大きい遺伝子です。これに対して遺伝子検査ビジネスでは，頻度は高いけれども影響力の小さい遺伝子を調べることが多く行われています。ですから，臨床への応用という意味ではまだまだ十分なものではありません。しかし，医療現場で行う左上部分の遺伝子を調べることも遺伝子検査と呼ばれますし（正確には遺伝学的検査といいます），遺伝子検査ビジネスで行っている右下部分の遺伝子を調べるのも遺伝子検査と呼ばれます。したがって一般の人からすれば，その違いを理解するのは容易ではないでしょう。遺伝学的な情報がいろいろな場面で一般的になってくるからこそ，多くの人に遺伝というものを正しく知っていただく必要が出てくることになります。

遺伝情報の特性を知る

遺伝医療の特性を知っておくことは重要です。私たちが生まれつき持っている遺伝情報は，基本的には生涯変化することはありません。つまり1回検査したらそれは生涯その人と一緒にあり続ける情報ということになります。そしてその情報のなかには，将来の健康状態，具体的には疾患の発生をある程度の確率で予測できるものが含まれています。その場合に，先手を打って予防的な対策をとるとか，早期発見につなげることができる場合もありますが，予防法や治療法がない疾患もあります。また仮に対策をとったとしても，将来的に高い確率で病気になると知ることは，やはりそれなりの心理的ストレスを伴うことが考えられます。

そして，遺伝情報は一定の確率で親から子に伝わります。ある人の遺伝情報に関し，血縁者は一定の確率でそれを共有していることになります（図1.5）。つまり，ある人の遺伝情報というのは，その人だけのものではないのです。これは他の医療的な検査にはない，まさに遺伝情報ゆえの特徴です。したがって，遺伝情報に関しては，健康な血縁者への影響も考慮した上で取り扱う必要があります。

ここで血縁関係に関して注意を促しておきたい言葉があります。「近親」と「親等」です。第一度近親と一親等は紛らわしい用語ですが，これはまったく別の概念です。親等は親族関係の程度を表す法的な用語であり，近親は遺伝的な近縁関係を表す生物学的用語です。第一度近親は遺伝子を50％共有する血縁者，第二度近親が遺伝子を25％共有する血縁者となります。

一方で，遺伝医療に関するまた別の要素とし

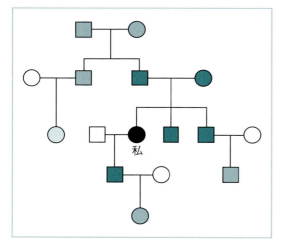

図1.5　血縁者における遺伝子の共有の程度
本人と親，本人ときょうだい，本人と子どもは，一度近親（50％の遺伝子を共有）の関係にある。本人とおじ・おば，本人とめい・おい，本人と孫は，二度近親（25％共有）。本人といとこは（三度近親）12.5％の遺伝子を共有する。

て，「遺伝」という言葉の一般的なイメージの問題があります。遺伝そのものはニュートラルな意味で使われますが，「遺伝性疾患（あるいは遺伝病）」が社会で適切に理解されているかというと，必ずしもそうとは言えない部分があるように感じています。遺伝性の疾患というと，多くの人にとってはやはり珍しい病気，自分とは無関係なものであると考えている人が多いように思います。また，なかなか治療法がない病気ととらえがちかもしれません。これらは間違ったイメージです。遺伝がかかわる病気をもつ人はごく一部の限られた人という考え方は過去のものです。現代は，すべての人にとって遺伝情報がかかわってくる時代です。また，遺伝の問題は，生殖に関することも含めて，しばしば倫理的な課題を伴うことも付け加えておきます。これに関しては後の講義で詳しい説明があります。

教育体制の重要性

遺伝医療は一般化し，普遍化してきています。したがって一般の人々も遺伝性疾患について知らなければならないわけですが，その際には医療者自身が遺伝医学に対してきちんとした知識を持っていることが必要です。そのためには，医学部をはじめとする医療従事者を養成する課程で，遺伝医学教育をきちんと標準化していく必要があります。同時に，既にプロの医療関係者として働いている人たちも，日進月歩の遺伝医療を学ぶ機会をきちんとつくっていく必要があります。

ただし残念なことに，臨床現場では，遺伝医療はまだまだきちんとした診療体系に組み込まれていない部分があります。病院でもそういった部門を持っていないところは少なくありません。遺伝医療そのものは時間や手間暇のかかる医療であり，遺伝情報の管理や倫理的問題への対応など，難しい問題も含まれています。そうはいっても遺伝の問題を抜きにしてこれからの医療はありえませんので，医療機関としても遺伝医療に関してきちんと体制を整えることは重要です。またこれはリスクマネジメントという意味でも重要になってくるでしょう。

日本では2001年から，医学部を卒業する前に学生が習得しておくべき内容をまとめた「医学教育モデル・コア・カリキュラム」が定められています。当初，遺伝学に関してはセントラル・ドグマや，遺伝子の構造や機能といった生化学的な内容は記載されていましたが，臨床遺伝学に関する内容は含まれていませんでした。臨床遺伝学の内容がこのカリキュラムに初めて加えられたのは，2016年度の改訂によってです。図1.6に示したように，このときの改定で「全身におよぶ生理的変化，病態，診断，治療」の1番目に，「遺伝医療・

E　全身におよぶ生理的変化，病態，診断，治療
　E-1　遺伝医療・ゲノム医療　（新設）
　　E-1-1　遺伝医療・ゲノム医療と情報の特性
　　　① 集団遺伝学の基礎として Hardy-Weinberg の法則を概説できる。
　　　② 家系図を作成，評価（Bayes の定理，リスク評価）できる。
　　　③ 生殖細胞系列変異と体細胞変異の違いを説明でき，遺伝学的検査の目的と
　　　　意義を概説できる。
　　　④ 遺伝情報の特性（不変性，予見性，共有性）を説明できる。
　　　⑤ 遺伝カウンセリングの意義と方法を説明できる。
　　　⑥ 遺伝医療における倫理的・法的・社会的配慮について説明できる。
　　　⑦ 遺伝医学関連情報にアクセスすることができる。
　　　⑧ 遺伝情報に基づく適切な治療法について概説できる。
　E-2　感染症
　E-3　腫瘍
　E-4　免疫・アレルギー
　E-5　物理・化学的因子による疾患
　E-6　放射線の生体影響と放射線障害　（新設）
　E-7　成長と発達
　E-8　加齢と老化
　E-9　人の死

図1.6　医学教育モデル・コア・カリキュラム（2016年度改訂版）
「遺伝医療」,「ゲノム医療」といった臨床遺伝学に関する内容が初めて加えられた。

ゲノム医療」という項目が加えられ，そこに書かれているような内容をすべての医学生は卒業までに学ぶことになっています。これからの日本の医療を支える若い医師たちは，基礎と臨床の遺伝医学を学んで卒業してくることになります。

　米国でも同じようなコア・カリキュラムが公表されています。2001 年版では最初に生化学的内容（遺伝子の構造と機能，ゲノム）が取り上げられています。各論として，メンデル遺伝，単一遺伝子疾患，先天代謝異常や薬理遺伝学などが続き，最後に多因子疾患や多因子形質となっていました。

　これの改訂が 2013 年に行われ，最初の項目はやはり生化学的内容（ゲノムの構造や遺伝子調節など）ですが，その次には遺伝学的多様性が記載

されています。つまり遺伝学の heredity の部分よりも先に，variation の部分を学ぶという時代になってきたことが明瞭に伝わってきます。そして，その次に集団遺伝学がきて，遺伝継承は 4 番目に出てきます。この改訂は，学問や技術の進展によって，私たち一人一人の差異を遺伝的な背景から解明できるようになってきたことを反映したものといえるでしょう。

　繰り返しになりますが，これからの遺伝学では縦軸（heredity）と横軸（variation）（図 1.2）の両方が重要になってきます。特に一人一人の遺伝的個性に基づいた，まさに横軸（variation）の情報に基づいた医療というのが，これからの遺伝医療ということになるかと思います。

第2講

ヒトゲノム入門：
基礎知識を学ぶ

清水健司 ●静岡県立こども病院 遺伝染色体科

以降の講義の序論という位置づけで，ヒトゲノムの概観を紹介します。ヒトゲノムはどのような要素で構成されているのか。染色体，遺伝子，DNAの違いは何か。ゲノムの情報は，どのように伝達されていくのか，などを学びましょう。

　遺伝医学の土台となる重要な基礎知識として，ヒトゲノムの全体像について話します。しっかりと把握してから，以降の講義に進んでください。臨床の現場では，こういった知識を患者さんに説明しなくてはならない場面に遭遇することもあるでしょう。そういうときにも役立つ説明になるようこころがけました。

　本題に入る前に，歴史的な背景に少しふれます。遺伝学の誕生と発展については，第1講で語られましたが，それでは，遺伝学が疾患と最初に結びついたのは，いつ頃のことでしょうか。その答えは，1902年に発表されたある論文からとなります。英国の医師 Archibald Garrod が，この論文で，先天代謝異常症の1つであるアルカプトン尿症において，尿中の異常代謝産物の家系内における差異，すなわち化学的個体差（chemical individuality）がメンデル遺伝の法則に従うことを初めて示したのです。これが，遺伝学と疾患が結びついた瞬間なのですね。ただこの論文はあまりにも先進的すぎて，当時はなかなか理解されませんでした。その約40年後，George Beadle と Edward Tatum により，1つの遺伝子が1つの酵素を指定するという「1遺伝子1酵素説」が唱えられ，これにより Garrod の功績が認知されたことになります。さらにこの功績は，ゲノム配列と環境との相互作用により個々の遺伝子産物が生じるという認識をもたらし，その後のヒトゲノム計画からゲノム医療・個別化医療の発展という遺伝医学の流れにおける概念的な基盤にもなっています。

ゲノムの構成要素はややこしい

大きさの違いを実感してみる

　図2.1に，ヒトゲノムの概観を図示しました。

第2講

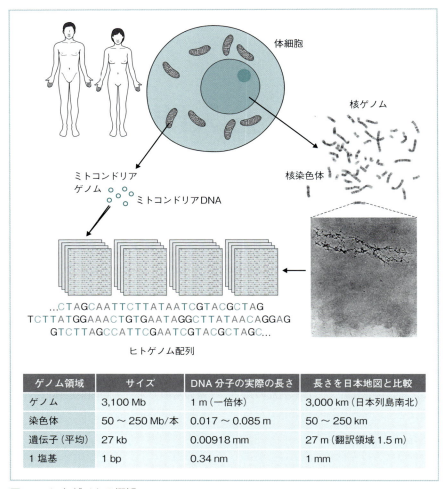

図2.1 ヒトゲノムの概観
ヒトゲノムは，核DNAとミトコンドリアDNAを合わせた全DNAに含まれる情報のことであり，核DNAは染色体DNAに分かれて存在する。ヒトゲノムの情報量（塩基数）は膨大である。下表は大きさの比較を示したもの。図は文献1より。

ゲノムとは何かというと，**DNA**（デオキシリボ核酸）という長いひも状の化学物質に含まれる，生物の全遺伝情報のことです。ヒトのDNAは1本につながってはおらず，**染色体**に分かれて存在し，細胞の核の中に存在しています。人間の体を構成している約60兆個の細胞は，その核の中に染色体を含んでいます。

遺伝子は，長いひも状のDNAのところどころに存在しています。ゲノム，染色体，遺伝子という用語は，混同しがちで，使い方が難しいですね。理解を助けるために，大きさという点で比較をしてみましょう。DNAの大きさ（長さ）は，塩基

対（bp）の数で表します。まずヒトゲノム全体の大きさは，約31億塩基対です。1つ1つの染色体の大きさはというと，1番大きい常染色体（1番染色体）が250 Mb（Mb は 100 万塩基対），1番小さい常染色体（21番染色体）が50 Mb 程度になります。遺伝子の大きさもさまざまですが，平均すると27 kb です。わかりやすくするために，これらの大きさを日本の地図に例えてみましょう。ゲノム全体が日本全体（3,000 km）だとすると，1番大きい染色体は東京〜浜松間くらい（250 km），1番小さい染色体は東京〜成田空港間くらい（50 km），そして，遺伝子の平均的大きさはたった27 m になります。ゲノム全体と比べて，1つの平均的遺伝子がいかに小さいかがわかるかと思います。

　遺伝子をクローズアップして見ると，後でも少しふれますが，翻訳される部分（エクソンと呼ばれる。エクソンの正確な定義は第3講参照）と，翻訳されない部分（イントロン）に分かれています。翻訳される部分は非常に短く，日本列島の比喩で表すと，遺伝子27 m のうちの，合計でたった1.5 m です。そして，DNA の構成単位である1塩基対は，日本列島のたった1 mm にあたります。このような説明をすると，ヒトゲノムの構成が，マクロからミクロまでイメージがつながっていくのではないでしょうか。

　ここまで話してきたのは核ゲノムについてですが，細胞のミトコンドリアには，ミトコンドリアゲノムというものが存在しています。ヒトゲノムは核ゲノムとミトコンドリアゲノムを合わせたものです。

染色体を調べる

　染色体は，顕微鏡で可視化して視認できる構造です（図2.2）。染色体を1つ1つよく見ていくと，それぞれに「くびれ」が1箇所ずつあるのがわかります。このくびれは，セントロメア（centromere）と呼ばれる部位です。セントロメアを起点に，短いほうを短腕，長いほうを長腕と呼びます。短腕や長腕の長さ，セントロメアの位置，全体の長さなどは，染色体ごとに異なります。また，染色体は Giemsa 分染法という方法で染色が可能で，この染色パターンから染色体を同定することができます。以前は，個人の染色体を分析する際には，染色体の写真を切り抜いて並べた核型（karyotype）を確認して分析していました。現在では，コンピュータ上で染色体の画像を並べて，核型を調べることができるようになっています。核型を分析すると，染色体の異常を見つけたりすることができます。これについては第5，6講で詳しく扱います。

　核型で示された染色体は，見比べやすいように，細胞分裂中の特定の段階の染色体を並べたものです。染色体が凝縮している分裂中期という段階のものです。実際の染色体は，細胞分裂（細胞周期）の各段階によって形状が変化するので，動的です。細胞周期の間期と呼ばれる時期では，染色体は伸びて脱凝縮しており，光学顕微鏡では見えなくなります。脱凝縮した状態から凝縮した状態になるには，約1万分の1に縮むことになります。

　核型を調べる際には，先ほども紹介した Giemsa 分染法で染色体を染めます。この染色法を使うと，染色体上に濃淡のバンドが交互に現れてくるのです。1つの染色体上に，通常，400 〜 550 個のバンドを把握できます。1バンドには，およそ50個の遺伝子が存在しています。核型で見る中期染色体は，DNA がぐっと凝縮して収納された状態ということです。

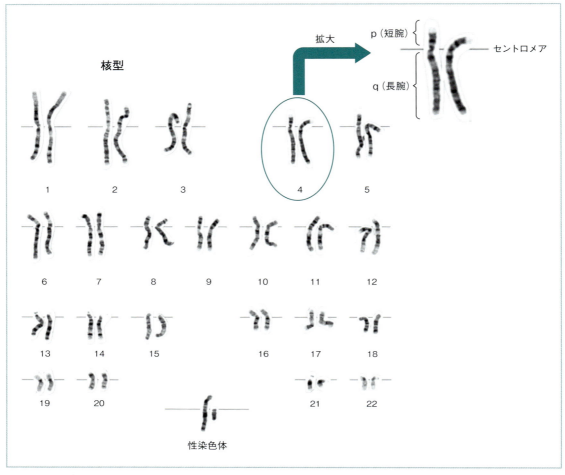

図2.2　ヒト（男性）の核型
染色体をGiemsa分染法で染色して，並べたもの。右図は4番染色体の拡大図。文献1より。

DNAの基本構造

　染色体の本体は，DNAという化学物質です。1953年，James WatsonとFrancis Crickが，そのあまりにも有名な論文で，DNAの二重らせん構造を解き明かしました。私自身は，高校の生物の授業でこれについて初めて学びましたが，たった1ページほどの論文だという点を生物の先生が強調していたのを覚えています。たった1ページの論文が，ゲノムの研究における最大の突破口となったのです。

　DNAの構造を具体的にみていきましょう。DNAの基本的な構造単位はヌクレオチドと呼ばれ，リン酸と糖と塩基の3つから成り立っています（図2.3）。塩基には4種類（アデニン，グアニン，チミン，シトシン）があり，それぞれの塩基

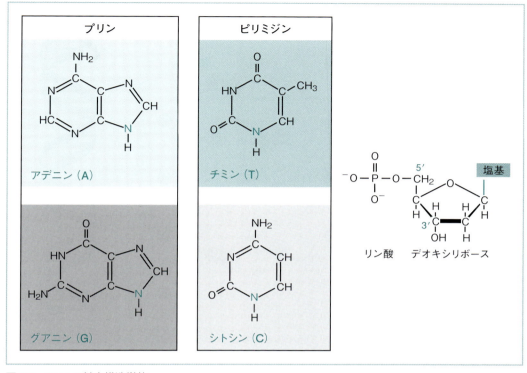

図2.3　DNAの基本構造単位
リン酸，糖，塩基からなるヌクレオチドがDNAの基本構造である。糖は，デオキシリボースと呼ばれる五炭糖で，1位の炭素に4種類の塩基が付き，5′部分の5位の炭層原子にはリン酸基が付く。文献1より。

が，糖に結合しています。

基本構造単位のヌクレオチドは，互いがリン酸基の部分を介して結合して，長くつらなった1本の鎖をつくります（図2.4）。細胞の中のDNAは，二重らせんと呼ばれるように，2本の鎖が対をなす構造をとっています。これは，それぞれの鎖が，塩基の部分で水素結合によって引き合うので，二本鎖が対をなすのです。特定の塩基どうしが，自然にペアをなすのです。シトシン（C）はグアニン（G）と，アデニン（A）はチミン（T）と対を作ります。このペアをなす二本鎖の関係は，相補的とよばれます。

DNA分子を表すときには，図2.4に示したように，5′末端あるいは3′末端という表現を使って，鎖の向きを表現します。これをよく理解しておくことは重要です。DNA複製時やRNA合成時の伸長は5′末端から3′末端の方向に行われ，ゲノム中の塩基配列を示すときは，同じく5′末端から3′末端の方向に記述することになっているのです。

DNAの塩基について，もう少し説明しましょう。4種類の塩基は，プリンとピリミジンの2種類のグループに分けられます。アデニンとグアニンはプリン塩基に，チミンとシトシンはピリミジ

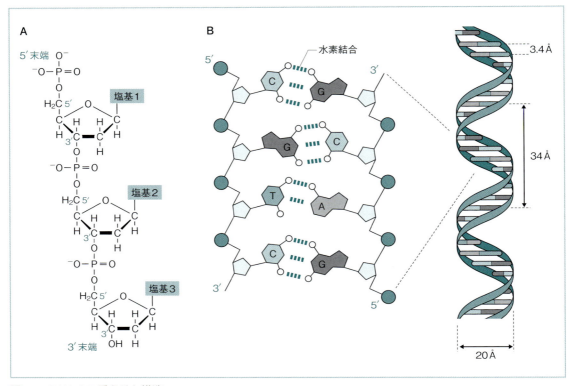

図2.4　DNAの二重らせん構造
A. ヌクレオチドの糖の5′と3′の位置が、ホスホジエステル結合によって結ばれ、鎖が形成される。B. 塩基どうしの水素結合により、2本の鎖が対を形成し、二重らせんができあがる。二重らせんの太さ（らせんの直径）は2 nm（$2×10^{-9}$ m）であり、非常に細い。文献1より。

ン塩基に属します。プリン塩基というのは、図2.3を見るとわかるように、複素環構造2つからなり、ピリミジン塩基では、複素環構造が1つからなります。プリン塩基とピリミジン塩基の違いは、塩基の変化のしやすさやヌクレオチドの代謝などに影響してきます。

　二重らせんの塩基対では、アデニンとチミンの間では水素結合が2つ生じるのに対し、グアニンとシトシンの間では、水素結合が3つ生じるので、結合が強くなります。ゲノムには、「GCリッチな領域」と呼ばれるも場所がありますが、ここは、水素結合3つによる塩基対が多い場所なの

で、二本鎖がなかなか剥がれにくい、強固な構造ということになります。

DNAはどのように複製するか

　細胞が分裂をして増えていくときには、DNAも複製されなくてはなりません。WatsonとCrickは1953年の論文で、DNAが複製される機序についてもふれています。DNAの二本鎖は、特定の塩基どうしで対を形成をする性質を備えていますが、その性質にもとづいて、DNAの二本鎖が複製されるだろうと予測しました。

　この予測が実際に証明されたのは、その5年後

のことで，Matthew Meselson と Franklin Stahl によってです。半保存的複製と呼ばれる複製の方法が突き止められました（図2.5）。つまり，二本鎖がほどけて，それぞれの鎖に対して新しい鎖が形成されるという方式です。

　彼らはどのように実験したかというと，DNA 鎖の塩基に含まれる窒素原子として，窒素原子の2種類の同位体を使い，窒素の重さの差を利用することで，新しく合成された鎖と元々存在した鎖とを識別しました。生物学上，最も美しい実験ともいわれています。

　日本人もこの分野では大きな業績を残しています。DNA の複製では，新しくできる鎖は，5′末端→3′末端の方向へと伸びていきます。DNA の二本鎖のそれぞれの鎖は，互いに逆向きで対をなしているので（図2.4），一方の鎖（リーディング鎖）は，単純な方法で5′→3′の方向に伸びていきますが，もう一方の鎖（ラギング鎖）では，短い鎖を作ってそれを少しずつ連結していくという特別な方法をとります。この短い鎖のことを「岡崎フラグメント」と呼びますが，Meselson と Stahl の実験から約10年後の1967年に，岡崎令治博士が解明したものです。

長い DNA を核内に収納する

　DNA の二重らせんは，染色体に分かれていても，染色体1本の実際の長さは 1.7～8.5 cm ほどもあります。細胞の核は直径 10 μm ほどですから，これはとても長いサイズです。しかも，細胞には，23本もの染色体がありますので（一倍体），1セットの全染色体を合計すると，その長さは約 1 m。実際には，相同染色体として2セットあるので（二倍体），2 m です。たとえば，ゴルフボールの中に 8 km ほどの糸が収まっていることになります。細くて長い DNA が，このよ

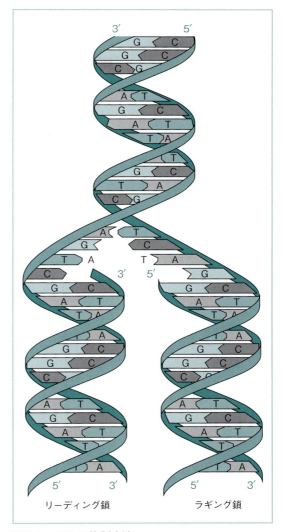

図2.5　DNAの複製方法
二重らせんがほどけて，それぞれに対して新しい鎖が形成される。文献1より。

うに細胞の核に存在するので，絡まないように，効率的に収納することが必須になってきます。これまでに知られている収納の仕方を図2.6に示しました。次のように何段階かに分けて折りたたまれているのです。

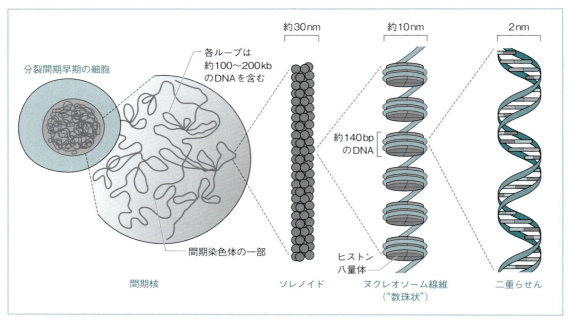

図2.6　DNAの折りたたみと収納
ヒトの染色体DNAは何段階かに折りたたまれている。文献1より。

　二重らせんのDNAはまず，ヌクレオソームという形に巻かれます。ヒストン八量体というタンパク質の円柱構造に，DNA二重らせんが約2回転弱巻きついたものです。直径は約10 nmです。これで，直径は，約2 nmから約10 nmに太くなりました。

　次にヌクレオソームは，さらに折りたたまれて，ソレノイドという形をとります。直径は約30 nmに増えます。ただし，最近の研究によって，異論もあり，ある日本人研究者は，「こんなにきれいには折りたたまれていないのではないか」と提唱しています。その説によると，もっといい加減なやり方で，不規則に折りたたまれているらしいということです。

　話を戻しますと，このソレノイドは，さらにループ状に複雑に折りたたまれ，太くなり，間期のDNAの形状となります。細胞分裂の際には，さらに凝縮して，最も太く短くなった状態の，中期染色体の構造をとります。このようにDNAは，あたかも毛糸のマフラーが編み込まれていくイメージで，核の中に効率的に収まっています。

遺伝子はいくつ存在するのか

　遺伝子は，ヒトゲノムのところどころに存在すると先ほどいいましたが，遺伝子の定義とは何でしょうか。遺伝子とは，メンデルの時代から，「遺伝継承する単位形質（unit character）」といった表現で表されているものです。遺伝子（gene）という造語自体は，1908年に初めて登場しました。

　別な言い方をすれば，遺伝子は，ヒトの健康や疾患の基盤となる生物学的性質の機能的単位と考えられています。

遺伝子には2つのタイプがあります。1つはタンパク質をコードする遺伝子。この遺伝子からは，最終的にタンパク質が作られます。このコード遺伝子は，ヒトゲノム中に，およそ2～3万種類あるといわれています。もう1つは，最近詳しく解明されているところなのですが，遺伝子からRNAが最終的につくられるタイプです。このタイプでは，RNAそのものが機能をもち，例えば転写を抑制するといった働きをしています。タンパク質をコードしないので，非コード遺伝子（noncoding gene）と呼ばれます。

非コード遺伝子の数も，比較的多いということがわかってきています。コード遺伝子と非コード遺伝子を合わせると，およそ5万種類はあるのではないかといわれています。遺伝子をどう定義するかによって遺伝子の数は変わってくるので，注意が必要です。

ヒトゲノムの解読

ヒトゲノムの全塩基配列と，その染色体上の位置関係を解読しようという大規模プロジェクトが，ヒトゲノム計画（Human Genome Project）で，1990年に始まりました。ゲノムの塩基配列決定が精力的に進められ，ヒトゲノムの基準となる参照配列（リファレンス配列）が，2003年によう やく得られました。

このとき用いられたゲノムは，実際には，たった数人の個人のものです。それが参照配列として，その後いろいろな遺伝子の解析で使用されていくことになりました（図2.7）。塩基配列決定の技法としては，長いゲノム配列を短いDNA断片に切り，その配列を解読し，次にそれらをつなげて，全体を再構築（アセンブリ）するというやり方です。この技法は，現在でも主流です。

2003年に得られた参照配列には，解読がまだ未成熟な部分も残っており，その後，数年ごとに改訂が行われてきました。これまでに4回改訂されています。参照配列には名称があり，2003年のものがNCBI34（hg16とも呼ばれる），最新版は2013年に改訂されたGRCh38（あるいはhg38）です。

これらの参照配列は，厳密には国際参照配列と呼ばれます。ゲノムには個人ごとに大きな違いがありますが，集団（民族）ごとの違いもあるのです。ゲノムの解析では，同じ集団同士で調べるほうが効率のよい場合もあり，そういう意味で，集団ごとの基準配列を考えていくという時代になってきたのです。では，日本人あるいはアジア系ではどうなっているでしょうか。東北大学東北メディカル・メガバンクでは2019年に3組のゲノム配列を統合した日本人基準ゲノム配列のひながたとなるJG1が初公開され，2020年には6組のゲノム配列を統合し，日本人の代表性をより高めたJG2が公開されました。その後も国際的な情報解析のアノテーションに対応したJG2.1座標版を公開するなど，日本人ゲノム解析における実用性の高い情報改訂がなされています[2]。

染色体と遺伝子密度

ゲノム配列を解読することによって，遺伝子が染色体にどのように分布しているのかが明らかになりました。遺伝子の分布は，一様ではないということがわかっています。

遺伝子の数が多い・少ないは，遺伝子密度という数字で比較することができます。ゲノム全体の平均の遺伝子密度は，ゲノム1Mbあたり約6.7個となります。一番密度の高いのが19番染色体で，約30個/Mbになります。この染色体は約50Mbの長さなので，この染色体全体で，およそ1,500個の遺伝子が含まれていることになりま

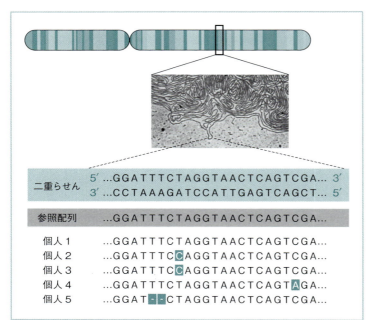

図2.7 ヒトゲノムの参照配列の一部
参照配列は，二重らせんの一方の鎖の配列を示す。参照配列と各個人の配列を比較すると，よく似ているが完全には一致していない。図に示した部分でいうと，個人1は参照配列と同じ。個人2，3，4は1塩基ずつ異なる。個人5には小さい欠失がある。文献1より。

す。

　逆に，遺伝子密度が最も低いのはY染色体です。男性はY染色体をもっているわけですが，その遺伝子密度は非常に低く，男性化にかかわる遺伝子がほとんどになります。遺伝子の総数が最も少ない染色体も，Y染色体です。次に，遺伝子総数が少ない染色体は，21番染色体，18番染色体，13番染色体の順になります。臨床的にいいますと，トリソミーで生存できる常染色体は，実はこの3つになります。含んでいる遺伝子の少なさは，トリソミーでの出生が可能であるという臨床的事実と一致しています。

　遺伝子の配列には，エクソンと呼ばれる配列とイントロンと呼ばれる配列があり，それらが交互に並んでいることはすでに述べました。エクソンは，主にタンパク質に翻訳される配列からなりますが，全遺伝子のエクソンを合計しても，全ゲノムのたった1.5％未満といわれています。非常に少ないですね。残りのゲノム配列については，解明はまだあまり進んでいませんが，タンパク質の発現を制御する調節領域と呼ばれる配列が，少なくとも5％程度は含まれているだろうといわれています。すなわち，まだまだ機能が解明できてないゲノム配列がたくさんあるわけです。

ゲノム中の出現頻度によって配列を分類する

　ゲノム配列の中身を，また別な角度から整理してみましょう。ゲノム中に，何回繰り返されるかという観点での分類です。

　まず，単一コピーDNA配列は，ゲノム中に1〜数回程度出てくる配列で，ユニークDNAとも呼ばれます。数kb以下の短い配列が多いです。このユニークDNAが，ゲノム全長の約半分を占めるといわれています。タンパク質をコードする

配列のほとんどがユニーク DNA になります。た
だし，ユニーク DNA に占めるタンパク質をコー
ドする配列の割合は多くないので，ユニーク
DNA の全体像については，まだよくわかってい
ません。

　反復配列は，ゲノム中に何回も繰り返し出てく
る配列のことです。ゲノムは，ユニーク DNA と
反復配列から成り立っており，ユニーク DNA は
反復配列中に介在している状態になります。反復
配列は，集合して存在する場合と，分散して存在
する場合があります。

　集合しているタイプは，クラスターを形成して
いると表現されます。クラスターという言葉は，
いろいろな局面で使われますが，塊とか集合とい
う意味です。反復する配列が集合して，縦に並ん
でいるので，縦列反復配列とも呼ばれます。ゲノ
ム中の約 10 ～ 15 ％を占めています。染色体を
Giemsa 染色したときに，分染陽性を示す場所で，
DNA の凝縮状態が続く領域（構成的ヘテロクロ
マチン領域とよばれる）に相当します。例えば 1
番，9 番，16 番染色体の長腕近位部，あるいは
Y 染色体の長腕などには，およそ 5 塩基単位の縦
列反復配列が長く続いています。あるいは染色体
のセントロメア領域に存在する α サテライトファ
ミリーは，171 bp を基本単位として繰り返す縦
列反復配列からなります。

　ゲノム中に散在する反復配列は，いろいろな場
所に飛び石状に存在するタイプです。代表的なも
のとして，3 つ挙げます。1 つ目は *Alu* ファミリー
といい，約 300 bp の大きさの配列が，ゲノム中
に 100 万回以上出現しています。この反復配列
を合計すると，ゲノムの約 10 ％を占めるといわ
れています。2 つ目は，LINE（long inter-
spersed nuclear element：長い散在性の反復配
列）です。最長 6 kb ほどの配列が，ゲノム中に

は 85 万回出現し，ゲノムの約 20 ％を占めると
されます。3 つ目のタイプは，先の 2 つに比べて
反復するブロックが大きく，そのブロックは分節
重複（segmental duplication）と呼ばれます。か
なり高度に保存されており，大きなものでは数
十万塩基対のブロックとしてゲノム中に散在し，
ゲノムの 5 ％を占めるといわれています。分節重
複領域で組換えのエラーが起こり，欠失などが発
生すると，疾患が引き起こされる場合がありま
す。代表的な先天異常疾患として，22q11.2 欠失
症候群や Williams 症候群などの微細欠失症候群
ウィリアムズ
があります。

ゲノム情報の多様性と情報の伝達

　これまで，ゲノムの構成を概観してきました
が，次からは，ヒトゲノムの多様性とゲノム情報
の伝達について話します。遺伝学は，多様性と遺
伝継承について扱う学問であるということは，第
1 講の講義でも強調されていた通りです。

ゲノム情報の多様性

　個人間のゲノム配列を比べると，いろいろ箇所
に違いがみられます。バリアントという用語をよ
く耳にすると思いますが，参照配列と比べたとき
の配列の違いが配列バリアントであり，これを省
略してバリアントと呼ぶと解釈してよいでしょ
う。1 塩基単位で変化しているものもあれば，短
い配列が挿入されていたり，欠失していたりとい
う場合もあります。また，反復配列の違いや，配
列の向きの違い（逆位）などもあります。ヒトゲ
ノム中にはこのような配列の変化した箇所がたく
さん存在し，例えば 1 塩基バリアントなどは，何
千万個と存在しています。集団中に一般的にみら
れる配列バリアントもあり，そうした頻度の高い

バリアントは，各個人に数百万個ほど存在しています。集団中にきわめて稀にしか存在しない配列バリアントも，個人レベルで数多く存在しています。個人間のゲノム配列を比べた場合，以前は，99.9％程度一致しているといわれていましたが，配列バリアントがより詳しく解明されてきたことによって，今では，ゲノムの違いは0.5％程度であるといわれています。

すでに述べたように，日本人の基準ゲノム配列と国際参照配列とを比較しても，かなりの違いがあることがわかってきました。集団間のゲノムの違いも，明らかになってきています。このようなゲノムの違いに，環境要因の違いも加わって，それぞれの人の多様性が形成されていくのです。臨床の場面で，当事者やご家族に遺伝情報を説明するときにも，ゲノム情報の多様性という観点と遺伝継承されるという観点の2つに留意することは，きわめて重要です。

ゲノム情報はどのように伝達されるか

ゲノム情報を遺伝的に継承する方法としては，体細胞分裂（mitosis）と減数分裂（meiosis）があります。

体細胞分裂では，個人の体の中で，体の成長，分化，再生のためにゲノム情報が複製されて，その子孫細胞へ伝わっていきます。減数分裂では，生殖において，各々の親由来の1コピー分のゲノム情報が受精により次世代へと継承されていきます。この体細胞分裂と減数分裂では，情報の伝達されていく形式が異なります。ここでは二倍体（2n）や一倍体（n）という概念が重要となってきますので，詳しくみていきましょう。

細胞のライフサイクルを細胞周期からとらえる

まず体細胞分裂の細胞周期について，みていきます。体細胞分裂は，成長や分化に不可欠ですが，細胞のライフサイクルからみると，分裂を行っている時間はごくわずかで，分裂と分裂の間には，長い間期があります。1つの細胞が2つの娘細胞を生み出し，その娘細胞がまた次の娘細胞を生み出すまでの一連の過程を，特にDNAの状態に着目したときに，細胞周期とよびます。細胞周期は，G_1期→S期→G_2期→M期という特徴的な段階で構成されています（図2.8）。細胞分裂を実際に行う時期がM期で，それ以外のG_1期，S期，G_2期は間期になります。

G_1期は，休止期であり，DNAの合成が行われていない時期です。細胞によっては，例えば神経細胞や赤血球のように，いったん分化するとそれ以上分裂しない細胞では，永久に休止するG_0期という状態に入ります。また，肝細胞などは，一度G_0期に入っても，臓器が傷害を受けると，G_1期に戻って細胞周期を再開します。G_1期は細胞によって数時間から数日，あるいは数年に及ぶものもあります。

S期は，染色体が複製される合成期です。各染色体上に複数存在する複製起点から，DNAが複製されていきます。S期の終わりの時点では，二倍体ゲノムが2コピー存在することになります。S期には，染色体の端から端まで完全に複製されることがきわめて重要なのですが，そのための仕組みとして染色体の末端にはテロメアという配列が存在します。テロメアの存在と，テロメアの複製で働くテロメラーゼという酵素が重要となります。

S期に複製された染色体は，セントロメアの部

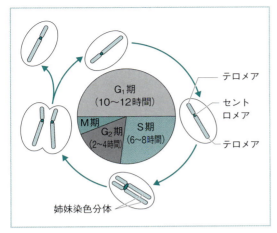

図2.8 細胞周期
体細胞分裂のM期に要する時間は1〜2時間程度。S期には、各複製起点からDNA合成が行われ、姉妹染色分体が形成される。G_2期には細胞が増大する。G_1期は、次のS期が始まるまでの時期だが、分裂をしない細胞ではG_1期からG_0期（休止期）に移行する。G_1とG_0期を合わせた時間は、数時間から数日あるいは数年。文献1より。

遺伝情報が娘細胞へと完全に分配されるように働きます。

細胞周期の各段階に、染色体の数（n）とDNAの量（c）がどのように変化していくかを理解することは重要です。ヒトは二倍体ですので、$2n2c$ が基準状態となります（nは23で、二倍体なので $23 \times 2 = 46$）。M期直前のG_2期では、$2n4c$ となります。G_2期では、DNAの複製は行われているので、DNAは2倍量となり、$4c$ です。しかし、染色体は、まだ姉妹染色分体として結びついているので、$2n$ のままです。

体細胞分裂による伝達

M期になると細胞分裂が起こります。体細胞分裂の過程を詳しく観察すると、分裂の前期→前中期→中期→後期→終期という段階を進んでいくのがわかります。図2.9を見てください。

- 前期（prophase）には、染色体が凝縮を始めます。そして中心体が形成されて両極に移動していき、中心体から、微小管（紡錘体）が放射状に出てきます。やがて、染色体のセントロメアの部分に動原体という構造が形成されていきます。
- 前中期（prometaphase）になると、染色体の凝縮はさらに進み、核膜が消失します。染色体が分散し、動原体と微小管との付着が起こって、まさに分離する準備ができてきます。
- 中期（metaphase）には、染色体の凝縮は最大になり、Giemsa分染法で染色体がよく見える時期になります。この段階で、姉妹染色分体が赤道面に整列します。
- 後期（anaphase）で、姉妹染色分体がいよいよ分離し、細胞の両極に移動していきます。
- 終期（telophase）になると、細胞質そのものも分裂して、体細胞分裂が終了します。

位で互いにまだ結びついているので、姉妹染色分体（sister chromatid）と呼ばれます。S期に異常が起こると、先天異常やがんなどの疾患が引き起こされることがあります。

S期で染色体が複製された後、すぐに分裂は起こらず、いったん短いG_2期に入ります。G_2期では、細胞の増大など、分裂の準備を整います。

G_2期で分裂の準備が整うと、ようやくM期に入り、染色体が分裂し、娘細胞に分配されていきます。細胞周期の各段階には、チェックポイントという仕組みが働いていて、DNAの合成の状況や、染色体の動態が監視されています。チェックポイントでDNAの損傷が見つかった場合、細胞周期の進行が停止され、損傷の修復が行われます。損傷が重度ですと、アポトーシス（apoptosis）と呼ばれる細胞死が誘導されます。このような細胞周期をたどって細胞分裂が起こることにより、

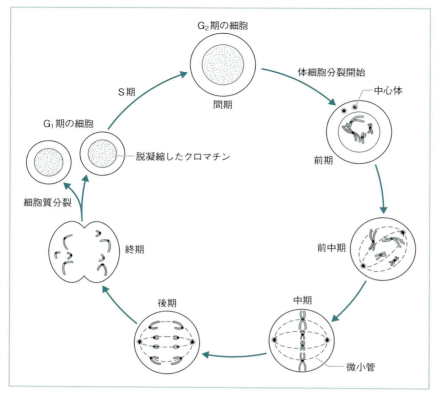

図2.9 体細胞分裂
1組の染色体ペアのみを示す。
文献1より。

体細胞分裂で染色体が分離する際，減数分裂と異なるところは，複製と分離が1回ずつ行われることです。すなわち複製したものが分離するので，元の細胞と同じだけの情報（2n2c）が継承されることになります。完全な遺伝情報を染色体という形で分配する，これが体細胞分裂です。

減数分裂による伝達

減数分裂は，二倍体細胞（2n2c）から，一倍体の配偶子（1n1c）が形成される分裂様式です（図2.10）。最初の段階は，体細胞分裂と同様にDNAの複製から始まり，G$_2$期に2n4cという状態になります。そして，第一減数分裂へと入っていくのですが，体細胞分裂とは異なり，第一減数分裂では，姉妹染色分体が分離せず，相同染色体が分離します。したがって，2n4cが1n2cとなります。DNA量は複製されて2倍量ですが，染色体の数としては半分になってしまいます。

次に，1n2cが，複製を経ないまま第二減数分裂へと入ります。第二減数分裂は体細胞分裂と類似しており，姉妹染色分体の分離により2cが1cになりますので，1n1cが生じます。最初の状態から比べると，情報は半分になりました。

もう少し詳しくみていきましょう。2n4cが1n2cになるという第一減数分裂には，前期，中期，後期という段階があります。この前期には，配偶子の多様性を生じさせるうえで重要な事象が起こり，このうちの2つの段階として，合糸期

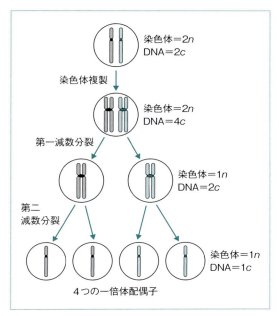

図2.10　減数分裂
1回のDNA合成の後，2回の染色体分離が起こる。文献1より。

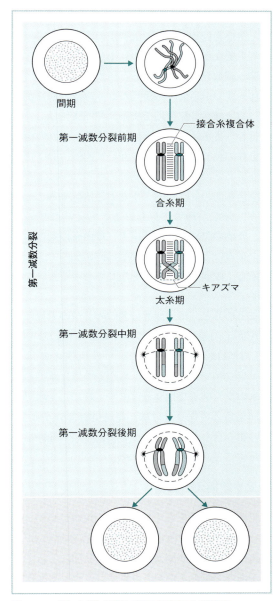

図2.11　第一減数分裂に起こる交叉と組換え
1組の染色体ペアの1回の交叉を例示した。第一減数分裂前期の合糸期に相同染色体を結びつける構造が生じ，次の太糸期に交叉とそれに伴う組換えが起こる。交叉点を含む十字構造をキアズマと呼ぶ。文献1より。

（zygotene）と太糸期（pachytene）があります（図2.11）。合糸期は相同染色体の整列や対合が行われる時期です。相同染色体の間に接合子複合体（シナプトネマ複合体）というタンパク質構造がつくられ，互いをしっかりと結びつけます。そして，次の太糸期に，染色体の交叉（crossing over）とこれに伴う遺伝的組換え（recombination）が起こります。交叉は通常，相同染色体間で行われる染色体レベルでの部分交換を指し，これにより交叉点を伴う十字構造（キアズマと呼ばれます）が形成されます。染色体の交叉によりDNA（もしくは遺伝子）レベルの遺伝的交換が起こり，これを組換えと呼びます。交叉と組換えは何が違うのかとわかりにくく感じるかもしれませんが，両者は，このように因果関係にあるのです。また，類似領域で2回交叉が起こると，結果とし

て組換えが起こらない領域が生じることもあります。組換えはそれぞれの配偶子の多様性を決めている重要なポイントの1つになります。

第一減数分裂中期になると核膜が消失して、紡錘体形成や赤道面への整列など、分離の準備が進み、第一減数分裂後期で実際に相同染色体の分離が行われます。このとき紡錘体にそれぞれの相同染色体の動原体が接着し、互いに両極に引き合う力が生じるのですが、同時に、キアズマによる相同染色体間の一部が結合する力と拮抗することにより、分離が均等に行われると考えられています。分離の際は、元の父由来・母由来の染色体がランダムにどちらかの娘細胞に向かうので、この段階も、配偶子の多様性を生じさせることになります。

まとめると、第一減数分裂時の2つの過程により配偶子の多様性が生じるということになります。1つは交叉の結果としての組換えによるシャッフルで（図2.12）、もう1つは分離での親由来のランダムな振り分けです。特に、分離での相同染色体の振り分けは、単純計算でいうと2^{23}もの組み合わせがあり、非常に大きい多様性をもたらすことになります。

交叉や組換えの影響

組換えの影響をもう少し詳しく説明します。交叉や組換えのパターンには大きな多様性があり、例えば、男女差や個人差、家系や集団によって違いがあり、組換えが起こりやすい「ホットスポット」があるともいわれています。これが、配偶子形成の多様性とも結びついています。

先にも説明したように、組換えの原因として染色体の交叉が起きますが、交叉によるキアズマの位置が加齢とともに遠位にずれたり、また加齢により姉妹染色分体どうしを接着するコヒーシンと

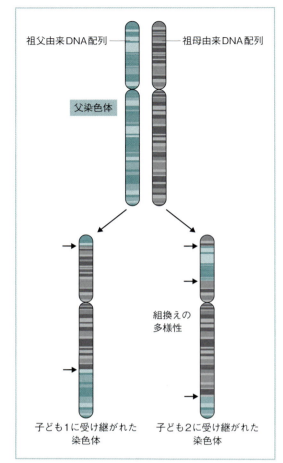

図2.12　減数分裂で起こる組換えの影響
父親から子どもに受け継がれる染色体の例。祖父由来染色体と祖母由来染色体の間で起こる組換えの結果、多様性が生じる。文献1より。

呼ばれるタンパク質が変性するといった知見が報告されています。これらは高年妊娠によるDown症候群などの染色体の数的異常の発生増加の原因と考えられています。また、相同染色体の同じ場所ではなく不均等に交叉が起こると、染色体領域の欠失や重複につながります。体細胞分裂であっても、組換えのエラーががんの発生にかかわった

りすることが知られています．交叉や組換えには
さまざまな臨床的意義があるのです．

精子形成と卵子形成

減数分裂では，最終的に配偶子が形成され，男
性は精子を，女性は卵子を作ります．では，配偶
子形成について，詳しくみてみましょう．

胎生第4週までに始原生殖細胞が胚体外部の卵
黄嚢内胚葉に認められます．これが，観察しうる
配偶子形成の始まりになります．これらの細胞が
胎生の第6週までに生殖隆起へと移動し，体細胞
とともに性腺原基を形成します．ここで男性の場
合はXY，女性の場合はXXという性染色体の構
成に応じて，性腺原基が精巣あるいは卵巣へと分
化していきます．

まず，精子形成について説明します（図2.13）．
先ほどの始原生殖細胞が約30回の体細胞分裂を
経て，精子の幹細胞である精原細胞へと分化して
いきます．この細胞は，精子形成の場合，出生か
ら性成熟に至るおよそ15年前後をかけて成熟し
ていきます．性成熟開始後には，この精原細胞が
およそ16日に1回，幹細胞のまま分裂を繰り返
していきます．このうち精子形成に向かう細胞は
4回の体細胞分裂を経て，分化の最終段階である
一次精母細胞となります．これが減数分裂が始ま
る直前の細胞になります．その後，2回の減数分
裂を経て精細胞が形成され，精細胞は分裂せずに
精子へと分化していきます．

精子の場合はこのように，性成熟開始後には精
原細胞が常に分裂を繰り返していますので，年齢
とともに分裂回数が増えていくことになります．
この16日に1回というところがポイントになり
ます．例えば20歳の場合と30歳の場合では，
精原細胞の分裂回数が100回以上異なってくる
ということになるわけです．もう1つ精子形成で

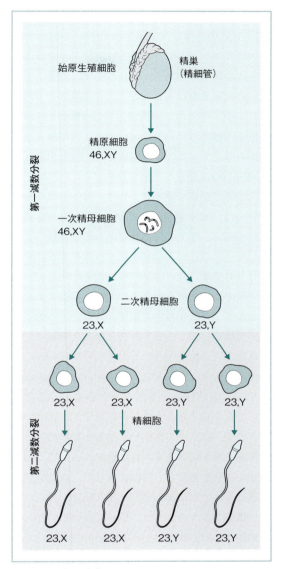

図2.13 精子形成
精子形成は思春期に始まり，16日に1回のペースで精原細胞（精子幹細胞）が分裂する．一次精母細胞は減数分裂を経て，精細胞を形成し，精細胞はその後精子へと分化する．各段階の染色体数と性染色体の種類を示す．文献1より．

大事な点が，性染色体の対合と組換えです。長さの違う X 染色体と Y 染色体が組換えを起こす際のメカニズムとして，短腕と長腕にそれぞれ偽常染色体領域という場所が存在します。通常この領域での組換えが起きますが，この組換えで不均等なズレが生じると，男性決定化因子の SRY が X 染色体へ移動してしまうといったことが起こる場合があります。このような現象が，性分化異常の原因の 1 つになることがあります。

次は卵子形成です（図 2.14）。精子と異なる点としては，まず始原生殖細胞から 20 回の体細胞分裂を経て，卵子の幹細胞である卵原細胞へと分化します。これが実は胎生期，つまり非常に早期に行われます。この卵原細胞は増殖肥大して，減数分裂の直前の細胞である一次卵母細胞にまで分化します。そこからすぐに第一減数分裂が始まって，前期の状態，つまり対合・組換えを起こしている状況で，胎生の 3～5 か月の時期にいったん休止期に入ります。すなわち卵子は，誕生する前にすでに減数分裂まで進んでいるということです。これが精子との大きな違いです。

その後，出生から性成熟に至る十数年の間，この休止状態が続きます。性成熟に至った後，卵母細胞が成熟を再開し，排卵直前に第一減数分裂が急速に進んで二次卵母細胞と第一極体が作られます。精子と違うところは，第一減数分裂で作られる細胞の 1 つが極体という形で痕跡化してしまう点です。続いて排卵中に第二減数分裂が中期まで進行して，受精というイベントをもって第二減数分裂が完了するという流れになります。閉経までに卵子ではおよそ 400 個のみが成熟し，排卵されます。精子に比べると圧倒的に数が少なく，ここも精子形成と卵子形成の大きな違いになります。

まとめますと，精子では性成熟期以降に減数分

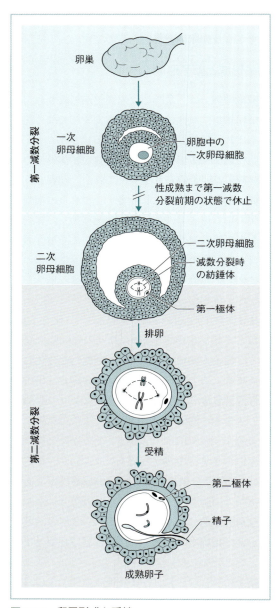

図 2.14　卵子形成と受精
第一減数分裂前期の段階（胎生 3～5 か月）で休止期に入り，誕生後，性成熟後に再開して，排卵直前に第一減数分裂が終了。排卵中に第二減数分裂が進行し，受精にて完了する。文献 1 より。

裂が起こりますが，卵子の場合は胎生期に減数分裂が始まり，卵母細胞はいったん休止状態に入ります。精子にこのような休止期間はなく，一定の割合で幹細胞が分裂しながら精子形成へと向かっていきます。卵子の休止期間は，思春期の開始から閉経までの排卵の年齢に依存することになります。一方で精子形成は，配偶子形成までの精原細胞の分裂回数が年齢に依存して増加していきます。精子と卵子の大きな違いとしては，精子の場合は分裂回数が年齢依存となり，卵子の場合は休止期の年月が年齢依存となることです。この違いがありますので，精子と卵子に，年齢とともにどのような変化が起こるかということにも，違いがあります。卵子では休止期間が長くなることで不分離が起こりやすくなり，染色体の異数性につながります。一方の精子では，分裂回数が多いことで遺伝子内の変異が起こりやすくなります。加えて，配偶子の産生数にも大きな差が出てきます。

　ヒトの生殖では，最終的に排卵後約1日以内に卵管内で受精が起こります。通常は1つの卵子に1つの精子が侵入し，他の精子が侵入できない状況がつくられます。受精後には，まだ核を共有しない雄性前核と雌性前核が生じます。これらが1回目の複製をした後に初めて核を共有し，二倍体ゲノムとして胚発生が始まることになります。

細胞分裂の生物学的意義

　ここまで，細胞分裂によるゲノム情報の伝達について話してきました。細胞分裂の生物学的意義をまとめると，ゲノムの完全性をなるべく保持しながら，子孫細胞もしくは次世代へと，体細胞分裂と減数分裂によって遺伝情報を伝えていくということになります。しかし，細胞分裂の際にはエラーが起こることがあり，例えば染色体の不分離などが発生する場合があります。減数分裂時に不分離が起こると，染色体の異数性につながります。一方で，体細胞分裂時に不分離が起こると，正常細胞と異数性細胞のモザイクが引き起こされたりします。がんの発生段階などにこういった不分離が関与している場合があります。

● ● ●

　この講義では，遺伝医学の基礎となるゲノムについて概観してきました。染色体やゲノムを解析して得られたさまざまな知見が，今，臨床に応用されつつあります。臨床診断では，さまざまな遺伝性疾患の原因が次々に同定されてきています。出生前診断では，網羅的なスクリーニングが行われるようになっています。がんゲノムを用いた精密医療（precision medicine もしくはプレシジョンメディシン）では，ゲノム解析から得られた情報が使われています。さらには，iPS細胞による化合物のスクリーニングやドラッグ・リポジショニングにも，ゲノム情報は結びついています。ゲノムの知識が，多様な臨床応用につながっていく時代を向かえつつあるといえるでしょう。

● 文献
1) Nussbaum RL 著（福嶋義光監訳）：トンプソン＆トンプソン遺伝医学 第2版. メディカル・サイエンス・インターナショナル, 2017.
2) https://www.megabank.tohoku.ac.jp/cms/wp-content/uploads/2021/12/ID47145_pressrelease.pdf

第3講

遺伝子の構造と機能：
遺伝子の発現はどのように調節されているか

青木洋子●東北大学大学院医学系研究科 遺伝医療学分野

ゲノムによって親から子へ運ばれた情報にもとづいて個体の生命活動が営まれるためには、遺伝子の発現が起こらなければなりません。遺伝子の発現は、さまざまな仕組みによって綿密に制御されています。

ゲノムによって運ばれた情報は、ゲノムに含まれる遺伝子がRNAやタンパク質の機能的分子を作ること、すなわち発現することによってはじめて機能するようになります。そして、遺伝子発現が適切に起こるためには、さまざまな発現調節システムが働かなければなりません。この講義では、遺伝子の発現を調節する仕組みについて説明します。調節システムに異常が起これば、病気の原因にもなりますから、さかんに研究が行われている分野でもあります。

本題に入る前に、図3.1 を見てください。ゲノムの情報が発現されて、遺伝子の産物が作り出され、それらがどのように個体の複雑な生命活動を営んでいるかの全体像を示しています。遺伝子から作り出されたタンパク質がネットワークを形成し、いろいろな機能が生みだされるのです。本講で学ぶ遺伝子発現は、その土台に位置付けられる重要な働きであるのがわかるでしょう。

では、講義を進めましょう。遺伝子は、ゲノム上に存在する、ある長さをもった配列のことです。遺伝子の基本構造について最初に説明し、その後に発現とその調節について話していきます。

遺伝子について知ろう

30億個の文字（塩基配列）がヒモのようにつらなったヒトゲノム。そこに、タンパク質コード遺伝子が約2万個（第2講「遺伝子はいくつ存在するのか」も参照）存在します。遺伝子はゲノム上でどのように分布しているのでしょうか？　ゲノム上に均一に分布しているわけではありません。染色体で比べてみると、遺伝子が多い染色体もあれば、そうでない染色体もあります。例えば11番染色体は遺伝子が比較的豊富で、タンパク質をコードする遺伝子が1,300個あります。また、遺伝子は1つの染色体上でも均一に分布しているわ

第3講

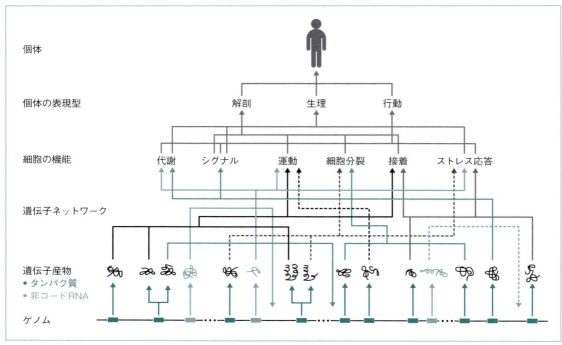

図3.1　ゲノム情報の発現
遺伝子発現により，タンパク質や非コードRNAが作り出される。多くの遺伝子は複数の異なる産物を作り出す。また，作り出されたタンパク質は精巧なネットワークを形成して，複雑な細胞の機能を発揮する。それらが組み合わされて，個体の複雑な表現型が形成される。文献1より。

けではありません（図3.2）。図3.2に示したように，11番染色体でいえば，遺伝子が豊富な「遺伝子密度の高い」領域が2つあります。逆に遺伝子が乏しい領域は「遺伝子砂漠」と呼ばれています。例えば，11番染色体の遺伝子の密度の高い領域の1つには，有名な遺伝子が存在します。5つの嗅覚受容体（OR）遺伝子と，5つのβグロビン遺伝子です。βグロビン遺伝子は5つが連続して分布するので，「β遺伝子クラスター」とよく呼ばれます。クラスターとは，遺伝子の集まった状態を指します。

遺伝子の構造

今度は，染色体をもっとクローズアップして見てみましょう。1つの遺伝子の詳しい構造を表したのが図3.3です。このように，ほとんどの遺伝子には，エクソンと，1つ以上のイントロンが含まれています。イントロンは，転写の初期段階には含まれているのですが，成熟RNAが形成される際に除去されてしまう遺伝子の領域のことです。つまり，イントロンは翻訳の対象になりません。イントロンが除去される仕組みをスプライシングといいます。

翻訳とは何か覚えていますか？　ここで，セン

第3講　遺伝子の構造と機能：遺伝子の発現はどのように調節されているか

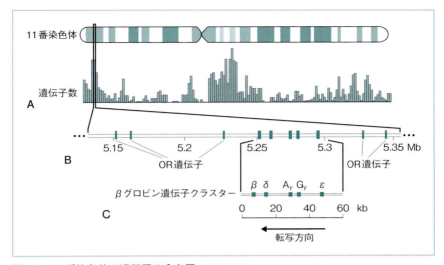

図 3.2　11 番染色体の遺伝子の含有量
A. 遺伝子の分布状況。B. 短腕テロメアから 5.15〜5.35 Mb の領域の拡大図。C. βグロビン遺伝子クラスターに含まれる 5 つの遺伝子の詳細。文献 1 より。

トラルドグマについて簡単におさらいしておきましょう（図 3.4）。セントラルドグマとは，DNA からタンパク質が作られる，遺伝子発現の流れを指す言葉です。DNA（遺伝子）が転写（transcription）されて，メッセンジャー RNA（mRNA）が作られ，この情報がタンパク質へ翻訳（translation）されるという流れのことです。

さて，遺伝子の構造をさらに詳しく解析すると，プロモーターや転写開始点，非翻訳領域（UTR）などの特徴的な箇所が存在することがわかります。これらは，遺伝子の発現を調節する塩基配列になります。遺伝子の 5′ 末端にあるプロモーターは，転写を適切に開始する役割を担います。その他にも，転写を促進するエンハンサー，他の遺伝子との干渉を防ぐインシュレーター，後でふれる座位制御領域（locus control region：LCR）などがあります。遺伝子には方向性があり，遺伝子にとって，転写開始点のある方向を 5′ 側といいその反対側が 3′ 側です。3′ 非翻訳領域と呼ばれる領域には，成熟 mRNA になったときに，その末端にアデノシン残基配列（ポリ A テール）が付加されるためのシグナルが存在しています。ここで紹介した調節領域などについては，後で詳しく説明します。なお RNA も 5′→3′ の方向で合成が行われます。

遺伝子ファミリー

遺伝子のなかには，配列がよく似た遺伝子群として一まとめに分類できるものがあります。それらは遺伝子ファミリーと呼ばれます。多くの遺伝子は何らかの遺伝子ファミリーに属しています。例えば 11 番染色体の β グロビンクラスターの遺伝子群と，16 番染色体の α グロビンクラスターの遺伝子群は，1 つの大きな遺伝子ファミリーを形成しています。これらの遺伝子は，5 億年前に，1 つの前駆遺伝子に重複が起こることによって生

35

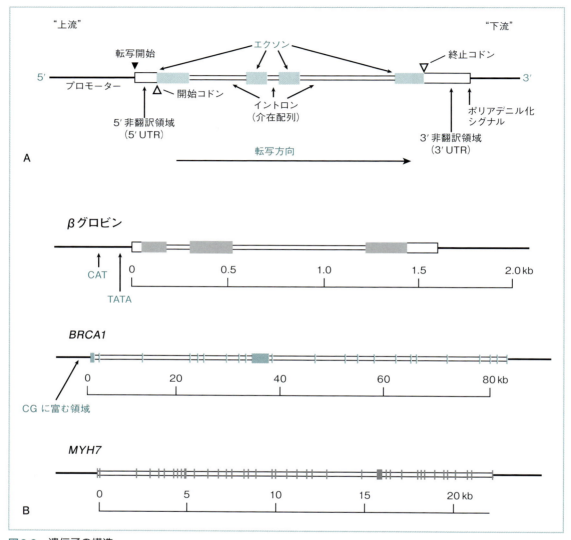

図3.3 遺伝子の構造
A. ヒト遺伝子の典型的な構造。B. 医学的に重要な3つの遺伝子の例。βグロビン，BRCA1，ミオシン重鎖（MYH7）遺伝子。文献1より。

じてきたと考えられています。そしてその後，今から1億年以内の時期に，αグロビンとβグロビンのそれぞれに遺伝子の重複が連続して起こり，それぞれの遺伝子クラスターが生じたと考えられています。この2つのクラスターの遺伝子では，同様の位置に2つのイントロンを持つなど，類似した構造をもっています。この遺伝子ファミリーに属する遺伝子は（例えば図3.2のβ，γ，Aγ，Gγ，ε遺伝子），互いに類似したグロビン鎖をコードしていて，発生・成長の各段階で特徴的な

第3講　遺伝子の構造と機能：遺伝子の発現はどのように調節されているか

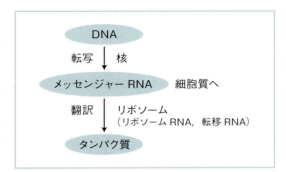

図3.4　セントラルドグマ
DNAからタンパク質が作られる遺伝子発現の流れ。

発現を行うことが知られています

　別の遺伝子ファミリーとして，嗅覚受容体（OR）遺伝子ファミリーがあります。OR遺伝子はゲノム上に1,000個以上も存在しています。これらの遺伝子は，多種多様な化学物質を識別する嗅覚に対応する受容体の遺伝子です。OR遺伝子はゲノム全体に存在しますが，その半数は11番染色体に位置しています。よく似た遺伝子が膨大数存在するのですから，ゲノム解析をするときに混同しやすく，解釈に悩むことが多く，たいへんです。

偽遺伝子

　ゲノム中には，機能をもたない偽遺伝子（pseudogene）というものが存在します。既知の遺伝子配列と似てはいるのですが，機能がなく，RNAやタンパク質を作らない配列なのです。偽遺伝子は，さらに2種類に分けられます。プロセシングを受けていない偽遺伝子（nonprocessed pseudogene）と，プロセシングを受けた偽遺伝子（processed pseudogene）です。この分類，わかりにくいですね。もう少し我慢して，読み進めてください。

　プロセシングを受けていない偽遺伝子とは，かつては機能を持った遺伝子だったものが，遺伝子の機能にとって重要なコード配列や調節配列に変異が生じ，遺伝子としての機能が不活性化された配列のことです。進化の副産物として残ったと考えられ，「死んだ」遺伝子などと呼ばれることがあります。

　一方，プロセシングを受けた偽遺伝子は，レトロ転移によって生じたものです。レトロ転移とは，転写の後に逆転写が起こり，mRNAを鋳型としたDNAのコピーが生じ，これがゲノムのどこかに再挿入される現象です。このDNAのコピーは，元の遺伝子のようには機能しません。イントロンを欠いている場合も多いです。ただし，ポリメラーゼ連鎖反応（PCR）で増幅を行ったときに，本当の遺伝子とともに増幅されてしまう場合があるので，注意が必要となります。

非コードRNA遺伝子

　遺伝子には，非コードRNA（noncoding RNA）を作るものがあります。非コードRNAとは，タンパク質に翻訳されないRNAのことです。RNA自体が，遺伝子の機能的産物となります。非コードRNAには，次のような種類があります。

　まず，転移RNA（tRNA），リボソームRNA（rRNA），スプライシングに関与するRNA，核小体低分子RNA（snoRNA）など，細胞の基本的な機能にかかわるものです。また，最近よく知られているものとして，マイクロRNA（miRNA）があります。miRNAは，たった22塩基程度の短いRNAで，標的遺伝子のmRNAに結合し，転写産物のタンパク質合成を調整することによって，その翻訳を抑制するものです。ヒトのゲノムには1,000個以上のmiRNAが同定されていて，ゲノム上のすべてのタンパク質コード遺伝子の

30％以上の活性を抑制できると考えられています。

非コードRNA遺伝子は，ヒトゲノムにどのくらいの数存在するのでしょうか。タンパク質をコードする遺伝子が約2万個であるのに対し，非コードRNA遺伝子は，2万〜2万5,000個程度といわれています。

遺伝子発現は転写→翻訳と進む

先ほどセントラルドグマについてふれましたが，ここでは，遺伝子発現の流れをくわしくみてみましょう。

転写

遺伝子の転写は酵素によって行われますが，転写が開始されるためには，プロモーターやエンハンサーなどの配列や，転写因子といったタンパク質が働きます。これらについては，後で詳しくふれます。

遺伝子の転写がスタートすると，まず，エクソンとイントロンの両方が順々に転写されていきます。こうして生じるのが一次転写産物RNAです。次に，このRNAから，イントロンに相当する部分が切り出され，エクソン同士が結合されます。先ほども述べたように，このイントロンが切り出される過程をRNAのスプライシング（splicing）と呼びます。スプライシングを受けた成熟RNA（メッセンジャーRNA：RNA）は，核から細胞質へと輸送され，細胞質においてmRNAがアミノ酸に翻訳されます。これがセントラルドグマの流れになります（図3.5）。

転写についてもう少し細かくみていきましょう。遺伝子の配列のなかで，転写がスタートする部位を転写開始点とよびます。転写開始点は，

5′非翻訳領域（その名の通り，遺伝子の端にあり，翻訳されない領域）という場所に存在しています。タンパク質をコードする遺伝子の転写を行う酵素は，RNAポリメラーゼⅡです。この酵素が，転写開始点から転写を開始し，RNAが作られていくのです。一次転写産物RNAの合成は，5′→3′方向に進みます。二本鎖DNAのうちの，アンチセンス鎖（転写鎖と呼ばれるほうの鎖）が鋳型として読み取られます。したがって，mRNAとDNAのセンス鎖（非転写鎖）が，同じ方向ということになります。ちなみに，遺伝子の配列として報告されるのは，センス鎖（非転写鎖）のDNA配列です。

ところで，転写が開始された後，どこまで転写が続くかというと，コード配列の終わりを過ぎても転写はある程度継続されるようです。一次転写産物RNAが生じると，スプライシングが起こる前に，まず，RNAの両端に修飾がほどこされます。5′末端には，キャップ構造という化学構造が付加されます。3′末端は，コード配列の終結点の下流にある適切な部位で切断されます。これが，RNAのプロセシング（processing）とよばれる過程です。その後，切断された3′末端には，ポリAテールという構造が付加されます。これをポリアデニル化と呼びます。RNAプロセシングとスプライシングはすべて核内で行われますが，その後mRNAが細胞質に輸送されます。

遺伝暗号

翻訳を説明する前に，遺伝暗号を紹介しておきましょう。成熟mRNAはtRNA分子の働きによってタンパク質へと翻訳されます。tRNAはmRNAの3塩基に対して，それに対応するアミノ酸を運んでくる働きをします。

mRNAの3塩基に対して，アミノ酸はどのよ

第3講　遺伝子の構造と機能：遺伝子の発現はどのように調節されているか

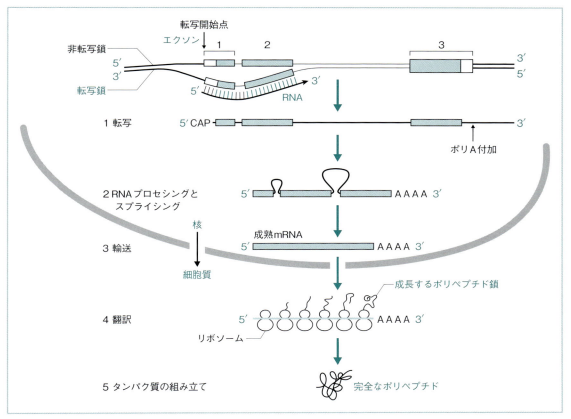

図3.5　セントラルドグマの各段階を具体的に示す
DNAの二本鎖のうち，mRNAの鋳型になるのはアンチセンス鎖である。一次転写産物にはRNAプロセシングが起こる〔5′端にキャップ（CAP）構造の付加，3′端のポリA付加など〕。その後，イントロンが切り出されるスプライシングが起き，成熟mRNAができあがる。mRNAは細胞質に移動し，翻訳が起こる。文献1より。

うに対応するのでしょうか。mRNAの3塩基の組み合わせをコドンとよびます。コドンとアミノ酸の対応関係が解明されており，その対応表はコドン表とよばれます（図3.6）。3塩基の並びはA，C，G，Tの組み合わせになりますので，4^3で，コドンは64通りあります。アミノ酸は20種類なので，ほとんどのアミノ酸は，複数のコドンにより指定されることになり，これを縮重と呼びます。ただし，例外として，開始コドンであるメチ

オニンを指定するのは，ただ1つのコドンしかありません。もう1つの例外はトリプトファンで，これを指定するのも，ただ1つのコドンです。一方，終止コドンは3つあります。開始コドン（メチオニン）の働きは非常に重要で，転写の開始点を指定し，ここから3塩基ずつが読まれていくことになります。開始点を指定することを「読み枠を決める」といいます。なお，この開始メチオニンは，タンパク質合成が完了する前に通常は取り

第3講

1番目の塩基	2番目の塩基								3番目の塩基
	U		C		A		G		
U	UUU	Phe	UCU	Ser	UAU	Tyr	UGU	Cys	U
	UUC	Phe	UCC	Ser	UAC	Tyr	UGC	Cys	C
	UUA	Leu	UCA	Ser	UAA	stop	UGA	stop	A
	UUG	Leu	UCG	Ser	UAG	stop	UGG	Trp	G
C	CUU	Leu	CCU	Pro	CAU	His	CGU	Arg	U
	CUC	Leu	CCC	Pro	CAC	His	CGC	Arg	C
	CUA	Leu	CCA	Pro	CAA	Gln	CGA	Arg	A
	CUG	Leu	CCG	Pro	CAG	Gln	CGG	Arg	G
A	AUU	Ile	ACU	Thr	AAU	Asn	AGU	Ser	U
	AUC	Ile	ACC	Thr	AAC	Asn	AGC	Ser	C
	AUA	Ile	ACA	Thr	AAA	Lys	AGA	Arg	A
	AUG	Met	ACG	Thr	AAG	Lys	AGG	Arg	G
G	GUU	Val	GCU	Ala	GAU	Asp	GGU	Gly	U
	GUC	Val	GCC	Ala	GAC	Asp	GGC	Gly	C
	GUA	Val	GCA	Ala	GAA	Glu	GGA	Gly	A
	GUG	Val	GCG	Ala	GAG	Glu	GGG	Gly	G

アミノ酸の略号

Ala（A）	アラニン	Leu（L）	ロイシン
Arg（R）	アルギニン	Lys（K）	リシン
Asn（N）	アスパラギン	Met（M）	メチオニン
Asp（D）	アスパラギン酸	Phe（F）	フェニルアラニン
Cys（C）	システイン	Pro（P）	プロリン
Gln（Q）	グルタミン	Ser（S）	セリン
Glu（E）	グルタミン酸	Thr（T）	トレオニン
Gly（G）	グリシン	Trp（W）	トリプトファン
His（H）	ヒスチジン	Tyr（Y）	チロシン
Ile（I）	イソロイシン	Val（V）	バリン

stop＝終止コドン。
コドンは mRNA での表記に従う。これは対応する DNA コドンと相補的である。

図3.6 遺伝暗号（コドン表）
開始コドン（Met）は1種類，終止コドン（stop）は3種類ある。コドンは mRNA での塩基を表記している。文献1より。

除かれます。

ところで，DNA と RNA では塩基が一部異なります。DNA の T に相当する塩基は RNA では U となります。DNA と RNA の化学構造の違いを念のため，まとめておきます。
・DNA でデオキシリボースのところが RNA ではリボースになる
・DNA のチミン（T）が RNA ではウラシル（U）になる
・DNA は二本鎖で，RNA は一本鎖である

さて，tRNA によるタンパク質の合成は，細胞の中のリボソームという，RNA とタンパク質からなる高分子複合体で起こります。この RNA は，リボソーム RNA（18S および 28S）遺伝子にコードされている rRNA です。また，タンパク質は，数十種類あり，リボソームタンパク質と総称されます。

翻訳

翻訳はどのように行われるのでしょうか。mRNA のコドンにアミノ酸を対応させる tRNA の働きについて，詳しくみてみましょう。tRNA は，長さ 70 〜 100 塩基長の小さい RNA で，アミノ酸を 1 つ運んでいます。tRNA の分子内には，このアミノ酸に対応する 3 塩基の配列が並んでいる部位があります。ただし，この 3 塩基は，mRNA のコドンの塩基配列とは相補的な配列で，アンチコドンと呼ばれます。mRNA のコドンはそれと相補的な tRNA のアンチコドンと結合することにより，mRNA で指定されたアミノ酸が運ばれてくることになるのです。

tRNA によって運ばれてきたアミノ酸は，リボソーム内で，直前のアミノ酸の隣に並んでいきます。ここで 2 つのアミノ酸の間にペプチド結合が形成され，それが次々と繰り返されて，ポリペプチド鎖が伸びていくのです（図 3.7）。リボソームは mRNA に沿って正確に 3 塩基ずつ移動し，終止コドンがあるとその場所で翻訳は終了します。

ミトコンドリアゲノムの転写

さて，ここまで説明してきたのは核ゲノムの転写ですが，細胞内のミトコンドリアには，ミトコンドリアゲノムがあります。16 kb の小さな環状

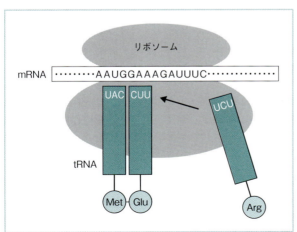

図 3.7 翻訳のメカニズム
tRNA が 1 種類のアミノ酸を運んできて，mRNA の対応する部位に結合する。次々と運ばれてくるアミノ酸どうしが連結され，ポリペプチド鎖が伸びていく。

ゲノムです．ミトコンドリアゲノムの転写は，ミトコンドリア特異的RNAポリメラーゼという酵素によって行われます．この酵素自体は，核ゲノムにコードされています．

ミトコンドリアゲノムには，二本鎖の各鎖に1つずつプロモーターがあり，1つの鎖が一度に転写されます．そこからRNAプロセシングを経て，ミトコンドリアmRNA，ミトコンドリアtRNA，ミトコンドリアrRNAが生じてきます．このように，ミトコンドリアゲノムは普通のゲノムとは別の転写方式を取っているということになります．

βグロビン遺伝子を例に遺伝子発現をみてみよう

次に具体例として，βグロビン遺伝子について説明します．βグロビンは，146のアミノ酸からなるタンパク質です．11番染色体の短腕のおよそ1.6 kbを占めている遺伝子によってコードされています．1.6 kbというのは，かなり小さな遺伝子です．3つのエクソンと2つのイントロンで構成されています．

βグロビン遺伝子の転写の方向は，染色体上でみると，セントロメアからテロメア方向になりま

す．βグロビンクラスターに属する他の遺伝子も，同じ方向に転写されます．

遺伝子の転写の方向は，DNAの5′→3′の方向と決まっていますが，セントロメア→テロメア方向なのか，テロメア→セントロメア方向なのかという点では，その遺伝子がDNA二本鎖のどちらの鎖にコードされているかによって，遺伝子ごとに異なってくるのです．

プロモーター

遺伝子の転写開始位置の上流（5′側ということ）には，プロモーターというDNA配列があります．遺伝子の正確な転写開始に必要なDNA配列です．プロモーターのように，遺伝子発現の調節に働くDNA配列の部位のことを，調節領域とよびます．遺伝子のプロモーターは，転写開始点から上流およそ200塩基内にあります（図3.8）．βグロビン遺伝子のプロモーターは，比較的短い配列であり，転写を制御する転写因子と相互作用します．転写因子は，βグロビン遺伝子が発現すべき細胞でのみ発現するように，転写を制御しています．

転写で，実際に鋳型となるDNA配列をもつのは，3′→5′方向のDNAアンチセンス鎖（転写鎖）

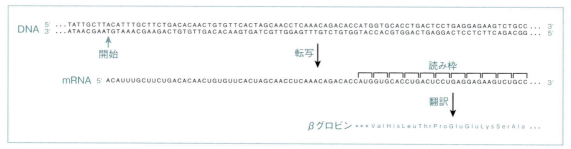

図3.8　βグロビン遺伝子の5′末端の構造
鋳型として転写されるのは3′→5′方向のDNA鎖（アンチセンス鎖）．生じるmRNAの5′→3′方向の配列が，5′→3′方向のDNA鎖（センス鎖）の配列と一致する（ただし，TはUに置き換わっている）．文献1より．

になります。その結果，mRNA の 5′ → 3′ の配列が，DNA 鎖の 5′ → 3′ 方向の配列に一致することになります（U が T になっている点は除く）。論文やデータベースに報告されている配列は，この配列となります。

さて，すべてではないですが，多くの遺伝子で認められるプロモーター配列の 1 つが TATA ボックスという変わった名前の配列です。この名称は，チミン（T）とアデニン（A）が豊富なことに由来しています。TATA ボックスは，転写開始点の決定に重要で，転写部位のおよそ 25 ～ 30 bp 上流に存在します（β グロビン遺伝子では 50 bp 上流）。TATA ボックスのさらに数十 bp 上流には，同じくプロモーターの CAT ボックスが存在します。TATA ボックスや CAT ボックス，あるいはさらにそれより上流の調節領域に変異が生じると遺伝子の転写レベルが低下することが，β サラセミアの患者さんでわかっています。

一般的には，組織特異的な発現をする遺伝子には，TATA ボックスや CAT ボックスが認められることが多いです。一方で，すべての臓器で発現するハウスキーピング遺伝子のプロモーターは，シトシン（C）とグアニン（G）が豊富な CpG アイランドを持つ場合が多いとされています。CpG アイランドは，C と G が集中している DNA 領域で，そのいくつかは，それに特異的な転写因子が結合する部位と考えられています。ゲノムには，一般的に AT が豊富に見られるので，CpG アイランドは目立つのです。CpG アイランドは，後で述べる DNA メチル化の標的としても重要で，DNA のメチル化は転写抑制に関連すると考えられています。

エンハンサーと座位制御領域

転写に関与するのはプロモーターだけではあり

ません。エンハンサーと呼ばれる DNA 領域があり，遺伝子の転写を促進する働きをします。エンハンサーは，遺伝子のすぐ近くには存在せず，離れたところに位置しています。数～数百 kb，場合によっては，数千 kb 離れていることもあります。プロモーターとは異なり，エンハンサーは，位置も向きも，対象の遺伝子とは独立しています。転写開始部位の 5′ 側にも 3′ 側にも存在できることが重要です。また，ある組織である遺伝子を発現させる働きをするといった，組織特異的なエンハンサーもあります。

β グロビン遺伝子の正常な発現には，ゲノム上のさらに離れた場所に存在する，座位制御領域（LCR）と呼ばれる配列が必要になってきます。これは ε グロビン遺伝子の上流に位置し，正確なクロマチン構造を構築して，発現が高水準に行われるように働いています。

RNA スプライシング

転写によって生じた RNA から，イントロンを切り出す反応を RNA スプライシングと呼ぶと，以前に紹介しました。では，β グロビン遺伝子の RNA スプライシングについて具体的にみてみましょう。

RNA スプライシングが起きるのは，一次転写産物ができてからの話になります。β グロビン遺伝子の一次転写産物の RNA には，長さ 1,000 bp と 850 bp の 2 つのイントロンが含まれています（図 3.9）。RNA スプライシングによってイントロンが取り除かれ，残りの RNA 断片同士が結合され，成熟 mRNA の形成に至ります。RNA スプライシングは，正確かつ効率的に起き，β グロビン遺伝子イントロンの 95 ％が正確に除去されます。

イントロンが切り出されるためには，イントロ

第3講

```
              5'....agccacaccctagggttggccaatctactcccaggagcagggagggcaggagccagggctgggctataaaa
              gtcagggcagagccatctattgcttACATTTGCTTCTGACACAACTGTGTTCACTAGCAACCTCAAACAGACACCATG
エクソン1       ValHisLeuThrProGluGluLysSerAlaValThrAlaLeuTrpGlyLysValAsnValAspGluValGlyGlyGlu
              GTGCACCTGACTCCTGAGGAGAAGTCTGCCGTTACTGCCCTGTGGGGCAAGGTGAACGTGGATGAAGTTGGTGGTGAG
              AlaLeuGlyAr-
              GCCCTGGGCAGgttggtatcaaggttacaagacaggtttaaggagaccaatagaaactgggcatgtggagacagagaag

イントロン1      actcttgggtttctgataggcactgactctctctgcctattggtctattttcccacccttagGCTGCTGGTGGTCTAC
                                                                       -gLeuLeuValValTyr
              ProTrpThrGlnArgPhePheGluSerPheGlyAspLeuSerThrProAspAlaValMetGlyAsnProLysValLys
              CCTTGGACCCAGAGGTTCTTTGAGTCCTTTGGGGATCTGTCCACTCCTGATGCTGTTATGGGCAACCCTAAGGTGAAG
エクソン2       AlaHisGlyLysLysValLeuGlyAlaPheSerAspGlyLeuAlaHisLeuAspAsnLeuLysGlyThrPheAlaThr
              GCTCATGGCAAGAAAGTGCTCGGTGCCTTTAGTGATGGCCTGGCTCACCTGGACAACCTCAAGGGCACCTTTGCCACA
              LeuSerGluLeuHisCysAspLysLeuHisValAspProGluAsnPheArg
              CTGAGTGAGCTGCACTGTGACAAGCTGCACGTGGATCCTGAGAACTTCAGGgtgagtctatgggacccttgatgtttt

              ctttcccttcttttctatggttaagttcatgtcataggaaggggagaagtaacagggtacagtttagaatgggaaac
              agacgaatgattgcatcagtgtggaagtctcaggatcgttttagtttcttttatttgctgttcataacaattgttttc
              ttttgtttaattcttgctttcttttttttttcttctccgcaattttactattatacttaatgccttaacattgtgtat
イントロン2     aacaaaaggaaatatctctgagatacattaagtaacttaaaaaaaaactttacacagtctgcctagtacattactatt
              tggaatatatgtgtgcttatttgcatattcataatgtccctactttattttctttattttaattgatacataatca
              ttatacatatttatgggttaaagtgtaatgttttaatatgtgtacacatattgaccaaatcagggtaattttgcatt
              tgtaattttaaaaaatgctttcttcttttaatatacttttttgtttatcttatttctaatacttttccctaatctcttt
              ctttcagggcaataatgatacaatgtatcatgcctctttgcaccattctaaagaataacagtgataatttctgggtta
              aggcaatagcaatatttctgcatataaatatttctgcatataaattgtaactgatgtaagaggtttcatattgctaa
              tagcagctacaatccagctaccattctgcttttattttatggttgggataaggctggattattctgagtccaagctag

              gccccttttgctaatcatgttcatacctcttatcttcctcccacagCTCCTGGGCAACGTGCTGGTCTGTGTGCTGGCC
                                                             LeuLeuGlyAsnValLeuValCysValLeuAla
              HisHisPheGlyLysGluPheThrProProValGlnAlaAlaTryGlnLysValValAlaGlyValAlaAsnAlaLeu
              CATCACTTTGGCAAAGAATTCACCCCACCAGTGCAGGCTGCCTATCAGAAAGTGGTGGCTGGTGTGGCTAATGCCCTG
エクソン3       AlaHisLysTyrHisTer
              GCCCACAAGTATCACTAAGCTCGCTTTCTTGCTGTCCAATTTCTATTAAAGGTTCCTTTGTTCCCTAAGTCCAACTAC
              TAAACTGGGGGATATTATGAAGGGCCTTGAGCATCTGGATTCTGCCTAATAAAAAACATTTATTTTCATTGCaatgat
              gtatttaaattatttctgaatatttttactaaaaagggaatgtgggaggtcagtgcatttaaaacataaagaaatgatg
              agctgttcaaaccttgggaaaatacactatatcttaaactccatgaaagaaggtgaggctgcaaccagctaatgcaca
              ttggcaacagcccctgatgcctatgccttattcatccctcagaaaaggattcttgtagaggcttga....   3'
```

図3.9　β グロビン遺伝子の完全長の配列

灰色はエクソン（下段は塩基配列で上段はアミノ酸），小文字はイントロンを示す。ccaat は CAT ボックス，ataaaa は TATA ボックス，AATAAA はポリ A の付加の目印となる配列。gt と ag はエクソン - イントロン境界の配列，色のついた ATG は開始コドン，TAA は終始コドン。文献 1 より。

ンの 5′ 末端と 3′ 末端に特別な DNA 配列が必要になります。5′ 末端には，GT（RNA では GU）を含む 9 塩基（ドナーサイト）で，3′ 末端には AG を含む 12 塩基（アクセプターサイト）になります。したがって，この切り出しの法則を GT／AG ルールと呼びます。ここで重要なのは，エク

ソンやイントロンの位置は，アミノ酸の読み枠とは必ずしも一致していないことです。例えばAGGはアルギニンをコードしていますが，βグロビン遺伝子のエクソン1の最後はコドンの途中のAGで終わり，エクソン2はGで始まります。このように，アミノ酸の読み枠がイントロンによって分断されている場合もあります。また，βサラセミアの患者では，イントロンとエクソンの境界に変異が起こる場合があることも知られております。

関連して，選択的スプライシングという重要なメカニズムがあります。スプライシングに際してどのエクソンを最終的に選択するかによって，複数の成熟mRNAが作られる仕組みです。ある配列をみて例えばエクソンが10個あるとしても，10個のエクソンすべてが成熟mRNAに含まれるわけではない場合が出てくるということです。選択的スプライシングによって，大きさの異なるタンパク質が作られ，組織特異的あるいは細胞特異的なタンパク質の合成が実現されます。

ヒト遺伝子で，1遺伝子から平均2～3種類の転写産物が生じるため，約2万個と推定される遺伝子数を大きく超える種類のタンパク質が作られることになります。選択的スプライシングによる調節は，特にニューロンの発達過程で重要な役割を果たしていると考えられています。いくつかの神経精神疾患の易罹患性は，選択的スプライシングの変化やその中断と関連しているという知見が得られています。

ポリアデニル化，RNA 編集

ポリアデニル化（ポリAテールの付加）についても，βグロビン遺伝子で具体的に見てみましょう。成熟mRNAには，3′末端にポリAテールと呼ばれる構造が付加されていることは，すでに述べました。成熟βグロビンmRNAには，終止コドンとポリAテールの間に，130塩基対の長さの3′非翻訳領域が存在しています。この非翻訳領域には，ポリAテールの付加の目印となる，ポリアデニル化シグナルが存在します。ポリアデニル化部位の約20塩基対前の所に位置する，AAUAAAという配列です。ポリアデニル化シグナルは，mRNAの安定性に関与しています。このシグナルの配列に変異があると，疾患に関係することがあることがわかっています。例えば，βサラセミアがそうです。このシグナルだけでなく，3′非翻訳領域の異常が，疾患の原因になることがあります。なお，ポリアデニル化シグナルが複数の遺伝子も存在します。

RNAに関して，重要な最近の知見を最後に付け加えておきます。セントラルドグマによると，タンパク質を作るアミノ酸の配列はゲノムの配列に由来することになりますが，それが成り立たない事象が発見されているのです。どういうことかといいますと，mRNAの配列が変化してしまうRNA編集（RNA editing）という現象です。例えば，一部のアデノシン（A）は自然に脱アミノ化して，DNAでAだった塩基の部位がRNAでイノシンに変換されてしまうのです。このイノシンは，シトシンと塩基対を形成できるので，翻訳においてGと認識されるという現象です。このようなDNA-RNA配列の変化は，他の塩基でも広くみられ，その頻度には個人差があることが報告されています。

エピジェネティクスとは何か

ここからはエピジェネティクスについて話します。前の項目では，遺伝子発現をみてきましたが，遺伝子発現を調節する因子としては，ゲノム配列

のみに注目して述べました。最近新しく研究が進んで明らかになってきたことは、ゲノム配列以外の要因で、遺伝子発現の調節に深く関与するものがあることです。それは何かというと、クロマチンがどのような状態をとっているか、ということです。クロマチンとは、DNAとタンパク質の複合体のことですね。DNAは、細胞中では単独では存在せず、タンパク質との複合体として存在しています。クロマチンがどのような状態をとっているかで、遺伝子発現が調節されるのです。

クロマチンの状態は可逆的に変化して、発生過程において遺伝子発現を活性化あるいは抑制したりし、あるいは、個体の生命活動において遺伝子発現を空間的・時間的に指定したりしているのです。このような遺伝子発現の調節メカニズムを研究する学問をエピジェネティクス（epigenetics）といいます。またゲノムという言葉に対応させて、ゲノム全体のクロマチンの状態を表すときには、エピゲノム（epigenome）という用語が用いられます。

図 3.10 に、クロマチンを示しました。DNAがヒストンタンパク質をコアにして巻きつき、ヌ

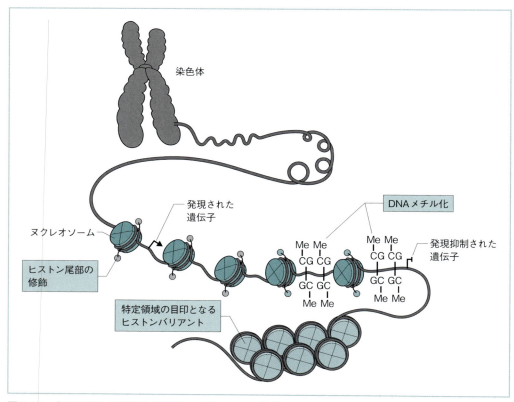

図3.10　クロマチンの構造とエピジェネティックな修飾
クロマチンの状態は、DNAのメチル化，ヒストン（尾部）の修飾，ヒストンバリアントの置換といったエピジェネティックな修飾により変化する。文献1より。

クレオソーム構造をとっているところです．図にも示したように，遺伝子発現を調節するエピジェネティックな機構としては，DNAのメチル化，ヒストン修飾，ヒストンバリアントの置換といったクロマチンの状態変化があります．このような状態変化が，遺伝子発現を活性化したり抑制したりするための目印になるのです．次の項では，この3つの機構について，詳しく解説します．なお，このようなエピジェネティックな調節機構では，基本的には，DNAの塩基配列そのものは変化しないという点は重要です．

　繰り返しになりますが，遺伝子を適切な時期に，適切な場所で，適切な量発現させるには，ゲノムDNAの配列そのものと，クロマチンの状態の両方が働いているということです．そこで，特定の組織や疾患において，クロマチンの状態がどうなっているかをゲノム規模で調べ，そうして得られたエピゲノムパターンを解析し，遺伝子発現がどのように制御されているかを解明しようという，ENCODE計画（*Encyclopedia of DNA elements*）という研究プロジェクトも大々的に実施されています．

DNAメチル化

　DNAの塩基のシトシンには，メチル基が結合していることが多くあります．これをDNAのメチル化といいます．シトシンのピリミジン環の5位にある炭素がメチル化され，5-メチルシトシンになるのです（図3.11）．DNAのメチル化が高度に起こっているDNA領域は，遺伝子発現が抑制されている目印となることがわかっています．

　一般的にDNAメチル化は，DNAのCpGジヌクレオチドのCの塩基で起こります．CpGジヌクレオチドとは，CG配列のことです．この

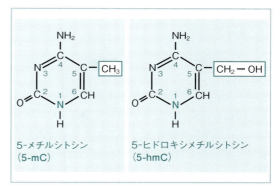

図3.11　DNAのメチル化とヒドロキシメチル化
文献1より．

CpGがメチル化されると，メチル化CpGに特異的に結合するタンパク質が作用し，遺伝子発現が抑制されるのです．このタンパク質には，さらにクロマチン修飾酵素が結合してきて，さらなる転写の抑制が起こることがわかっています．

　この5-メチルシトシンの状態は，細胞分裂の際にも，元のDNAから娘細胞のDNAへと，忠実に伝達されます．しかし，がんではしばしばメチル化状態が変化していて，大きなゲノム領域での低メチル化が起こったり，部分的な高メチル化がみられたりします．

　生殖細胞や発生の初期段階では，過剰な脱メチル化が起こって遺伝子発現が変化し，多能性や全能性が回復するリセットの設定となります．このリプログラミングには，5-メチルシトシンから5-ヒドロキシメチルシトシン（DNA脱メチル化の中間体と考えられる）への酵素的転換が関与していることがわかっています．興味深いことに，成人組織では，5-メチルシトシンの量は，全シトシンの約5％と固定されていますが，5-ヒドロキシメチルシトシンの量は0.1～1％と変動します．この変動は，特定のプロモーターやエンハンサーの活性化の制御に，このシトシンのメチル

化が関与している可能性を示していると考えられています。

ヒストン修飾

ヒストンは，DNA と複合体を形成してクロマチン構造を作るタンパク質の総称です。ヒストンのうち，DNA が巻き付くコアヒストンの部分を構成しているのは，H2A，H2B，H3，H4 という種類のヒストンになります。ヒストン修飾とは，このコアヒストンの尾部が修飾されることを指します。尾部とはヒストンの N 末端のことであり，つまり，ここの特定のアミノ酸がメチル化，リン酸化，アセチル化されたりすることが起こるのです。この修飾により，クロマチンの凝縮レベルが変わったり，アクセスのしやすさが影響されたり，あるいは，遺伝子発現に影響するシグナルとなったりすると考えられています。現在では，抗体を用いて実験することにより，ヒストン修飾部位を全ゲノム規模で調べることが可能になっています。この研究手法をクロマチン免疫沈降シークエンス（ChIP-Seq）などと呼びます。

このように調べられた結果，明らかになった代表的な修飾としては，例えば，ヒストン H3 の尾部の 9 番目のリシンのメチル化があります。このメチル化は，発現が抑制されたゲノム領域の目印になることがわかっています。また，同じく H3 の 27 番目のリシンがアセチル化した場合，これは，活性化された調節領域の目印となることがわかっています。

ヒストンバリアント

ヒストンに何かが付加するのではなく，ヒストン自体が部分的に変化しているのが，ヒストンバリアントです。標準のタイプとは異なるコアヒストンをもつヒストンバリアントが，ゲノムのあち

こちの部位に多数存在しています。そうしたヒストンのアミノ酸配列は，通常のヒストンのものと似てはいますが，違っている部分があるのです。

例えば CENP-A ヒストンというヒストンバリアントは，H3 に類似したヒストンであり，セントロメアのみに存在しています。細胞分裂の際にセントロメアには，微小管線維が付着するための動原体が形成されますが，動原体が形成されるための部位には CENP-A ヒストンが必要だとわかっています。また，H2A.X というヒストンバリアントは，H2A の変化型です。DNA 損傷の応答にかかわって一時的に存在し，DNA 修復が必要なゲノム領域を示します。細胞を H2A.X の抗体で染めて光らせるという手法が，DNA 損傷のマーカーとして利用されています。

クロマチン構造

DNA とタンパク質の複合体であるクロマチン構造について，少し解説を加えておきます。クロマチンの構造については，これまでもふれてきましたが，クロマチンが，ゲノム全体として，核内でどのような空間的配置をとっているかが，詳しく調べられています。その配置は，秩序立ってはいるが，かなり変化のみられる動的なものだとわかっています。そしてこの配置は，エピジェネティックあるいはエピゲノムの状態とかなりの相関関係があるようです。

核内では，染色体内あるいは染色体間で動的な相互作用がみられることがわかっています。技術の進歩により，三次元空間でのゲノムの接点の地図を作成し，接点の塩基配列を解読できるようになったのです。その結果，クロマチンが整然とループを形成して遺伝子を正確な位置と向きに配置し，RNA ポリメラーゼや転写因子，あるいは遠くの調節領域との相互作用を制御していること

第3講　遺伝子の構造と機能：遺伝子の発現はどのように調節されているか

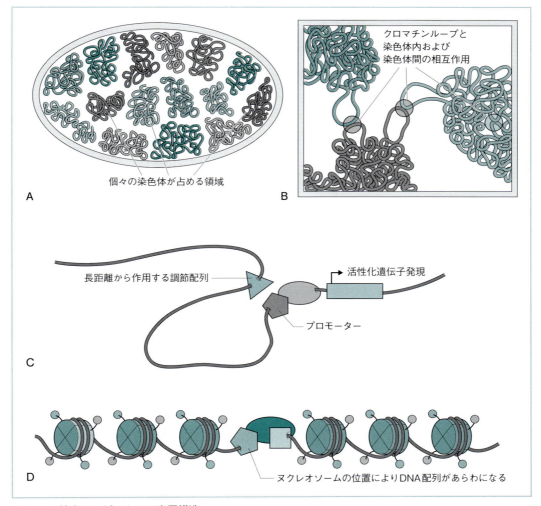

図3.12　核内でのゲノムの三次元構造
A. 間期核内での各染色体は，特定の領域を占めている。B. クロマチンの接近により，特定の配列どうしが染色体内や染色体間で相互作用する。C. クロマチンのループは，遠いところの調節配列との結合を可能にする。D. クロマチンのヌクレオソームの位置により，DNA配列があらわになって転写因子や調節配列と結合できるようになる。文献1より。

が明らかになりました（図3.12）。例えば，ヌクレオソームの位置取りのパターンが，環境の変化や発生における役割に応じて細胞種や組織ごとに動的に変化します。また，異なる染色体間にも相互作用が起こり，ループ構造などをとることによって，遺伝子からかなり遠くに位置する調節配列が影響を及ぼすことができます。あるいはヌクレオソームの位置を変えることによって特定のDNA配列があらわになり，次の調節を行っていくことがわかってきています。

49

一方のアレルだけが多く発現するように調節されることもある

　ここからは，遺伝子発現におけるアレル不均衡について話します。ヒトは二倍体なので，ゲノムを2セットもち，遺伝子は原則2コピー存在することになります。転写されるRNAは，2つの遺伝子から均等に発現する場合もありますが，そうではない場合もあります。つまり，アレル不均衡といって，2つのアレルからの発現に差がある場合や，1つのアレルからしか発現しない場合もあることがわかってきています。

アレル不均衡

　相同染色体間でのゲノム配列のバリエーション，あるいはゲノム配列とエピゲノムパターンの相互作用が原因となって，アレルの発現量に大きな不均衡が生じることが明らかになっています。例えば，1つのアレルにA，もう一方にCがあった場合，そこから転写されたRNAの配列とその比率を調べることにより，2つのアレルに由来する転写産物の割合を調べることができます。その結果明らかになったのは，ゲノム中の常染色体遺伝子では，約5〜20％でアレル間の発現量が不均衡であるということです。

　遺伝学的な解析を行う際には，このような不均衡の存在を把握できないこともあるでしょうから，注意が必要です。アレル不均衡があった場合，ほとんどの遺伝子においては発現量の差は2倍未満ですが，一部の遺伝子では10倍もの差があることが観察されています。

体細胞遺伝子再構成

　アレル不均衡がきわめて徹底して起きる場合には，一方のアレルでしか発現が起きなくなります。これは大きく次の4つのメカニズムによります。体細胞遺伝子再構成，ランダムなアレルの抑制/活性化，ゲノムインプリンティング（genomic imprinting），X染色体不活化です。これについて順番に説明していきます。

　まず体細胞遺伝子再構成について説明します。これは，免疫系の細胞で起こる単一アレル発現のことです。B細胞で発現する免疫グロブリンや，T細胞で発現するT細胞受容体をコードする遺伝子群でみられる機構で，免疫反応の一部として，特殊化した単一アレルの遺伝子発現が観察されています。

　B細胞分化の過程では，リンパ球前駆細胞において，DNAの再構成（遺伝子断片の切り貼り）が起きます。これにより，膨大な種類の抗体が作られるのです。このDNA再構成の過程は，数百bpの領域にわたって起きますが，個々のB細胞においては，ランダムに選ばれた一方のアレルでのみ発現が起こります。免疫グロブリンの重鎖や軽鎖の成熟mRNAは，単一アレルから発現します。また，T細胞系列のT細胞受容体遺伝子でも，体細胞遺伝子再構成とランダムな単一アレルの遺伝子発現が起こっていることが知られています。

ランダムな単一アレル発現

　単一アレルの遺伝子発現の2番目は，ランダムな単一アレル発現です。典型的には，2つのアレルに対するエピジェネティックな調節の差によって生じます。

　ここでは，嗅覚受容体（OR）遺伝子ファミリーの例を紹介しましょう。OR遺伝子ファミリーには多数の遺伝子が属していますが，個々の嗅覚ニューロンでは，そのうちの1つのOR遺伝子のみが発現しています。しかも，ランダムに選ばれた一方のアレルしか発現していません。このと

き，この細胞では，もう一方のアレルの発現は完全に抑制されているのです。このメカニズムは，外界の多様な匂いを嗅ぎ分ける働きをするために用いられている可能性があります。

OR 遺伝子以外にも，さまざまな細胞種の 5 〜 10 ％でランダムな発現抑制が起きています。

インプリンティング

ゲノムインプリンティング（遺伝子刷り込み）という現象は，発現するアレルの選択が，ランダムではなく，どちらの親に由来するかによって決まるというものです。生殖細胞系列の細胞では，ゲノム上の特定の領域に，親の由来（母か父か）を示すエピジェネティックな目印が付けられるのです（これを，「インプリンティングを受ける」といいます）。これは，正常な過程として起こります。子の細胞では，この目印のついた領域に存在する遺伝子は，親の由来に依存して，一方のアレルのみが発現します。

インプリンティングは，受精前の配偶子形成の段階で起こり，受胎後，親由来のインプリンティングは胚の体細胞組織の一部またはすべてで維持されます。インプリンティングを受けた領域内では，アレルの遺伝子発現が抑制されている場合，そのインプリンティングの状態が，出生後も数百回の細胞分裂を経て成人まで維持されます。

インプリンティングは可逆的といわれています。どういうことかといいますと，例えば，女性の生殖細胞では，父由来のインプリンティングを受けたアレルは，いったん消去され，新たな母由来のインプリンティングが施されて，次世代へ伝わることになります。逆に，男性が受け継いだ母由来のアレルは，男性の生殖細胞においてそのインプリンティングが消去され，新たな父由来のインプリンティングが施されて，次世代に伝わると

いうことです。このインプリンティングの変換は，インプリンティング調節領域（imprinting control region）あるいはインプリンティングセンター（imprinting center）と呼ばれる DNA 配列によって制御されています。制御の詳しいメカニズムはまだ不明ですが，非コード RNA の働きが関与していることがわかっています。

常染色体には 100 個程度のインプリンティングされた遺伝子があり，これらに異常が起こると，Prader-Willi 症候群，Angelman 症候群，Beckwith-Wiedemann 症候群などが生じることが知られております。

X 染色体不活化

アレル不均衡が徹底的に起こる最後の機構が，X 染色体不活化です。典型的な男性と女性では，持っている X 染色体の数が違いますが，女性では，X 染色体にある大半の遺伝子がエピジェネティックに抑制（不活化）されており，その結果，遺伝子の量が男女間でほぼ同等となります。

女性の正常細胞では，父由来・母由来の 2 本の X 染色体のどちらかが，ランダムに選ばれて不活化され，その後はその不活化が各クローン細胞系列で維持されます（図 3.13）。結果として，女性では，父由来・母由来の X 染色体のどちらが発現するかは細胞によって異なり，モザイクとなります。X 染色体に疾患の原因がある場合には，一方のクローンだけが残っていく現象もみられます。

不活化された X 染色体には，間期核のヘテロクロマチンの塊である Barr 小体が観察されるので，その存在により細胞学的に同定されてきました。現在では，活性化 X 染色体と不活化 X 染色体の識別は，DNA メチル化，ヒストン修飾，macroH2A（ヒストンバリアントの一種）などの

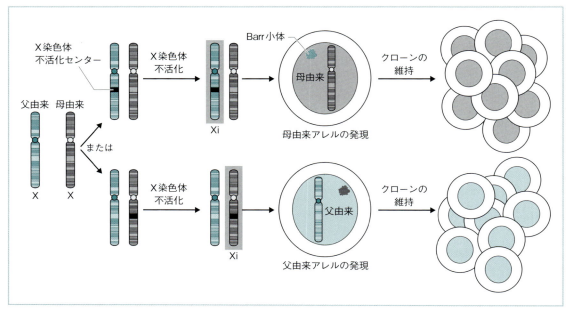

図3.13 X染色体不活化
X染色体不活化センターがどちらかの染色体にランダムに形成される。それにしたがって、その染色体が不活化される。文献1より。

エピジェネティックな特徴によって区別できることがわかっています。

注意してほしいのが、X染色体すべての遺伝子が不活化を受けるわけではないということです。実際にはX染色体には両アレルでの発現を示す遺伝子も存在していて、これはX染色体中に少なくとも15％ほど存在するといわれています。また、性染色体には、偽常染色体領域（pseudo-autosomal region）と呼ばれる、常染色体と類似した領域があります。そこにある遺伝子は、X染色体とY染色体で違いがなく、精子形成時には組換えを起こします。これらの遺伝子はX染色体不活化を受けずに、常染色体と同様に両アレルから発現することがわかっています。

X染色体の不活化は、女性の胚細胞のごく初期で起こります。細胞が持つ2つのX染色体のどちらが不活化されるかは、X染色体不活化センター（X inactivation center）と呼ばれるゲノム領域によって制御されることがわかっています。この領域には *XIST* と呼ばれる非コードRNA遺伝子が存在しています。これは大変に長いRNAですが、このRNAが発現しているかどうかが、X染色体の遺伝子が不活化されるかどうかと関係しているのです。

● ● ●

まとめますと、最初に話しましたように、ゲノムの情報は、ゲノム上にある遺伝子が発現することによってはじめて機能します。また、そのためには、適切な発現調節が必要になります。遺伝子量、遺伝子構造、クロマチンの状態変化やエピジェネティックな調節、転写、RNAスプライシングといった多くの要因が絡みながら、さまざま

なタンパク質が作られています。さらにmRNA
の安定性，翻訳，タンパク質のプロセシング，タ
ンパク質の分解など，さまざまなレベルでの発現
調節が，相互に複雑に関係しています。親から受
け継いだゲノム，染色体，遺伝子の構造や機能の
多様性に加え，こうしたレベルでの多様性が最終
的な形質へと影響を及ぼします。遺伝子の配列以
外にもさまざまな要因が遺伝性疾患などに関与し
ているということになります。

● 文献
 1) Nussbaum RL 著（福嶋義光監訳）：トンプソン＆トン
    プソン遺伝医学 第2版. メディカル・サイエンス・イ
    ンターナショナル, 2017.

第4講

ヒトの遺伝学的多様性：
変異, 多型にはどのような種類があるのだろうか？

池田真理子 ●藤田医科大学 臨床遺伝科

本講では遺伝学的多様性を取り扱います。具体的には変異と多型について説明していきます。変異という言葉はよく耳にしますが，多型という言葉にはあまりなじみがないかと思います。この違いと共通点を把握することが重要です。これは遺伝医学の理解だけでなく，患者さんへの説明に際しても非常に役立ちます。そして，変異の種類に関しても説明します。

まずは用語を整理してみよう

　遺伝，遺伝子，DNA，ゲノムなどという言葉をよく聞くかと思いますが，この違いに関して正確には理解できていない方も実は多いように思います。これまでの講義でも説明がありましたが，重要ですので本講でも一度整理しておきます。
　まず**遺伝**を英語でいうと heredity あるいは inheritance になりまして，親から子に形質が伝わるという現象を指します。「蛙の子は蛙」ということわざも昔からあるように，親から子へと縦に伝わっていくのが遺伝と考えられています。ここで遺伝と遺伝学（genetics）を混同しないよう注意してください。
　次に**遺伝子**は英語でいうと gene になります。

アルブミンでもグロブリンでも何でもいいのですが，1つのタンパク質の設計図となる遺伝情報と定義されています。一方 **DNA** ですが，これはデオキシリボ核酸（deoxyribonucleic acid）の略になります。塩基とリン酸と糖，この3つからなっている分子を DNA といいます。たまに遺伝子と DNA を同じ言葉のように使っている場面をみかけたりしますが，遺伝子と DNA はきっちりと区別してください。遺伝子は遺伝する情報単位という概念的なもの，DNA は遺伝子の実体を構成する化学物質の名前なのです。そして**ゲノム**ですが，英語で書くと genome です。gene の後ろに ome という，「全体の」を意味する接尾語が付いたものです。つまり，遺伝子を持った生物の「全遺伝情報」を意味しています。
　遺伝子内にはイントロンといって，実際にはタ

55

ンパク質にならない介在配列があります。一方で
エクソンは，スプライシングの後も残る配列にな
ります。ただし，エクソン中にもタンパク質へと
翻訳されない非翻訳領域があることも知っておい
てください。エクソンの非翻訳領域は，転写の調
節に働いたりします。このように遺伝子はイント
ロンとエクソンからできており，転写，翻訳を経
てメッセンジャーRNA，タンパク質というふう
に最終的な機能分子になっていきます。

　このようなDNA配列に関して，「ヒトゲノム
の参照（リファレンス）配列すべてを解読する」
というヒトゲノム計画が1990 ～ 2003年にかけて
実施されました。現在では1,000ドル程度で個人
のゲノム情報すべてを知ることができるように
なっています。

遺伝学分野で用語の見直しがありました

　遺伝学を学ぶ際に必要となる用語の見直しにつ
いて，少し説明します。外国の言葉を日本語に訳
す際にはいろいろな苦労や経緯があったのです
が，最近遺伝学分野でも訳語が少し改訂されまし
た。例えば染色体上の特定位置のことを指す
locusは，以前は遺伝子座と訳されていましたが，
現在では**座位**という言葉に変わりました。呼び名
が変わったといっても，それが指すものが変わっ
たわけではありません。

　他にも呼び名が変わった例を挙げますと，al-
leleがあります。以前は対立遺伝子という訳語が
あてられていましたが，現在ではそのまま**アレル**
と呼ばれます。私たちは父と母から1本ずつ染色
体を受け継ぎ，2本セットで持っている二倍体の
生物です。ここでアレルというのは，2つあるう
ちの片方のことを指すと考えてもらうとわかりや
すいと思います。「片アレルに変異が見つかりま
した」とか，「両アレルに変異があります」といっ

た考え方や言い方で使われます。

　genotypeに関しても，昔は遺伝子型という言
い方をしておりましたが，いまでは**遺伝型**という
表現に変わりました。遺伝型とは，染色体上でア
レルをどういう組み合わせを持つかを指す用語で
す。「ホモ接合でこの遺伝型を持ちます」，あるい
は「複合ヘテロでこのような遺伝型をしていま
す」といった使い方がされます。この遺伝型に対
し，個体レベルで観察される形質のことを**表現型**
（phenotype）といいます。このあたりは非常に
重要な言葉ですので，覚えておいてほしいと思い
ます。

遺伝的バリエーション

　遺伝的なバリエーション（多様性）の解説に入
ります。バリエーションというのは要するにさま
ざまな種類があるということです。ヒトゲノム計
画などによってさまざまな遺伝情報が解読されま
したが，多くの遺伝子では大多数の人が共有して
持つアレルがあります。それらを**野生型**（wild-
type）と呼びます。ここで「正常型」などと呼ば
ない点には注意してください。特に血縁関係には
ない2人の遺伝情報をみたときでも，その
99.5％くらいは同じです。

変異

　一方，バリアントアレルとか**変異体**（mutant）
アレルと呼ばれるものがあります。変異体は野生
型に**変異**（mutation）が起きたアレルのことをい
います。ここで誤解してほしくないのが，変異体
という言葉は配列の変化を意味しているのであっ
て，人に対して変異体という表現を使用してはい
けないという点です。映画などで変異体やmu-
tantなどという表現が出てきたりしますけれど

も，これは差別を生み出しかねない表現です。変異体という言い方は遺伝子や配列に対して使うということを覚えておいてください。

ここでは『トンプソン＆トンプソン遺伝医学第2版』を参考にして，変異の概念を規模によって3つに分けてみたいと思います。まず1つ目は染色体変異（chromosome mutation）で，染色体数が2つから3つに増えるとか，1つ減るとか，数的な異常です。染色体の切断を伴わない大きな変化を染色体変異と定義しています。2つ目が領域変異（regional mutation）です。これは染色体の一部が欠けたり，増えたり，引っ越したり（転座）するものを指します。

3つ目がこれから主に話します変異で，遺伝子変異（gene mutation）またはDNA変異（DNA mutation）と呼ばれるものです。これは明確な境界があるわけではないのですが，およそ1〜100 kbの変異と定義されています。前者2つに関しては他の講義で説明があると思いますので，本講では遺伝子とDNAの変異に関して後ほど詳しく説明したいと思います。

多型

多型（polymorphism）という重要な言葉もあります。これは多い型と書いてその通りの意味ですが，ある座位で比較的高頻度（慣例では1％以上）にみられるバリアントアレルを多型と呼びます。例えば健康な100人がいたとして，その人たちの特定座位をみてみると，ほとんどの人はAだけど3人だけGの人がいた，ただしそれで病気になるわけではない。こういったものを多型と呼びます。変異は疾患と関係している配列の変化であるのに対し，多型は疾患との直接関連はそれ一つではわからない変化です。**バリアント**は多型と変異を足した概念で，野生型から変化したものすべてを指します。

多型かどうかの判断ですが，これは結局1人の遺伝情報を読んだだけではまったくわかりません。例えば「1000ゲノムプロジェクト」（すでに完了）や，今はがんゲノムとの絡みで「10万ゲノムプロジェクト」などが実施されており，いわゆる次世代シークエンサーを用いてたくさんの人の遺伝情報を一気に読み取ることができるようになってきました。そういったたくさんの情報を得ることで，そのアレルが個性なのか疾患に関連しているのか，頻度が低いのか高いのかなどがわかるようになります。次世代シークエンス技術が発展したことで，より大きなデータが得られるようになり，多型に関する詳細なデータベースの構築が可能となってきています。

個体が両親から引き継ぐバリアントは大体1,000〜2,000塩基対に1か所程度ですが，すべてのヒトゲノム集団全体で考えると何千万か所を超える一塩基多型（single nucleotide polymorphism：SNP）が存在することになります。SNPについては，この後詳しく取り上げます。このようなバリアントは疾患の原因にもなりますし，例えば薬の効き方であったり，能力であったり，才能であったり，さまざまな側面に影響を及ぼすと考えられています。

参照配列とバリエーションのデータベース

変異を定義するには比較対象となる参照配列が必要です。このような参照配列は日本でももちろんですが，世界中でデータベース化されています。ヒトゲノムの参照配列やデータベースの情報を，今ではインターネットで簡単に得ることができます。ヒトゲノム計画は2003年に終わっていますが，その後も多くのプロジェクトが実施され，データベースの拡充が進められてきました。

さまざまな関連ツールも開発されていて，ある変化がSNPなのかレアバリアントなのか，あるいは病的な変異なのかについて，ある程度知ることができるようになってきています。もちろんこれはまだ完全なものではありません。

　日本国内に目を向けても複数のプロジェクトが行われ，参照データベースが構築されてきました（**表4.1**）。こういったプロジェクトは確かに海外が進んでいますけれども，日本でも精力的にゲノム情報やバリアント情報のデータベース化が進められています。日本は島国ですので，特に固有の変化を多く持っていることが考えられます。日本人に特有の疾患ですとか，特有の個性といったものが，このような研究からわかってきています。最近見たなかでは，例えば日本人の進化に関連した遺伝子をいくつか見つけたという新聞記事もありました。ゲノム情報をたくさんの人から集めることで，さまざまな情報が得られるということが証明されてきています。

多型の種類

　ここからは多型の分類について話していきましょう（**表4.2**）。まず一番多いのが，先ほども出てきた一塩基多型（SNP）です。読んで字のごとく，ある1塩基が別の1塩基に置換する変化です。その次に多いのがindel（インデル）です。塩基が新しく挿入（insertion）されたり，逆に欠失（deletion）したりする変化のことで，この2つをくっつけてindelと呼びます。挿入・欠失する塩基の長さは大体1万塩基対以内です。表4.2には1,000 bpとありますが，定義には幅があります。indelはほとんどがイントロン内で起こります。

　次がコピー数バリアント（copy number variant：CNV）で，もう少し大きな領域の多様性になります。CNVはいくつかの遺伝子にまたがって影響を及ぼすことがあり，そこに含まれる遺伝子量が変化してきます。CNVの研究は非常に重要で，これは人によってコピー数が違うと，そこにある遺伝子から作られるタンパク質の発現量などが変わってくるからです。

　最後に逆位です。あるDNA領域の向きが逆になることです。量的には変化しないので疾患にならないことも多いのですが，組換えの際にミスが起きて，疾患へとつながることもあります。

　こういったものが一般的な多型になります。

一塩基多型（SNP）

　SNPに関してさらに詳しくみていきます。**図4.1**に簡単に示しましたが，一番上が参照配列で，これを野生型と考えます。1段目のSNPと書いている例では，アレル1は参照配列と同じですが，アレル2は8番目のTが1つCになっています。つまり，ほとんどの人がTTを持つけれ

表4.1　日本国内のヒトゲノム参照データ・データベース

データベース名	URL
DNA Data Bank of Japan（DDBJ）	www.ddbj.nig.ac.jp
Integrative Japanese Genome Variation（iJGVD）	ijgvd.megabank.tohoku.ac.jp
Human Genetic Variation Database（HGVD）	www.hgvd.genome.med.kyoto-u.ac.jp
Medical Genomics Japan Variant Database（MGeND）	mgend.med.kyoto-u.ac.jp

第4講　ヒトの遺伝学的多様性：変異，多型にはどのような種類があるのだろうか？

表4.2　ヒトにみられる一般的な多型

バリエーションのタイプ	サイズの範囲（おおよそ）	多型の構成	アレルの数
一塩基多型	1 bp	ゲノムの特定座位におけるどちらかの塩基対の置換	通常は2
挿入 / 欠失（indel）	1 bp〜100 bp以上	単純型：100〜1,000 bpの短いDNA断片の存在または欠損 マイクロサテライト：一般的に，2, 3, または4 bpの単位で縦列に5〜25回反復する	単純型は2 マイクロサテライト：典型例では5またはそれ以上
コピー数バリアント	10 kb〜1 Mb	典型的には200 bpから1.5 MbのDNA断片の存在または欠損であるが，2, 3, 4, またはそれ以上のコピー数の縦列重複も生じうる	2またはそれ以上
逆位	数 bp〜1 Mb	あるDNA断片が周辺のDNAに対して2つの向きのどちらかで存在する	2

bp：塩基対, kb：キロ塩基対, Mb：メガ塩基対。文献1より。

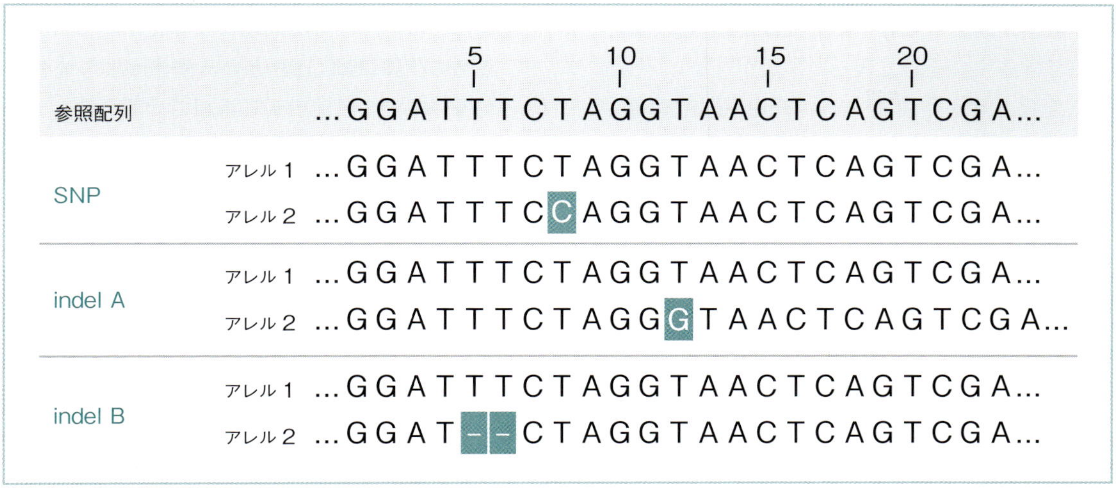

図4.1　一塩基多型（SNP），一塩基の挿入・欠失（indel）の例
文献1より。

ども，この方の片方のアレルはCで，TC型になっています。

　2段目から下は後で話しますindelを図示したものです。indel Aでもアレル1は参照配列と同じですが，アレル2では途中でGが1個増えて

いて，以降が1つずつずれています。これがコード配列上で起こると読み枠がずれますが，indelもイントロン内に起こることが多いので，大きな影響が出ずに1つずれたまま存在しているということになります。3段目のindel Bでは，片方の

59

アレルでTが2つ抜けています。この欠失もindelの1つということになります。

　SNPは先ほど言ったようにほとんどがイントロン内にみられます。理由は簡単で，コード配列内で塩基が変わるとコドンが変わるので，そこからできてくるアミノ酸やタンパク質が影響を受けるからです。タンパク質の構造や機能に変化があると疾患や異常の原因になる場合が出てきますので，多型はほとんどがイントロン内にあると考えたらいいと思います。ただ，現在ではエクソン内にも10万個以上のSNPがデータベースに登録されています。そして，その半数は同義（synonymous）置換です。同義置換とは，翻訳されるアミノ酸が変化しない塩基置換のことです。アミノ酸によっては複数のコドンが対応していますので，置換が起こってもアミノ酸は変わらない場合が出てきます。そして残りの半数が，アミノ酸配列を変化させる非同義（nonsynonymous）置換になります。この場合，例えば20年後30年後に病気になりやすかったりとか，病気にはならないけれども代謝や酵素の働きに変化があるかもしれないといったことが予想されるわけです。

　SNPはゲノムワイド関連解析（GWAS）で利用されます（第10講参照）。例えばリウマチや糖尿病といった多因子疾患に関して，SNPの違いが発症にどれくらい関与しているかということを調べたりするのに役立っています。SNPは基本的に世代間で安定的に継承されますので，それを持っている人は将来的に疾患になるかならないか，それを持っている家系は疾患になるかならないか，そういう研究がしやすいということになります。一方，SNPがエクソン内に入り，そこに終止コドンを形成してしまう置換や，スプライスを誘導する変異になると，重大な機能変化が起こります。この場合はどちらかというと変異に分類

されると考えられます。

　SNPはどういう影響を与えるのでしょうか。1塩基の置換がコードするアミノ酸の変化をもたらしたときには，やはりタンパク質の機能にも変化が起きてきます。それが例えば疾患感受性，薬に対する応答や副作用などに影響すると考えられます。昔，カナマイ難聴とかストマイ難聴という言葉がありました。結核の治療に使われるストレプトマイシンを飲んだある家系で，ひどい難聴になる方がいました。その人たちを調べると，女性由来で発症しているということで，ミトコンドリア遺伝子が原因と疑われました。結果的にはミトコンドリア遺伝子の1,555番目の塩基AがGに変わるという多型が原因であるとわかりました。この多型を調べずにストレプトマイシンを処方して難聴になると，今では問題になります。

　薬剤の代謝にはCYPという酵素が関与することが多いです。以前テレビ番組で「薬を飲んでろれつが回らなくなった」といった内容の話を聞いたことがありますが，例えばある風邪薬では，服用している人の約0.5～1%で異常な眠気が引き起こされるとされています。これには抗ヒスタミン剤を肝臓で代謝するCYP2D6酵素の多型が影響していると考えられています。同じ薬を同じ量だけ飲んでも，ある人は元気だけれど，ある人は車の事故を起こしたり政治生命が絶たれるほどの副作用が出ることがある。これも，それぞれの人が持つ遺伝的多型で決まっているということになります（コラム）。

indel多型

　次は挿入や欠失，つまりindelの多型です。SNPに関してはもう何千万とあるのですけども，indelの多型は大体100万個がデータベースに登録されていまして，1人あたりにすると20～50

コラム お酒の強さと多型

　お酒の強弱も遺伝子で決まっていると考えられています。日本人はお酒に弱い人が割と多い国ですが、これは何に由来しているのでしょうか。皆さんご存知かと思いますが、アセトアルデヒドの分解酵素であるアセトアルデヒド脱水素酵素（ALDH2）です（図）。ALDH2に関して海外では野生型（ALDH2*1）を持つ人がすごく多い。こういう人は、アルコールが入ってもアセトアルデヒドをしっかり分解して解毒できるのですね。アセトアルデヒドは分解されて酢酸になり、最終的に水と二酸化炭素になります。一方で、多型であるALDH2*2を持つ人は少ないのですが、この多型を持っている人はアセトアルデヒドの分解が遅いために体に毒素（アルデヒド）がたまって気分が悪くなります。

　日本ではALDH2*1のアレルを2つ持つ人の割合が62.5％です。一方、ALDH2*1とALDH2*2を持つ人が33.3％、ALDH2*2が2つの人が4.2％と考えられています（東北大学 平塚真弘氏の研究室の未発表データ）。酵素活性を考えると、この酵素は四量体で働き、4つすべてが野生型でないと活性を持ちません。したがって、ALDH2*1とALDH2*2を持つ人では、ALDH2*1だけで四量体ができる割合は$(1/2)^4 = 0.0625$で、酵素活性は6.25％しかないということになります。ALDH2*2しか持たない人の酵素活性は0です。ALDH2*1を持つ人たちがお酒を飲むと、代謝ができるのでアルコール依存症や肝硬変になる可能性があります。一方で飲めない人が無理やりお酒を飲まされると、急性アルコール中毒になって命にかかわることがあります。遺伝型は生活スタイルにも影響を及ぼすわけです。アルコールもそうですが、薬の効果や副作用も遺伝的多型の影響を受けると考えられています。こういった分野の研究を薬理遺伝学（ファーマコゲノミクス）といいます。

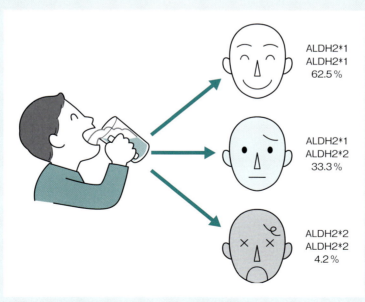

　図　アセトアルデヒド脱水素酵素（ALDH2）の多型

万個あると考えられています。これもたくさんの
ゲノム情報がないと正確な値は算出できないの
で，もしかしたらもっと多いのかもしれません。
その半分は 1 塩基の挿入または欠失で，ほとんど
がイントロンにあります。1 塩基だと読み枠のず
れ，つまりフレームシフト（frameshift）が起こ
りますので，これがコード配列内にあると疾患に
つながるなどの影響が出る可能性があります。
コード配列内に存在する 3 の倍数でない indel も
多型としてみられます。フレームシフトが起きた
場合，通常はナンセンス変異依存性 mRNA 分解
と呼ばれる機構が働きまして，RNA 自体が分解
されてタンパク質にならないということが起こり
ます。ところが，上記のような indel ではなぜか
この分解機構からの離脱が起こるといわれていま
す。また，コード配列内に 1 塩基などの挿入や欠
失があっても表現型を示さないものもあり，非常
に不思議です。

　なお indel や SNP の情報は現在ではインター
ネットで簡単に調べることができます。例えば
dbSNP（https://www.ncbi.nlm.nih.gov/snp/）
では，酵素などを登録された番号で調べることが
できます。そこには頻度も出ていますし，薬への
反応に影響するといった clinical significance（臨
床的意義）も書かれています。また，SNP として
登録されていても，pathogenic（病的）と書かれ
ているものもあります。この場合では一塩基置換
でも病因となる変異ということになります。アレ
ル頻度もわかりますし，1000 ゲノムプロジェク
トで出てきた薬の感受性を調べるときに必要な
SNP であるという情報も手に入ります。

大きな多型

　ここからは少し大きな領域のゲノム多型の説明
になります（図 4.2）。まずはマイクロサテライ
トあるいは短い縦列反復配列（short tandem re-
peat：STR）と呼ばれる繰り返し配列があります。
これは例えば米国ではフィンガープリンティング
法といって犯罪捜査に使われていますし，イン
ターネット上での親子鑑定ですとか，医療でも出
生前検査に使われています。2 ～ 6 塩基程度の繰
り返し単位（図 4.2 では CAA）が繰り返され，ア
レルによってその反復数が変わるということで
す。後は先ほども出ました逆位です。もう 1 つ非
常に大事なのが可動遺伝因子，トランスポゾンで
す。これはヒトがヒトたるゆえんだと思います
が，ゲノムの中にはあちこちに飛ぶ配列がありま
す。そして先にも取り上げました CNV，つまり
コピー数の多型となります。

　まずマイクロサテライトですが，図 4.3 は出
生前検査を行ったときの結果になります。ある遺
伝子でおなかの赤ちゃんが疾患に関連するアレル
を持っているかどうかを検査しています。父親は
二峰性のピークを示しているので，2 種類のアレ
ルを持っていることを意味しています。右側が野
生型で，左側の破線矢印が疾患と関連するアレル
と仮定します。母親では左が野生型で，右側の破
線矢印は疾患になるアレルだとします。そうする
と，患児は両方の破線矢印を受け継いでいること
がわかります。また，おなかの赤ちゃんを調べる
と同じように破線矢印のアレル 2 つを受け継いで
いるので，この赤ちゃんは患児と同じ疾患を持っ
ていますよと診断ができるわけです。マイクロサ
テライト多型を使ったこういった診断方法もあり
ます。世代間で差が出ることもありえるのです
が，大きな組換えなどがない限りは基本的には親
子で同じものを受け継ぐので，疾患の間接診断と
して使われることがあります。

　次は CNV です。CNV は全ゲノムの 12 ％を占
めまして，中でも集団中での頻度が 1 ％を超える

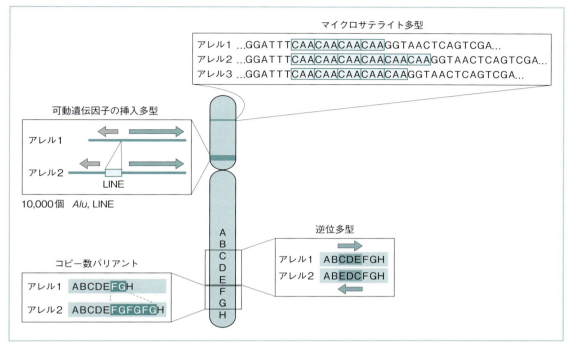

図4.2 大きな領域のゲノム多型の例
文献1より。

ものは特にコピー数多型（copy number polymorphism：CNP）と呼ばれます。コピー領域には遺伝子も含まれますので，遺伝子の発現量も変わってきます。結果として，疾患感受性や薬剤感受性にも関与してきます。染色体が重複したり欠失したりする変化のミニチュア版とも考えられますので，もちろん de novo（新規）での変化もあります。

最後にトランスポゾンです。トランスポゾンは可動性のある配列です。実はヒトゲノムの半分は反復配列を多く含むトランスポゾンでできており，例えば進化の過程でレトロトランスポゾン（RNAからDNAへの逆転写が関与するタイプのトランスポゾン）がゲノムのあちこちに転移して，ヒトゲノム中で50％まで増えたと考えられています。トランスポゾンによってそれまで存在しない配列が挿入されると，例えば病気になることもあるし，何か能力を獲得する場合があるかもしれません。

私の研究テーマの1つは福山型筋ジストロフィーですが，この疾患は日本に非常に多いという特徴を持ちます。遺伝学的には，責任遺伝子フクチンの非翻訳領域にトランスポゾンが入ったことが原因となります。この変異アレルを2つ持つと発症するのですが，患者のほとんどが日本で認められています。解析をしたところ，100世代くらい前の弥生時代の日本人1人に起こった変異だということがわかりました。つまり福山型筋ジストロフィー患者の両親は，この100世代前の祖先の子孫同士ということになります。こういった

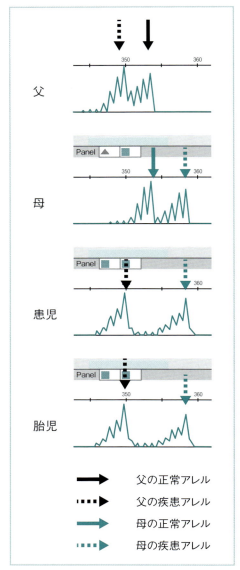

図4.3 マイクロサテライトによる出生前検査
青い線はマイクロサテライトマーカーの繰り返しの数を表している。

変異の由来と頻度

　ここで変異の由来と頻度について話します。DNAになぜ変異が起きるかというと，結局DNAはコピー・複製するからです。複製の際にミスが起こると修復が行われますが，修復がうまくいかない場合そのままミスが残されます。また組換えの際にも変異が起こります。組換えがうまくできなかったり，組換えの際にある部分が欠けたり増えたりといった具合です。複製，修復，組換え，この3つの段階で変異が起きると考えられています。

　例えば染色体に関しては，25〜50回の減数分裂に1回の頻度で数的異常が生じます。DNAに関してもどれくらいの割合で複製エラーが起きるかは試算されており，1回の複製あたり1,000万塩基対に1つです。これが校正・修復を受けるのですが，1/1,000の頻度で校正漏れが起こります。結果的に，1,000万分の1×1,000分の1で，細胞分裂あたりの頻度は100億分の1となります。

　面白いのがDNAの修復エラーはCからTへの変異が多く，3割も占めています。これにはDNAのメチル化と脱アミノ化が関与しています。DNAがメチル化される際は，GpC 2塩基のCがメチル化され5-メチルシトシンになります。5-メチルシトシンのアミノ基が取れるとTになるのです（図2.3参照）。

　このような計算や今までのデータをみると，DNAの総変異率は一世代で1塩基対あたり 1.2×10^{-8} 個となり，個体あたり75個の新生変異を受け継ぐと考えられています（CNVはさらに多い）。変異率の計算はゲノム情報が増えるに従い更新されてきていますが，代表的なヒト疾患遺伝子の変異率推定値はそれほど変わっていません

現象は創始者効果と呼ばれ，島国などで特定の疾患が特異的に増える原因になったりもします。

（表4.3）。例えば軟骨無形成症は 1.4×10^{-5} とかなり高い頻度で起きます。もっと低い頻度で起きる疾患もあります。これらの疾患関連遺伝子に関してはまだわかっていないこともあるものの，おしなべて約 1×10^{-6} 個ぐらいの頻度で変異が起きていることになります。ヒト疾患で知られている既知変異の遺伝子が 5,000 程度と考えると，200 人に 1 人に既知の新生変異が起きていると推定されています。

変異には加齢も関係します。精子は卵子とくらべて受精までの分裂回数が多く何度も複製を経ますので，DNA の複製エラーが起きる率が卵子より精子で高くなります。こういった複製エラーによる de novo 変異は父由来が多いと考えられています。ただ，例えば自閉症スペクトラム症は父親の加齢と相関して増加するというデータもある一方で，そうでないというデータもあり，はっきりとはわかっていないことも多く残されています。その一方で，染色体の異数性は減数分裂の不分離が原因で，母親の加齢と相関して増加すると考えられています。

変異のタイプ別頻度

表 4.4 は変異のタイプ別に，その変異のタイプが疾患原因となる割合をまとめたものです。塩基置換によるものではアミノ酸の変化が起こるミスセンス変異が最も多く，続いて終止コドンが発生するナンセンス変異，スプライス変異という順番です。ミスセンス変異ではプリン同士あるいはピリミジン同士の置換であるトランジションのほうが多く，プリンとピリミジン間の置換であるトランスバージョンと比較して，症状が軽いことが多いです。ナンセンス変異は 10 ％と書いてありますが，置換によって新たに終止コドンができたことにより翻訳が早期停止して，疾患になるというものです。

欠失や挿入に関しても，大体 4 分の 1 ぐらいで疾患になると考えられています。3 の倍数以外で欠失や挿入が起こるとフレームシフトが起きてきますし，3 の倍数であればコドンの喪失あるいは獲得になります。大きな部分欠失や逆位，融合などはもう少し頻度は低くなります。

LINE や Alu，あるいは動的変異が疾患原因と

表 4.3　代表的なヒト疾患遺伝子の変異率推定値

疾患	座位（タンパク質）	変異率*
軟骨無形成症	FGFR3（線維芽細胞増殖因子受容体 3）	1.4×10^{-5}
無虹彩症	PAX6（Pax6）	$2.9 \sim 5 \times 10^{-6}$
Duchenne 型筋ジストロフィー	DMD（ジストロフィン）	$3.5 \sim 10.5 \times 10^{-5}$
血友病 A	F8（第 VIII 因子）	$3.2 \sim 5.7 \times 10^{-5}$
血友病 B	F9（第 IX 因子）	$2 \sim 3 \times 10^{-6}$
神経線維腫症 1 型	NF1（ニューロフィブロミン）	$4 \sim 10 \times 10^{-5}$
多発性嚢胞腎 1 型	PKD1（ポリシスチン）	$6.5 \sim 12 \times 10^{-5}$
網膜芽細胞腫	RB1（Rb1）	$5 \sim 12 \times 10^{-6}$

＊1 世代，座位あたりの変異率を示す。
文献 2 のデータにもとづく。

表4.4 変異のタイプとそれらの影響

変異のタイプ	疾患原因となる変異の割合
塩基置換	
●ミスセンス変異（アミノ酸置換）	50%
●ナンセンス変異（早期終止コドン）	10%
● RNA プロセシング変異（スプライス部共通配列，CAP 部位，およびポリアデニル化部位の破壊，または潜在部位の創出）	10%
●フレームシフト変異または早期終止コドンを導くスプライス部位の変異	10%
●長大な調節部位の変異	まれ
欠失と挿入	
●少数の塩基の付加または欠失	25%
●大型の遺伝子欠失，逆位，融合，および重複（DNA 鎖間の，または DNA 鎖内の両方の配列相同性によって仲介される）	5%
● LINE または *Alu* エレメントの挿入（転写の崩壊または翻訳配列の中断）	まれ
●動的変異（3 塩基または 4 塩基反復配列の伸長）	まれ

文献 1 より。

なることがまれなのは，こういった配列はほとんどがイントロンにあるからだと考えられています。動的変異で非常に有名なのがトリプレットリピートと呼ばれる 3 塩基繰り返し配列の増幅で，リピートの回数が親から子へ伝わる際に増えるというものです。そのメカニズムに関してはまだ完全には解明されていません。

個人ゲノムの多様性と利用法

これまでに複数の大規模なゲノム解読計画が実施されてきました。そうして得られたゲノム情報から，ヒトのさまざまなバリエーションの頻度が計算されています。これは現時点で算出されているバリエーションの数なので，2 年後，3 年後に大きく変わっていく可能性があります。

少し列挙しておきますと，個人のゲノムには 500 〜 1,000 万の SNP があるとされます。頻度 0.5 ％以下のレアバリアントは 25,000 〜 50,000。

そして 75 個の新生塩基対変異，3 〜 7 個の CNV（500 kb 以上）があって，indel（50 bp 以下）は 20 〜 50 万と考えられています。加えて 200 個の遺伝子重複に，500 〜 1,000 個の欠失（45 kb 以下）なども存在します。また，新生非同義変異がコード配列に 1 つ起きてきます。世代が変わるたびにさまざまな変異や変化が起きてきて，ヒトの個性が決まってくるということです。

医療利用

これまで述べたような情報は医療にどう影響を与えるのでしょうか。ゲノム情報と医療を結びつけるクリニカルシークエンス研究というものがあり，これが最も医療に貢献しているところだと思います。例えば，患者とその両親の全ゲノム情報を調べて比較することで，生殖細胞系列で起きた難病の診断がついたりします。あるいは体細胞系列でも，がん組織と正常組織を比べて変化を同定し，そこからどんな薬が効くかがわかったり，変

異に即した治療法を選んだりすることが可能となり，非常に注目されています。これはひとえにゲノム情報がデータベース化された恩恵です。

2010年ぐらいから次世代シークエンサーが活発に使われるようになりましたが，1994年には6,000個ぐらいしかわかっていなかったメンデル遺伝病が，2017年度には3〜4倍に増えました（表4.5）。2,000〜3,000といわれていた表現型の判明している責任遺伝子の数も，この10年間近くで5,000を超えています。次世代シークエンサーを用いてゲノム情報を調べることで，ヒトの疾患の詳細な検討が可能になったといえます。

商業利用について

一方，ゲノム情報が他にもどう使われているかというと，インターネットで少し調べてみても，医療とは関係ない商業ベースのサービスが出てきます。250項目以上の遺伝子検査ができると書かれたサイトもありました。スワブで唾液などを採取して航空便で送ったら調べて情報を返してくれるというサービスのようです。そのようなサイトを開くと，「今すぐ購入する」というボタンがいきなり出てくるのです。「子どもの疾患リスクを

早期に発見」などというショッキングな文言も書かれていました。まだ発症してない子どもの病気まで親が勝手に調べられるということです。また，病気の診断以外にも，「あなたのルーツを調べます」といったサービスもありました。こういったdirect-to-consumer（DTC）タイプのサービスをパーソナルゲノミクスと呼びまして，要するに医療を介さずに顧客が直接ゲノム情報を買えるという遺伝ビジネスです。米国でもしばらく流行して，その後FDAの規制などでいったんは小さくなっていたのですが，今日インターネットを検索してみても実際にサービスが販売されています。このようなサービスを興味半分で購入すると，自分で抱えきれないような検査結果が何の説明もなくぽんと来てしまうこともありえるわけです。

これは本当に臨床的に有用なのか，規制基準が必要ではないのか，医療監視はいらないのか，そもそも情報はどれくらい正確なのか，そういった点に関する議論が必要でしょう。医療現場ではこういった情報を扱う際には遺伝カウンセリングを非常に重視しますが，そういったものがない遺伝ビジネスには危惧を覚えます。個人のゲノム情報

表4.5　メンデル遺伝病の原因遺伝子数の変遷

	総数			確定遺伝子数	表現型の判明している遺伝子の数
報告年	1994	2013	2017	2013 → 2017	2008 → 2017
常染色体優性	4,457	20,505	24,347	13,644 → 14,962	2,470 → 4,775
常染色体劣性	1,730				
X連鎖	412	1,192	1,278	661 → 726	229 → 322
Y連鎖	19	59	60	48 → 49	2 → 4
ミトコンドリア	59	65	68	37 → 35	26 → 31
計	6,677	21,821	23,905	14,390 → 15,772	2,727 → 5,132

Online Mendelian Inheritance in Man（OMIM）より。

の悪用も含めて，さまざまな危険性をはらんでいると考えられます。

● ● ●

遺伝学というと，すぐに病気が遺伝する，といったことを考えがちですが，ゲノムを調べてわかったのは，一人として同じ人はいないということです。これまでの講義でも強調されていましたが，遺伝学とは継承（heredity）に加えて多様性（variation）を扱う学問です。人にはそれぞれ違いがあり，遺伝情報の違いは個性や疾患や才能を生み出します。遺伝学とは継承だけではなく，多様性を扱うのだということを理解してもらえればと思います。

◉ 文献
1) Nussbaum RL 著（福嶋義光監訳）：トンプソン＆トンプソン遺伝医学 第2版．メディカル・サイエンス・インターナショナル，2017.
2) Vogel F, Motulsky AG: Human Genetics, 3rd Edition, Springer-Verlag, 1997.

第5講

染色体の異常を調べる:
細胞学レベルとゲノムレベルの両方の検査が重要

山本圭子●東京女子医科大学病院遺伝子医療センター ゲノム診療科

> 染色体異常の検査には,従来は,染色体全体を顕微鏡で見て判断するという細胞遺伝学的手法が用いられてきました。現在では,それに加えて,さまざまなゲノム解析の手法も用いられています。この講義では,染色体異常を調べるための解析方法にはどんなものがあるか,そして,染色体異常には具体的にどんなものがあるかを学びます。

染色体異常の解析方法

　染色体異常を調べるための解析法を,その解像度によって比べてみましょう。全染色体を顕微鏡で観察するというマクロのレベルから,DNAの塩基配列という微細なレベルまで,解析の解像度には大きな開きがあります。解像度にしたがって,代表的な解析法を図5.1に紹介しました。

　全染色体を網羅的に検査する方法としては,染色体を顕微鏡で観察するマクロレベルの方法が長きにわたって用いられてきました。染色体をスライドグラス上に展開し,染色して顕微鏡で調べるGiemsa分染法,いわゆるGバンド法という方法です。2003年にヒトゲノム計画が終了するまでは,全染色体を調べる方法はこれしかありません

でした。現在でも用いられている便利な方法です。

　2005年になると,マイクロアレイ染色体検査法が登場し,微細なレベルまで,ぐんと高い解像度でゲノムを網羅的に調べることが可能になりました。その結果,新しい微細染色体異常が次々と報告されるようになりました。2010年になると,次世代シークエンサーが登場し,ゲノム規模の配列決定が可能となりました。これにより,新しい疾患原因遺伝子の同定が相次いで行われています。

　また,染色体全体を解析するのではなく,染色体の特定部分のみを解析する場合は,ターゲット検査と呼ばれます。ターゲット検査には,染色体の特定領域に対する蛍光プローブを用いて,顕微鏡で蛍光標識した領域の増減の有無や位置を観察

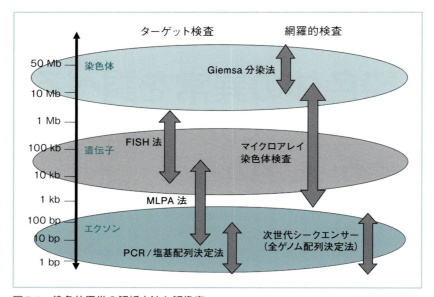

図5.1　染色体異常の解析方法と解像度
縦軸が解析法の解像度。bp は，二重らせんの塩基対1つを指す。kb は 1,000 塩基対，Mb は 100 万塩基対を表す。

するFISH法，同じく特定のゲノム領域の欠失や重複を調べるmultiplex ligation-dependent probe amplification（MLPA）法，塩基配列を同定するポリメラーゼ連鎖反応（polymerase chain reaction：PCR）/塩基配列決定法があります。

それでは，個々の検査法について具体的にみていきましょう。

細胞遺伝学的手法と分子生物学的手法の違い

染色体を解析する検査法は，用いる技術の違いによって，細胞遺伝学的検査と分子生物学的検査の2つに分けられます。細胞遺伝学的検査としてはGiemsa分染法とFISH法，そして分子生物学的検査としてはPCR/塩基配列決定法，MLPA法，マイクロアレイ染色体検査，全ゲノム配列決定法になります。

細胞遺伝学とは，顕微鏡下で染色体を観察して解析する学問を指します。細胞遺伝学的検査では分裂像（細胞分裂の中期染色体）を観察するために細胞培養が必要で，検査は顕微鏡下で視覚的に判断しておこないます。一方，分子生物学的検査では細胞培養が不要で，質の高いDNAが得られれば検査が可能です。分子生物学的検査では，検査が記号化，デジタル化，数値化され，客観的に行われるのが特徴です。

細胞遺伝学的検査において染色体解析を行う場合，使用する細胞は，血液中の白血球，Tリンパ球です。実際の手法を示しましょう。まず末梢血をヘパリンを添加したチューブに採取し，培養液に加え37℃で2〜3日間培養します。phytohemagglutinin（PHA）を添加して，分裂させるための刺激を与えます。そして細胞を回収する1時間前に紡錘体の働きを阻害する化学物質コルセミドを添加し，細胞分裂を分裂中期で停止させま

第5講　染色体の異常を調べる：細胞学レベルとゲノムレベルの両方の検査が重要

コラム　どんなときに染色体検査が必要になる？

　臨床において，細胞遺伝学的手法あるいは分子生物学的手法により染色体検査が必要になる一般的な臨床的指標は以下になります。

①**生まれて間もない時期の成長および発達の問題。** 例えば，体重増加不良，発達遅延，特異顔貌，多発奇形，低身長，外性器異常，知的障害などの所見は，染色体異常を有する子どもに高頻度に認められます。

②**死産および新生児死亡。** 死産児における染色体異常の頻度はおよそ10％で，生産児における頻度0.7％に比べてかなり高くなります。また，新生児期に死亡する児でも染色体異常の頻度は10％と高くなります。染色体異常を除外できる明らかな根拠がない限り，すべての死産児および死亡した新生児に対して，染色体検査を実施すべきです。特に必要なのが核型解析です。

③**生殖障害。** 無月経の女性や，不妊や習慣流産のカップルに適用となります。不妊や2回以上の流産経験のあるカップルでは3〜6％に染色体異常が認められます。

④**家族歴。** 第一度近親者に染色体・ゲノム異常がある場合や，その疑いがある場合です。

⑤**腫瘍。** ほとんどすべてのがんには1つ以上の染色体異常が関連しています。

⑥**高年妊娠。** 35歳以上の妊娠の場合，胎児の染色体異常のリスクが高くなります。日本でも数年前から無侵襲的出生前遺伝学的検査（non-invasive prenatal genetic test：NIPT）が適用になっています。

す。これを低張液で処理して染色体を分散させ，カルノア固定液（酢酸とメタノールの混合液）を徐々に加えて染色体を固定し，スライドグラスに展開します。末梢血からの細胞は短期間しか培養できないので，長期培養したい場合は他の細胞を用います。例えば，皮膚生検による線維芽細胞，白血球を形質転換させて得られる不死化したリンパ芽球様細胞株，骨髄生検という侵襲的な手法が必要な骨髄，羊水や絨毛採取によって得られる胎児細胞などです。

Giemsa 分染法

　では，それぞれの解析法について詳しくみていきましょう。全染色体を調べるときの最も一般的な染色法が**Giemsa 分染法**です。1970年代初頭に開発され，研究と臨床診断で広く用いられるようになった最初の全ゲノム解析法といえます

（図2.2参照）。染色をすると，染色体に淡染と濃染の横縞（バンド）が表れます。確認できるバンドの解像度は5〜10 Mb程度で，それ以下の解像度では検出できません。つまり，微細な染色体異常は見逃されることになります。ちなみにGiemsa分染法で濃く染まる領域はDNAのAT含有量が多く，遺伝子密度が低い場所です。

　1セットの染色体を並べた画像を核型と呼びます。染色体の分類は，基本的に大きい順に1から順番に番号がついていますが，例外的に21番と22番染色体では21番染色体のほうが小さくなります。核型の解析結果は，国際的に承認されたヒト染色体分類の記載法 International System for Human Cytogenomic Nomenclature（ISCN）に基づいて記載します。各染色体は，セントロメアを中心として，短腕をp，長腕をqとします。各腕のセントロメアからテロメアに向けて，縞模様

71

によって番号を付けます。例えば，1p36 あるい
は 22q11.2 といった具合です。顕微鏡の解像度が
向上するにつれて，番号の付け方が細かくなって
います。つまり，最初は大ざっぱに1〜3丁目ま
でに分けられていたのが，ピリオドで区切って，
さらに1〜3の番地名がつけられるといった具合
です。

　ところで，染色体の住所はどのように読むので
しょうか。1p36 は「いちぴーさんろく」。22q11.2
は「にじゅうにきゅーいちいちてんに」です。X
染色体の場合は，例えば，Xq28 は「えっくす
きゅーにーいちはち」です。染色体短腕3丁目6番地，
22 番染色体長腕1丁目1番地2号，X 染色体長
腕2丁目8番地とイメージするとわかりやすいで
しょう。「さんじゅうろく」や「じゅういってん
に」，「にじゅうはち」と読まないということを忘
れないでください。

　染色体は，セントロメアの位置によって大きく
3つに分類されます。セントロメアは，分裂中期
の染色体で，狭窄として観察できます（図 2.2，
図 5.2）。染色体のほぼ中心にセントロメアがあ
る中部着糸型，セントロメアが中心からずれて両
腕の長さが異なっている次中部着糸型，セントロ
メアが一方の末端にある端部着糸型です。端部着
糸型では，クロマチンが凝集したサテライトとい
う構造物が短腕末端部に付着しています。

　Giemsa 分染法には，染色体異常検出の感度を
高めるために，分裂中期染色体ではなく，分裂の
早期の染色体を用いる方法もあります。これは，
高精度分染法と呼ばれる方法で，これにより2〜
3 Mb の欠失や重複まで同定できるようになりま
す。ただし現在では，この解像度レベルが必要な
場合は，この後紹介するマイクロアレイ染色体検
査に置き換えられています。

FISH 法

　FISH 法は，特定のゲノム領域を解析するター
ゲット検査の1つです。FISH 法という名称は，
蛍光 *in situ* ハイブリダイゼーション法（fluores-
cence *in situ* hybridization）の略で，1980 年代
に発展してきました。現在も，そして今後も必要
とされる技術です。FISH 法は，特定の DNA 配
列の有無を検出したり，あるいは，染色体領域の
数や構成を細胞内の元の位置で評価したりすると
きに使われます。

　FISH 法がヒトで利用できるようになったの
は，全ゲノムからの DNA クローンのコレクショ
ンが利用可能になってからです。というのも，
FISH 法は，特定の DNA 配列を含むクローンを
プローブ（検出用に用いる短い DNA 配列）とし
て用いて，そのプローブに相当する染色体の領域
を検出する方法だからです。その染色体が，プ
ローブと同じ DNA 配列を有している場合には，
その DNA 配列の部分が蛍光シグナルを発するの
です。シグナルは，蛍光顕微鏡で見て判断します。
用いる検体は分裂期の染色体像や間期細胞核のゲ
ノムです。

　では，実際の解析例をみてみましょう。図 5.3
は自施設で行った FISH 解析の結果です。1本の
染色体に赤と緑のシグナル1つずつを認めるよう
なプローブを用いて解析しています。検体の染色
体がプローブの DNA 配列を欠失していた場合
（図 5.3 左），解析結果の画像はそのシグナルを欠
きます。一方，検体の染色体が，プローブの
DNA 配列を重複して持っていた場合には，その
シグナルが2つ認められるようになります。
図 5.3 右の例では，1本の染色体に緑のシグナル
が2つ認められ，同一腕内に重複があることがわ
かります。また，図 5.3 には示しませんでしたが，

第5講 染色体の異常を調べる：細胞学レベルとゲノムレベルの両方の検査が重要

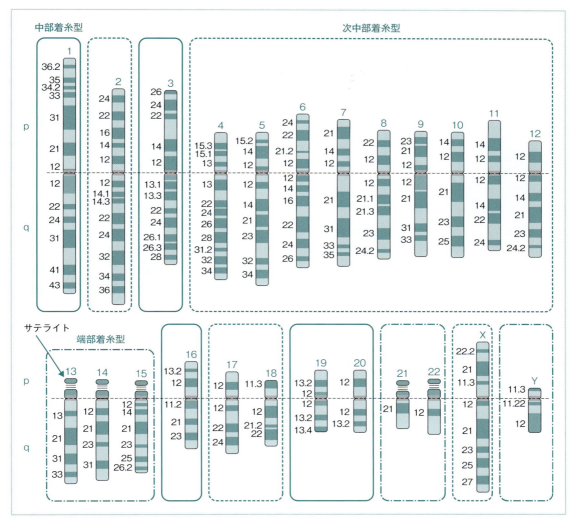

図5.2 セントロメアの位置による染色体の分類
灰色の部分がセントロメア。セントロメアの位置により「中部着糸型」（中央），「次中部着糸型」（中央から少しずれている），「端部着糸型」（端にある）と呼ばれる。サテライトは，クロマチンの凝集した構造物。文献1より改変。

位置の異常や不均衡型転座などもFISHで調べることができます。繰り返しますが，このようなFISH法は，あくまで調べたい箇所（のDNA配列）が既に明らかな場合に行う検査です。

マイクロアレイ染色体検査

ここからは，分子生物学的解析法に入ります。まずは，コピー数の変化を検出するための**マイクロアレイ染色体検査**です。ゲノム全体に対応させ

第5講

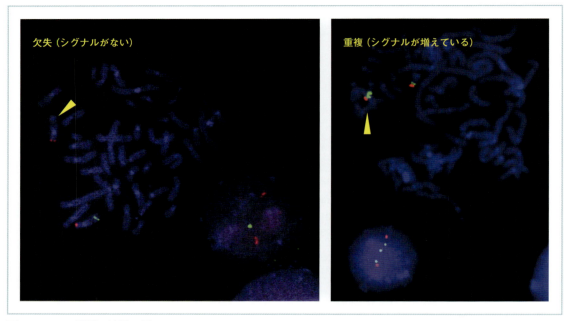

図5.3　FISH解析の結果の例
左：欠失の例。一方の染色体で緑のシグナルが認められない。右：重複の例。緑のシグナルが2本の染色体のうち片方では2つ認められ，同一腕内に重複していることがわかる。

たDNA断片を顕微鏡スライド上に配置し，その上に調べたい検体DNAを振りかけて，全ゲノムを対象にコピー数の探索を行うという網羅的解析法です。FISH法とは逆に，調べたい検体のDNAを蛍光色素で標識します。最終的にスキャナーでスキャンして蛍光強度を調べます。

マイクロアレイ染色体検査には，大きく分けて2つの方法が存在します。1つが**比較ゲノムハイブリダイゼーション**（comparative genomic hybridization：CGH）で，アレイCGHとも呼ばれます。図5.4Aに方法を詳述しました。正常の対照用ゲノム（参照ゲノム）は赤，患者から得たゲノムを緑というように，両者を別々の蛍光色素で標識し，それを混合して，スライド上のプローブDNA（ゲノム全体に対応している）と反応させま

す。患者ゲノムと対照ゲノムが同量なら黄色，患者ゲノムが増加していれば緑，患者ゲノムが少なければ赤というように検出されてきます。図5.4Bに示したように，蛍光強度はlog2比で表されます。ゼロはコピー数異常なし，プラスはコピー数増加（例えばプラス0.5は同じDNA領域のコピーが3つ，プラス1ならコピー4つ），逆に，マイナスはコピー数減少（マイナス1ならコピー数が1つ減少）を表します。アレイCGH法の実例は，後で紹介します。

さて，マイクロアレイ染色体解析のもう1つの方法は，**SNPアレイ**です。第4講で出てきましたが，SNPとは一塩基多型（single nucleotide polymorphism：SNP）のことです。SNPの位置にプローブを設計することによって，対照（参照）

74

第5講　染色体の異常を調べる：細胞学レベルとゲノムレベルの両方の検査が重要

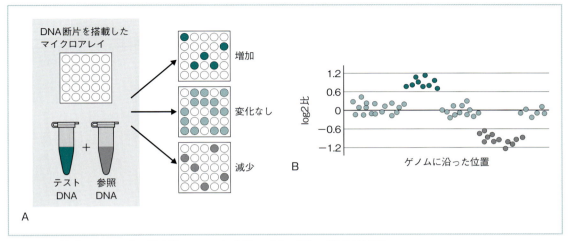

図5.4　比較ゲノムハイブリダイゼーションによるマイクロアレイ染色体検査
A. テストDNA（緑色で標識した患者ゲノム）と，参照DNA（赤色で標識した対照ゲノム．図では灰色）を混合し，アレイに播種．アレイ上のプローブとハイブリダイゼーション反応を行わせ，蛍光強度を測定．増減の結果に従い，色分けされてくる．B. 結果の出力例．Log2比が0付近のプロットは，そのゲノムコピー数が参照と同等であることを示す．緑色は増加を，赤色は減少を示す．文献1より．

DNAを使用する必要がなくなり，検体DNAだけを単色で解析する方法になります．SNPアレイは，コピー数の探索のほか，SNPがホモ接合になっているようなヘテロ接合性の喪失（loss of heterozygosity：LOH）領域の解析や，連鎖解析にも応用が可能です．片親性ダイソミーなどの診断に用いることができます．

マイクロアレイ染色体検査（アレイCGH）の実例

アレイCGH法を用いてマイクロアレイ染色体検査を行うと，さまざまな大きさのレベルでコピー数の異常を解析できます．まず染色体の本数の増減を同定し，例えば，全染色体のうちで18番染色体のコピー数が1つ多いことを同定して，18トリソミーを診断といったことが行えます．

また，ある染色体の部分的なコピー数増減も解析できます．22q11.2の約3 Mbの領域が1コピーに減少していることを同定し，22q11.2欠失症候群を診断した例を図5.5に示しました．

解析結果画面の解像度の表示を変えていくと，コピー数増減をより微細な部分まで突き止められるようになります．例えば，4番染色体短腕サブテロメア領域に109 kbという微細な欠失があることがわかった例もあります．この部位は，いわゆる4pマイナス症候群（Wolf-Hirschhorn症候群）の責任領域の一部です．ちなみにこの患者は，4pマイナス症候群のmild phenotypeを示していました．

また，17番染色体長腕と21番染色体長腕での不均衡型転座をアレイで解析し，17番染色体長腕の部分トリソミー，21番染色体長腕の部分モノソミーを同定するといったことも行えます．ただし，増減した部位が，染色体上のどこに存在するかは，アレイ解析では同定できません．このことは，アレイ解析の限界として，次の項でふれま

第5講

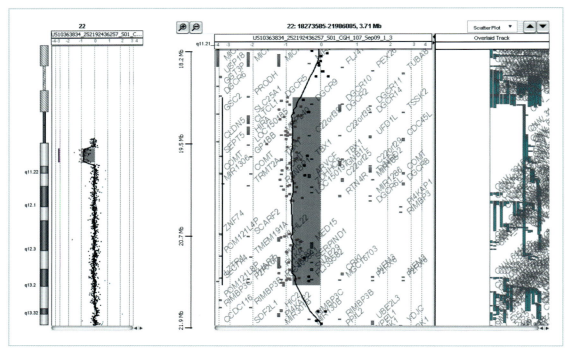

図5.5　アレイCGH解析による22q11.2欠失症候群の解析結果
左は染色体レベルの表示、右は遺伝子レベルの表示。22q11.2の約3 Mbの領域の蛍光強度比（log2比）が－1に減っているので、その部分のコピー数が1つ減少していることがわかる。右で一緒に表示されているのは遺伝子名とその位置。

す。
　Giemsa分染法でもコピー数の増減を解析できますが，5 Mb以下の大きさの検出は無理になります。図5.6は，Giemsa分染法では同定できない4 Mb以下の領域の中間部欠失を見つけた例です。また，別の症例ですが，Giemsa分染法では7番染色体長腕1か所の欠失と判定されていましたが，アレイCGH解析により，実は欠失が3か所あったことがわかった場合もあります。また，Giemsa分染法で由来不明だった22番染色体長腕の付加断片について，その由来が，22番染色体長腕の中間部の重複であることを同定することができた症例もあります。

マイクロアレイ染色体検査の限界

　Giemsa分染法では判断できなかったことがマイクロアレイ染色体検査で発見できた例を示しましたが，逆に，マイクロアレイ染色体検査では見つけられないこともあります。その1つが逆位です。例えばGiemsa分染法で3番染色体の腕間逆位が見つかった症例がありました。ところが，これをアレイCGH解析しても，逆位の切断端はコピー数異常を示しません。つまり，マイクロアレイ染色体検査の結果では，腕間逆位は見つけられないということになります。
　もう1つは，増減したDNAコピーがどこに存在するかという情報で，これもマイクロアレイ染

第5講　染色体の異常を調べる：細胞学レベルとゲノムレベルの両方の検査が重要

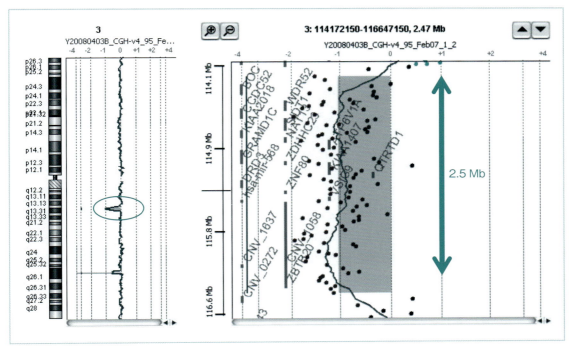

図5.6　アレイCGH解析で5 Mb以下の中間部欠失を解析した例
3番染色体長腕の欠失を同定。文献2より。

色体検査では見つけられません。例えば図5.7に示したように，アレイCGHで，15q11.13の位置のDNAが1コピー増という結果を示した症例が2つあったとします。ところがこれらをFISH解析すると，そのうちの1つの症例では，同じ染色体内でコピー数が1つ増えた（三倍体化）のですが，もう1つの症例では，派生した別の染色体上でコピー数が1つ増えた（重複が起きた）のであり，しかも逆位であることがわかりました。このような構造の違いをアレイCGHでは見つけられないのです。これを見つけるのは，FISH法で調べなくてはなりません。マイクロアレイ染色体検査では，コピー数の増減が確認できるだけであって，染色体異常の位置はわからないというこ

とです。

　マイクロアレイ染色体検査の限界をまとめます。まず，DNA配列の相対的コピー数を測定しているにすぎないため，ゲノムの位置は同定できません。したがって，FISH法での確認が必要ということです。それからゲノムコピー数にみられる多様性ということについても注意が必要です。個人によってコピー数が異なる領域が多数あることがわかってきており，そのなかには臨床的意義がまだ明らかになっていないものもあります。したがってコピー数の増減が，病因になる場合もあれば，ならない場合もあるということです。診断の前にはデータベースや論文検索によって情報収集することが重要となります。

77

第5講

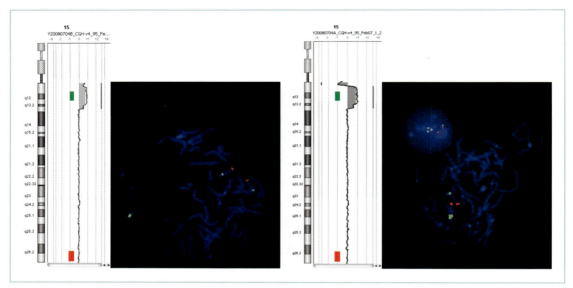

図5.7 マイクロアレイ染色体検査の限界
2症例の検査結果（それぞれ左がマイクロアレイ染色体検査，右がFISH解析）。マイクロアレイ染色体検査では，どちらの症例も15q11.13のDNAが1コピー増えたことしか示さないが，FISH解析をすると，増えた1コピーの存在する染色体上の場所が異なることがわかる。

ゲノム配列決定法

　次世代シークエンサーを用いたゲノム配列決定法について説明します。現在用いられている一般的な方法では，ゲノムを数十〜数百塩基に小さく断片化し，その塩基配列を読み取り，読み取った部分（リードと呼びます）を，ヒトゲノムの参照配列と比較して，違いがないかをみていきます。ゲノムのどの範囲を解析するかで，全ゲノム，エクソーム，ターゲットリシークエンスといった種類があります。ゲノム配列決定では，depth情報というものが重要になってきます。配列決定するゲノムの領域は，通常，シークエンサーで複数回読みます。何回読んだかの回数がdepth（深度ともいう）であり，その回数が多いほど，配列決定の精度が高いことになります。図5.8には，エクソーム解析でのdepth情報の例を示しました。

この図では，読み取られたリードが，ゲノムのどの位置のものかが図示されています。エクソーム解析ではエクソンの配列を決定するので，エクソンの部分にリードが集中しています。

　現在遺伝医学研究において，次世代シークエンサーを用いた解析が最も利用されているのは，遺伝子変異の有無の網羅的探索です。では，染色体異常の検査では，次世代シークエンサーがどのように用いられるでしょうか。1つは異数性の検出です。ゲノム配列決定法で染色体全体を網羅的に解析した際，患者ゲノムの染色体配列が過剰に検出されると，染色体の異数性が示唆されます。もう1つは転座の検出です。患者ゲノムを読んで得たリードの配列とヒトゲノム参照配列を比較したときに，リードの配列が2つの別な染色体にまたがっていたら，それから転座が示唆されます。

　さらに近年，「エクソーム隠れMarkov（マルコフ）モデル

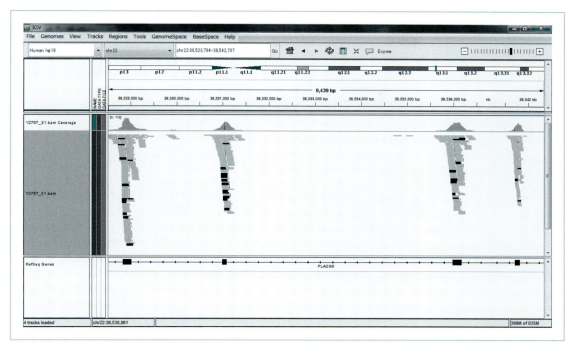

図5.8　エクソーム解析のdepth情報
シークエンサーでゲノムのどこを何回読んだか（depth情報）を表示した画面。回数が多いほど精度の高いデータが得られる。画面上部にゲノム上の位置が示され，その下方に灰色でdepthが表示される。この例ではエクソーム解析なので，リードがエクソンの位置に集中しているのがわかる。

（eXome Hidden Markov Model：XHMM）」という統計解析手法を用いることで，次世代シークエンサーでもマイクロアレイ染色体検査と同様に，ゲノムコピー数の解析が可能になりました。例えば，Giemsa分染法ではむずかしい19番染色体短腕の中間部欠失といったことが同定できるようになります。

細胞遺伝学的検査法と分子生物学的検査法の比較

　染色体やゲノムの解析を，細胞遺伝学的検査法と分子生物学的検査法に分けて，総括してみましょう（表5.1）。Giemsa分染法は臨床現場における通常の検査法であり，染色体解析の基本です。染色体の同定，X／Y染色体の確認，転座などの大きな構造異常やマーカー染色体，モザイクの有無の確認などに用います。FISH法は主に，特定の染色体領域の有無，染色体の構造異常などの診断に用いられます。PCR／塩基配列決定法は，詳しくはふれませんが，特定のDNA断片を増幅して配列を調べる方法です。MLPA法は，今回は詳しく説明していませんが，特定のゲノム領域の欠失や重複を調べる方法です。マイクロアレイ染色体検査は，全染色体領域のコピー数を網羅的に高解像度で解析することができますが，構造異常の判定に用いることはできません。全ゲノ

79

第5講

表5.1　染色体の細胞遺伝学的検査法と分子生物学的検査法

細胞遺伝学的検査法	
Giemsa 分染法	臨床現場における通常の検査法であり，染色体解析の基本。染色体の同定，X と Y 染色体の確認，転座などの大きな構造異常や，マーカー染色体，モザイクの有無などの解析に用いられる
FISH 法	特定の染色体領域の欠失の有無，染色体構造異常などの診断に主に用いられる
分子生物学的検査法	
PCR 法	特定の DNA 断片の増幅に用いられる方法である。臨床現場では細菌やウイルスの有無を定性的に判断するために用いられる
塩基配列決定法	DNA 配列を調べる方法。PCR 法と組み合わせて使われる。遺伝性疾患によっては保険適応がある
MLPA 法	特定のゲノム領域の欠失や重複を調べる方法。染色体異常の判定や疾患遺伝子の解析など応用範囲は広いが使用するプローブに制限があり，一度に解析できる対象も限られる
マイクロアレイ染色体検査	全染色体領域のコピー数を網羅的に高解像度で解析することができる。カスタムアレイを用いれば目的とする領域をさらに詳細に調べることも可能。構造判定に用いることはできない。
全ゲノム配列決定法	全ゲノムを対象とし，最高の解像度をもつ。50 ～ 500 bp のシークエンスリードを参照配列と比較する。数的異常，構造異常も判定可能である。

文献 3 より。

ム配列決定法は，ゲノム規模を対象とし，最高の解像度を持ちます。現在では数的異常や構造異常も判定可能になってきています。

　このようにさまざまな解析法を用いることができるわけですが，だからといってすべての場合において，最初からマイクロアレイや次世代シークエンサーで解析するわけではありません。臨床症状から異数性が疑われたり，FISH による診断法が確立している症候群の場合は，まず Giemsa 分染法や FISH 法を行うべきです。Giemsa 分染法が適応になる異数体としては，Down 症候群（21 トリソミー），Edwards 症候群（18 トリソミー），Patau 症候群（13 トリソミー），Turner 症候群（X モノソミー）があります。FISH 法では，22q11.2 欠失症候群（DiGeorge 症候群），Williams 症候群，Smith-Magenis 症候群，Sotos 症候群，Prader-Willi/Angelman 症候群の診断が確立されています。原因不明で何らかの染色体ゲノム異

常が疑われ，いわゆる既知の症候群に当てはまらない場合には，マイクロアレイ染色体検査を実施するというのが世界的な流れになってきています。そうして明らかになった新たな微細欠失症候群が数多く報告されていますが，これらは，臨床症状から類推することが困難なものがほとんどです。こうした症候群は，染色体上の欠失した部位の位置を病名にしており，3q29 欠失症候群などと呼ばれています。

　微細欠失は，
・両端に低頻度反復配列（low copy repeat：LCR）を含み，共通の欠失領域を認めるもの
・中核となる遺伝子の欠失が共通で，その欠失領域にばらつきがあるもの
の 2 つに分かれています。新たに明らかになった染色体微細欠失症候群は，臨床症状から類推することが困難なものがほとんどです。

　日本で保険で認められている遺伝学的検査法

は，Giemsa 分染法，FISH 法，PCR／塩基配列決定法，MLPA 法，サザンブロット法で，一部難聴でのみ次世代シークエンス解析が認められています。マイクロアレイ染色体検査，次世代シークエンス解析は，現在はまだ研究レベルの解析になっています。

染色体異常にはどのようなものがあるか

ここからは染色体異常にはどのようなものがあるか，具体的にみていきますが，まず，染色体異常の発生率についてデータを紹介します。外国での調査結果ですが，6 万 8,000 人以上の新生児を検査したところ，全染色体異常の頻度は，生産児154 人あたりおよそ 1 人です。染色体異常には数的異常と構造異常があり，最も一般的なのは数的異常で，263 人あたり 1 人です。構造異常は 375人あたり 1 人であり，ゲノム量が変わらない均衡型と，ゲノム量が変化している不均衡型があります。

数的異常

染色体の数的異常には，正倍数体と異数体があります。正倍数体は一倍体の整数倍のものを指し，胎児に観察されるものとしては，三倍体と四倍体があります。三倍体は長く生きられないものの，生きて生まれることがあります。三倍体の原因は主に 2 精子受精によるものですが，二倍体の配偶子形成に起因する場合もあります。母由来が余分なら自然流産，父由来が余分なら部分胞状奇胎になります。四倍体は受精卵の早期卵割の完了異常によって起こります。

異数体は，46 本以外の数の染色体のことを指し，トリソミーとモノソミーがあります。トリソミーは特定の染色体が 3 本ある場合で，どの染色体にも起こりえますが，完全なトリソミーで致死にならないのは 13，18，21，X，Y 染色体に限られます。特定の染色体が 1 本の場合はモノソミーで，完全なモノソミーは X 染色体，つまりTurner 症候群を除いて致死になります。

異数体が生じる最も一般的なメカニズムは，減数分裂時の不分離です。第一減数分裂時の不分離と第二減数分裂時の不分離では，生じるゲノムが異なってきます。第一減数分裂時の不分離では，父由来と母由来両方を含みますが，第二減数分裂の不分離では，父由来あるいは母由来のいずれかを 2 コピー持つことになります。第一減数分裂時の相同染色体対の正確な分離は，精密な時間的・空間的な制御が求められて大変複雑です。そのため染色体対の不分離は，通常は第一減数分裂時に生じることが多いのです。染色体不分離は体細胞分裂時にも起こりうるので，この場合は正常の染色体と異数体が混在してモザイクになる可能性があります。

構造異常

構造異常は，染色体の切断，再結合，交換によって異常な組み合わせが生じた状態を指します。先ほども言いましたように，375 人に 1 人の割合でみられます。

構造異常は，全細胞に存在している場合と，モザイクとして存在する場合があります。また，通常の染色体構成要素が完全にそろっている均衡型と，過剰や欠失がある不均衡型に分類されますが，これは解析の解像度によって変わってくることがあります。均衡型とみなされていたのに，より解像度の高い解析を行ったら，不均衡型と判明する場合もあるということです。均衡型と不均衡型の構造異常について，具体的にどのようなものがあるかをみていきましょう（表 5.2，図 5.9）。

表5.2 染色体の構造異常の種類

不均衡型	均衡型
欠失	相互転座
重複	挿入
マーカー染色体・過剰染色体	逆位
環状染色体	Robertson型転座
同腕染色体	
二動原体染色体	

● **不均衡型構造異常**

不均衡型構造異常は，生産児1,600人に1人の頻度でみられます。通常，複数の遺伝子の欠失・重複があるため，表現型が異常になる可能性が高くなります。染色体の断片を失う欠失（deletion）は，多くの場合は，染色体の端部や中間部で起こります（図5.9A）。頻度は7,000人に1人程度で，臨床的な影響は，ハプロ不全（haploinsufficien-

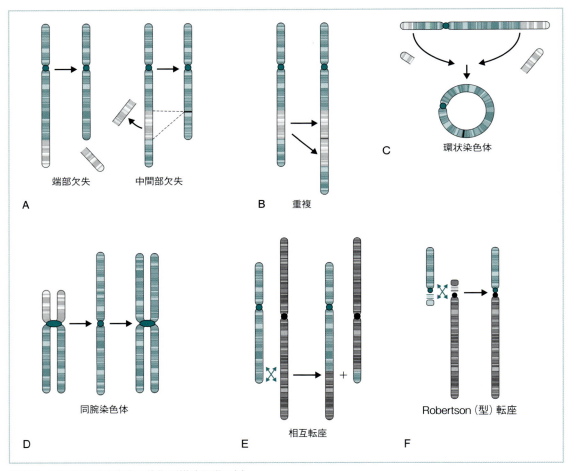

図5.9 不均衡型構造異常と均衡型構造異常の例
文献1より。

cy）と呼ばれます。ハプロ不全とは，遺伝物質が1コピーになることにより，正常なら2コピーの遺伝物質が担う機能を果たせなくなることです。臨床的な重症度は欠失した断片の大きさ，遺伝子の数と機能によって決まってきます。

重複（duplication）は欠失の反対で，染色体の一部が余分に増えている状態のことです（図5.9B）。欠失に比べて臨床的影響が少ないと考えられています。臨床的影響が生じる場合は，重複した遺伝子そのものが原因となるだけでなく，重複の原因となった染色体の切断により，切断部位上にある遺伝子が損傷を受けて生じる場合もあります。

不均衡型構造異常にはその他，マーカー染色体，同腕染色体，二動原体染色体もあります。マーカー染色体（marker chromosome）は，非常に小さく同定困難な染色体で，しばしばモザイク状態で観察されます。過剰染色体あるいは過剰構造異常染色体とも呼ばれ，多くのマーカー染色体はテロメア配列が欠如した環状染色体という形で観察されてきます（図5.9C）。正確に同定するには解像度の高い検査が必要となります。具体的には，マイクロアレイ染色体検査，もしくは各染色体に特異的なセントロメアプローブを用いたFISH解析です。出生前診断において*de novo*（新規）で見つかる頻度がおよそ2,500分の1で，胎児に異常が生じる確率はマーカー染色体の由来によってさまざまになります。15番染色体と性染色体に由来するマーカー染色体が比較的高頻度に認められますが，その原因は不明です。

同腕染色体（isochromosome）は，一方の腕が欠如し，他方の腕が鏡像様に重複した染色体のことで，一方の腕の遺伝物質が1コピー，他方の腕の遺伝物質が3コピーになっています（図5.9D）。X染色体長腕の同腕染色体はTurner症候群（典型的には45,X）の一部に認められます。

二動原体染色体（dicentric chromosome）は，それぞれセントロメアを有する2つの染色体断片の端と端が結合した異常染色体のことです。ただし，一方のセントロメアがエピジェネティックに不活化された場合や，2つのセントロメアが常に協調して分裂後期の極へ移動する場合には，体細胞分裂を通して安定していられるので，偽性二動原体染色体と呼ばれます。

● 均衡型構造異常

均衡型構造異常には，相互転座，挿入，逆位，Robertson型転座があります。これらは500人に1人で認められますが，多くは臨床的影響を伴いません。ただし，次世代に影響を与える可能性があります。というのは，保因者では不均衡型の配偶子が形成される傾向があるためで，不均衡型核型を認める子を持つリスクが1〜20％といわれています。また，転座に伴い染色体が切断されることで，その切断点上にある遺伝子が損傷されて異常が生じるという可能性もあります。

相互転座（reciprocal translocation）は，複数の非相同染色体に切断と組換えが起きた結果生じます（図5.9E）。交換だけでは総染色体数に変化がないので表現型に影響を及ぼしませんが，減数分裂時の染色体の対合と相同組換え過程が困難になるため，不均衡型配偶子の形成や子孫における異常のリスクが高くなります。出生前診断や，不均衡型転座を伴う子の両親解析で偶然見つかることがあります。また，2回以上の自然流産を経験しているカップルや不妊男性で見つかる確率が高いです。

ここで，均衡型の相互転座保因者の配偶子形成についてふれます（図5.10）。相互転座があると（図5.10A），減数分裂時に相同配列を正確に対合

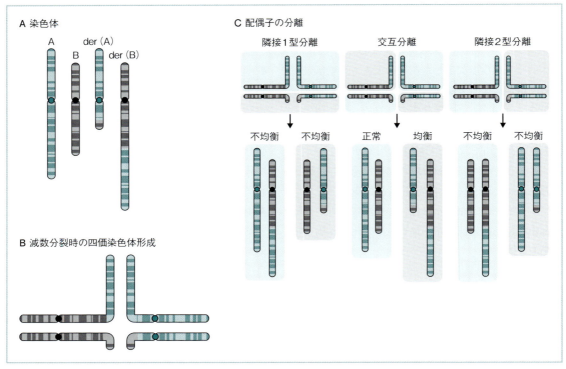

図5.10　相互転座保因者の配偶子形成のパターン
均衡型の相互転座があると（A），減数分裂時の相同配列ペアの対合時に，二価染色体ではなく四価染色体が形成されてしまう（B）。分裂後期にどの染色体がどちらに移動するかによって，いくつかの分離パターン（交互分離，隣接1型分離，隣接2型分離）が考えられる（C）。分離パターンの背景色は，同色どうしが組み合わさることを示す。文献1より。

させるために，二価染色体ではなく四価染色体というものが形成されます（図5.10B）。そして分裂後期にどの染色体がどちらに移動するかによって，いくつかの分離パターンに分かれます（図5.10C）。まず交互分離ですが，転座が起きた結果，正常と均衡型が生じますので，表現型に異常を認めません。隣接1型分離では，相同ではないセントロメアを持つ染色体同士が移動するので，配偶子は不均衡になります。隣接2型分離では，相同なセントロメアを持つ染色体同士が移動するので，こちらも配偶子は不均衡となります。
　では，Robertson型転座の説明に移ります。

Robertson型転座には，2本の端部着糸型染色体が関与します（図5.9F）。端部着糸型染色体というのは，13，14，15，21，22番染色体のことです。このうちの2種類の端部着糸型染色体が，セントロメア領域近傍で融合して，短腕を消失することによって生じます。相互転座ではないのですが，実質的には，均衡型とみなします。なぜかといいますと，端部着糸型染色体は短腕の大部分が各種のサテライトDNAと数百コピーのリボソームRNA遺伝子からなり，短腕が消失しても害がないのです。したがって，核型は45本ですが，均衡型として考えるのです。頻度が高いのは，13

第5講　染色体の異常を調べる：細胞学レベルとゲノムレベルの両方の検査が重要

番と14番のRobertson型転座，また14番と21番のRobertson型転座です．女性が保因者である場合のほうが，不均衡型染色体構成による異常を有する子が生まれるリスクが高いことが知られています．

Robertson型転座保因者の配偶子形成について，14番と21番のRobertson型転座保因者から生じる配偶子の例を図5.11に示しました．配偶子形成には3つのパターンが考えられますが，その結果生じる合計6パターンの配偶子は，子が不均衡型で生存できない3例と，生存可能な3例とになります．子が生存する1例のパターンでは，転座型のDown症候群になります．

次に，挿入（insertion）ですが，ある染色体から除去された染色体断片が別の染色体に挿入されることで生じます．挿入の向きはセントロメアに対して，そのままの向きの場合も，逆向きの場合もあります．配偶子形成の分離パターンにより，挿入断片の重複や欠失を伴う染色体異常を有する子が生まれる確率が最大で50％あります．

逆位（inversion）は，1本の染色体の2か所で切断が起こり，その切断点間の断片が反対向きに再構成されることで生じます．腕内逆位とは，2つの切断点が1本の腕内にある場合で，腕間逆位とは，切断点が両腕に1つずつ存在する場合です．この保因者には表現型の異常はありませんが，どちらの逆位であっても不均衡型の配偶子を形成する可能性があります．

逆位染色体の保因者では，第一減数分裂時に正常染色体と逆位染色体の相同部分が対合するため

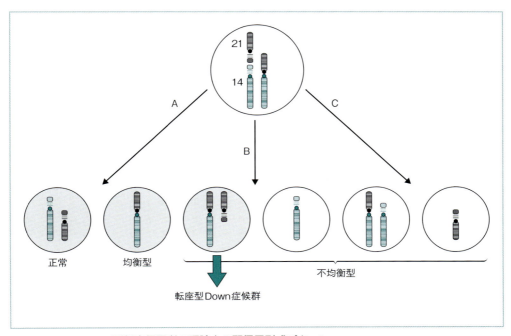

図5.11　Robertson型転座保因者の理論上の配偶子形成パターン
14番と21番のRobertson型転座保因者の場合を示す．理論上，A, B, Cの3パターンがあるが，左の3つの配偶子のみ生存可能．右の3つは生存できない．文献1より．

85

に，ループが形成されてしまう場合があります。ループ内で組換えが起こると，配偶子形成の際に不均衡型が形成されます（図5.12）。腕内逆位の場合，不均衡型は二動原体か無動原体になるので，出生に至りません。腕間逆位の場合は，切断点より遠位部の重複および欠失の両方を有する不均衡型配偶子が形成される可能性があります。総合的にみると，腕間逆位で不均衡型核型を有する子が生まれるリスクは5～10％といわれています。

最後に，染色体異常のモザイクについてもふれておきます。モザイクとは，1人の体を構成する細胞に複数種類の染色体構成がみられることをいいます。受精後早期の体細胞分裂時における染色体不分離によって生じることが多く，モザイクでない患者に比べると臨床的な重症度が軽いといわ

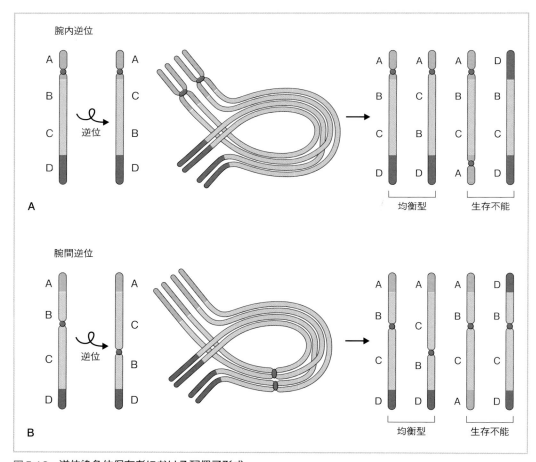

図5.12　逆位染色体保有者における配偶子形成
B-Cの部分が逆位。BとCの部分が対合するためループが形成される。このループ内で組換えが起こると，図右のような配偶子が形成される。腕間逆位の場合には，切断点より遠位部の重複および欠失の両方を有する不均衡型配偶子が形成される可能性がある。文献1より。

れています。出生前診断で確認された場合，その重要性を評価するのは困難で，患者の体内に存在する真性モザイクと検査室内で生じた偽性モザイクの鑑別は非常に難しくなります。

今まで紹介した染色体異常の略語とその記載例を**表5.3**にまとめました。実際に所見を記載する際には，英語表記の最初の1〜3文字のアルファベット小文字で記載するという決まりになっ

ています。

染色体異常の頻度

染色体異常の頻度を予測した研究が報告されています（**表5.4**）。1万人の妊娠に対して，自然流産胎児と生産児に観察された結果にもとづいて推定されたものです。その報告によると，自然流産は15％認められ，その自然流産胎児のうち，染

表5.3　染色体およびその異常に関する略語

略語	意味	例	状態
		46,XX	正常女性核型
		46,XY	正常男性核型
cen	セントロメア centromere		
del	欠失 deletion	46,XX,del(5)(q13)	1本の5番染色体の5q13からq末端までが端部欠失した女性
der	派生染色体	der(1)	1番染色体のセントロメアを含む，1番染色体に由来する構造異常染色体
dic	二動原体染色体	dic(X;Y)	X染色体およびY染色体両方のセントロメアを含む二動原体染色体
dup	重複		
inv	逆位	inv(3)(p25q21)	3番染色体の腕間逆位
mar	マーカー染色体	47,XX,+mar	過剰な未同定の染色体を有する女性
mat	母由来	47,XY,+der(1)mat	母から受け継いだ派生1番染色体を過剰に有する男性
p	染色体短腕		
pat	父由来		
q	染色体長腕		
r	環状染色体	46,X,r(X)	X染色体の1本が環状染色体になっている女性
rob	Robertson型転座	rob(14;21)(q10;q10)	14番と21番染色体がそれぞれセントロメア領域で切断され，それぞれの長腕同士が再結合した
t	転座	46,XX,t(2;8)(q22;p21)	2q22と8p21を切断点とする2番染色体と8番染色体間の均衡型転座を有する女性
+	〜の増加	47,XX,+21	21トリソミーの女性
−	〜の欠如	45,XX,−22	22モノソミーの女性
/	モザイク	47,XX,+21/46,XX	21トリソミーと正常核型の2つの細胞集団をモザイクで有する女性

文献1より。

表 5.4 染色体異常の頻度の予測（1 万例の妊娠に対して）

転帰	妊娠	自然流産（%）	生産児
全体	10,000	1,500 (15)	8,500
正常染色体	9,200	750 (8)	8,450
染色体異常	800	750 (94)	50
特定の異常			
三倍体あるいは四倍体	170	170 (100)	0
45,X	140	139 (99)	1
16 トリソミー	112	112 (100)	0
18 トリソミー	20	19 (95)	1
21 トリソミー	45	35 (78)	10
その他のトリソミー	209	208 (99.5)	1
47,XXY,47,XXX,47,XYY	19	4 (21)	15
不均衡型再構成	27	23 (85)	4
均衡型再構成	19	3 (16)	6
その他	39	37 (95)	2

文献 1 より。

色体異常は約半数に認められます。三倍体や四倍体はすべて自然流産です。45,X の Turner 症候群は，生存児もいますが，そのかなりの部分は自然流産していることがわかります。また，トリソミーは 16 トリソミーが最も多くを占めますが，すべて自然流産です。生存できるトリソミーは，13，18，21，X，Y 染色体のみです。

遺伝カウンセリングのためのガイドラインのまとめ

第 5 講のまとめをかねて，生産児における不均衡型の染色体・ゲノム異常の遺伝カウンセリングのための一般的なガイドラインを紹介します。
- モノソミーはトリソミーに比べてより重症になる——完全なモノソミーでは，X 染色体モノソミーを除き生きて生まれません。完全なトリソミーは，13，18，21，X，Y 染色体ならば，

生きて生まれてきます。
- 部分的な異数性の表現型はさまざまな要因に左右される——不均衡型断片の大きさ，どのゲノム領域が影響を受けてどの遺伝子が関与しているのか，不均衡はモノソミーかトリソミーか，などに左右されます。
- 逆位症例のリスクは，セントロメアに対する逆位の場所と逆位断片のサイズによる——腕内逆位では次世代に異常な表現型を有する子が生まれる確率は非常に低いですが，腕間逆位では先天異常の子が生まれるリスクがあり，逆位断片の大きさとともにリスクが高くなります。
- 染色体異常を伴うモザイクの表現型を予測するのは困難。

以上となります。

がんの染色体・ゲノム解析

　最後に，がんの染色体・ゲノム解析について簡単にふれて，この講義を終えたいと思います。染色体やゲノムの変化は生涯を通じて体細胞にも起こりえることで，その種類も多彩です。最近では，腫瘍の種類や治療の有効性との関連が重要視されています。腫瘍細胞では通常，猛烈な量のゲノムコピー数異常が複数の染色体に生じることが多く，そのような状態を chromothripsis（染色体破砕）と呼びます。腫瘍細胞でアレイ CGH を行うと，このような chromothripsis の状態が一目瞭然であり，全染色体のいたるところで異常が起こっていることがわかります。

◉ 文献

1) Nussbaum RL 著（福嶋義光監訳）：トンプソン＆トンプソン遺伝医学 第2版．メディカル・サイエンス・インターナショナル，2017.
2) Shimojima K et al.: Proximal interstitial 1p36 deletion syndrome: the most proximal 3.5-Mb microdeletion identified on a dysmorphic and mentally retarded patient with inv(3)(p14.1q26.2). *Brain Dev.* 2009; 31(8): 629-633. [PMID: 18835671]
3) 山本俊至著：臨床遺伝に関わる人のためのマイクロアレイ染色体検査．診断と治療社，2011.

第6講 染色体およびゲノムの量的変化に基づく疾患：
常染色体と性染色体の異常について

松尾真理 ● 東京女子医科大学病院遺伝子医療センター ゲノム診療科

この講義では，細胞がもつ染色体の本数が変化することによって生じる疾患について解説します。この染色体異常は，遺伝性疾患の中で大きな割合を占めます。染色体異常はどのようなメカニズムで生じるのか，また，染色体異常にはどのような種類があるのかを，常染色体と性染色体のそれぞれについて，代表的な疾患とともにみていきます。

染色体異常の機序と代表的疾患

まず，染色体異常をきたす機序と，代表的な疾患について説明しましょう。染色体異常をきたす機序は，表6.1に示した通り，5つのカテゴリーに分類できます。これらの5つのカテゴリーについて順番に説明していきます。

染色体分離の異常

最初は染色体分離の異常についてです。染色体分離とは，「第一減数分裂において対合した相同染色体が両極に分かれ，2つの娘細胞に分配されること」，また「第二減数分裂や体細胞分裂において姉妹染色分体が両極に分かれ，2つの娘細胞に分配されること」を示しています。

染色体分離異常は，ヒトで最も多い変異になります。基礎にある機構は細胞分裂の際の**染色体不分離**で，異数性と片親性ダイソミーを惹起します。不分離は減数分裂でも体細胞分裂でも生じますが，減数分裂ではより高い確率で生じるとされています。図6.1は減数分裂における不分離を示しています。

ヒトの細胞は通常二倍体で常染色体を2本ずつ持ちますが，一部の染色体数のみに変化が起きていることを**異数性**と呼びます。染色体不分離は異数性の原因となります。減数分裂で不分離が生じた配偶子と正常配偶子が受精することにより，ある染色体が1本しかないモノソミー，もしくは3本あるトリソミーの接合子が生じます。

異数性異常の表現型は，性染色体で生じた場合よりも常染色体で生じた場合のほうが重症となる

第6講

表6.1 染色体異常をきたす機序

分類	基礎にある機構	結果/代表的な疾患
① 染色体分離の異常	不分離	異数性 (Down症候群, Klinefelter症候群), 片親性ダイソミー
② 繰り返し見られる染色体異常症候群	分節重複の組換え	重複/欠失症候群, コピー数多型
③ 特発性染色体異常	孤発性, 多様な切断点, 新生均衡型転座	欠失症候群 (5pモノソミー, 1p36欠失症候群), 遺伝子の欠失や分裂
④ 不均衡型家族性異常	不均衡型分離	均衡型転座保因者からの子, 腕間逆位保因者からの子
⑤ ゲノムインプリンティング症候群	インプリンティング遺伝子に関わる様々な変化	Prader-Willi症候群, Angelman症候群

文献1より。

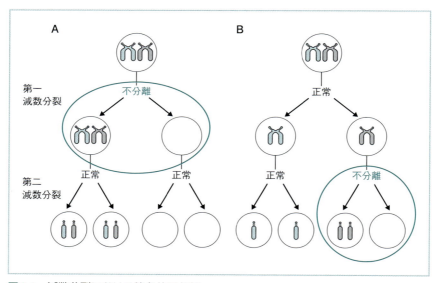

図6.1 減数分裂における染色体不分離
A. 第一減数分裂で染色体不分離が起こった場合。B. 第二減数分裂で染色体不分離が起こった場合。文献1より。

傾向があります。また，同一染色体で生じるのであれば，トリソミーよりもモノソミーのほうが重症になる傾向があります。常染色体フルモノソミーはほとんどの場合で胎生致死となり，出生には至らないといわれています。常染色体全域に及ぶ量的異常で生存可能な非モザイク型の常染色体異常は，13トリソミー，18トリソミー，21トリソミーの3つのみといわれています。

では，なぜこの3つのトリソミーのみが生存可能なのでしょうか。これはヒトの染色体の大きさと遺伝子数を考えるとわかりやすいと思います（第2講参照）。有する遺伝子数が非常に多い染色

92

体の場合，その染色体に異数性が生じると量的不均衡の影響が非常に強くなるため，胎生期を越えて生存することは難しくなるといわれています。大まかな線引きとして遺伝子数500個までといわれていますが，13番，18番，21番染色体はいずれも有する遺伝子が500個未満になります。この3つの染色体のトリソミーは染色体疾患中の71％を占め，非常に頻度の高い疾患となります（図6.2）。

● Down 症候群（21 トリソミー）：Down 症候群について説明します。原因は21トリソミーですが，標準型が95％，転座型2〜5％，モザイク型が2〜3％です。新生児850人に1人の頻度で出生します。乳児期より筋緊張低下や特徴的な顔貌が認められ，早期に診断されることが多いようです。合併症としては軽度から中等度の知的障害や，先天性心疾患（40％），消化器疾患（鎖肛，先天性食道閉鎖：12％）などがみられます。また，白血病のリスクが一般集団の15倍と高いことも特徴的です。

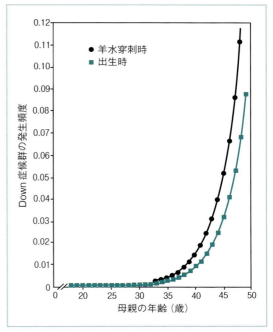

図6.3　母親の年齢と21トリソミーの頻度
文献1より。

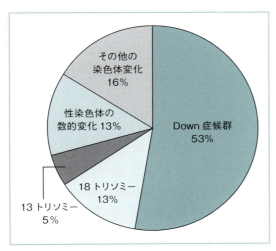

図6.2　染色体疾患の内訳
文献2より。

図6.3に母親の年齢と21トリソミーの頻度を示しました。母親の年齢の増加に伴い，21トリソミーを持つ児の出生の頻度は増加します。これは卵子形成過程に母親の年齢が影響するためです。卵子の元になる卵原細胞は女性の胎生3〜7か月で卵子形成過程に入り，数百万個の卵母細胞が生じます。卵母細胞の第一減数分裂前期では，相同染色体が対合して二価染色体を作ります。その後，卵母細胞は第一減数分裂前期複糸期で胎生期中にいったん休止し，女性が出生後の思春期以降，排卵の前に第一減数分裂が再開されます。母体の加齢に伴って二価染色体の維持に必要な染色体接着因子コヒーシンが減少することにより，分配異常が生じると考えられています。不分離の90％は母親の減数分裂，特に第一減数分裂で生

じることが知られています。

Down 症候群の再発率にふれておきます。標準型の場合では、全体で 1 ％の再発率となります。転座型の場合ですが、親が正常核型であれば同胞における再発率は基本的には考えなくてよいといわれています。しかし、親が均衡型 Robertson 転座保因者の場合には、**表6.2** に示した再発率を考慮する必要があります。したがって、発端者の核型により再発率は異なり、転座型の場合には親の保因状態により再発率が異なります。

● **Edwards 症候群（18 トリソミー）**：次は Edwards 症候群です。出生頻度は 5,000 ～ 8,000 人に 1 人といわれています。原因は 18 番染色体のトリソミーで、標準型が 80 ％、転座型が 10 ％、モザイク型が 10 ％です。症状としては、周産期死亡、乳児期死亡が多いことが 1 つの特徴といわれています。また、成長障害、重度発達遅滞、先天性心疾患の合併などがみられます。特徴的顔貌、消化器奇形、手指の重なりなども起きてきます。

● **Patau 症候群（13 トリソミー）**：Patau 症候群の出生頻度は 5,000 ～ 1 万 2,000 人に 1 人で、原因は 13 番染色体のトリソミーです。標準型が 80 ％、転座型が 15 ～ 19 ％、モザイク型が 1 ～ 5 ％を占めるといわれています。症状としては、やはり周産期死亡、早期乳児期死亡が多いということ、また重度発達遅滞がみられます。さらに、全

前脳胞症など中枢神経系の奇形の合併や、特徴的顔貌（頭皮部分欠損や口唇口蓋裂）、多指趾症など、体の合併症が多いことも特徴の 1 つとして挙げられます。先天性心疾患や消化器奇形もやはりみられます。

● **常染色体トリソミーと出生前診断**：胎児が前述の常染色体トリソミーを持つ確率が高くなる要因を以下に挙げました：
・出産時母体年齢が 35 歳以上である高年妊娠
・21 トリソミーなど常染色体トリソミー児の妊娠の既往がある
・NT 肥厚などの胎児所見
・両親のいずれかが均衡型 Robertson 型転座の保因者である

このいずれかに該当する場合には、夫婦の希望により出生前診断が選択される場合があります。

図 6.4 に出生前診断の概要を示しています。出生前診断は大まかに非確定検査と確定検査に分けられます。非確定検査では流産のリスクはありませんが、偽陽性／偽陰性などがあり、診断確定には侵襲を伴う確定検査が必要となります。

近年、無侵襲的出生前遺伝学的検査（non-invasive prenatal genetic test：NIPT）が日本でも臨床応用されるに至りました。これらの検査においては、妊婦の血液を用いて、胎児の 13 トリソミー、18 トリソミー、21 トリソミーの有無について検討しますが、結果は陰性／陽性／判定保留のいずれかで、確定診断にはやはり侵襲を伴う羊水検査、絨毛検査などが必要となります。絨毛検査、羊水検査における流産のリスクは、それぞれ 1 ％、0.2 ～ 0.3 ％となります。また、結果によっては妊娠継続に関する判断が必要となり、出生前診断には倫理的なジレンマが伴います。

● **片親性ダイソミー**：本来両親から受け継ぐはずの一対の相同染色体が両方とも片親に由来してい

表 6.2 親が Robertson 型転座保因者の場合の Down 症候群再発率

	母が保因者	父が保因者
rob（14;21）	10%	2.4%
rob（21;21）	100%	100%
rob（21;22）	6.8%	<2.9%

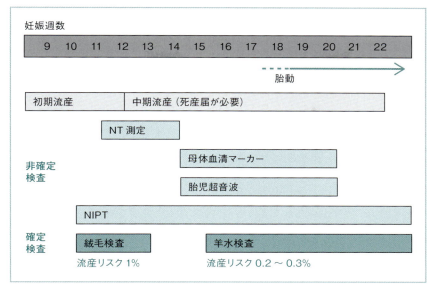

図6.4　妊娠週数と出生前診断の概要

る状態を，**片親性ダイソミー**（uniparental disomy：UPD）と呼びます。これは染色体の分離異常により生じます。UPDの領域内にインプリンティング遺伝子を含む場合や，由来する片親の染色体内に常染色体劣性遺伝疾患の変異がある場合には，疾患原因となることがあります。

　UPDの発生原因で多いものは，トリソミーレスキューです。これは減数分裂での不分離により生じたトリソミー接合子で，受精後早期に第二の不分離が生じることによるとされています。この結果，当該染色体はダイソミーに復帰し，自然流産の可能性が高いトリソミー胎児がレスキューされます。

　UPDの発生原因の2つ目は，モノソミーレスキューです。減数分裂での不分離により生じたモノソミー接合子で，受精後早期に染色体の重複が生じることによるとされています。この結果，当該染色体はダイソミーに復帰し，自然流産の可能性が高いモノソミー胎児がレスキューされます。

ゲノム病：微細欠失／重複症候群

　先の講義でも説明がありましたが，ゲノムとはDNAに含まれる遺伝情報全体のことです。従来の染色体異常だけでなく，ゲノム病ともいうべき「特徴的構造に起因したゲノムの量的変化により起きる疾患」が見つかっています。このようなゲノムの量的異常はマイクロアレイ染色体検査で同定されます。繰り返しみられる染色体構造異常と関連しており，切断点が特定の領域に集中していることが特徴の1つです。基礎にある機構は分節重複の組換えです。

　遺伝子が複製されて同一遺伝子の数がゲノム中で増える変異を遺伝子重複と呼びます。このうち，10〜300 kbのまとまった染色体領域が単位となって，ゲノム上で離れた別の場所へ複製されたものを，**分節重複**と呼びます。低頻度反復配列

（low copy repeat：LCR）もこの1つです。約40％がテロメアの周辺領域に，約33％がセントロメアの周辺領域にみられます。分節重複が同じ向きで同一染色体上に近接して存在する場合，減数分裂や体細胞分裂時に相同染色体間で不均等交叉を起こし，欠失や重複の原因となります。

このような分節重複間組換えに起因するゲノム病の例として，代表的な疾患を表6.3に示しました。特徴としては，繰り返しみられること，切断点が特定の領域に集中していること，欠失や重複のサイズが同一になることが挙げられます。

このなかで代表的な，22番染色体長腕11.2領域の分節重複に基づいて生じるゲノム再構成についてご説明します。22q11.2領域には分節重複が存在しており，これを介した組換えによりゲノム再構成が生じやすくなっています。22q11.2欠失症候群は4,000人に1人の頻度で発生する比較的多い疾患です。微細欠失領域には，3 Mbの共通欠失領域があり，このなかにはTBX1を含む約30の遺伝子が存在しています。10％の症例は約1.5 Mbの欠失だけを有しています。症状としては，先天性心疾患，細胞性免疫不全，知的障害，

副甲状腺機能低下，口蓋裂・鼻咽腔閉鎖不全，特徴的な顔貌などが挙げられます。

22q11.2重複症候群は，22q11.2欠失症候群と同一領域の重複によって生じる疾患です。頻度は微細欠失よりもまれであるといわれています。症状としては，知的障害・学習障害，成長障害，筋緊張低下などがみられます。しかし，一見正常な例から典型的な症状を示す例まで，症状には幅があるといわれています。この症状の幅が疾患の認知の差となり，22q11.2欠失と重複で頻度が異なることの原因であると考えられます。片親が同じ重複を持っている場合がほとんどですが，親の表現型はほぼ正常です。

特発性染色体異常

次は特発性染色体異常です。「特発性」というのは，欠失や再構成の形成に関し，染色体不分離や分節重複間組換えなどの特定の機序が存在しない染色体異常のことを指します。一般的には孤発性で，切断点は患者ごとにさまざまです。特発性染色体異常のなかで，細胞遺伝学的に検出可能な常染色体部分欠失は7,000人に1人の頻度で発生

表6.3　分節重複間組み換えに起因するゲノム病

疾患名	位置	種類
1q21.1 欠失／重複症候群	1q21.1	欠失／重複
Williams 症候群	7q11.23	欠失
Prader-Willi 症候群／Angelman 症候群	15q11q13	欠失
16p11.2 欠失／重複症候群	16p11.2	欠失／重複
Smith–Magenis 症候群	17p11.2	欠失
dup（17）（p11.2p11.2）	17p11.2	重複
22q11.2 欠失症候群	22q11.2	欠失
Cat eye 症候群／22q11.2 重複症候群	22q11.2	重複
無精子症（AZFc）	Yq11.2	欠失

文献1より。

するといわれていますが，このほとんどが数人の患者でのみ認められるものです。認識可能な頻度でみられる代表的な疾患としては，5pモノソミーや1p36欠失症候群などがあります。

5pモノソミーは5番染色体末端部もしくは中間部の欠失により生じます。ほとんどは孤発例ですが，親の染色体の均衡型構造異常に起因するものが10～15％あります。頻度は1万5,000人に1人です。症状としては知的障害，筋緊張低下，成長障害，特徴的顔貌，甲高い泣き声，気管軟化症，先天性心疾患，腎奇形を示します。切断点と欠失範囲は患者ごとに異なり，5～40Mbの欠失を持ちますが，共通欠失領域は5p15であるといわれています。欠失領域内に存在する遺伝子のハプロ不全（遺伝子が1コピーしかないことにより遺伝子産物の不足が病態を惹起すること）で症状を呈します。

1p36欠失症候群は1番染色体短腕の末端部または中間部の欠失により生じ，67％が端部欠失，10％が中間部欠失です。末端の10Mbに切断点が存在し，95％が新生変異です。一般的な染色体分析では同定されないことが多く，マイクロアレイ染色体検査で欠失が同定されます。発生頻度は5,000人に1人といわれています。症状としては，発達遅滞，言語発達遅滞，筋緊張低下，特徴的顔貌，先天性心疾患，けいれんなどが挙げられます。

家族性染色体異常の分離

家族性染色体異常の分離とは，転座・逆位など親の均衡型構造異常の不均衡分離により生じる染色体異常のことを指します。転座の場合，減数分裂時に四価染色体を形成し，分離自体のメカニズムは正常であっても，配偶子で染色体の量的不均衡を生じます。逆位の場合では，減数分裂時に染色体同士が対合し，ループを形成し，逆位部位で組換えが起きることにより，不均衡な配偶子が生じる場合があります。

ゲノムインプリンティング病

子どもにおける遺伝子発現の程度が，それを伝達した親の性別により異なる現象をゲノムインプリンティング（刷り込み）と呼びます。インプリンティングとは，ゲノム配列の変化を伴うことなく生じる遺伝子発現抑制で，可変的な構成的修飾によります。機序としてはCpG配列のシトシンの親由来メチル化が最も重要な所見です。遺伝子のプロモーター領域のCpG配列のシトシンのメチル化状態が，遺伝子の発現状態と密接に関係しています。

父由来のときのみ働く遺伝子を，父性発現遺伝子（paternally expressed gene：PEG）または母性刷り込み遺伝子と呼びます。母由来のときのみ働く遺伝子を，母性発現遺伝子（maternally expressed gene：MEG）または父性刷り込み遺伝子と呼びます。PEGとMEGを総称してインプリンティング遺伝子と呼び，これらはヒトゲノム中に数百個存在しているといわれています。このようなゲノムインプリンティングが発症にかかわっている疾患をゲノムインプリンティング病と呼びます。

Prader-Willi症候群は，ゲノムインプリンティング病の代表的な疾患の1つです。PEGの欠如が原因となります。発生頻度は1万～1万5,000人に1人で，新生児期の筋緊張低下に引き続き，肥満，食欲亢進，低身長，性腺機能不全，知的障害，小さい手足などの症状を呈します。

Angelman症候群も，Prader-Willi症候群の原因領域と同一部位のインプリンティング異常により生じますが，こちらはMEGの発現欠如です。

発生頻度は1万2,000〜2万人に1人です。症状の特徴としては，特徴的顔貌，低身長，重度の知的障害，てんかん，失調，容易に誘発される笑い，小頭症などが挙げられます。

図6.5は，Prader-Willi症候群とAngelman症候群を起こす遺伝的機構について示したものです。これら2疾患の責任領域である15番染色体長腕近位部には，インプリンティング遺伝子のクラスターが存在しています。また同領域には分節重複が存在し，ここを介した組換えにより欠失が生じる場合があります。それぞれの責任領域内にあるインプリンティング遺伝子の父由来欠失はPrader-Willi症候群を，母由来欠失はAngelman症候群を引き起こします。なお欠失以外にも，片親性ダイソミーやインプリンティングセンターの変異，インプリンティング遺伝子そのものの変異などがPrader-Willi症候群やAngelman症候群の原因になる場合もあります。

性染色体異常

ここからは性染色体とその異常について解説します。雌雄異体の生物において，性の決定と分化を遺伝的に制御している染色体を性染色体と呼びます。受精時の性染色体の構成により，遺伝学的な性が決定します。ヒトにおける性染色体の構成は，女性はX染色体が2本，男性はX染色体とY染色体が1本ずつです。X染色体とY染色体は異なる構造を持ちますが，男性の減数分裂では**偽常染色体領域**（pseudoautosomal region：PAR）にて対合し，組換えを行います。

Y染色体

Y染色体は，常染色体やX染色体よりも遺伝子数が乏しく，これら遺伝子は性腺と性器の発達に関連した機能を持つものが多いとされています。その代表的なものは精巣決定遺伝子*SRY*で，これが存在することにより遺伝学的性が決定します。未分化性腺は，Y染色体が存在することにより精巣へと発達し，Y染色体が存在しない場合は卵巣へと発達します。また，精巣からアンドロゲン（男性ホルモン）が分泌されると男性の外性器の発達が始まります。

精巣決定遺伝子*SRY*は，Y染色体上のPAR

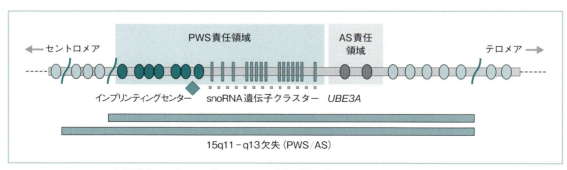

図6.5 Prader-Willi症候群（PWS）およびAngelman症候群（AS）が起こる遺伝的機構
15番染色体長腕近位部にはインプリンティング遺伝子のクラスターがある。この領域には分節重複が存在し，これを介した組換えで欠失が生じる場合がある。PWS責任領域には複数のインプリンティング遺伝子があり，それらは父由来のコピーからのみ発現する。この領域の父由来欠失はPWSを起こす。AS責任領域には2つのインプリンティング遺伝子があり，それらは母由来のコピーからのみ発現する。この領域の母由来欠失はASを起こす。文献1より。

境界近傍に存在しています。*SRY*は発生初期の生殖堤細胞において，精巣分化直前に短期間だけ発現します。*SRY*が欠失すると46,XYでも女性の性分化が進みます。また，X染色体とY染色体の組換えがPAR外で生じることにより，*SRY*がXに転座し，性分化疾患を起こす原因となります。

男性のY染色体欠失・微細欠失は，2,000～3,000人に1人の頻度で生じます。Y染色体長腕には，無精子症因子*AZF*と呼ばれる，無精子症男性で欠失がみられる領域が3つあります。AZFa，AZFb，AZFcです。

AZFcの欠失は分節重複間での組換えにより生じ，男性4,000人に1人，無精子症男性の12％にみられます。AZFc欠失領域には4コピーの*DAZ*遺伝子など，精巣でのみ発現する7つの遺伝子ファミリーが含まれています。Y染色体長腕における遺伝子の*de novo*欠失や変異は，非症候性の健康男性における精子形成異常のかなりの割合を占めています。このため，男性の特発性不妊の場合，核型の決定を行うことが必要となります。

X染色体

X染色体はY染色体の3倍の大きさがあり，1,000個以上の遺伝子を有しています。X染色体を女性は2本，男性は1本持っているため，性染色体上の遺伝子数には性差があります。この性差を補正するために，X染色体不活化という機構があります。X染色体の不活化の開始には，**X染色体不活化センター**（X inactivation center：XIC）内に存在する*XIST*と呼ばれる遺伝子から非コードRNAが発現することが必要となります。

XICに存在する*XIST*遺伝子から非コードRNAが発現し，これが一方の染色体上で広がっ

ていくことにより，ヘテロクロマチン化をXICから外側へ広げています。したがって，*XIST*を欠失した構造異常のあるX染色体ではX不活化は起こりません。このため，構造異常を有するX染色体を持つ細胞では，遺伝子発現が両アレルから起こります。

女性の細胞では，両親由来の2本のX染色体のうち1本のみが活性を持ち，遺伝子を発現しています。不活化されたX染色体では，大半の遺伝子が発現しません。X不活化により，女性は機能的モザイクとなります。どちらのX染色体が活性となるかは，細胞ごとにランダムに決まります。90％の女性で不活化の割合は父由来のX染色体：母由来のX染色体＝75：25から25：75の間に収まります。

X染色体の不活化パターンは，構造異常があると偏りが生じる場合があります（**図6.6**）。例えば構造異常X染色体は常に不活化され，ノンランダムパターンとなります。また，X染色体と常染色体の転座がある場合，転座が均衡型であれば正常X染色体は常に不活化され，転座の染色体が常に活性となります。逆に不均衡型転座の場合は，不均衡型転座の染色体は常に不活化されます。

過剰X染色体がある場合には，1本より多いX染色体は不活化されます。間期核において不活化された染色体はBarr小体として確認されます。不活化されているX染色体の数だけBarr小体が確認可能です。

性染色体異常

性染色体異常の発生頻度は生産児400人に1人で，すべての遺伝性疾患のなかで最も多いとされています。思春期遅延，原発性・続発性無月経，不妊症，性別不明の外性器などの所見は，性染色

第6講

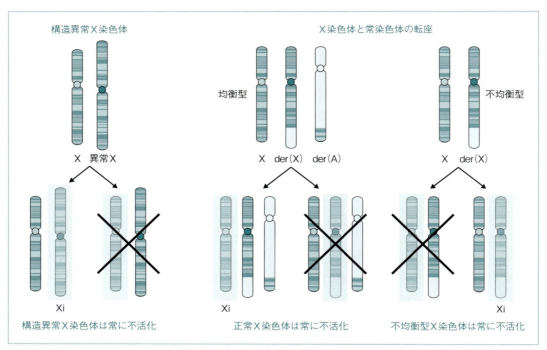

図6.6　X染色体不活化のパターン
X染色体に構造異常がある場合には，不活化のパターンに偏りが生じる場合がある。文献1より。

体異常を示唆します。また，常染色体異常よりも表現型が軽症である特徴があります。一般的にはX染色体またはY染色体の異数性の異常が多いとされています。生産児と胎児ではトリソミー型（XXX，XXY，XYY）が多く，自然流産児ではXモノソミー型が最も多いことが知られています。

代表的な疾患を紹介します。まず，Klinefelter（クラインフェルター）症候群は男性600～1,000人に1人の頻度で発生します。典型的な核型は47,XXYですが，15％はモザイク型（一部の細胞の核型が47,XXY）です。症状としては不妊症，性腺機能不全，高身長などが認められます。基本的に知的障害はない，あるいはごく軽度の知的障害が認められるといわれています。全体的な症状が軽度であるため，多くは未診断と推定されています。

Turner（ターナー）症候群は女性1,000人に1人の頻度で発生し，Down症候群に次いで多い染色体疾患として知られています。45,Xの核型を代表とする染色体異常症ですが，他にも核型にはさまざまなタイプがあります。病態としては，① *SHOX* 遺伝子・*GCY* 遺伝子・リンパ管形成遺伝子の量効果，② 生殖細胞の減数分裂時の相同染色体の対合不全，③ 染色体不均衡による非特異的な効果，の3つがメインを成しています。主な症状は，低身長，性腺異形成，奇形徴候の3つに集約されます。

性分化疾患

性分化疾患（disorder of sex development：DSD）とは，染色体・性腺・解剖学的性のいずれかが非典型的な状態のことです。すべての先天異常の7％以上を占め，およそ4,500生産児に1人が判別困難な外性器を持って出生するといわれています。妊孕性を獲得することが困難な場合もまれではありません。表6.4に性分化疾患を疑う際に確認すべき所見を示しています。

性分化疾患において，内性器・外性器の異常は必ずしも性染色体の異常を示すものではありません。しかし，性分化疾患では染色体構成をもとにした分類が広く用いられています。このため，核型決定は患者の精査において非常に重要であり，外科的および心理的管理や遺伝カウンセリングの指針として有用になります。また，外陰部異常を持つ新生児の法律上の性決定は心理・社会的支援を要する緊急事態（psychosocial emergency）であり，性分化疾患は経験が豊富な施設で扱うべき疾患になります。

性分化疾患にかかわる核型・遺伝子を表6.5に示しています。大きくは，①性染色体DSD，②46,XY DSD，③46,XX DSD の3つに分類さ

表6.4 性分化疾患を疑う際に確認すべき所見

1. **性腺を触知するか**：停留精巣など
2. **陰茎・陰核の状態は**：小陰茎あるいは陰核肥大
3. **尿道口の開口部位は**：尿道下裂・陰唇癒合の有無。通常の位置と異ならないか
4. **陰嚢・陰唇の状態は**：陰嚢低形成・大陰唇男性化の有無
5. **腟の状態は**：腟盲端や，泌尿生殖洞の有無
6. **皮膚色素沈着はないか**
7. **血清電解質異常（低 Na, 高 K）がないか**

表6.5 性分化疾患（DSD）に関わる核型・遺伝子

① 性染色体 DSD：45,X（Turner 症候群）
　　45,X/46,XY
　　47,XXY（Klinefelter 症候群）

② 46,XY DSD：2万人に1人

SRY	XY 女性, 性腺形成不全
DAX1	XY 女性, 性腺形成不全
SOX9	XY 女性, 性腺形成不全, 骨異形成症
NR5A1	判別不能外性器, XY 部分性腺形成不全
WNT4	判別不能外性器, 停留精巣
AR	女性, アンドロゲン不応症候群

③ 46,XX DSD：2万人に1人

SRY	XX 男性,（卵）精巣性 DSD
SOX3	XX 男性, 精巣性 DSD
SOX9	XX 男性, 精巣性 DSD
CYP21A2	判別不能な外性器, 先天性副腎過形成

文献1より。

れます。数多くの遺伝子が性分化にかかわっていることがわかります。このなかでも主要なものとなるアンドロゲン不応症候群と先天性副腎過形成について説明します。

アンドロゲン不応症候群

アンドロゲン不応症候群は，アンドロゲン受容体をコードする*AR*遺伝子の異常により生じます。46,XY DSD の1つで，男性への性分化が障害される症候群です。発生頻度は1万～2万人に1人で，症状の程度により完全型と不完全型に分けられます。

完全型では，外性器は完全女性型，性腺は精巣，子宮・卵管は欠如，腟は盲端に終わります。陰毛・腋毛を欠き，原発性無月経の状態です。また，乳房発育が認められます。不完全型では，外性器は男性化徴候を伴う女性型，または不完全男性型となります。

性腺芽腫のリスクがあり，管理上注意が必要です。

先天性副腎過形成

次は先天性副腎過形成になります。原因は副腎皮質におけるグルココルチコイド産生経路の障害により，ACTH（副腎皮質刺激ホルモン）分泌が過剰となり，副腎皮質過形成をきたす疾患の総称です。46,XX DSD の 1 つとなります。頻度は最も多い 21-水酸化酵素欠損症で 1 万 2,500 人に 1 人となります。このうち 25 ％が単純男性型ですが，75 ％は塩類喪失型となり，これは対応に緊急性を要する疾患です。症状としては，外性器が男性化します。判別困難な外性器の原因の約半数を占めると考えられています。正常な子宮・卵巣を持ち，軽症例では妊娠出産の報告もあります。また，46,XY 児の外性器は正常です。

神経発達障害および知的障害

最後に，神経発達障害と知的障害について説明します。神経発達障害には，知的障害（ID），自閉症スペクトラム障害（ASD），注意欠陥多動性障害（ADHD），特異的学習障害，運動障害，コミュニケーション障害などが含まれ，一般集団での発生頻度は 2 ～ 3 ％です。神経発達障害には遺伝学的多様性があり，臨床的手掛かりのない場合，原因の特定は困難です。同じ遺伝学的変化が症例ごとに異なる臨床診断をもたらすことがあり，臨床的な多様性も存在します。

遺伝学的原因としては，神経発達障害患者の12 ～ 16 ％でマイクロアレイ染色体検査においてゲノム不均衡が見出されます。また，知的障害や自閉症スペクトラム障害の患者では，まれなコピー数バリアント（copy number variation：CNV）が多いとされています。全エクソーム解析により，孤発性の重度の非症候群性知的障害と

自閉症スペクトラム障害の患者集団の 15 ％に，障害の原因となる可能性のある新生バリアントが同定されます。また，全ゲノム解析によっても，知的障害と自閉症スペクトラム障害の病因と考えられる変異が同定されます。

X 連鎖知的障害と脆弱 X 症候群

知的障害は男性に多いことが知られていて，X染色体との関連が指摘されています。X 連鎖知的障害は，500 ～ 1,000 人の生産児あたり 1 人の頻度で産まれます。男性知的障害の 5 ～ 10 ％を占め，最も多い原因は**脆弱 X 症候群**（fragile X syndrome）です。X 連鎖知的障害の発症には100 を超える遺伝子が関与することが知られています。マイクロアレイ染色体検査では，X 連鎖知的障害が疑われる家系の約 10 ％で，原因と推定される CNV が同定されます。

脆弱 X 症候群の原因は，X 染色体長腕 27.3 領域に存在する *FMR1* 遺伝子の 5′ 非翻訳領域にある CGG リピートの伸長です。正常では 5 ～ 54回のリピートを示しますが，脆弱 X 症候群では200 回を超える伸長が認められます。これにより同領域の高メチル化などメチル化異常と，*FMR1*のエピジェネティックな抑制による機能喪失が生じます。頻度は男性 1 万人に 1 人です。重度の知的障害，大頭，長い顔，前額・顎の突出，大きな耳介，巨大精巣などの症状が認められます。

● 文献

1) Nussbaum RL 著（福嶋義光監訳）：トンプソン＆トンプソン遺伝医学 第2版．メディカル・サイエンス・インターナショナル，2017．

2) Wellesley D et al: Rare chromosome abnormalities, prevalence and prenatal diagnosis rates from population-based congenital anomaly registers in Europe. *Eur J Hum Genet*. 2012; 20: 521-6.［PMID: 22234154］

第7講

単一遺伝子疾患：
伝わり方を理解して診断や遺伝カウンセリングに役立てる

森貞直哉 ●兵庫県立こども病院 臨床遺伝科

単一遺伝子疾患は1つの遺伝子の変異によって引き起こされる疾患です。この講義では，優性遺伝，劣性遺伝，X連鎖遺伝など，単一遺伝子疾患の典型的な伝達様式について詳しく説明します。また，臨床上問題となるモザイクやトリプレットリピート病についてもみていきます。単一遺伝子疾患を理解する上で欠かせない家系図についても簡単に紹介します。

単一遺伝子疾患とは？

まずは単一遺伝子疾患の概略と関連用語を説明します。ヒトの染色体は一般的に46本あり，そこには約2万5,000種類の遺伝子が存在するといわれています。遺伝子はそれぞれ，眼をつくったり骨をつくったり，細胞の中で情報を伝えたりといったさまざまな機能を持っています。そのうちたった1つの遺伝子の異常によって発症する疾患を，**単一遺伝子疾患**（single-gene disorder）と呼びます。

セントラルドグマから考えてみます。セントラルドグマとはご存じのとおり，DNAからRNAへの転写，およびそのRNAがタンパク質へと翻訳されることを指します。単一遺伝子疾患は1つの遺伝子の機能異常，量的異常によるものであり，患者の症状を理解しやすいという特徴があります。これまでに約5,000の疾患あるいは形質に単一遺伝子の異常が関与していることが報告されています。ちなみにこれに関与しているのは約3,500種類の遺伝子ですが，この数値のズレは後に話します遺伝的異質性によるものです。

単一遺伝子疾患は小児科の臨床現場でもきわめて重要なものとなっています。重篤な単一遺伝子疾患の頻度は新生児の約300人に1人とされ，また小児科入院患者の約7％を占めるともいわれています。そのため，小児科医は単一遺伝子疾患について十分に理解しておく必要があります。また近年，臨床の現場でも次世代シークエンサーでの解析が盛んに行われております。この次世代シークエンサーを利用した新規疾患の発見も，現

在のところは単一遺伝子疾患の発見が主流となっています。

単一遺伝子疾患は別名メンデル遺伝病とも呼ばれ，メンデル遺伝形式に従う原則があります。メンデル遺伝形式には以下の3つの法則があります。①「優性の法則」とは，遺伝型がいわゆるヘテロ接合体の場合に優性形質だけが表現型として現れることを指します。②「分離の法則」は，生殖細胞を形成するときに2つのアレルは分離して別々の生殖細胞に入ることです。③「独立の法則」は，別の座位にある遺伝子は別々に独立して遺伝することです。ただしこのうちの優性の法則は，アレル間に完全な優劣をつけるのが難しいと考えられるようになったため，最近では法則とは呼ばないという考え方もあるようです。

基本的な用語のおさらい

ここで遺伝型，ハプロタイプ，表現型などの基本的用語について説明します。**遺伝型**というのは，染色体上のある場所（座位）における2本の相同染色体上のアレルの組み合わせのことです。例えば図7.1Aの座位1にはA（ラージエイ），a（スモールエイ）が存在することが示されています。それぞれAアレル，aアレルなどと呼びます。AアレルとaアレルがありますのでM遺伝型としてはAaとなります。**ハプロタイプ**は一方の染色体上にあるアレルの組み合わせのことです。図7.1Bの場合はAとBの組み合わせ，あるいはaとbの組み合わせということになります。**表現型**は実際に遺伝型が発現した形質を指します。人それぞれ顔形が違うのは，それぞれ遺伝子にバリエーションがあって，その表現型が異なるためです。疾患という視点からとらえると，表現型はその症状ということになります。

次にホモ接合，ヘテロ接合などについて話しま

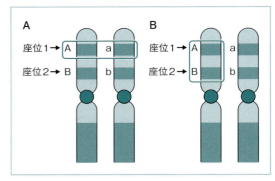

図7.1 遺伝型とハプロタイプ
遺伝型（A）はある座位における2本の相同染色体上のアレルの組み合わせを，ハプロタイプ（B）は一方の染色体上にあるアレルの組み合わせを指す。

す。ここでは野生型アレルをA，病的な変異アレルをaと表記します。遺伝型AAあるいはaaの組み合わせを**ホモ接合体**，Aaの組み合わせを**ヘテロ接合体**と呼びます。また，変異アレルaと別の変異アレルa'の組み合わせaa'は，複合ヘテロ接合体と呼ばれます。この場合は野生型アレルは存在しません。X染色体においては女性は2つのアレルを持ちますが，男性は通常X染色体とY染色体を1本ずつしか持ちませんので，アレルはもともと1つしかありません。そのため，男性のX染色体あるいはY染色体の遺伝子は**ヘミ接合体**と呼ばれます。

次は優性遺伝，劣性遺伝です。最近では，優性の代わりに顕性，劣性の代わりに潜性といった用語が使用される場合もありますが，ここでは優性／劣性という言葉を使用します。一般に，野生型アレルが存在するヘテロ接合体の組み合わせで表現型が現れるものを**優性遺伝**，野生型アレルが存在しないホモ接合体または複合ヘテロ接合体で表現型が現れるものを**劣性遺伝**と呼びます。これらのアレルが常染色体上に存在する場合は，それぞ

れ常染色体優性遺伝，常染色体劣性遺伝と呼ぶことになります。劣性遺伝疾患は，野生型アレルが存在する場合は発症しないということになります。

X染色体上に存在する場合もX連鎖優性遺伝，あるいはX連鎖劣性遺伝となりますが，X染色体は常染色体とは異なり不活化などのエピジェネティックな制御を受けるので，優性や劣性などの言葉を使わずに総称としてX連鎖遺伝と呼ぶこともあります。

浸透率と表現度

疾患を考えたときに，その変異アレルを持っているにもかかわらず症状がみられなかったり，あるいは症状の重症度に差があったりする場合があります。ここで症状が発現するかどうかの確率を**浸透率**といいます。浸透率は症状の程度は問いませんので，症状が出るか否か，all or noneの考え方になります。浸透率が100％でない場合を不完全浸透と呼びます。

一方の**表現度**は，症状はみられるもののその程度に差があることを指します。特に常染色体優性遺伝疾患では表現度の差が大きく，同一家系内でもさまざまな表現型がみられることをしばしば経験します。

図7.2は，常染色体優性遺伝を示す裂手裂足の家系図です。家系図のII–6の方は変異アレルを持っていますが，症状が発現していないということを示しています。この方を非浸透保因者と呼びまして，この家系では不完全浸透が生じているといえます。

多面発現

多面発現とは1つの遺伝子によって2つ以上の形質が発現することです。例えばvon Hippel-

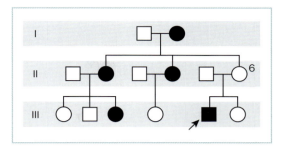

図7.2　常染色体優性遺伝を示す裂手裂足の家系図

Lindau病という疾患が挙げられます。*VHL*が原因遺伝子で，常染色体優性遺伝で発症します。von Hippel-Lindau病は家族性腫瘍疾患で，眼や副腎，中枢神経系など多彩な臓器で腫瘍発現が認められます。

EST profileというウェブサイトを使って*VHL*遺伝子について臓器ごとの遺伝子発現パターンを調べてみましょう。ちなみにESTはExpressed Sequence Tagの略です。EST profileはNCBIのホームページにあるUniGeneというサイト（https://www.ncbi.nlm.nih.gov/unigene）からアクセスできます。ここでは常染色体優性家族性白内障の原因遺伝子*CRYBA1*と比較してみたいと思います（表7.1）。*CRYBA1*は眼の水晶体に存在するクリスタリンをコードする遺伝子で，異常が起こると白内障が認められます。EST profileをみますと，*CRYBA1*は眼にしか発現していないのに対し，*VHL*はほとんどの臓器で発現しているのがわかります。このように発現臓器を知ることで，その遺伝子の異常がどの臓器に障害を与えるのか，ある程度予測することができます。

遺伝的異質性

次に遺伝的異質性（genetic heterogeneity）に

第7講

表 7.1　EST profile による遺伝子発現の比較

臓器	*CRYBA1*		*VHL*	
	TPM	遺伝子 EST 数 / 全 EST 数	TPM	遺伝子 EST 数 / 全 EST 数
血液	0	0 / 122,252	8	1 / 122,252
骨	0	0 / 71,618	13	1 / 71,618
脳	0	0 / 1,092,688	16	18 / 1,092,688
結合組織	6	1 / 149,072	6	1 / 149,072
耳	0	0 / 16,100	124	2 / 16,100
食道	0	0 / 20,154	0	0 / 20,154
眼	991	207 / 208,840	9	2 / 208,840
心臓	0	0 / 89,524	22	2 / 89,524
腸	0	0 / 231,981	21	5 / 231,981
腎臓	0	0 / 210,778	9	2 / 210,778
肝臓	0	0 / 205,291	29	6 / 205,291
肺	0	0 / 334,815	14	5 / 334,815
リンパ	0	0 / 44,302	22	1 / 44,302
筋	0	0 / 106,371	65	7 / 106,371
神経	0	0 / 15,535	0	0 / 15,535
膵臓	0	0 / 213,440	14	3 / 213,440
副甲状腺	0	0 / 20,594	48	1 / 20,594
皮膚	4	1 / 210,759	4	1 / 210,759
脾臓	0	0 / 53,397	37	2 / 53,397
甲状腺	0	0 / 46,583	64	3 / 46,583
血管	0	0 / 51,649	77	4 / 51,649

TPM：100 万転写産物当たりの転写産物数（transcripts per million）。

ついて考えてみます。ここでは大きく 3 つの項目について説明します。①「アレル異質性」とは，ある遺伝子における異なる変異が，同じ表現型を生じさせることを指しています。多くの遺伝子異常による疾患では多様な点変異がありますが，それが同じ表現型をとるということをしばしば経験します。②「座位異質性」は，別々の遺伝子における変異が同じ表現型を生じさせることです。③「臨床的異質性」あるいは「表現型異質性」とも呼びますが，こちらはある 1 つの遺伝子における

別々の変異が，別々の表現型を生じさせるということです。例えば *LMNA* 遺伝子の異常では，一方では拡張型心筋症，もう一方ではある種の筋ジストロフィーや Charcot-Marie-Tooth 病といったさまざまな表現型をとることがあります。

　ここで Bardet–Biedl 症候群を例に説明します。Bardet–Biedl 症候群は軽度の知的障害に網膜色素変性症，肥満，多指，腎機能障害を合併する疾患で，そのほとんどには常染色体劣性遺伝機序が関与しているとされます。この疾患には座位異質

性があり，ヒトの遺伝性疾患データベース OMIM（Online Mendelian Inheritance in Man, https://www.omim.org）によりますと 24 種類の遺伝子がこの疾患の発症に関与しているとされています。以前はこのような疾患の遺伝子解析をするには，関与する遺伝子のうち頻度の高いものを 1 つずつ Sanger 法というゲノム配列の解析法で調べていたのですが，最近では次世代シークエンサーを使ってまとめて解析できるようになりました。かつては診断ができていながら原因遺伝子がなかなか特定できなかった症例も，最近では容易に解析できるようになっています。

家系図は大事！

ここで単一遺伝子疾患の診断にきわめて重要な，家系図の作成についてお話しします。その疾患が優性遺伝疾患なのか，あるいは劣性遺伝疾患なのか，それともその他の遺伝形式なのかを考えるのに，きわめて有用なのが家系図の作成です。家系図を描くだけでも診断ができることがありますので，家系図の作成は最も安価で効率的な遺伝学的検査手法ともいえます。

家系図の作成でよく使われる記号を図 7.3 に示しました。本講義のなかでもたびたび家系図が出てきますが，家系図を繰り返し作成し，家系図の正しい作成方法をぜひとも習得してください。最近では家系図の作成支援ソフトも開発されていますので，それらも利用できます。

家系図の実例を示します（図 7.4）。まず世代ごとにローマ数字をつけます。同一世代では原則として早く生まれた方を左側に記載します。記載した順番に左からアラビア数字で番号をつけます。この家系図で矢印がついている III–5 の方がいわゆるクライエント（発端者）になります。そ

のきょうだい III–8 の人は，いとこである III–9 の方と婚姻関係にあります。この場合は血族結婚となりますので，二重線を引くということになります。その他詳細は教科書などでぜひ確認してください。

ところで，遺伝学的には第一度近親，第二度近親という言葉を使うことがあります。第一度近親は血のつながりがある親，子，きょうだいなどです。家系図をみますと，血のつながっているなかで一筆で（他の人を経由せずに）たどり着く人にあたります。これは遺伝学的にいうと半分が同じ遺伝子の人ということになります。なお法律分野では一親等，二親等という言葉がよく使われますが，一親等は親と子を指し，きょうだいは含まれません。混同しないように気をつけてください。

変異アレルの遺伝形式

ここからは常染色体および性染色体上にある変異アレルの遺伝形式について説明します。まず，常染色体とは染色体の 1 ～ 22 番までを指します。原則として大きさ順に番号がついていますが，21 番と 22 番だけは大きさと順番が逆転しています。通常，常染色体は男性でも女性でも 2 本ずつ持っています。したがって，常染色体上にある遺伝子はみな 2 コピーずつ持っているということになります。OMIM のデータベースをみますと，2018 年 6 月現在で約 5,000 種類の常染色体疾患が登録されています。まずは常染色体劣性遺伝疾患と，常染色体優性遺伝疾患について解説します。

常染色体劣性遺伝疾患

常染色体劣性遺伝疾患とは，2 つのアレルが両方とも変異アレルで，野生型アレルを持たない場合に発症するものを指します。これはホモ接合体

第7講

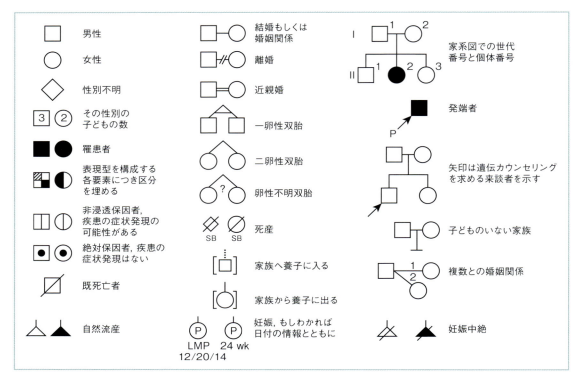

図7.3 家系図でよく使われる記号
文献1より。

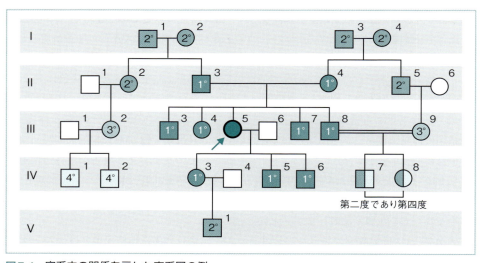

図7.4 家系内の関係を示した家系図の例
1°は第一度近親を示す。ここでは1°，2°，3°，4°の違いを色の濃淡で示した。文献1より。

もしくは複合ヘテロ接合体ということになります。通常，常染色体劣性遺伝疾患では変異アレルは機能喪失型（loss-of-function）の変異になります。疾患の例としては，フェニルケトン尿症，Tay-Sachs病，常染色体劣性多発性嚢胞腎，Hartnup病，脊髄性筋萎縮症，βサラセミアなどがあります。比較的重篤な疾患が多いことも特徴です。

一般的に常染色体劣性遺伝疾患では，両親はそれぞれ変異アレルをヘテロ接合で持っていることが多いです。そのような方を保因者と呼びます。図7.5の家系図では，枠の中に黒丸がある2人が保因者になります。常染色体劣性遺伝疾患の場合，保因者同士の結婚では4分の1の確率で疾患を持つ児が生まれてきます。この場合，生まれてくる児が男性か女性かで発症率に差はありません（コラム）。

ライソゾーム病の一種であるTay-Sachs病は，*HEXA*遺伝子のホモ接合または複合ヘテロ接合による常染色体劣性遺伝疾患です。乳児型は生後1年以内に発症し，神経学的退行を認め，3歳ごろまでに亡くなる例が多いとされています。日本では8～10万人に1人程度の発症頻度です。

●片親性イソダイソミー

通常，2本ある相同染色体は父親と母親から1本ずつ由来します。しかし，まれに2本両方が父親のみ，あるいは母親のみから由来していることがあります。これを**片親性ダイソミー**と呼びます。片親性ダイソミーには2種類あり，2本の染色体が片親の1本の染色体重複に由来している場合を片親性イソダイソミー，2本の染色体が片親の2本の相同染色体から成り立っている場合は片親性ヘテロダイソミーと呼びます。

常染色体劣性遺伝疾患では両親が保因者であることが多いと説明しました。しかし，まれなパターンとして，片親性イソダイソミーが原因となっている場合があります。ある常染色体劣性遺伝疾患について，兄と妹がホモ接合による罹患者であるということがわかりました。そしてその母は保因者ですが，父は異常アレルを持っていませんでした。このような場合，父由来アレルに変異が起こった可能性もあるにはあるのですが，確率的にはきわめてまれと考えられます。このときに

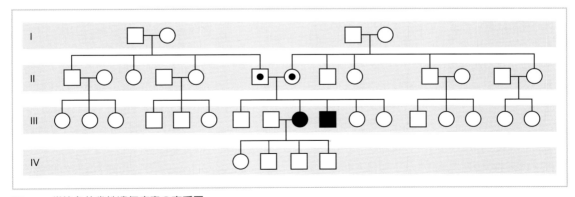

図7.5　常染色体劣性遺伝疾患の家系図
両親がともに保因者である場合，子は4分の1の確率で罹患する。通常，生まれてくる子が男性か女性かで，発症率に差はない。文献1より。

第7講

コラム　いとこ婚の遺伝カウンセリング

　いとこ婚などの血族婚では，同じ常染色体劣性遺伝疾患の保因者同士が結婚することがあり，そのため常染色体劣性遺伝疾患の患者が生まれやすいといわれています。通常，血縁関係のないカップルから先天性疾患の児が生まれるリスクは2～3％です。いとこ婚では大体3～5％程度といわれています。約2倍程度ですが，思ったより高くはないようです。より遠い血縁関係になり

ますと，リスクはさらに下がってきます。日本や西洋諸国では血族婚は少なくなってきていますが，最近では日本に滞在する外国人の方も増えて，そのなかには血族婚の多い文化を持つ国の方もいます。それぞれの国や地域の考え方に沿った遺伝カウンセリングが日本でも必要になってきていると思われます。

は片親性イソダイソミーを検討します。

　図7.6は片親性部分イソダイソミーの発症機序を説明した図になります。片方の親由来アレルに原因があったとして，色のついた横線を変異の場所とします。染色体は減数分裂前に複製され，組換えが行われます。その後本来は減数分裂によって1本の染色体だけが配偶子に入りますが，染色体不分離によって2本の染色体が入ってしまう場合があります。この2つの染色体を持つ配偶子と，1本の染色体を持った正常な配偶子が受精すると，接合子には3本の染色体が含まれることになります。これがいわゆるトリソミーです。染色体の種類によってはこのままでは生まれてこられません。その場合，トリソミーレスキュー（接合子形成後に余剰染色体が失われる）が発生することがあります。図7.6はトリソミーレスキューの結果，変異を持つ2本の染色体が残ってしまったために疾患が発症したことを示しています。

　まれな現象ではありますが，実際にこういった症例を経験することがあります。遺伝カウンセリングを行ううえでは非常に重要な現象ですので，必ず知っておくべき事項だと思います。

常染色体優性遺伝疾患

　常染色体優性遺伝疾患は通常，1つの野生型アレルを持ちながら1つの変異アレルを持つために発症する疾患です。既知のメンデル遺伝病の半数以上が常染色体優性遺伝疾患だと考えられています。例えば，神経線維腫症1型，常染色体優性多発性嚢胞腎，Marfan症候群，Sotos症候群，Loeys-Dietz症候群，Alagille症候群，鰓耳腎症候群，歌舞伎症候群といった疾患です。

　常染色体劣性遺伝疾患は機能喪失型変異が多いと説明しましたが，常染色体優性遺伝疾患では機能獲得型，優性阻害効果，ハプロ不全というタイプがあります。機能獲得型（gain-of-function）は，遺伝子の正常機能が亢進したり遺伝子産物量が増加したりする場合に発生します。優性阻害効果（dominant negative effect）は，変異アレルから産生されたタンパク質が正常遺伝子産物の機能を阻害する場合に発生します。ハプロ不全（haploinsufficiency）は，片側アレルの変異でその機能が失われ，1つの正常アレルのみでは疾患を防ぐことができないことです。

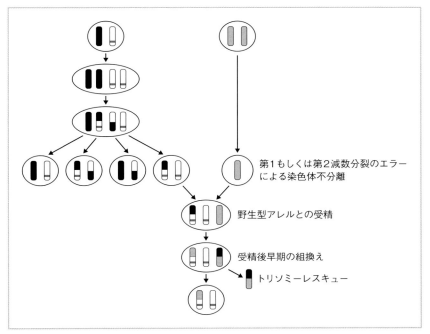

図7.6 片親性部分イソダイソミーの発症機序
母由来アレルからの片親性イソダイソミーの場合。

● 常染色体優性遺伝疾患の例

　Charcot-Marie-Tooth病は末梢神経障害を主な症状とする常染色体優性遺伝疾患です。その約半数が1型で，さらにその大多数を*PMP22*という遺伝子の異常が占めているといわれています。Charcot-Marie-Tooth病における異常では*PMP22*の重複を認めることが多く，FISH解析で診断が可能です。

　CHARGE症候群は*CHD7*遺伝子のハプロ不全による常染色体優性遺伝疾患です。CHARGEとは，眼異常，心疾患，後鼻腔閉鎖，発達の遅れ，外性器および耳介異常の英語の頭文字をとったものです。顔面の非対称も特徴となります。CHARGE症候群の多くの症例ではナンセンス変異やフレームシフトなどのいわゆる短縮型変異を認めることがあり，そのため*CHD7*の量的な異常，つまりハプロ不全によってこの疾患が発生します。

● 常染色体優性遺伝疾患の家系図

　家系図の例をいくつか示しましょう（図7.7）。図7.7Aは感音難聴の家系図です。浸透率が100％で適応度（後で述べます）も高く，典型的な常染色体優性遺伝家系となっています。図7.7Bはいわゆる不完全優性遺伝の家系を示しています。不完全優性とはヘテロ接合体よりもホモ接合のほうが重症となるケースで，ほとんどの疾患がこちらに該当します。一方で完全優性遺伝というのはホモ接合とヘテロ接合の表現型がまったく同じで，まれな形式です。完全優性遺伝には

第7講

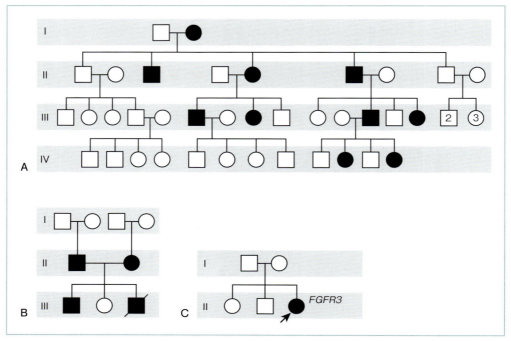

図7.7　常染色体優性遺伝疾患の家系図
A：感音難聴の家系図。浸透率が100％で適応度も高く，典型的な常染色体優性遺伝家系。
B：軟骨無形成症の家系図。不完全優性遺伝を示す。
C：発端者（矢印）において遺伝的致死であるタナトフォリック小人症の散発例を示す家系図。この疾患は適応度の低い常染色体優性遺伝疾患である。
文献1より。

後でお話しします Huntington 病が該当します。図7.7Cは適応度の低い常染色体優性遺伝疾患の家系図です。

●新生変異と適応度の関係

疾患が家族性の遺伝形式を示すかどうかは，患者が生殖可能かどうかに依存します。疾患が生殖に及ぼす影響の尺度として，適応度（fitness）があります。適応度は，「罹患者における生殖年齢まで生存する子の数」/「その疾患の変異アレルを有さない人が持つ子の数」の比として定義されます。要するに，適応度が低いほど子孫が残せない

ということになります。例えば，*FGFR3* 遺伝子の異常による疾患を *FGFR3* 関連疾患と呼びますが，このうち機能獲得型変異の軟骨無形成症（achondroplasia）は，重篤な運動発達遅滞と時に知的障害を合併する疾患です。この疾患は適応度がきわめて低く，罹患者本人は子孫を残すことが難しいため，罹患者のほとんどが新生変異によるものであると考えられています。

X連鎖遺伝

ここからは性染色体の話となります。性染色体にはX染色体とY染色体がありますが，Y染色

112

体には疾患に関係する重要な遺伝子がほとんどありませんので，ここでは主にX染色体について説明します。

OMIMによりますと，X染色体には約800のタンパク質をコードする遺伝子が同定されていて，そのうちの300程度が疾患と関連しているとされています。通常，X染色体を男性は1本，女性は2本保有しています。そのためX連鎖疾患は常染色体優性遺伝疾患とは違い，罹患者に性差が認められます。繰り返しになりますが，男性が変異アレルを持つ場合，Klinefelter症候群などの特殊な場合を除いて1コピーしか持ちませんので，ヘミ接合であると表記します。

またX染色体の特殊性として，X染色体不活化が挙げられます。X染色体の不活化については第3講，第6講で詳しく述べられていますのでここでは簡単にふれますが，要するに，2本のX染色体のうち1本はその細胞内で機能を持たなくなるというものです。この不活化は胎生初期に細胞ごとにランダムに発生します。XIST遺伝子を含むX染色体不活化センターが，この不活化染色体を決定します。ただし，すべてのX染色体上の遺伝子が不活化されるわけではなく，不活化を免れる遺伝子も一部存在します。それらは主にX染色体短腕遠位部に存在しています。

●X連鎖劣性遺伝疾患

X連鎖劣性遺伝疾患とは，男性のほうが女性よりも形質の発現度がはるかに高い，あるいは重症度が強い疾患です。Duchenne型筋ジストロフィーやX連鎖型無γグロブリン血症がこれにあたります。女性の多くは無症状ですが，時にごく軽度の症状を認めることがあります。例えば，Duchenne型筋ジストロフィーの原因遺伝子DMDを考えてみます。この疾患は原則男性のみ

が発症し，女性は無症状ですが，女性でも血液検査をするとCK（クレアチンキナーゼ）高値の場合があります。筋生検をした場合には，女性でも筋肉に軽度の障害を認めることがあります。

X連鎖劣性遺伝疾患の遺伝カウンセリングですが，罹患男性と非保因者女性の組み合わせから生まれた男児はすべて正常です。父親のX染色体はその男児には遺伝しないためです。女児はすべて保因者または軽症の罹患者ということになります。

●X連鎖優性遺伝疾患

X連鎖優性遺伝疾患は，女性にも発症するX連鎖遺伝疾患です。罹患男性から男児には遺伝しませんが，女児はすべて罹患者となります。**図7.8**ではAの家系図がそのような家系を示しています。X連鎖優性遺伝疾患は女性にも発症しますが，男性では重症となる傾向があり，一部の疾患では男性は胎生致死になると考えられています（図7.8B）。疾患例を挙げますと，Rett症候群，口顔指症候群1型，Alport症候群，脆弱X症候群などです。例えばRett症候群は，X染色体の長腕に存在するMECP2という遺伝子の異常による疾患です。Rett症候群は女児に発症する退行および常同運動が特徴の神経疾患とされています（男性では胎生致死と考えられる）。Rett症候群は重度な知的障害を認めるため，罹患者は全員が新生変異であると考えられています。

一方で，早期新生児期発症てんかん性脳症9型という疾患があります。X染色体の長腕にあるPCDH19という遺伝子の異常による疾患で，PCDH関連症候群ともいいます。PCDHというのはプロトカドヘリンの略で，細胞接着に関与する膜タンパク質です。この遺伝子に変異のある女性では，生後しばらくしてからてんかんが群発

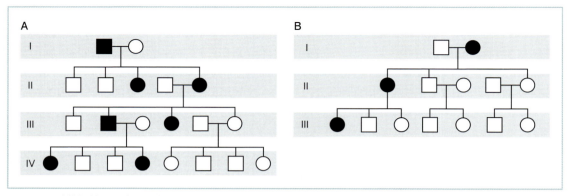

図7.8　X連鎖優性遺伝疾患の家系図
X連鎖優性遺伝疾患は罹患男性から男児には遺伝しないが，女児はすべて罹患者となる（A）。女性も発症するが男性ではより重症となり，一部の疾患では男性が胎生致死となる（B）。文献1より。

し，発達の遅れが認められます。しかし，男性は変異を持っていても罹患することはありません。変異を持つ無症状の父親から娘に遺伝して発症するという，非常に珍しいタイプの疾患です。なぜこのようなことが起こるかという理由についてはまだよくわかっていません。

性差のあるその他の遺伝形式

ここでは性別が発症に影響するその他の遺伝形式をまとめました。常染色体上に存在する遺伝子異常による疾患は通常は性差を認めませんし，X連鎖遺伝疾患は父から息子へは遺伝しないといったルールがあります。しかしながら，このようなルールに従わない疾患も実は存在します。従性常染色体劣性遺伝疾患，限性常染色体優性遺伝疾患，偽常染色体優性遺伝疾患，ゲノムインプリンティング疾患などです。

●従性常染色体劣性遺伝疾患

まず従性常染色体劣性遺伝疾患です。**従性表現型**（sex-influenced phenotype）とは，性別によって臨床症状の頻度や程度に差があるということをいいます。例を挙げますと，遺伝性ヘモクロマトーシスが該当します。これは鉄の過剰により生体内の臓器に鉄が蓄積される疾患で，*HFE*遺伝子のホモ接合または複合ヘテロ接合変異によって発症します。この疾患の患者はほとんどが男性です。女性は男性よりも鉄の摂取量が少なく，かつ月経で鉄を喪失しやすいからといわれています。このように，同じ遺伝子疾患であっても男女の生理学的な特性により症状に差が出ることがあります。

●限性常染色体優性遺伝疾患

限性遺伝とは sex-limited inheritance とも呼ばれ，X連鎖遺伝でないにもかかわらず，男女どちらかのみにしか発症しないものを指しています。従性は程度の差，限性は発症するか否か，を意味します。

例えば図7.9 で示しているのは，*LHCGR* という遺伝子のヘテロ接合性変異による男性限性思春期早発症です。この疾患は男性のみで発症しま

す。LHCGR は黄体ホルモン受容体をコードする遺伝子で，一部の症例では機能獲得型変異が報告されています。この場合，黄体ホルモンがなくても受容体がシグナルを送り続けますので，結果的に男性の成長と骨端融合が早まり低身長となります。本疾患は女性には発症しませんが，親から子への遺伝は両親ともにあります。あたかも隔世遺伝のようになりますので，家系図を詳細に検討することが重要になります。

● 偽常染色体優性遺伝疾患

X 染色体上にある Y 染色体との相同遺伝子が変異を起こし，精子の形成過程で X 染色体と Y 染色体が組換えすることで Y 染色体上に変異が移り，その Y 染色体が疾患原因となることで男性から男性に遺伝する疾患を指します。男性から男性への遺伝が起こるのは常染色体遺伝の特徴でもあるので，これを偽常染色体優性遺伝と称しています。SHOX 遺伝子の異常による Leri–Weill 軟骨骨異形成症や低身長がこれにあたります。

● ゲノムインプリンティング病

他の講義でも取り上げられていますので，ここでは簡単に説明します。常染色体優性遺伝疾患では一般に，変異アレルを受け渡すのが父親であっても女性であっても同じ疾患を発症します。しかしながら，一部の疾患は変異アレルを父からもらった場合だけ，あるいは母からもらった場合だけ発症します。このような疾患をゲノムインプリンティング病と呼びます。先ほど説明した限性遺伝では受け取る側が男児か女児かで発症するかどうかが決まりましたが，この場合は渡す側が男性か女性かで発症するかどうかが決まります。

例えば Prader–Willi 症候群は，15 番染色体母性片親性ダイソミーにより発症する例が約 20 % 存在するといわれています。これはこの領域の 2 つのアレルが両方とも母親から遺伝したということを示しています。他にも Beckwith–Wiedemann 症候群，Silver–Russell 症候群，鏡・緒方症候群，Temple 症候群，Angelman 症候群などがあります。

図 7.10 は，SDHD 変異による傍神経節腫症の一家系です。家系図をみますと父から変異アレルを引き継いだ方のみが発症するということがわかります。できるだけ広く家系図を聴取することが診断につながります。

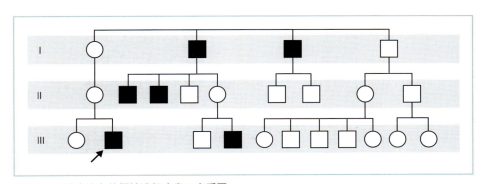

図 7.9 限性常染色体優性遺伝疾患の家系図
LHCGR (2p16.3) の常染色体優性遺伝機序により発症する思春期早発症は男児にのみ発症する（限性表現型）。文献 1 より。

115

第7講

モザイク

モザイクとは，もともとは小さなかけらを組み合わせて絵や模様を表す装飾美術の手法を指す言葉です。私たちヒトは一般に，1つの受精卵から分裂して最終的に37兆個の細胞で構成されています。したがって，理論的にはすべての細胞は同じ構造の染色体あるいは遺伝子を持っていることになります。しかし，細胞分裂時などに分裂異常やコピーミスを起こし，実際には1つの個体に異なる染色体や遺伝子を持つ細胞が同時に存在することがあります。これをモザイクと呼びます。

似た言葉にキメラがありますが，モザイクとキメラは異なります。モザイクは出発が1つの細胞で，分裂過程で遺伝子に変異が発生するのに対して，キメラはまったく別の細胞が胎生早期に癒合するなどして，遺伝学的に異なる系列が混在した一個体をつくることを指します。

モザイクの種類

臨床上問題となるモザイクには，胎盤限局性モザイク，体細胞モザイク，生殖細胞系列モザイクなどがあります。

胎盤限局性モザイクは文字通り，胎盤の細胞がモザイクになっているということです。この場合，胎児にはモザイクの細胞が認められることはありません。胎盤限局性モザイクは絨毛検査でしばしば問題になることがあり，絨毛検査を受けて染色体異常を指摘された場合，羊水検査によって再度検査を行う必要があります。また無侵襲的出生前遺伝学的検査，いわゆるNIPTの偽陽性の原因の1つともいわれています。

体細胞モザイクとは，皮膚や脳，血管などの体細胞に変異が存在するものの，生殖細胞系列には変異が存在しないことを指します。わかりやすい例では，多くのがんは体細胞モザイク疾患です。その他にもSturge–Weber症候群やCLOVES症候群，Proteus症候群などが該当します。また

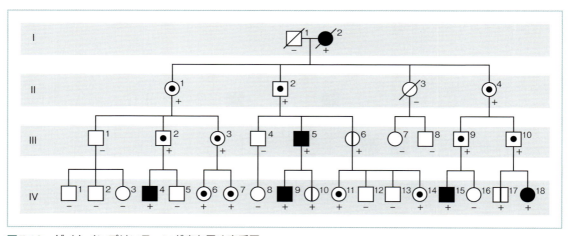

図7.10　ゲノムインプリンティング病を示す家系図
SDHD（11q23.1）変異による傍神経節腫症の家系図。母からの遺伝では発症せず，父からの遺伝の時のみ発症する（発症者に性差はない）。文献1より。

神経線維腫症1型などでみられる皮膚の分節性モザイクも，体細胞モザイクによるものです。男性致死と考えられているX連鎖遺伝疾患で男性例が報告された場合，体細胞モザイクが関与していることもあります。

　常染色体優性遺伝疾患などが児に見つかった場合でも，両親に変異が見つからないということをしばしば経験します。この場合は新生変異で，原則として次子再発率は一般人口と同じであると考えられます。しかし，生殖細胞系列にある細胞のみが変異を持っている場合があり，これを性腺モザイク，あるいは生殖細胞系列モザイクと呼びます。この性腺モザイクがあると，患児の同胞が同じ疾患になることがあります。経験的には1〜2％程度とされています。家族歴のない常染色体優性疾患児の遺伝カウンセリングを行う場合は，必ずこの生殖細胞系列モザイクについて言及しておく必要があります。

　体細胞系列と生殖細胞系列ですが，接合後およそ15回目の細胞分裂で始原生殖細胞の分化が起こります。したがって，接合後15回目以降の分裂で細胞のDNAに変化が発生すると，体細胞系列もしくは生殖細胞系列のどちらかの細胞のモザイクということになります。逆に変化の発生が15回目より前ですと，体細胞系列と生殖細胞系列の両方の細胞に変異がみられる可能性があることになります。

トリプレットリピート病

　トリプレットリピート病とは，例えばグルタミンをコードしているCAGなどの3塩基配列（トリプレット）が異常伸長することにより発症する疾患です。この疾患に該当するものはすべて神経疾患となっています。トリプレットリピート病に

は，Huntington病，歯状核赤核淡蒼球ルイ体萎縮症（DRPLA），脊髄小脳失調症1，2，6，7型（SCA1，SCA2，SCA6，SCA7），Machado-Joseph病（SCA3），筋強直性ジストロフィー，脆弱X症候群，球脊髄性筋萎縮症などの神経疾患が含まれます。

Huntington病

　トリプレットリピート病の1つポリグルタミン病の代表は，よく知られているHuntington病です。この疾患は遅発性神経疾患として有名な常染色体優性遺伝疾患となっています。Huntington病の原因遺伝子 *HTT* は4番染色体短腕（4p16.3）に存在していますが，この遺伝子のエクソン1にはCAGリピートが存在します。通常は9〜35リピートですが，これが40以上になりますとHuntington病を発症します。リピート数と発症時期については図7.11に示したように相関関係があることが知られています。

　Huntington病は後の世代でより早く発症する場合があります。この現象は表現促進（anticipation）と呼ばれており，変異アレルが父親由来である場合に発生します。父から受け継ぐ精母細胞での繰り返し配列が，母親由来のものに比べて不安定であるためと考えられています。図7.12では，通常アレル（リピート数25）と変異アレル（リピート数を家系図内に表記）を持つ家系を示しています。父親がリピート数37の変異アレルを持つのに対し，その娘や3人の息子は変異アレルのリピート数が増加しています。これらの罹患者は父親よりも発症年齢が早くなると考えられます。

脆弱X症候群

　脆弱X症候群は *FMR1* 遺伝子の異常による疾患です。Huntington病と同じくトリプレットリ

第7講

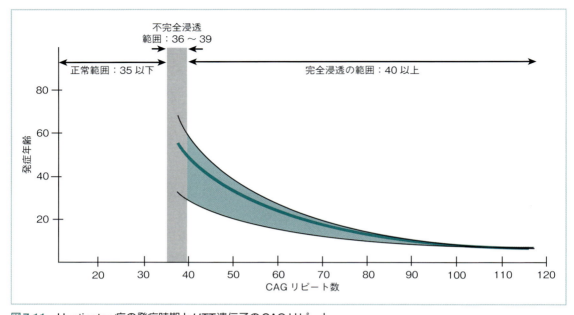

図7.11 Huntington病の発症時期と*HTT*遺伝子のCAGリピート
HTT（4p16.3）のエクソン1にあるCAGリピート数は正常者では9〜35であり，40を超えるとHuntington病を発症する。文献1より。

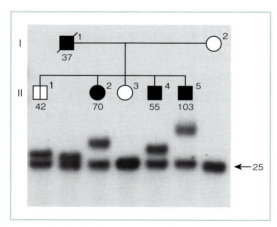

図7.12 Huntington病の家系図
父から変異アレルを受け継いだ場合，後の世代ではより早く発症することが知られ，これを表現促進と呼ぶ。背景に示されているのは，反復リピートのサザンブロット解析結果。文献1より。

ピート病ですが，この場合，変異はタンパク質コード領域ではなく，5′側の非翻訳領域に存在するCGG繰り返し配列が原因となっています。通常は55回までの繰り返しですが，罹患者では200回以上となります。Huntington病とは逆に，脆弱X症候群は母親由来の場合に早く発症しやすいといわれています。

筋強直性ジストロフィー

筋強直性ジストロフィーは成人で最も頻度が高い筋ジストロフィーで，その多くが*DMPK*遺伝子の異常によります。*DMPK*の3′非翻訳領域にあるCTG反復配列が異常に伸長することで発症します。正常は35回以下とされ，50回以上になると発症します。母親由来の異常アレルを受け継いだ場合に重症化する傾向があります。この筋強

直性ジストロフィーの最重症型を，先天性筋強直性ジストロフィーと呼びます。この場合，生後すぐから著明な筋緊張の低下を示し，生命にかかわる重篤な結果をもたらす場合も少なくありません。遺伝カウンセリングでこの疾患について説明する場合に，しばしば「母親由来です」といった説明が行われることがありますが，ごくまれに父親由来であることが報告されています。説明の際には注意が必要となります。

● ● ●

　最後に，単一遺伝子疾患を理解するポイントをまとめます。まず，ともかく家系図を描くことが重要です。それから各種データベースを利用して，関連が考えられる遺伝子の情報を集めてください。遺伝子の局在位置や機能は OMIM などを，

変異の種類や臨床情報は GeneReviews（https://www.ncbi.nlm.nih.gov/books/NBK1116/）などを利用するといいと思います。そのうえで，その患者において解析が可能か，その解析に臨床的あるいは社会的な意義があるのか，ということも考慮します。網羅的解析で遺伝子異常が見つかった場合には，その遺伝子異常で患者の症状が説明できるかどうかを十分に検討します。一例一例を丁寧に検討し，症例を積み重ねることが重要だと考えています。

● 文献
1) Nussbaum RL 著（福嶋義光監訳）：トンプソン＆トンプソン遺伝医学 第2版．メディカル・サイエンス・インターナショナル，2017.

第8講

多因子疾患：
病気のなりやすさを考える

鎌谷洋一郎 ●東京大学大学院新領域創成科学研究科 メディカル情報生命専攻 複雑形質ゲノム解析分野

たくさんの遺伝要因とたくさんの環境要因が複雑に影響することで引き起こされる疾患を多因子疾患と呼びます．先天異常，心筋梗塞，がん，精神神経疾患，糖尿病，Alzheimer病などがそうです．遺伝性の大きさや，遺伝要因と環境要因の関与の度合いなどはどのように調べればいのでしょうか．この講義で学んでいきましょう．

多因子疾患とは何か

多因子疾患（multifactorial disease）とは，どんな疾患のことでしょうか？『トンプソン＆トンプソン遺伝医学 第2版』には，「先天異常，心筋梗塞，がん，精神神経疾患，糖尿病，Alzheimer病などが多因子疾患に含まれる」と書いてあります．ざっくりといえば，「単一遺伝子疾患ではないものが多因子疾患である」ということです．では，単一遺伝子疾患は何かというと，原因となる単一の遺伝子が判明している疾患のことです．

大まかな理解としては，単一遺伝子疾患以外を多因子疾患と呼ぶ，と把握してよいと思いますが，気をつけないといけないのは，「多因子」と「単一」の間に位置する「オリゴジェニック（oligogenic，oligoとは少数という意味）」な疾患という概念も最近登場していることです．最近の塩基配列決定技術の発達によって注目されるようになった概念です．実際には，単一遺伝子疾患，オリゴジェニック疾患，多因子疾患をそうはっきりと区分できるわけではないのです．

多因子疾患とよく似た表現

ところで，この多因子疾患という名称に類似した用語も複数あるので，わかりにくいと感じることもあるのではないでしょうか．多因子疾患に「多」という言葉が使われている理由は，たくさんの遺伝因子とたくさんの環境因子が関係して疾患が起こるという意味からです．この遺伝因子や環境因子が複雑に作用して起こる，という観点を

強調したときには，複雑性疾患（complex disease）と呼ぶことがあります。遺伝因子として，個々の影響力は弱いが，きわめて多数の遺伝的バリアント（「バリアント」はゲノム上の1つの場所または領域に，2つかそれ以上の個人ごとに異なる塩基配列が観察される状態をいう）が関与しているという観点を強調したときには，ポリジェニックな疾患（polygenic disease）と呼ぶこともあります。厳密にいうと，ポリジェニック疾患は，後で説明するポリジェニックモデルに従うものを指します。

こういった疾患は有病率が高いことが特徴です（**表8.1**）。染色体異常（ゲノム異常を含む）による疾患は1,000人あたり3.8人，単一遺伝子疾患が1,000人あたり20人なのに対し，多因子疾患は1,000人あたり600人にも上ります。そのため，ありふれた疾患（common disease）と呼ばれることもあります。

ここで4つの用語を紹介しました。そのうち，多因子疾患と複雑性疾患はほぼ同義になりますが，ポリジェニックな疾患とは必ずしも同義ではありません。また，多因子疾患がありふれた疾患であるとは必ずしも限らず，まれなものもあります。言い換えますと，多因子疾患または複雑性疾患のうち，ほとんどはありふれたポリジェニックな疾患といえますが，なかにはポリジェニックだがまれな疾患もありえるし，ありふれているがポ

リジェニックでない疾患もありえる，ということです。形質の例で考えてみましょう。酒を飲む・飲めないというのは，とてもありふれた形質ですが，*ALDH2* と *ADH1B* という1つか2つの遺伝子でほぼ決まる形質です。ですから，ポリジェニックとはいいづらい。つまり，ありふれているけれどもポリジェニックではない，ですね。

いろいろ説明してきましたが，この講義で扱う多因子疾患は，最も典型的な病像のものが主な対象となります。つまり，「ありふれたポリジェニックな多因子疾患」です。

質的形質と量的形質で解析方法が異なる

まず形質の定義から──表現型との違い

いよいよ講義の本題に入り，質的形質と量的形質を解説していきたいと思いますが，まずその前に，**形質**（trait）とは何かについて考えてみましょう。形質と表現型の使い分けがわかりにくいと感じている人もいるかもしれません。多因子疾患という観点から形質の定義について考えてみたいと思います。

疾患，特に多因子疾患は，遺伝型（遺伝因子）と環境因子の2つが重なり合って発症すると考えますので，次のように表現できるでしょう。

表8.1 遺伝性疾患の種類別の頻度

種類	出生時の頻度 （1,000人あたり）	25歳での有病率 （1,000人あたり）	集団での有病率 （1,000人あたり）
ゲノムおよび染色体異常による疾患	6	1.8	3.8
単一遺伝子疾患	10	3.6	20
多因子疾患	≈50	≈50	≈600

データは文献1より。

$$表現型（病気の有無）＝遺伝型＋環境因子$$

では，このとき，形質とは何を意味するでしょうか？　その答えは，「形質とは，遺伝学によって遺伝因子の影響を解き明かそうとする際に，観察可能な特徴」です。遺伝学的検査をしなければ把握できない遺伝型と区別して，観察可能な特徴を形質というのです。形質と表現型の違いは何かというと，形質は特徴そのもの，表現型はその特徴が個体として表れたもの，と考えることができます。

　わかりにくいので例を挙げましょう。例えば，「身長」と一般的にいった場合は形質です。一方，「ある人が163 cmである」といったときの163 cmは表現型となります。また，「Alzheimer病であるかどうか」は形質ですが，「ある人がAlzheimer病に罹患している・していない」は，表現型となります。

　これを遺伝因子に対応させて考えますと，Alzheimer病で一番重要な遺伝子に*APOE*があります。これはある人は*APOE*を持っているがある人は持っていないという類のものではなくて，すべての人は*APOE*遺伝子を持っています。それが，ある人では*APOE*3/APOE*3*の遺伝型であったり，別の人では*APOE*3/APOE*4*の遺伝型であったりするわけです。形質と表現型の関係は，遺伝子と遺伝型の関係に対比できると思います。確率論の言葉で表現すると，形質や遺伝子が確率変数で，表現型や遺伝型が実現値となり，このように対比することで，とらえやすくなるかもしれません。もともと遺伝学と統計学はルーツを同じくすることもあって，統計学の概念を持ち越しているというところがあるのではないかと考えます。

　例えば，複雑性**疾患**，複雑性**形質**とはいいますが，複雑性**表現型**とはあまりいいません。これから説明する量的形質に関しても，量的表現型とはいいません。一方で最近話題になっている分野として，いろいろな遺伝型に関する「iPS細胞の表現型スクリーニング」がありますが，形質スクリーニングとは普通いいません。このように，形質と表現型は，一応使い分けがなされているようにみえます。ただし，人によって定義が違うところもあります。大まかにはこのようにとらえてもらえればいいかなと考えています。

質的と量的な形質

　形質には大きく質的と量的の2種類があります。**質的形質**は，0か1かで表されるような性質のことです。例えば「B型肝炎である・B型肝炎でない」という人を集めてゲノム解析を行ったとすると，このとき対象となった形質は質的形質です。

　それに対して**量的形質**は，連続的な数字で表されるものです。例えば血液検査の尿酸値や，HDLコレステロールの値などが量的形質にあたります。連続的に変化する数字を扱うのが量的形質であり，しばしば**正規分布**に従うと考えられています。この講義でこれから述べていくように，疾患を遺伝学的に解析する際，質的形質と量的形質を念頭に置きつつ考えることは重要です。

　付け加えておきますと，質的・量的とは別の観点のカテゴリに，順序つきカテゴリ形質があります。1，2，3，4と徐々に重症度が上がるようなカテゴリで，例えば抗がん剤の副作用のグレード1，2，3，4というのは3と1を取り換えてもいいわけではなく，1，2，3，4の順番に重症度が上がります。他にも冠動脈造影のデータは狭窄度何％以下というふうに段階に分けて評価されるので，順序つきカテゴリ形質と考えられます。

多因子疾患の解析では統計学が必要となる

量的形質と正規分布

多因子疾患の多くは，たくさんの座位の影響を受けるポリジェニックなモデルに従うと説明しました。また，量的形質は正規分布すると説明しました。遺伝学の歴史を少しふりかえりながら，これらの意味を説明していきましょう。

20世紀の初頭にメンデルの法則が再発見されました。当時，「身長は遺伝する」という現象は認知されていました。そこで，「メンデルの法則が正しいなら，身長の分離比は1対2対1になるはずだ。そうならないのはメンデルの法則が間違いだからだ」と疑問をぶつけた研究者がいました。それに対応したのがRonald Fisherという，希代の遺伝統計学者です。やがて彼は，この疑問に対して，次のような説明を導き出しました。「影響力が同程度に弱いたくさんの遺伝子が関係していると考えれば，身長の分布をメンデルの法則で説明できる」。

このFisherの説明をわかりやすく例示してみましょう。もし，身長が単一遺伝子によって決まっていたらと考えます。単一遺伝子によって身長が決まっていたら1：2：1の分布を示すはずです（図8.1A）。もし，身長が2つの座位で決まっていたら，分布は1：4：6：4：1になるはず（AとBは同じぐらいの強さの座位と仮定）（図8.1B）。もし，3座位で決まっていたら，1：6：15：20：15：6：1となり，10座位だと1：10：45：120：210：252：210：120：45：10：1（図8.1C）となり，座位の数が増えていくと，だんだん正規分布に近い形になっていきます。100座位だとほとんど正規分布そのものになり，さらにたくさんの座位が

かかわってくると，最終的に正規分布に近似します（図8.1D）。これは，中心極限定理と呼ばれ，数学的に証明されています。

このように，影響力の弱い多数の遺伝因子が関与すると，その形質は正規分布を示すのです。もし，環境因子についても，影響力の弱いたくさんの環境因子が関与していた場合には，たくさんの遺伝因子とたくさんの環境因子が足し合わされて，量的形質そのものが正規分布に従うといえます。これが，Fisherが提案したポリジェニックモデルという考え方です。つまり，ポリジェニックモデルが正しいと仮定すると，メンデルの法則のもとで，身長が正規分布することを説明できるということになります。

質的形質を説明する閾値モデル

では，質的形質の場合はどうでしょうか。例えば糖尿病やAlzheimer病といった多因子疾患で，たくさんの座位の影響を受ける場合，その遺伝的構造は，身長での説明と同じで，やはり正規分布すると考えられます。しかし，「糖尿病になる・糖尿病にならない」といった，0か1かの現象に関しては，どう考えればよいでしょうか。それについては，正規分布のグラフに閾値という考え方を導入した，易罹患性閾値モデル（liability threshold model）が提案されています。糖尿病やAlzheimer病などの多因子疾患で，遺伝的なリスクは正規分布をしており，遺伝的リスクと環境因子の加算がある点（閾値）を超えたときに疾患になる。つまり，「病気になる・ならない」という質的形質は，閾値という考え方で説明できるのです。このように考えれば，多因子疾患を量的形質と同じように考えることができるのではないかというモデルです。このモデルに沿って考える人のなかの強硬派は，さらに，「ありふれた疾患

第8講 多因子疾患：病気のなりやすさを考える

とは量的形質である。質的形質など存在しない」とも言っています。

正規分布と確率密度関数

このように，多因子疾患を理解するためには，正規分布を理解することが非常に重要になります。正規分布について，もう少し解説していきます。正規分布（図8.2）は，次のような確率密度関数で表されます。

$$P(X=x) = \frac{1}{\sqrt{2\pi\sigma^2}} e^{-\frac{(x-\mu)^2}{2\sigma^2}}$$

先ほどの話に合わせますと，X が形質を表し，x が表現型を表します。例えば量的形質の場合，身長が163 cmであることを観察する確率は，**平均値** μ と**分散** σ^2 で決定されるというのが正規分布の特徴ということになります。

わかりづらいと思いますのでサイコロを例にして説明してみましょう。サイコロを振ったら，6分の1の確率で1～6の目が出ると考えられますが，サイコロを1,000回振ったら，1の目は何回出るでしょうか。単純に考えると，1,000 × 1/6 = 167回だと計算できますが，実際には，これに

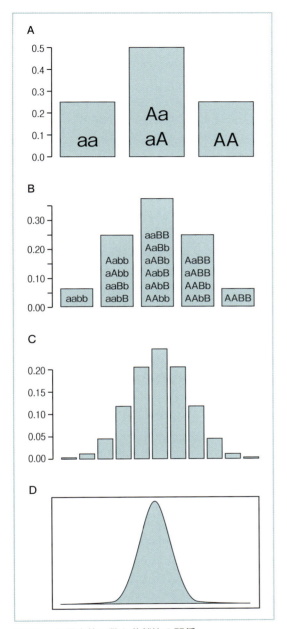

図8.1　原因座位の数と分離比の関係
A. 単一遺伝子により決まる形質の場合，1：2：1の分離比となる。
B. 2座位により決まる場合，1：4：6：4：1。C. 10座位により決まる場合，1：10：45：120：210：252：210：120：45：10：1。
D. 100座位を超えてさらにたくさんの座位で決まる場合，正規分布に近似する。

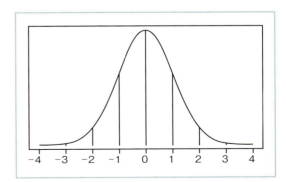

図8.2　正規分布のグラフ
中央が平均値。横軸は，標準偏差。

はばらつきがあるわけです。ばらつきがあるけれども，一番多く観察されるのは167回だろう，ということを表すのが，次の二項分布の式です。

$$P(X = x ; \theta) = \binom{n}{x} \theta^x (1 - \theta)^{n-x}$$

サイコロを1,000回振ったとき1の目が167回出る確率が，この式によって計算されるのです。実際の計算結果を表にしました（表8.2）。サイコロを1,000回振ったときに1の目が50回しか出ない確率は，10^{-30} です。その確率は非常に小さいだろうということは直感的にもわかりますね。150回出る確率は0.013，160回出る確率は0.029。150回よりも160回のほうが多そうだ，ということがわかります。これが確率の考え方です。

　二項分布で表されるサイコロの目が出る回数は，1回，2回，3回，4回と整数ですが，正規分布では連続量になります。例えば，163，163.5，163.56といった数字が出てきます。連続量になると，ある1点の確率という値は計算しづらくなるので，1点ではなく，範囲を指定することになります。数学の言葉を使うと，積分です。例えば，ある集団で身長を調べたところ，平均が170 cmで標準偏差（SD）が5 cmだったとします。この集団で，身長が標準偏差1つ分の範囲（平均からプラス側に5 cm，マイナス側に5 cmの範囲になるので，165 ～ 175 cmの範囲）に収まる人は，68.27 %であることが，正規分布からわかります（図8.2）。また同じ集団で，190 cm以上になる人はどれくらいの割合いるかを知りたい場合は，190 cmは4SDになるので，0.003 %以下と計算できます。非常に珍しいということがわかります。これが正規分布です。

　多因子疾患も，その易罹患性は正規分布に従うと考えられます。この場合は，前に述べたように，正規分布におけるある閾値 T を超えると疾患を発症するという考え方をするわけです。このとき，集団の有病率 q は，正規分布において閾値 T 以上であるところの面積，すなわち

$$q = \int_T^\infty P(X = x)\, dx$$

として得られます。この，確率密度関数の積分を累積分布関数と呼びます。これが意味するのは，集団における有病率がわかると，易罹患性スコアの分布が決まるということです。このとき，疾患に遺伝性があるということは，一般集団と比べて罹患者家族の有病率が高いということです。一般集団と罹患者家族の分布のそれぞれの分散はとりあえずいずれも1とします。すると，一般者集団の有病率を q_g，罹患者家族の有病率を q_r とした時，一般集団の易罹患性スコアの平均値 G と罹患者家族の易罹患性スコアの平均値 R との差は，

$$R - G = \Phi^{-1}(q_g) - \Phi^{-1}(q_r)$$

ここで Φ^{-1} は標準累積分布関数の逆関数を表します（標準正規分布とは，平均0，分散1である正規分布のことです）。このように疾患の質的形質について正規分布は，一般集団と罹患者家族の分布の平均値の差としてとらえられます。

表8.2　サイコロを1,000回振ったときに「1」の目が出る回数とその確率

「1」の目が出る理論上の確率	「1」の目が実際に出た回数	その確率
1/6	50	7.0×10^{-30}
1/6	150	0.013
1/6	160	0.029
1/6	250	5.7×10^{-12}

共分散と分散

正規分布する 2 つの変数の**共分散**についても説明しておきます．後で話しますように，多因子疾患の家系解析を考える際，2 つの変数に関する共分散を考えなければなりません．

共分散は 2 つのデータの関係性を意味しています．2 つの変数 x と y がいろいろな関係性のときに，共分散がどうなるかをシミュレーションしてみましょう（図 8.3A）．両者に全然関係がないときは，両者は独立といい，共分散の値は 0 をとります．

では，2 つの変数にある程度の関係性がある場合を考えてみましょう．例えば x 軸をある生徒の国語の成績，y 軸を社会科の成績であるとすると，国語ができる生徒は社会科もできることが多く，国語ができない子は社会科もできないことが多く，図 8.3B のような関係が表れます．2 変数に関係性が生じると共分散も生じてきて，この場合 0.5 となります．共分散の値が大きいと関係性も強いということになります．例えば，共分散 0.9 のときは（図 8.3C），x が高くなったときに y も高くなる傾向が非常に強いという関係になります．関係性の強さは，共分散の値によって表現できるということです．

図 8.4 には，共分散の計算式を示しました．また，同じ変数の共分散を計算すると，分散に等しくなることがこの計算式からわかります．分散に関して，特に間違いやすいことが多い計算式（「2 変数の和の分散」）についても，図 8.4 に説明しました．

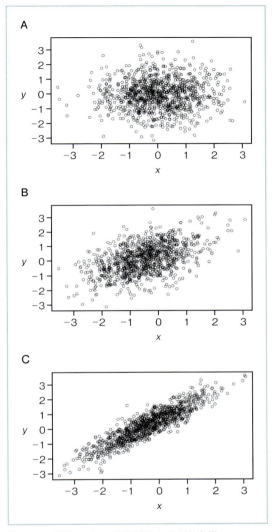

図 8.3　2 変数 x と y の関係性とその共分散

A. x と y が無関係（独立している）場合，共分散は 0 である．B. 2 変数にある程度の関係性があり，共分散が 0.5 の場合．C. 2 変数に強い関係性があり，共分散が 0.9 の場合．

第8講

- 共分散の定義
$$\sigma(x, y) = E[(x - \bar{x})(y - \bar{y})]$$
- 以下のようにも計算できる
$$\sigma(x, y) = E[xy] - \bar{x}\bar{y}$$
- また,
$$\sigma(x, x) = \sigma^2(x)$$
- 二変数の和の分散は
$$Var(x + y) = Var(x) + 2\boxed{Cov(x, y)} + Var(y)$$
- 「Pearson の積率相関係数」は
$$r = \frac{\boxed{Cov(x, y)}}{\sqrt{Var(x)\,Var(y)}}$$
- 線形回帰式 $y = ax + b$ の解は
$$b = \frac{\boxed{Cov(x, y)}}{Var(x)}$$
$$b = \bar{y} - a\bar{x}$$

図8.4　共分散の計算式

共分散は，変数 x と y の掛け算の期待値から，x の平均値と y の平均値の掛け算を引くことでも計算できる。また，同じ変数の共分散は，分散そのものになる。2変数の和の分散を計算するときには，注意が必要。x の分散と y の分散と，さらに共分散がはさまれてくる（2つの変数の和の期待値を取るときには，それぞれの期待値の和でよい）。

　Pearson の積率相関係数は，共分散をそれぞれの変数の分散の平方根で割ることで表される。共分散の式は，線形回帰分析に似ていると思う人がいるかもしれないが，線形回帰式 $y = ax + b$ の解 a は，共分散割ることの x の分散になる。

疾患の家系集積性と相関

多因子疾患の家族集積性と同胞再発率

　ある多因子疾患の遺伝性がどのくらいの大きさになるのか，あるいは，環境要因に比べて遺伝要因はどの程度関与しているのか。こういったことを調べる方法として，**家系集積性**を調べるという方法があります。例えば，まったくの他人に比べて，きょうだいや親子の外見が似ているということは，経験的によくわかるでしょう。特に双子となると，そっくりになります。これは，血縁者の遺伝情報は似ていることにより起こる現象です。外見というのは，ある程度遺伝情報によって決まっているので，遺伝情報が似ていれば外見も似てくるということになります。

　それと同じことが疾患についてもいえるはずで，ありふれた疾患に遺伝性があるとするならば，血縁関係が近くなればなるほど同じ病気にかかりやすくなるのではないか。つまり家系集積性があるはずだ，というのがここで説明したいことです。重要なのは，家系集積性が強ければ強いほど，その疾患では環境要因に比べて遺伝要因の関与が強いはずだという推論が成り立つことです。これは，「家系集積性が強い疾患についてはゲノム解析していこう，原因を見つけよう」という動きにつながるとういことです。そのため，家系集積性を調べる必要があるということです。

　家系のメンバーには遺伝情報の共有があるといいましたが，それは具体的にどの程度なのでしょうか。一卵性双生児では遺伝情報がほぼ完全に一致するということがわかっています。父母が同じ同胞（きょうだい），それから親子では，遺伝情報の2分の1が一致します。子は，父親から1本の染色体，母親から1本の染色体をもらうので，子と一方の親とを比べると，2分の1が一致します。

　同胞の場合は，実はちょっと複雑です。全ゲノムの領域を合わせて平均すると，2分の1が一致しているのですが，ゲノムの各領域ごとにみると，半分一致する場合もあれば，同一のこともありますし，まったく一致しないこともあります（図8.5）。平均で2分の1が一致ということになります。なぜこのような違いが出るかというと，22本の常染色体のどちらを受け継ぐかはランダムに決まり，同じ染色体の中でも組換えが起こって両親からもらう遺伝情報が変化してくるので，

128

もわかってくるのです。

家系集積性を同胞再発率で調べる

　血縁関係が近いほど，疾患の起こりやすさも大きくなるでしょうか。また，血縁関係が近くなったときに，疾患のなりやすさはどれくらい変わるでしょうか。このような家系集積性を調べる指標がいくつかあります。まず，**同胞再発率**（sibling recurrence risk，同胞罹患率ともいう）です。

　同胞の一方が罹患しているときに，もう一方の同胞が疾患になる確率はどれくらいか，が同胞再発率です。例えば，ある疾患のなりやすさが一般集団では20％だったときに，一方のペアが罹患しているもう一方の同胞が疾患になる確率を算出したときに，その値が一般集団と同じ20％だとすると，これは，同胞が罹患する・しないに無関係な疾患ということになります。ということは，この疾患の場合，遺伝情報の類似性は，疾患の起こりやすさには関係していない。つまり遺伝性の弱い疾患となります。

　同胞再発率（λ_S）の算出は，疾患になった人の同胞の有病率（K_S）を，一般集団の有病率（K）で割り算します（$\lambda_S = K_S/K$）。KとK_Sが同じ場合は分母分子が同じで1になります。遺伝性がある疾患では，同胞の一方が病気になっているとすると，その同胞と2分の1似た遺伝情報を持つ人では病気が起こりやすくなるはずですので，一般集団と比べて疾患の発生率が高くなるはずです。この場合は，割算の分子のほうが大きくなりますので，λ_Sが大きな値，例えば2を取るといった傾向になります。

　実際の疾患の同胞再発率が報告されています（**表8.3**）。例えば統合失調症を同胞の一方が発症したとすると，もう一方の同胞が統合失調症を発症する確率は12倍も高くなります。つまり，遺

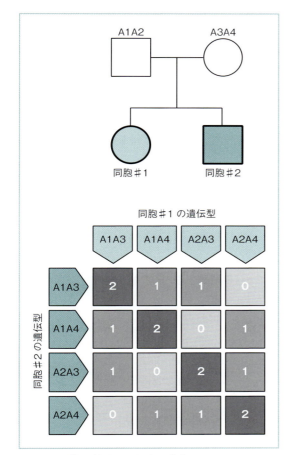

図8.5　同胞におけるアレルの共有
両親の遺伝型は父親がA1A2，母親がA3A4。兄弟は1/2の遺伝情報を共有するが，これは基本的に平均値であり，ゲノム上の場所によって一致度合いは異なる（0〜2）。文献2より。

遺伝情報の共有は領域によって異なってくるのです。全ゲノムで平均すると2分の1が一致ということになります。

　半同胞（片方の親が同じでもう片方の親は違うきょうだい），おじ・おば-おい・めいの関係，祖父母と孫の関係では，遺伝情報は4分の1が一致します。さらに，いとこなら8分の1が一致です。血縁関係がわかれば，遺伝情報の共有の程度

伝性があるのではないかということです。自閉症にいたっては150倍という数字で，ちょっと大きすぎるかなという気もしますけれども，少なくとも遺伝性がないということはない，ということになります。躁うつ病ですと7倍ですし，1型糖尿病で35倍，Crohn病で25倍，多発性硬化症で24倍です。

同胞が罹患しているときに起こりやすい疾患は，遺伝性がある，ということになります。遺伝性の強さには違いがあり，おそらく同胞再発率が高い疾患のほうが，この疾患に影響する遺伝子が発見される確率が高いだろうという推論が成り立つと考えられます。これが，質的形質の家系集積性を調べる方法として，同胞再発率を用いる根拠になります。

親子回帰

では，量的形質の家系集積性はどのように調べればよいでしょうか。連続的な数値を表す形質の家系集積性を調べるためには，**血縁者間相関**を調べます。血縁者間相関として，よく用いられているのが**親子回帰**です。歴史的には，Darwin のいとこの Francis Galton が最初に行った方法となります。

表8.3　いろいろな疾患の同胞再発率

疾患	血縁関係	λ_S
統合失調症	同胞	12
自閉症	同胞	150
躁うつ病（双極性障害）	同胞	7
1型糖尿病	同胞	35
Crohn病	同胞	25
多発性硬化症	同胞	24

データは文献1, 3 より。

親子は遺伝情報を2分の1共有します。そこから考えますと，親の量的形質の値を横軸，子どもの量的形質の値を縦軸にとった場合，親が高値であるほど，子も高値になるはずですし，親が低値であるほど，子も低値になるはず。このようなシンプルな考え方にもとづくのが，親子回帰です。親子の情報について線形回帰分析を行うと，**図8.6** のように，親子の関係を示す線が引けます。この傾き（β_{op}）を親子回帰係数といい，これが大きければ大きいほど遺伝性が強いと考えることができます。

遺伝率

3つ目に紹介するのが，**遺伝率**（H^2）という指標です。実際に，今一番利用されているのはこの数値です。同胞再発率や親子回帰と比べて，遺伝率の計算式はかなり複雑になってきます。まず，複雑性形質の表現型（Y）は，遺伝因子（G）と環境因子（E）の影響を受けます。これを数式にすると，

$$Y = G + E$$

となります。ここで遺伝率を出すために何をするかというと，まずは分散をみます。Y の分散は V_Y になりますが，$G + E$ という2変数の和の分散を取るとどうなるか。ここで先ほどの分散・共分散の説明を思い出してほしいのですが，遺伝因子の分散 V_G と，環境因子の分散 V_E と，本来はこれに加えて遺伝因子と環境因子の共分散が入るはずです。ただし遺伝率を考えるときには遺伝−環境共分散がない（無視できるほど小さい）と仮定します。すると

$$V_Y = V_G + V_E$$

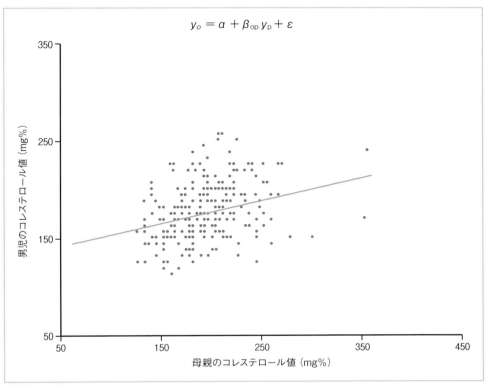

図8.6　親子回帰
親子は1/2の遺伝情報を共有している。親子を集めて量的形質を調べると，遺伝性が強いなら，傾き（β_{op}）が大きいだろう。

という式が出てきます。

そのような仮定をしていいのかと思うかもしれません。遺伝−環境共分散というのは，ある遺伝子を持っているときにある環境になりやすいことと解釈できます。例えば大きな幹線道路沿いに住んでいて，自動車の排ガスを受けるとぜんそくになりやすくなるということが知られていますが，これは環境因子です。遺伝−環境共分散があるという関係は，ある遺伝子を持っている人は幹線道路の横に住みやすく，自動車の排ガスを受けやすいということになります。それはちょっとないのではないか，ということを仮定しているということ

とです。もちろん遺伝−環境共分散がまったくないということはないでしょうが，おしなべて全体をみると無視できるほど小さいと仮定でき，そのため共分散の項が省かれているのです。結果としてこの形質の分散は，遺伝因子の分散（V_G）と環境因子の分散（V_E）の単純な和によって構成されます。

そして遺伝率（H^2）とは何かというと，遺伝因子の分散（V_G）を，全体の分散（V_Y）で割った値になります。式にすると $H^2 = V_G/V_Y$ です。例えば身長でいうと，全体の身長のばらつきにおける，遺伝因子によって起こるばらつきの大きさ，

つまりは遺伝因子の強さを表すことになります。これが遺伝率です。

双生児研究で遺伝率を求める

同胞再発率や親子回帰の計算はそれほど心配ないと思いますが、遺伝率（h^2）となると、実際にどのように計算すればいいのでしょうか（H^2は「広義の遺伝率」、h^2は「狭義の遺伝率」といいます。定義上の遺伝率はH^2、双生児研究などで計算される遺伝率は原則h^2です）。

いくつもの計算法がありますが、一番典型的な手法は、**双生児遺伝率**を求めるやり方です。双生児研究から遺伝率を計算するのです。

まず、一卵性双生児（MZ）と二卵性双生児（DZ）を集めます。一卵性双生児は遺伝情報がほぼ完全に一致しますので、非常に似ている2人のペアが集まってくるわけです。一方、二卵性双生児とは、同胞と同じ2分の1の遺伝情報を共有する双子になります。よく似ているけれども、一卵性双生児と比べると、違いが多いペアとなります。

これらペアについて解析を行うのですが、例えばここでは身長が$Y = G + C + U$という式から生み出されると考えます。先ほど遺伝率のところで紹介した式とは違いがあり、$G + E$だったとこ

ろが、$G + C + U$となっています。つまり、Eが、C（共有環境因子）とU（それぞれに固有の環境因子）の2つに分けられています。同じ親から同時に生まれて同じ家で育った2人は、非常に多くの環境因子を共有しているはずです。この2人が共有している環境因子がCです。一方、そういう2人ででももちろんそのうち独立して大人になって、それぞれ生活していくわけですので、それぞれに固有の環境因子もあります。それをUとするのです。

そして身長について一卵性双生児のペアの相関、二卵性双生児のペアの相関を計算します。ここで相関係数（r）を考えるのですが、rは、共分散をそれぞれの分散の積の平方根で割ったものです（図8.7）。一卵性双生児であっても二卵性双生児であっても共分散の計算方法は同じで、ここでも遺伝−環境共分散はないものと仮定します。そして一卵性双生児の2人の遺伝因子Gはまったく同じです。先ほど説明した通り、同じ変数の共分散はなんだったかというと、分散です。ですので、r_{MZ}の式のV_Gとして遺伝分散そのものが現れてきます。それから環境因子も同様に、共有環境因子Cも2人がまったく同じものを持つと仮定していますので、共有環境因子の分散はV_Cとして出てきます。一方、固有環境因子Uは2

・相関係数を考える（双子の片方をY_1、もう片方をY_2とする）

$$r_{MZ} = \frac{Cov(Y_1, Y_2)}{\sqrt{V(Y_1)\, V(Y_2)}} = \frac{V_G + V_C}{V_Y}$$

$$r_{DZ} = \frac{Cov(Y_1, Y_2)}{\sqrt{V(Y_1)\, V(Y_2)}} = \frac{1/2\, V_G + V_C}{V_Y}$$

・**双生児遺伝率**は（Falconer の式）、

$$h^2_{twins} = 2\,(r_{MZ} - r_{DZ}) = \frac{V_G}{V_Y}$$

図8.7　相関係数を求めて双生児遺伝率（h^2_{twins}）を算出

r_{MZ}は一卵性双生児の、r_{DZ}は二卵性双生児の相関係数。V_G（遺伝分散）、V_C（環境因子の分散）。V_Cは双子の両者で同じと仮定。遺伝−環境共分散はないと仮定。

人がまったく別のものを持つ部分で，共分散はゼロです。

一方，二卵性双生児の場合は r_{DZ} の式になります。二卵性双生児は半分の遺伝情報を共有しているので，これの算出は単純ではなく，込み入った計算が必要なり，最終的に二卵性双生児の遺伝因子の共分散は，遺伝分散 V_G の2分の1になります。環境共分散に関しては，一卵性双生児と同様に二卵性双生児が共有する環境因子を同一と仮定しています。そうすると，二卵性双生児においても共有環境因子が V_C として出てきます。固有環境共分散も一卵性双生児と同様で，ゼロです。

2つの式，一卵性双生児ペアの相関係数 r_{MZ} と，二卵性双生児の相関係数 r_{DZ} は，身長さえわかれば計算できます。さらに r_{MZ} から r_{DZ} を引き算するとどうなるかというと，V_C が式の両方にあるので消えます。残りに2を掛けてあげれば V_G/V_Y となり，つまり先ほど説明した遺伝率が計算できることになります。この双生児遺伝率（h^2_{twins}）の計算法は Falconer の式といわれています。遺伝率の計算にはさまざまあり，一般的に教科書で習うのはこの式ということになっています。

双生児研究の具体例

BMI（ボディマス指数）についての双生児研究のデータを表8.4に示しました。このデータによると，例えば，一緒に養育された（つまり共有環境分散が十分大きい）一卵性双生児男性では，BMI の相関が0.74となります。一方，一緒に養育された二卵性双生児男性では，BMI の相関が0.33。やはり，一卵性双生児のほうが相関が大きく，一卵性双生児のほうが共有している遺伝因子が大きいからと考えられます。

この値に先ほどの Falconer の式を当てはめると，男性の BMI に関する遺伝率は $2 \times (0.74 - 0.33) = 0.82$ となります。同様に計算すると，女性の BMI の遺伝率は $2 \times (0.66 - 0.27) = 0.78$ となります。ちなみに体重の指標である BMI に関するこの男女差は，常に観察される傾向でして，女性のほうが遺伝率は小さくなります。おそらく女性のほうが社会の要請に応じて自分の体重をコントロールする傾向が強いから（つまり環境因子がやや大きいから）ではないかと考えられています。それからこの0.82という値をどう解釈すればいいかというと，BMI のばらつきのうち82％は遺伝によって決まって，残り18％が環境因子

表8.4 一卵性双生児（MZ）と二卵性双生児（DZ）の BMI の相関（環境因子は共通と仮定）

双生児のタイプ	養育環境	男性			女性		
		ペア数	BMI*	ペアごとの相関	ペア数	BMI*	ペアごとの相関
MZ	別々に養育	49	24.8±2.4	0.7	44	24.2±3.4	0.66
	一緒に養育	66	24.2±2.9	0.74	88	23.7±3.5	0.66
DZ	別々に養育	75	25.1±3.0	0.15	143	24.9±4.1	0.25
	一緒に養育	89	24.6±2.7	0.33	119	23.9±3.5	0.27

＊平均 ± 1 SD。
DZ：二卵性，MZ：一卵性。
データは文献4より

によって決まるということになります。これが双生児遺伝率の考え方です。

　このような双生児の相関の計算は，量的形質のような連続的な数字に関しては問題ありません。病気のあり・なしのような質的形質の場合も，一般集団からのランダムサンプリングと考えられる，病気の「あり−あり」・「あり−なし」・「なし−あり」・「なし−なし」の2×2偶現表が得られるなら，理論的には同様に計算可能です。しかし，実際にはこれは簡単ではありません。疾患を持つ双子研究を行う場合，たいていは，疾患の人の中から双子のペアを見つけてきて研究に参加してもらいます。そうすると，罹患−非罹患の双子のペアと，罹患−罹患の双子のペアは集まりますが，同じ条件で非罹患−非罹患の双子のペアを集めるのが難しいのです。通常は疾患の発症率はそれほど高くはないことを考えると，事実上，日本にいる双生児をすべて追跡する必要が出てくるほどで，そうなると，国レベルの調査でやらない限りは無理な規模になります。

　このような理由から，通常，報告される数字は，双生児の一致率になり，これは罹患−罹患ペアと罹患−非罹患ペアを集めることで計算できます。ただし遺伝率自体は，非罹患−非罹患ペアを集めることができなくても統計的な手法によって推定が可能で，それによる遺伝率が報告されていま

す。とはいえ，この推定を行うためにはいくつかの異なった手法が提案されています。身長などの量的形質と比較すると，質的形質の遺伝率の報告は，遺伝統計学的手法による推定という1ステップが加わっており，解釈する上で少し考えなければいけないところがあるということを認識してもらえれば十分かと思っています。

3つの指標の相互関係

　ここまで同胞再発率，親子回帰，遺伝率と3つの指標が出てきましたが，実はこの3つは密接に関係しています。少し込みいった説明になりますが，先ほど紹介したように，同胞再発率 λ_S は，V_G（遺伝因子の分散）を用いて表すことができます。遺伝率は V_G を用いて表しますので，V_G が両者の共通の因子となるからです（図8.8）。また親子回帰は，親子回帰係数 β を使って表しますが，親子回帰係数は，遺伝率の2分の1として表せます〔図8.8の（2）〕。

　親子回帰係数は遺伝性の大きさを表すと書きましたが，ちなみに，親子回帰の方法をさらに拡張して，おじ・おば・おい・めいで回帰分析をすると，回帰係数 β は遺伝率の4分の1になります。同様にいとこで回帰分析をすると，β は遺伝率の8分の1となります。これをさらに一般化すると，Haseman-Elston 回帰という遺伝学的手法になり

・同胞再発率　　　　$\lambda_S = 1 + \dfrac{1/2\,V_G}{K^2}$　　　　　（1）

・親子回帰　　　　　$\beta_{op} = \dfrac{Cov\,(y_o,\,y_p)}{V\,(y_p)} = \dfrac{1/2\,V_G}{V_Y} = \dfrac{1}{2}\,h^2$　（2）

・双生児遺伝率　　　$2\,(r_{MZ} - r_{DZ}) = h^2$
　　　　　　　　　　$h_l^2 = \dfrac{K\,(1-K)}{z^2}\,h_o^2$　　　　　（3）

図8.8　3つの指標の関係
共分散を被説明変数 y の分散で割ったものが β になる。これを計算すると，親子回帰の係数は遺伝率の2分の1になる。

ます。Haseman-Elston 回帰は現在再評価されて
おり，*Nature Genetics* などのジャーナルの論文
にもよく出てきます。頭に入れておくと論文が読
みやすくなるかもしれません。

　まとめます。3つの指標をみてきましたが，同
胞再発率の計算式には，遺伝率を計算するときの
V_G（遺伝因子の分散）が出てきますし，親子回帰
係数は遺伝率の2分の1です。双生児遺伝率は遺
伝率をそのまま計算していることを考えると，そ
れぞれの計算で，実はまったく同じものをみてい
るということがわかります。同胞を集め，親子を
集め，双子を集めているといった差が，この3指
標の違いということになります。

指標利用の注意点

　遺伝性に関するこれらの指標の計算で気をつけ
なければいけない点があります。これまで説明し
ませんでしたが，すべてのモデルにおいて，遺伝
因子はそれぞれ完全に相加的に足し合わせるだけ
のもので，ドミナンス効果やエピスタシス効果，
あるいは遺伝-環境作用がないという仮定にもと
づいて計算しています。

　ドミナンス効果とは，1つのバリアントについ
て相加的効果から乖離する効果のことで，極端な
場合は優性や劣性という遺伝様式として表現型に
現れます。ドミナンス効果があった場合の各指標
の計算式を**図8.9**に紹介しておきます。同胞再
発率にはドミナンス効果（D）が現れますので，
ドミナンス効果がある場合には，推定の方法が少
し違ってきます。親子回帰ではドミナンス効果の
共分散はありません。親子間では，ドミナンス効
果は共有しないので，親子回帰の式は，先ほどと
同じになります。双生児遺伝率はというと，二卵
性双生児は同胞と同じことになりますので，ドミ
ナンス効果を加えます。

・同胞再発率　　　　　$\lambda_s = 1 + \dfrac{1/2 V_A + 1/4 V_D}{K^2}$

・親子回帰係数　　　　$\beta_{op} = \dfrac{1/2 V_A}{V_Y}$

・双生児遺伝率　　　　$h^2_{twins} = \dfrac{V_A + 1/2 V_D}{V_Y}$

**図8.9　ドミナンス効果がある場合の同胞再発率，親子
　　　　回帰係数，双生児遺伝率**
V_Aは相加的遺伝分散，V_Dはドミナンス分散。

　エピスタシスとは，遺伝的バリアント間の相互
作用のことです。ここでは詳細にふれませんが，
エピスタシスも同じように働くので，解釈に注意
が必要となります。エピスタシスは親子でも共分
散が発生します。

　家系集積性を算出する際には，他にも考慮しな
くてはいけない問題があります。発症した双子ば
かりを集めやすい確証バイアスや，片方が病気に
なった双子ペアに聞くと，もう片方も「自分も病
気だったかもしれない」と思いやすい想起バイア
スなども絡んできます。一卵性双生児の遺伝情報
は完全に一致すると仮定している点も注意が必要
で，実際には，少し違いがある場合もあります。
また，最近はエピゲノムが非常に重要だとわかっ
てきていますが，ここまでの理論はエピゲノムは
ほとんど無視しています。エピゲノムの影響が大
きい場合には，これらの推定に誤りが出てきま
す。さらには一卵性双生児と二卵性双生児の環境
共分散は同じであると仮定しましたが，これも実
際にはおそらくは違いがあるでしょう。一卵性双
生児のほうが環境共分散は大きいと考えられるの
で，このような仮定を置いて大丈夫なのか，とい
う議論もあります。

　このように家系集積性の指標というのは一定の
参考値にはなりますが，完全に正確な推定値とは

考えづらい。ですけれども，多因子疾患のゲノム研究では，それを参考にしながら解析を進めていく上で役立つものだと考えています。

多因子疾患の実例

遺伝要因が関与するありふれた多因子疾患の実例についての説明に移ります。精神疾患は多因子疾患研究の非常に大きな対象であり，もともと強い家系集積性が報告されていました。多因子疾患のなかでも遺伝性が強いということになります。例えば，統合失調症ですと同胞再発率が11（表8.5）ですし，双極性障害では31（表8.6）という報告があります。これらの多因子疾患の遺伝要因の解明は，一塩基多型（SNP）を用いたゲノムワイド関連解析（genome-wide association study：GWAS）によって行われてきました。GWASに関しては別の講義で説明がありますので，ここでは，結果の解説から入ります。

統合失調症

3万7,000人の統合失調症の患者と11万人の症状のない人をGWASで解析して比較したところ，108の関連座位が見つかりました。先ほど多

表8.5　統合失調症の家系集積性

統合失調症の罹患者との関係	再発率（%）	λ_r
両親がともに罹患者の子	46	23
子	9〜16	11.5
同胞	8〜14	11
おいまたはめい	1〜4	2.5
おじまたはおば	2	2
いとこ	2〜6	4
孫	2〜8	5

文献2より。

表8.6　双極性障害の家系集積性

双極性障害の罹患者との関係	再発率（%）*	λ_r
両親がともに双極性障害罹患者の子	50〜70	75
子	27	34
同胞	20〜30	31
第二度近親	5	6

*双極性障害，単極性障害，または統合失調症の再発率。
文献2より。

因子疾患にはたくさんの遺伝因子が関係していて，それが100個くらい集まれば正規分布に近づきそうだと説明しましたが，統合失調症では既に108個の遺伝因子が見つかっています。対照的なのが双極性障害で，サンプル数が違うので比較しづらいのですが，双極性障害ではまだあまり遺伝因子が見つかっておらず，報告は5つ程度となっています。

では，この統合失調症の108個の関連座位はどういう意味を持つのでしょうか。単一遺伝子疾患ですと，ある遺伝子に変異があって，それによって疾患が起こる。その遺伝子は疾患の発症プロセスのまさに中枢に位置するわけですが，統合失調症で見つかった108個の座位は，何を意味しているのでしょうか。これについてはここ5年ぐらいでだいぶ研究が進んできています。

統合失調症を含めた多くのGWAS研究が行われ，GWASで見つかった多因子疾患の遺伝的変異の座位が，ゲノム中のどこに存在するかを調べてまとめた報告が2012年に発表されました（図8.10A）。タンパク質翻訳領域にある座位は，たった5%でした。40%はイントロンにあることはわかりましたが，そこで具体的にどんな働きをしているかはわかりません。プロモーターとして機能している領域は，たった1%でした。遺伝

子からの距離が 50 kb 以内にあるものは 23.4 % ありましたが，これらはプロモーターに影響している可能性もあります．遺伝子からの距離が 50 kb 以上のところにも，たくさんの変異が報告されていました．このように，その機能がよくわからない座位がほとんどでした．

そこで，この報告を行った Maurano らは，次に，これらの座位が DNase I 高感受性部位（DNase I hypersensitivity site：DHS）にあるかどうかを調べました．DHS は，細胞中で活性のあるゲノム DNA を調べるときによく使われる方法です．DHS は，細胞内でヒストンに巻き取られていない遺伝子や，プロモーターやエンハンサーなどの調節配列など，細胞中で実際に機能している領域を示すのです．先ほど示しましたように，GWAS の結果からは，タンパク質翻訳領域にあるバリアントは 5 % 程度だったのですが，DHS を調べると，GWAS で見つかった座位の約 57 % が DHS でした（図 8.10B）．さらに別の約 20 % は，DHS にあると推定できる結果が得られました．ですから，GWAS で見つかった座位の多くは，遺伝子そのものでなくても，遺伝子に影響を与えるような，何らかの機能を持っている領域にあるということがわかってきました．

研究はさらに進んで，ロードマップエピゲノム研究という研究が行われました（図 8.10C）．これは体中の組織について，エンハンサーやプロモーターなどの遺伝子制御領域を包括的に調べた研究です．この研究結果が出たところで，さかのぼって GWAS の結果と突き合わせてみると，やはり GWAS で見つかった座位の 60 % がエンハンサー領域にあることがわかりました．GWAS で発見された多因子疾患の関連座位は，タンパク質翻訳領域にないものが多かったのですが，このようにエンハンサーに位置していることがわかっ

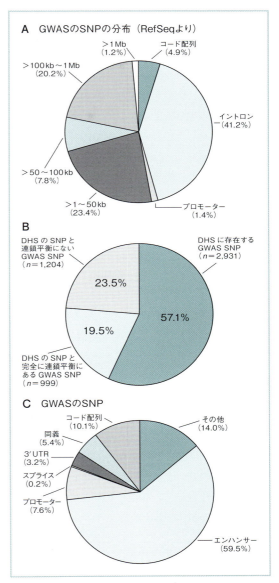

図 8.10　統合失調症の GWAS 研究
A. 最初の解析結果．関連する遺伝的座位は，ほとんどは遺伝子のコード領域になく，生物学的意義が不明のものが多かった．B. 次の解析で，A で見つかった遺伝的座位が DNase I 高感受性部位（DHS）に多く含まれることがわかった．DHS は調節領域として機能している可能性が高い領域である．C. さらなる解析で，A で見つかった遺伝的座位は，エンハンサー領域に多く含まれることがわかった．多因子疾患の遺伝因子は，遺伝子の調節領域に集中していることがわかった．A, B は文献 5, C は文献 6 より．

てきたのです。エンハンサーの配列が変化することで，遺伝子の発現量が少し変化し，弱いレベルの遺伝的影響を及ぼしていたということがわかりました。

　統合失調症に限定しますと，どの細胞のエンハンサー領域に GWAS 座位が集中しているかが確認されました。というのも，細胞内で活性化しているゲノム領域というのは遺伝子のオン／オフを司り，細胞ごとにある程度違っていることが知られているからです。まず，中枢神経系に集中していることがわかりました。統合失調症ですので中枢神経系で何らかの影響を起こしているのではないかということは，予想どおりの結果でした。実はさらにもう 1 か所，免疫系細胞にも集中していることがわかりました。これは興味深い結果です。統合失調症の病態解明に新しい経路が見つかるのではないかということで，さらに研究が進められました。トランスクリプトーム解析も組み合わせた研究成果によると，統合失調症の GWAS のトップ座位は MHC 領域にあり，そのなかでも特に補体系の *C4* 遺伝子のコピー数多型が関係している可能性が報告されています。*C4* 遺伝子が脳内で炎症の反応に影響を与えていて，炎症の起こりやすさの違いが統合失調症の発症に影響しているのではないかということです。ゲノム解析によって統合失調症の新たなメカニズムの解明につ

ながっていくかもしれないというのが現在の方向性になっています。

SNP 遺伝率

　遺伝率の $y = G + E$ という式は既に紹介しました。20 世紀の段階では，ゲノム情報を直接得ることができませんでしたので，$V_Y = V_G + V_E$ や $H^2 = V_G/V_Y$ といったさまざまな式を用いて遺伝率を算出していました。しかし現在では，ゲノム情報が得られるので，それをもとに算出できるようになりました。

　ゲノム情報といっても，現在，遺伝率を算出する元になるのは，SNP 解析の情報です。SNP の情報を環境因子の変数 G に入れて，直接計算できるようになったのです。このようにして導いた遺伝率のことを SNP 遺伝率と呼びます。

　この SNP 遺伝率を計算したらどうなったでしょうか。SNP によって説明される統合失調症（SCZ）の遺伝率は 23 ％とわかりました（**表 8.7**）。双極性障害（BPD）は 25 ％で，大うつ病（MDD）21 ％，自閉症スペクトラム障害（ASD）17 ％，注意欠陥多動性障害（ADHD）では 28 ％と算出されました。一方，双子研究から導き出されたこれらの病気の遺伝率と比べると，SNP 遺伝率のほうが小さい値となりました。この差はどこからくるのかが議論されました。この差は，まだ見つ

表 8.7　SNP 遺伝率（h^2_{SNP}）と双生児遺伝率（h^2_{twins} の比較）

	SCZ	BPD	MDD	ASD	ADHD
SNP 遺伝率（h^2_{SNP}）	0.23	0.25	0.21	0.17	0.28
λ_{1-SNP}	2.1	2.23	1.27	1.75	1.71
双生児研究による遺伝率（h^2_{twins}）	0.81	0.75	0.37	0.8	0.75
λ_1	8.8	9.6	1.5	8.7	3.5

SCZ：統合失調症，BPD：双極性障害，MDD：大うつ病，ASD：自閉症スペクトラム障害，ADHD：注意欠陥多動性障害。

かっていない他の因子で説明されるのだろうと推論され，この差のことを「missing heritability（見つからない遺伝率）」と呼ぶようになりました。他の因子とは，例えば，SNP ではないレアバリアントと呼ばれる配列の変化かもしれないし，エピゲノムが微妙な影響を与えているのかもしれません。このあたりはまだわかりません。現時点で確定できるのは，SNP によってこれくらい遺伝率が説明できるということです。

疾患の遺伝的相関

　疾患の間にみられる遺伝的相関という現象が見つかっています。統合失調症で多数見つかった遺伝的リスク因子のいくつかが，双極性障害や大うつ病のリスク因子である可能性もあるでしょう。多因子疾患は遺伝因子をある程度共有している可能性があり，実際に，その共有の程度を定量する研究が行われました。その結果，統合失調症と双極性障害，大うつ病は，遺伝因子をかなりの程度共有していることがわかりました。さらに，うつ病と注意欠陥多動性障害も遺伝因子が共通していることがわかりました。つまり，注意欠陥多動性障害になりやすい遺伝情報を持っている人は，大うつ病も起こしやすい。これは生まれつきどちらも起こしやすいという意味です。あるいは，自閉症スペクトラム障害になりやすい遺伝情報を持っている人は，統合失調症になりやすいということがわかったのです。精神疾患では遺伝情報の共有があるということです。Brainstorm Consortium による最近の報告によると，神経性食思不振症や不安性障害などを含めた研究でも，やはり多くの遺伝情報が共有されていました。

　このような結果をみると，もしかしたら，どのような疾患でもある程度共有があるのではないか，と思う人がいるかもしれません。しかし，実際には，そんなことはありません。例えば精神疾患と脳神経系の疾患（Alzheimer 型認知症，片頭痛，Parkinson 病）を比較しても，概して相関はみられません。ただし，片頭痛になりやすい遺伝情報と ADHD になりやすい遺伝情報には，ある程度の共有部分があります。あるいは片頭痛と大うつ病もありますし，片頭痛と Tourette 症候群との間にも相関があることもわかってきました。片頭痛はいまだに謎が多い疾患なのですけれども，多因子疾患のゲノム解析の結果，遺伝情報が切り込んでいく糸口になっているという状況になっています。

冠動脈疾患

　心筋梗塞のような冠動脈疾患にも家系集積性が報告されていました。そこで，遺伝因子があるはずだろうと，GWAS 研究が行われました。その結果，冠動脈疾患の遺伝率を説明する SNP 関連座位として，やはり 100 個以上のバリアントが発見されています。もう 1 つ冠動脈疾患で特筆すべき点は，エクソーム塩基配列決定を行ったところ，*LDLR* や *APOA5* 遺伝子の内部に，疾患のなりやすさを 13 倍も高める非常に強いリスクを持つレアバリアントが報告されたことです。

　2016 年ころまでに発見されていた 50 個の SNP を用いて発症予測のシミュレーション解析が行われました。すると，SNP 関連座位の遺伝率を加算した遺伝的リスクを算出し，その低い群，中間群，高い群の患者の心筋梗塞 10 年発生率を求めると，遺伝的リスクの大きさに対応して，発生率が順に大きくなることがわかりました。また，これに喫煙や肥満といった環境因子を組み合わせていけば，患者を発症リスクによって層別化できることもわかってきました。冠動脈疾患の発症予測が行えるということです。

ここで多因子疾患の最初の定義に戻ってみましょう。多因子疾患というのは遺伝因子と環境因子が複雑に作用して起こります。遺伝因子と環境因子の両方を考慮することで，疾患のなりやすさを正確に把握できるわけです。多因子疾患の解明は，GWAS によってこのように進んできており，2018 年 6 月末の時点では，1 万 4,000 か所以上の形質関連バリアントが GWAS によって報告され，多因子疾患の解明に結びついているということになります。

Alzheimer 病

Alzheimer 病にも家系集積性が報告されています。Alzheimer 病には，非常に若い年齢で Alzheimer 病になる家族性のタイプがあります。これは，単一遺伝子疾患に含まれます。単一遺伝子疾患のタイプでは，特に *APP* や *PSEN* という遺伝子異常が報告されています。*APP* は，amyloid precursor protein（アミロイドの前駆体タンパク質）の略ですが，Alzheimer 病では β アミロイドが蓄積するので，APP タンパク質の異常によって Alzheimer 病が起こるというのは，非常に納得のいくところです。

一方，遅発性，つまり普通の Alzheimer 病に関しては，1 つ非常に強力な遺伝因子として，*APOE* 遺伝子が知られています。その変異として，*APOE*4* アレルを持つと，Alzheimer 病になりやすいことが報告されていますが，*APOE* の変異がなぜ Alzheimer 病につながるのかはよくわかっていません。

そのような状況で GWAS を実施したところ，一番強い関連はやはり *APOE* 遺伝子に見つかったのですが，それに加えて 17 か所，合計 18 か所に関連する遺伝因子が見つかりました（図 **8.11**）。Alzheimer 病もたくさんの遺伝子がかか

わるポリジェニックな疾患ではあるのですが，これまでの疾患と違うのは，とりわけ *APOE* に強い効果があったという点です。もう 1 つ，*BIN1* というのも非常に強い遺伝因子として同定されています。

それではこれらが Alzheimer 病とどう関係するのでしょうか。家族性の Alzheimer 病では *APP* と病態生理との関係は比較的はっきりしていますが，遅発性 Alzheimer 病と *APOE* の関係はどのようなものなのか。それを調べるためにエピゲノム研究も組み合わせて，GWAS で見つかった関連座位が遺伝子調節でどのような機能を持つかが調べられました（先ほどと同じロードマップ研究）。結果として Alzheimer 病でも免疫系細胞のエンハンサーに Alzheimer 病 GWAS 座位が集積していることが判明しました。特に，CD14 primary cell（初代培養細胞）に集まっており，これはどうやらマイクログリアの標的でもあるようなのです。もしかすると脳の中でのグリア系細胞の働きに何かの影響を与えることによって，Alzheimer 病が起こってくるのではないか。これは研究がまさしく現在進んでいるところで，こういった方向性を多因子疾患の研究が明らかにしたことになります。

最後にもう 1 つ，*APOE* は，長寿と関係することもわかっています。*APOE* は，現時点で多数の研究者が何度も確認している唯一といっていい確立された長寿関連遺伝子です。ただし，Alzheimer 病とは，関与するアレルが違っています。Alzheimer 病のリスクを上げるのは *APOE*4* ですが，長生きしやすいのは *APOE*2* です。同じ遺伝子が複数の形質に影響を与えることを多面的関連といいますが，*APOE* はその典型例です。しかもその機序はわかっておらず，これは今後の研究対象になるところです。

第8講 多因子疾患：病気のなりやすさを考える

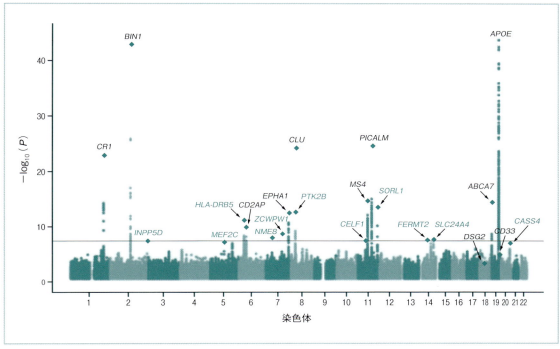

図8.11　Alzheimer病のGWAS研究
*APOE*遺伝子に強い関連が見つかった。その他，17か所に関連する遺伝因子が見つかった。文献7より。

●●●●

　多因子疾患について説明しましたが，複雑な遺伝形式を取る多因子疾患の研究は今後どのように進んでいくのでしょうか．ここからはもう完全に私見になりますが，GWASは基本的には成功したと考えられます．ありふれた変異が，複雑性疾患の遺伝因子の一部を構成することを明確に確認できました．SNPの解析によって説明できる部分がまだありそうですから，今後も大規模なGWASがどんどん進んでいくと思います．その一方で，心筋梗塞の例が示すように，次世代シークエンサーを使ったレアバリアント解析が，多因子疾患の新たな遺伝的側面を明らかにしてきています．それからもう1つ，トランスクリプトームやエピゲノム解析を統合したトランスオミクス解析が，疾患の生物学的解明につながることがわかってきました．今後はこういったトランスオミクス解析も組み込みながら，多因子疾患の研究を進めていくことになるだろうと考えます．

● 文献

1) Rimoin DL, et al.: Emery and Rimoin's principles and practice of medical genetics, ed 3, Churchill Livingstone, 1997.
2) Nussbaum RL 著（福嶋義光監訳）：トンプソン＆トンプソン遺伝医学 第2版．メディカル・サイエンス・インターナショナル，2017．
3) King RA, et al.: The genetic basis of common diseases, ed 2, Oxford University Press, 2002.

4) Stunkard AJ, et al. The body-mass index of twins who have been reared apart. *N Engl J Med.* 1990; 322 (21) : 1483-7. [PMID: 2336075]

5) Maurano MT, et al. Systematic localization of common disease-associated variation in regulatory DNA. *Science.* 2012; 337 (6099) : 1190-1195. [PMID: 22955828]

6) Farh KK, et al. Genetic and epigenetic fine mapping of causal autoimmune disease variants. *Nature.* 2015; 518 (7539) : 337-43. [PMID: 25363779]

7) Lambert JC, et al. Meta-analysis of 74,046 individuals identifies 11 new susceptibility loci for Alzheimer's disease. *Nat Genet.* 2013; 45 (12): 1452-8. [PMID: 24162737]

第9講

集団遺伝学：
集団としての多様性がどのように変化するか

湯地晃一郎●東京大学医科学研究所 国際先端医療社会連携研究部門

集団の中には，さまざまなアレルが異なる頻度で存在しています。その頻度は，どのようなことに影響されるのでしょうか。また，時間とともにどのように変化するのでしょうか。そうした事柄を研究する学問が集団遺伝学です。多因子疾患の易罹患性や疾患リスクを算出する際に必要となる学問です。この講義ではまず，集団遺伝学の基礎である Hardy-Weinberg の法則と平衡について説明します。続いて Hardy-Weinberg 平衡に従わないさまざまな状況の原因となる，遺伝的浮動や自然選択，新生変異，遺伝子流動，非ランダム交配などについて解説します。

Hardy-Weinberg の法則

Hardy-Weinberg の法則は集団遺伝学の基礎となるもので，1908 年に英国の数学者 Godfrey Hardy とドイツ人医師 Wilhelm Weinberg がそれぞれ独立に発見しました。Hardy-Weinberg の法則を説明するにあたり，まず大きな集団において座位 A について考えてみましょう。この座位には 2 種類のアレル *A1* と *A2* が存在し，それぞれの頻度が *p*，*q* で，*p* + *q* = 1（100 %）と想定します。このとき，*A1A1*，*A1A2*，*A2A2* の各遺伝型の頻度は，以下のようになります：

$A1A1 : p^2$

$A1A2（A2A1）: 2pq$

$A2A2 : q^2$

このように，アレルの頻度から，簡単な計算によって遺伝型の頻度が求められます。このことを Hardy-Weinberg の法則と呼びます。アレルの種類が 2 種類の場合は，各遺伝型の比は $p^2 : 2pq : q^2$ となります。これは，$(p + q)^2$ の展開となります。Hardy-Weinberg の法則が完全に成り立つのは，後で述べます Hardy-Weinberg 平衡という理想的な条件のもとにおいてです。

この法則の利用法としては，例えば常染色体劣

性遺伝疾患で罹患者の q^2 から保因者頻度の $2pq$ を求め，それによって疾患の潜在的なリスクを予想することが可能となります。これは遺伝カウンセリングにおいて，フェニルケトン尿症などさまざまな常染色体劣性遺伝疾患を扱う際にきわめて有用です。

実例：*CCR5* 遺伝子

Hardy-Weinberg の法則の例として *CCR5* 遺伝子を取り上げます。*CCR5*（C-C chemokine receptor type 5）は，細胞表面サイトカイン受容体をコードする遺伝子です。CCR5 タンパク質はヒト免疫不全ウイルス（HIV）が CD4 陽性 T ヘルパー細胞などの宿主細胞に感染する際の受容体タンパク質です。*CCR5* の 32 塩基対欠失によって生じる欠失型アレル（Δ*CCR5*）ではフレームシフトによる早期終止コドンが発生するため，機能を持たないタンパク質がコードされることになります。Δ*CCR5* アレルをホモ接合で有する人では免疫細胞にこの受容体が発現しないため，HIV 感染に耐性となります。すなわち，*CCR5* の機能欠失は HIV に感染しないという良性形質になるわけです。

表 9.1 にヨーロッパ人 788 人における調査で得られた野生型 *CCR5* アレルのホモ接合，欠失型 Δ*CCR5* アレルのホモ接合，野生型と欠失型のヘテロ接合，それぞれの人数と遺伝型頻度について示しています。ここで野生型の *CCR5* アレルと欠失型の Δ*CCR5* アレルの頻度を算出します。野生型 *CCR5* アレルの頻度は，野生型のホモ接合の 647 人において 2 つアレルを持ちますので，2 を掛けて $647 \times 2 = 1294$。ヘテロ接合の 134 人においては 1 つ持ちますので，$134 \times 1 = 134$。そして全アレルは 788 人それぞれがアレルを 2 つずつ持つので，$788 \times 2 = 1,576$。なので，$(1,294 + 134) \div 1,576$ を計算して 0.906 になります。これが p です。

一方で，欠失型 Δ*CCR5* アレルの頻度は，欠失型のホモ接合の 7 人が 2 つ持つので $7 \times 2 = 14$，ヘテロ接合の 134 人が 1 つ持つので $134 \times 1 = 134$。全アレルは同じ 1,576 で，$(14 + 134) \div 1,576 = 0.094$ となります。これが q です。アレルは全部で 2 種類しかないので p と q を足し合わせると 1 になります。

それでは，p と q から，Hardy-Weinberg の法則を利用して，各遺伝型の頻度を求めて見ましょう。

CCR5 / *CCR5*：$p^2 = 0.906 \times 0.906 = 0.821$
CCR5 / Δ*CCR5*：$2pq = 2 \times 0.906 \times 0.094 = 0.170$
Δ*CCR5* / Δ*CCR5*：$q^2 = 0.094 \times 0.094 = 0.009$

これは，表 9.1 に書いてある実際の遺伝型の頻度とぴったり一致します。

表9.1　野生型 *CCR5* アレルと欠失型 Δ*CCR5* アレルの遺伝型頻度（ヨーロッパ人 788 人における調査）

遺伝型	人数	相対的遺伝型頻度の観察値
CCR5 / *CCR5*	647	0.821
CCR5 / Δ*CCR5*	134	0.170
Δ*CCR5* / Δ*CCR5*	7	0.009
合計	788	1

文献 1 より，改変。

Hardy-Weinberg 平衡

Hardy-Weinberg の法則は，以下のような理想的な前提条件が満たされたときにのみ成立します。

- 無限大：集団が十分に大きい
- 無選択：遺伝型や表現型の違いによる自然選択が起こらない。異なる遺伝型で生存力や生殖能に相違がない
- 無新生変異：新生変異が起こらない
- 無移動：外部と個体群の流入／流出がない
- 任意交配：個体群が任意で交配する

以上の理想的な前提条件に適合している個体群において Hardy-Weinberg の法則が成立している状態を，**Hardy-Weinberg 平衡**と呼びます。

Hardy-Weinberg 平衡の状態にある集団では，世代間でアレル頻度が変化しないことの証明を示します。精子と卵子を考え，$A1$，$A2$ のアレル頻度をそれぞれ p，q とします。$A1$ 精子と $A1$ 卵子が組み合わさる接合体の遺伝型は $A1A1$ となり，この頻度は $p \times p$ で p^2 となります。同様に $A2A1$，$A1A2$，$A2A2$ も頻度を求めることができます（図9.1）。

ここから，次世代での $A1$ アレルの頻度を求めてみましょう。次世代では，$A1A1$ のホモ接合体は 2 個の $A1$ アレルを持っており，すなわち p^2 に 2 を掛けた $2p^2$ がその頻度になります。そして $A1A2$ や $A2A1$ のようなヘテロ接合体においてはそれぞれ $A1$ を 1 個有しているため，頻度はそのままそれぞれ pq です。そして全アレルですが，2 つずつアレルが存在するため，頻度全体を足して 2 を掛けます。式を計算し，因数分解し $p + q = 1$ を代入しますと，次世代の $A1$ の頻度は p となり，親世代とまったく同じ値になります。$A2$ の頻度も同様に q となります。したがって親

		配偶子（精子）	
		A1 : p	A2 : q
配偶子（卵子）	A1 : p	A1A1 : p^2	A1A2 : pq
	A2 : q	A2A1 : pq	A2A2 : q^2

次世代のアレル頻度は

A1 の頻度は $\dfrac{(2p^2 + pq + pq)}{2(p^2 + 2pq + q^2)} = \dfrac{2p(p+q)}{2(p+q)^2} = p$

A2 の頻度は $\dfrac{(pq + pq + 2q^2)}{2(p^2 + 2pq + q^2)} = \dfrac{2q(p+q)}{2(p+q)^2} = q$

となり，次世代でもアレル頻度は不変。

図9.1 Hardy-Weinberg 平衡の証明

世代でも次世代でも，アレル頻度は不変となるわけです。

ここでは 2 つのアレルについて説明しましたが，3 個以上のアレルの場合にもこの関係は成立します。ホモ接合体の頻度はそのアレル頻度の 2 乗，ヘテロ接合体の頻度はその 2 種類のアレル頻度の積の 2 倍となります。

続きまして，世代間においてアレル頻度が変化しなければ遺伝型の相対的な割合も変化しないことを，別の例を用いて示します。親の遺伝型が $p^2 : 2pq : q^2$ の集団での交配の組み合わせと子の遺伝型頻度について，図9.2 に示してあります。

母親・父親のアレルとその頻度，さらに子の遺伝型の頻度について，それぞれ計算を行っていきます。さらに AA を持つ子の合計，Aa を持つ子の合計，aa を持つ子の合計を足します。縦に足した合計値が表下の式となりますが，これをそれぞれ計算しますと $p^2 : 2pq : q^2$ となりまして，次世代においても親世代と同じ遺伝型の頻度となりました。ここで特筆したいところは，Hardy-Weinberg 平衡は特定の p と q に限定されないという点です。

交配の組み合わせ			子		
母親	父親	頻度	AA	Aa	aa
AA	AA	$p^2 \times p^2 = p^4$	(p^4)		
AA	Aa	$p^2 \times 2pq = 2p^3q$	$1/2\,(2p^3q)$	$1/2\,(2p^3q)$	
Aa	AA	$2pq \times p^2 = 2p^3q$	$1/2\,(2p^3q)$	$1/2\,(2p^3q)$	
AA	aa	$p^2 \times q^2 = p^2q^2$		(p^2q^2)	
aa	AA	$q^2 \times p^2 = p^2q^2$		(p^2q^2)	
Aa	Aa	$2pq \times 2pq = 4p^2q^2$	$1/4\,(4p^2q^2)$	$1/2\,(4p^2q^2)$	$1/4\,(4p^2q^2)$
Aa	aa	$2pq \times q^2 = 2pq^3$		$1/2\,(2pq^3)$	$1/2\,(2pq^3)$
aa	Aa	$q^2 \times 2pq = 2pq^3$		$1/2\,(2pq^3)$	$1/2\,(2pq^3)$
aa	aa	$q^2 \times q^2 = q^4$			(q^4)

AA を持つ子の合計 $= p^4 + p^3q + p^3q + p^2q^2 = p^2\,(p^2 + 2pq + q^2) = p^2\,(p+q)^2 = p^2$（$p+q=1$ である）

Aa を持つ子の合計 $= p^3q + p^3q + p^2q^2 + p^2q^2 + 2p^2q^2 + pq^3 + pq^3 = 2pq\,(p^2 + 2pq + q^2) = 2pq\,(p+q)^2 = 2pq$

aa を持つ子の合計 $= p^2q^2 + pq^3 + pq^3 + q^4 = q^2\,(p^2 + 2pq + q^2) = q^2\,(p+q)^2 = q^2$

図9.2 Hardy-Weinberg の平衡にあり，親の遺伝型が $p^2 : 2pq : q^2$ の割合である集団での交配の組み合わせと子の遺伝型頻度

文献1より。

Hardy-Weinberg の法則に従わない原因

では次に，遺伝型の分布が Hardy-Weinberg の法則に従わない場合，どのような原因が考えられるでしょうか。検査方法の誤り，遺伝型判定の誤り，サンプリングバイアスといった誤りがないか，あるいは集団のサイズが小さすぎないかなどについて，まずは確認します。このような手法上の問題がない場合においても，前提条件を乱す非適合条件が現実世界には多数存在しています。Hardy-Weinberg の法則は理想状態でしか成立しないわけです。法則を乱すことがある自然界に存在する要素としては，遺伝的浮動，自然選択・平衡選択，新生変異，遺伝子流動，非ランダム交配などが挙げられます。これらを順に説明していきます。

遺伝的浮動

まず**遺伝的浮動**（genetic drift）です。これは前提条件の無限大に対応する用語です。通常，集団のサイズが十分に大きい場合には，アレル頻度の有意な変化は偶然には生じません。ところが集団のサイズが小さい場合には，偶発的な変化が大きな影響を及ぼし，アレル頻度が大きく変化する場合があります。

遺伝的浮動の1つの特異的な型として有名なものが，**ボトルネック効果**（びん首効果）です。これはアレル頻度が元の集団とは異なる，遺伝学的多様性の低い（均一性の高い）集団ができる場合を指します。細い瓶の首を通して中身を取り出す場合に，瓶の中身全体の割合とは異なる特殊な集団が得られるという現象に基づいた名称です。

また，**創始者効果**というものもあります。大き

な集団のごく一部からなる小さな亜集団が分離し，その子孫が繁殖した結果，元の集団とは異なる遺伝子頻度を持つ均一な集団が生じることです。小さな亜集団の創始者の一人が相対的にまれなアレルを偶然有していると，新しい集団におけるそのアレル頻度は元の集団における頻度よりもずっと高くなります。この新しい集団は，元の親集団からのランダムな抽出によって生じたものであるということを強調しておきます。

自然選択および平衡選択

次は自然選択および平衡選択の説明ですが，これは前提条件の無選択と対比されます。

Hardy-Weinberg 平衡の状態では，個体群に属するすべての個体は繁殖可能な年齢まで同等に生き残ることを前提にしています。これを無選択といいます。ところが実際は，繁殖可能な年齢まで生き残る確率はすべて同じではなく，選択を受けています。これが**自然選択**です。

平衡選択とは，異なるアレルが集団内で一定数維持される現象を指します。例えばヘテロ接合体の優位性という現象があります。これはある疾患アレルのヘテロ接合体が，変異アレルのホモ接合体だけでなく，正常アレルのホモ接合体に対しても生存に有利に働き，自然選択において優位となる場合を指します。例えば常染色体劣性遺伝疾患の鎌状赤血球症では，変異アレルのホモ接合体は致死になります。しかしヘテロ接合体はマラリア原虫に耐性となり，適応度が高くなります。つまりは自然選択圧が，特定アレルを維持する方向と遺伝子プールから除去する両方向に働いており，平衡選択が生じている例といえます。

民族によるアレル頻度の差異の例として，さまざまな集団における代表的な常染色体疾患の発生率，アレル頻度，ヘテロ接合体の頻度を示しました（**表9.2**）。先ほど挙げた鎌状赤血球症をみても，アフリカ系米国人とヒスパニック系米国人において，疾患の発生率，アレル頻度，ヘテロ接合体の頻度に非常に大きな差が観察されます。アフリカ系米国人は，アフリカから連れてこられたアフリカ人の子孫です。マラリアの流行地域であるアフリカで選択上有利に働く鎌状赤血球症の変異が正の選択となり，集団中で頻度を増し，正と負と効果のバランスが取れる頻度で集団中に維持されたと考えられます。しかしながら，現在の米国ではマラリアは流行しておらず，選択上の利点がありませんので，現在では頻度も減りつつあります。ある変異が選択上有利であるか不利であるかは，環境との相互作用によって決定されます。

その他にも，Rh 血液型やフェニルケトン尿症などの劣性遺伝形質，そして家族性高コレステロール血症や筋強直性ジストロフィーなどの優性遺伝疾患においても，民族集団間の頻度差が観察されています。

新生変異

新生変異は前提条件の無新生変異と対比されます。Hardy-Weinberg 平衡では，個体群に新しい変異が生じ，新しいアレルが登場することは想定していません。しかしながら実際には，ランダムに DNA 配列が変化し，それが集団中の遺伝子プールに加わることがあります。これを**新生変異**，あるいは *de novo* 変異と呼びます。新生変異の発生率は生殖適応度と関連します。適応度が 0 を遺伝的致死といいます。適応度が 0，あるいは 0 に近い常染色体優性遺伝形質は，通常は新生変異として生じます。生殖適応度の低い単一遺伝子疾患ほど，新生変異が原因となっている頻度は高くなります。

適応度が 0 の新生変異によって散発例として生

表 9.2　さまざまな集団における代表的な常染色体疾患の発生率，アレル頻度，ヘテロ接合体の頻度

疾患	集団	発生率	アレル頻度	ヘテロ接合体の頻度
劣性遺伝		q^2	q	$2pq$
鎌状赤血球貧血 （S/S 遺伝型）	アフリカ系米国人	400 人に 1 人	0.05	11 人に 1 人
	ヒスパニック系米国人	40,000 人に 1 人	0.005	101 人に 1 人
Rh （すべての Rh 陰性アレル）	米国白人	6 人に 1 人	0.41	おおよそ 2 人に 1 人
	アフリカ系米国人	14 人に 1 人	0.26	おおよそ 5 人に 2 人
	日本人	200 人に 1 人	0.071	おおよそ 8 人に 1 人
フェニルケトン尿症 （すべての変異アレル）	スコットランド	5,300 人に 1 人	0.014	37 人に 1 人
	フィンランド	200,000 人に 1 人	0.002	250 人に 1 人
	日本	109,000 人に 1 人	0.003	166 人に 1 人
優性遺伝		$2pq + q^2$	q	
家族性高コレステロール血症	カナダ，ケベック地区の孤立集団	122 人に 1 人	0.004	−
	アフリカーナー人（オランダ由来の白人），南アフリカ	70 人に 1 人	0.007	−
	米国	500 人に 1 人	0.001	−
筋強直性ジストロフィー	カナダ，ケベック地区の孤立集団	475 人に 1 人	0.0011	−
	ヨーロッパ	25,000 人に 1 人	0.00002	−

文献 1 より。

じる疾患の例を挙げます。例えば骨発生不全症で，これは早期致死性の四肢短縮型の骨異形成症です。Cornelia de Lange 症候群では精神遅滞，小肢症，眉毛叢生症などを生じます。この症候群は NIPBL 遺伝子変異などによって生じます。骨形成不全症 II 型は周産期致死型の疾患で，I 型コラーゲンの遺伝子変異によって生じます。致死性骨異形成症は早期致死性の骨異形成症で，FGFR3 遺伝子の新生変異により生じます。

遺伝子流動

　続いて**遺伝子流動**（gene flow）について説明します。これは無移動と対比されます。Hardy-Weinberg 平衡においては，集団から離脱する個体や流入する個体は存在しないことを前提としています。ところが実際は，他の集団から加わる新たな個体や，離脱する個体が存在し，元の集団では認められなかった遺伝的変化の流入が生じています。新しいアレルが集団内に入り，出ていく現象が生じているということです。

　通常，遺伝子流動は大きな集団で起こり，遺伝子頻度は緩やかに変化していきます。特定のアレル頻度を持つ移住者集団の遺伝子は，定着先集団の遺伝子プールに徐々に溶け込んでいきます。遺伝的混合の一例として，欧州，中東，インド亜大陸における欠失型のΔCCR5 アレルの頻度を示します（図 9.3）。ΔCCR5 アレル頻度は，北西から南東に向かって緩やかな勾配を示しています。これは，ΔCCR5 アレル頻度が民族によって大きく異なっていることを示しています。例えばア

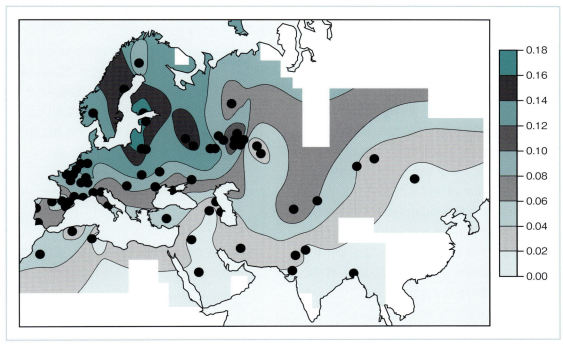

図9.3 欧州，中東，インド亜大陸における△CCR5アレルの頻度
黒丸はアレル頻度が測定された場所を示す。文献1より。

シュケナージ系ユダヤ人での△CCR5アレル頻度は0.21と最も高く，アイスランド，英国諸島でも同様に高いです。一方，中東，インド亜大陸においては，△CCR5アレル頻度は数パーセントにすぎず，アフリカと極東においてはまったく存在していません。欧州内での緩やかなアレル頻度の多様性は，中立的な多型に対する遺伝的流動と考えるのが自然です。一方，他の大陸に比べて欧州で△CCR5アレル頻度が高いということは，何らかの正の選択が働いたことを示唆します。

AIDSの流行はごく最近の出来事であるため，選択によってアレル頻度に影響を与えたとは考えにくいです。しかしながら異なる選択因子，例えば天然痘やペストといった大流行した感染症が何世代も前の一時期に集中的に選択を行ったことで，北欧の人々の△CCR5アレル頻度を増加させたのかもしれません。このように変異アレルが異常に高い頻度で存在する場合，その理由が遺伝的流動なのか，ヘテロ接合体の優位性なのか，何が適切な説明となりうるのかについて，研究者は議論を行います。

非ランダム交配

続きまして非ランダム交配についての説明です。前提条件の任意交配と対比される概念になります。Hardy-Weinberg平衡では，有性生殖による任意交配が前提となっていました。しかしながらヒト同士の交配においては，非ランダム交配

が存在しています。階層化，同類交配，血族婚，近親交配などです。

　階層化とは，ある亜集団が歴史的・文化的・宗教的などさまざまな理由で他の亜集団から遺伝的に分離され，この状態が現代においても続いている状態を指します。現在も階層化された集団は世界中に存在しています。例えばスンニ派やシーア派のイスラム教徒，正統派のユダヤ教徒，フランス系のカナダ人，インドのカースト制度などです。ある集団内で交配相手の選択が何らかの理由によって特定の亜集団内に限定され，しかもその亜集団が特定のアレルを集団全体よりも高頻度で持っているとすると，ホモ接合体の割合は任意交配の場合に推定される値よりも高くなり，常染色体劣性遺伝疾患の頻度を大きく上げることにつながります。

　同類交配とは，特定の形質を持つことを理由に交配相手を選択することです。同類交配は通常，正方向に働きます。つまり人は通常，自分に似ている人との交配を選択する傾向があるということです。例えば母国語，知能，身長，皮膚の色，音楽的な才能，運動能力などが似ている相手と結婚しやすいということになります。正方向の同類交配の遺伝的影響は，交配相手と共通する特徴が遺伝的に決定される限りにおいては，ホモ接合の増加およびヘテロ接合の減少となります。

　続きまして血族婚です。階層化や同類交配と同様に，血族婚によっても常染色体劣性形質の保因者同士の交配頻度が増加します。このため，常染色体劣性遺伝疾患の頻度も増加することになります。階層化された集団における疾患では，各亜集団においていくつかのアレル頻度が特に高い傾向がある一方で，血族婚で起きる常染色体劣性疾患は，一般集団中では非常にまれなものが多いです。これは共通の祖先がヘテロ接合で持っていた頻度の低いアレルが引き継がれて，ホモ接合になってしまうためです。

　同様の現象は，同族内で婚姻する傾向にある，限られた人数の共通祖先から生じる遺伝的に隔離された集団（genetic isolate）でも観察されます。本集団に属する無関係の2人の近親交配では，両者とも共通の祖先から引き継いだ劣性遺伝疾患の保因者であるために，血族婚と同様の高リスクとなります。

祖先情報マーカー

　世界のさまざまな地域に由来する，集団間で大きな頻度の違いがあるアレルを祖先情報マーカー（ancestry informative marker）と呼びます。例えば，ヨーロッパ人，アフリカ人，極東アジア人，中東人，米国先住民，太平洋諸島住民など広く区分される各民族の間で頻度の異なる祖先情報マーカーセットが特定されています。ある個人が持つゲノムがどういった大陸からの祖先により構成されているか，そしてその個人の祖先の地理的な起源について推測することが可能となります。祖先情報マーカーにより，人類集団の起源と形成の推定が可能になるのみならず，疾患や薬剤反応関連の多くの遺伝的多型を，客観的/直接的に評価することが可能となります。

　祖先情報マーカーの例を2つ示します。まずはアフリカ系米国人，ヨーロッパ系米国人，ヒスパニック系米国人の祖先混合を示しました（図9.4）。それぞれの個人は縦棒で表されており，ゲノムにおける各祖先の割合で並び替えて表示されています。アフリカ系の米国人ではほとんどがアフリカ由来，ヨーロッパ系米国人ではほとんどがヨーロッパ由来のゲノムで占められていましたが，その割合については多様性を認めています。

第9講 集団遺伝学：集団としての多様性がどのように変化するか

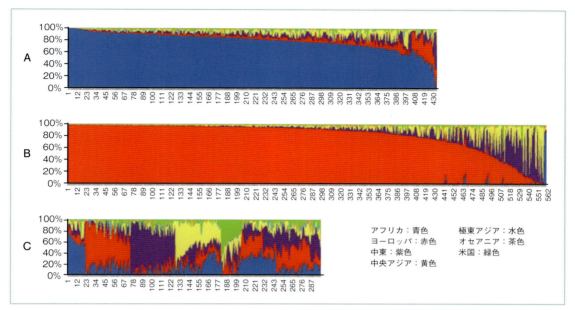

図9.4　祖先情報マーカーによる遺伝学的多様性の解析1
アフリカ系米国人（A），ヨーロッパ系米国人（B），ヒスパニック系米国人（C）の祖先混合．Aはほとんどがアフリカ由来，Bはほとんどがヨーロッパ由来のゲノムで占められていた．一方，Cはほとんどの個人において4〜5種類のゲノムが異なる割合を占めている．文献1より．

一方ヒスパニック系の米国人はさらに多様な集団で，ほとんどの個人において4〜5種類のゲノムが異なる割合を占めていることがわかりました．ヒスパニック系の米国人は非常に遺伝学的多様性に富む集団であるということがわかると思います．

　もう1つ祖先情報マーカーによる解析例として，中米のプエルトリコ人の混合集団における祖先の寄与を示します（図9.5）．192人のプエルトリコ人のゲノムについて，西アフリカ人，ヨーロッパ人，米国先住民の対象ゲノムとの近似性を，主成分分析を用いた統計学的手法により三次元表示したのがこの図になります．3方向の軸は，解析の対象となっている集団を識別する祖先情報マーカーに対応します．西アフリカ人，ヨーロッパ人，米国先住民のゲノムは，主成分分析により

3つの領域に分かれて集積していることがわかると思います．そしてプエルトリコ人のゲノムにつきましては，非常に不均一であることが示されています．ある人は大部分がヨーロッパ人の成分で，またある人では西アフリカ人の成分が多いですけれども，米国先住民由来のゲノムの寄与は非常に少なくなっているということがわかると思います．

●　●　●

　集団における遺伝学的多様性について説明しました．集団遺伝学は，ある集団における遺伝型／表現型の頻度に関与する原理を理解するためにも，臨床遺伝学上きわめて重要です．

151

第9講

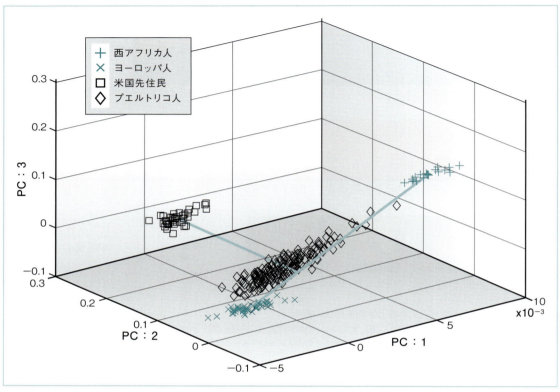

図 9.5　祖先情報マーカーによる遺伝学的多様性の解析 2
プエルトリコ人の混合集団における祖先の寄与。192 人のプエルトリコ人のゲノムについて，西アフリカ人，ヨーロッパ人，米国先住民の対象ゲノムとの近似性を主成分分析を用いた統計学的手法により三次元表示した。プエルトリコ人のゲノムは非常に不均一である。文献 1 より。

● 文献

1) Nussbaum RL 著（福嶋義光監訳）：トンプソン&トンプソン遺伝医学 第 2 版．メディカル・サイエンス・インターナショナル，2017．

第 **10** 講

ヒト疾患における遺伝学的基礎の解明：
疾患に関連する遺伝子はどうやってみつけるのか？

三宅紀子 ● 横浜市立大学医学部 遺伝学

疾患に関連する遺伝子をみつけることは，疾患の発生機序や病態生理を理解するうえで非常に重要です．疾患の遺伝要因を知ることで，新しい予防法，管理法，治療法の開発につながるからです．この講義では，疾患に関連する候補領域を同定する方法として，連鎖解析，関連解析，網羅的ゲノム配列決定法という3つの方法を紹介します．

遺伝要因をどのように同定するか？

疾患は，遺伝要因と環境要因から構成されているととらえることができます．これまでの講義で説明があった通り，単一遺伝子疾患（メンデル遺伝性疾患）に関しては遺伝要因が非常に大きな割合を占めますし，事故などによるケガはほとんどが環境要因となります．ただしほとんどの疾患は多因子疾患であり，遺伝要因と環境要因がさまざまな割合で寄与しています．多因子疾患には，例えば生活習慣病の高血圧や，糖尿病，感染症などがあります．感染症ではもちろん感染源への曝露も必要ですが，かかりやすさや重症度に関しては遺伝要因が関係していると考えられます．

単一遺伝子疾患と多因子疾患を，バリアントの頻度と影響力という2つの軸で見てみます（図10.1）．この図の横軸はバリアントの頻度，縦軸は浸透率です．浸透率というのは遺伝型が実際に表現型として現れる割合で，例えばそのバリアントを持っている100人がいたときに100人全員

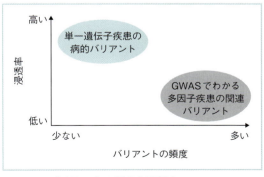

図10.1　バリアントの頻度と影響力

153

が疾患を発症する場合，浸透率100％ということになります。浸透率はバリアントの影響力を表す尺度になります。横軸はそのバリアントの頻度を表します。単一遺伝子疾患のバリアントは一般人口で頻度が低く，かつ浸透率が高いものになります（図10.1の左上）。一方，ゲノムワイド関連解析（GWAS）で見つかる多因子疾患の関連バリアントは，一般人口での頻度は高いのですが，浸透率が低く，影響力が小さいものということになります（図10.1の右下）。

このような遺伝要因の同定法として，この講義では3つを紹介します。1つ目が連鎖解析です。これは単一遺伝子疾患が対象となってきます。2つ目が関連解析で，これは集団を対象とし，多因子疾患に対して使われます。3つ目が網羅的ゲノム配列決定法です。主なものとしてエクソーム解析，全ゲノム解析が挙げられます。次世代シークエンサーが登場したことによって可能になった方法ですが，連鎖解析が不可能なまれな単一遺伝子疾患に対して効力を発揮します。というのも，稀少だったり，致死性もしくは重篤で家系を形成しない疾患に対しては，今までの解析法では疾患遺伝子を同定するのは非常に困難だったからです。しかしゲノム決定法によって網羅的な解析が可能になり，このような疾患の解析が可能になってきました。

連鎖解析とその実際

連鎖解析（linkage analysis）から説明していきます。例えば，常染色体優性遺伝疾患ではないかと思われる家系があったとします。こういった複数の世代にわたって複数の患者がいる場合には，連鎖解析が有効です。

そもそも連鎖解析とは何かといいますと，連鎖

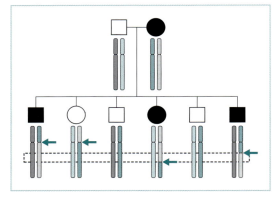

図10.2 連鎖解析
連鎖解析とは，連鎖という現象を用いて疾患に関連するゲノム領域を検出する方法である。親から子どもへ染色体が受け継がれる際には，染色体の組換え（矢印）が起こるため，まったく同じ染色体を受け継ぐわけではない。この例では疾患を持つ母親と3人の患者に共通しているのは，点線で囲った領域だけである。

という現象を用いて疾患に関連するゲノム領域を検出する方法になります。図10.2の家系図では父親と母親がいて，その子どもに3人の患者がいます。母親は疾患を持ち，染色体が父親と母親から1本ずつ子どもに分配されます。ここで世代を越えるときには染色体の組換えという現象が起こり，まったく同じ染色体を受け継ぐわけではありません。例えば，図10.2の子どもの一番左の方ですと，母親の2本の染色体がセントロメア付近で入れ替わった新しい染色体ができています。このようにして，他の子どもも新しい染色体の組み合わせをそれぞれ受け継ぐことになります。連鎖解析はこの現象を利用して行います。図10.2の例では，疾患を持つ母親と3人の患者に共通しているのは，点線で囲った領域だけになります。この領域（候補領域）に疾患に関係する遺伝子があるのではないかと考えられます。

連鎖解析の理解に必要な基礎メカニズム

連鎖解析の理解には，減数分裂時の独立した分配と相同組換えの知識が重要となります。復習になりますが，第一減数分裂時に相同染色体は対合して減数分裂紡錘体に沿って並びます。父親由来，母親由来の相同染色体は**交叉**によってそれぞれ相同部分を交換し，祖父由来の染色体と祖母由来の染色体のどちらかの部分で構成される，パッチワーク状の新規の染色体が作り出されます。これは父親と母親双方の染色体で起こります。その結果生じた**組換え**と，その染色体の子孫細胞への分配は独立して行われますので，同胞それぞれに別々の組合せが伝わることになります。さらに次の世代を考えますと，次世代の母親由来の染色体は，母方の祖父母が有していた4つの染色体すべてから染色体断片を受け継いでいます。このようなパッチワーク状の染色体が生じて，ヒトの遺伝的個体差が生じると考えられています。

交叉と組換えという単語が出てきましたが，この2つは違う現象を指しています。交叉は2つの座位の間に染色体の乗り換えが起きる現象で，組換えというのは2つの座位のアレルの組み合せが変わることです。例えば2本の染色体があって，AとB，aとbがそれぞれ別の染色体に乗っていたとします（図10.3）。この2つの座位の間で1回交叉が起きると，組換えが起こったことになります。ただし，2つの座位の間で交叉が2回起きると，2つのアレルの組合せは変わりませんので，組換えはないということになります。

相（phase）という概念も重要です。これは同じ染色体にあるアレルセット，例えば図10.3の左図ではAとB，aとbをそれぞれ指します。このAとBの関係性を**相引**といいまして，ハプロタイプを形成するアレルセットになります。一方，別々の染色体にあるアレルのAとb，aとBの組合せは**相反**の関係にあるといいます。

遺伝マーカー

実際の連鎖解析では染色体に色がついているわけではありませんので，家系内で受け継がれる染色体の断片を追う際には**遺伝マーカー**（genetic marker）が利用されます。遺伝マーカーには大きく2つあり，1つが**一塩基多型**（single nucleotide polymorphism：SNP）です。もう1つは**マイクロサテライトマーカー**です。例えばsimple repeatとしてCAが繰り返す反復配列があるのですが，その多型（繰り返す回数の違い）を遺伝マーカーとして使います。

図10.4Aは，父親と母親に子どもが4人いて，家系内で3人が患者の家系図です。3つのマーカーが示されていて，一番上がSNPマーカー，2つ目と3つ目がマイクロサテライトマーカーの情報です。マーカー①とマーカー②は両親ともにヘテロで持っており，どの染色体が子どもに渡ったかという情報が得られますので，情報性がある（informative）マーカーになります。ただし，通常はSNPですとC/Tというふうに2つの選択肢しかないので，情報性はありますが得られる情

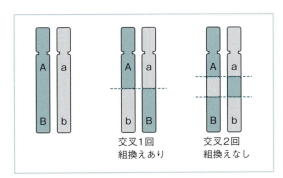

図10.3　交叉と組換え

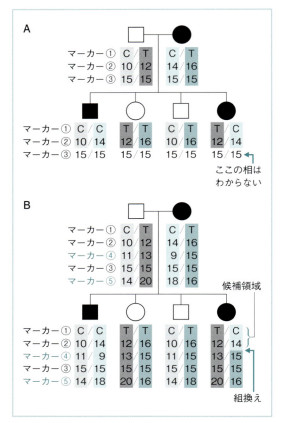

図10.4　連鎖解析の実際
家系内で受け継がれる染色体の断片を追うために遺伝マーカーが使用される。この例では，マーカー①はSNPによるマーカー，それ以外は反復配列の繰り返し数の多型であるマイクロサテライトマーカーである。
A：マーカー①とマーカー②は両親ともにヘテロで持っているため情報性があるマーカーだが，マーカー③は両親ともにホモで持つため，情報性がないマーカーである。この状態ではマーカー②より下で組換えが起きているかどうかはわからない。
B：マーカー②とマーカー③の間にある新しいマーカーを解析して，新しく情報を得ることで，右端の罹患女性ではマーカー②とマーカー④の間で組換えが起こっていたことがわかる。

マーカー③は両親ともにホモで同じものを持っていますので，区別がつきません。したがってこれは情報性がないマーカーになります。

では実際に分析してみましょう。マーカー①と②は情報性のあるマーカーですので，子どもの相がマーカー②の部分までわかります。ただしマーカー③に関しては情報性がなく，この状態ではマーカー②より下で組換えが起きているかどうかはわかりません。そこでどうするかというと，マーカー②とマーカー③の間にある新しいマーカーを解析して，新しく情報を得ます（図10.4B）。そうすると相がはっきりして，実際には罹患した娘ではマーカー②とマーカー④の間で組換えが起こっていたことがわかります。したがって，患者3人で共通しているのはマーカー①と②のところだけですので，ここが候補領域となり，この領域内に原因となるバリアントがあるなと想定されるわけです。

組換え率

　連鎖というのは2つの座位が独立して分配されないことです。つまり，同一染色体上の隣接する座位のアレルが，1つの完全な単位であるかのように，減数分裂時に一緒に伝達される傾向を指します。ここで**組換え率**という概念がありまして，通常はθと呼ばれています。θは以下の式で計算できます：

$$\theta = 組換え体 / (組換え体 + 非組換え体)$$

　まったく組換えが起きず組換え体が0の場合は$\theta = 0$となって，完全連鎖になります。一方，組換え体と非組換え体の数がまったく同じだと$\theta = 0.5$になり，独立に分配されている，つまり連鎖していないということになります。実際にはさま

報はそれほど多くありません。その点マイクロサテライトのマーカー②ですと最大4種類（父親の2アレル，母親の2アレル）の違いが取れますので，より情報性が高いマーカーとなります。一方，

コラム 組換え率が0.5以上にならない理由

2座位間の距離が長くなると，交叉の起こる回数は増えるので，組換え率も比例して増えるように思われるかもしれませんが，そうはなりません。2つの座位間で交叉の回数がいくら増えても，交叉が奇数回起こると組換え体ができますが，交叉が偶数回起こると非組換え体となります。交叉は基本的にランダムに起こるため，連鎖がない場合，交叉が奇数回，偶数回のどちらになるかの確率は同じなので，組換え率は理論上0.5を超えません。

実際には，子どもが5人いて，偶然に組換え体で持つ子どもが3人，非組換え体で持つ子どもが2人という場合が観察されることもあると思います（その場合の組み換え率は0.6）が，子どもの数が増えれば，0.5に収束することになります。

もし，非組み換え体が組み換え体より有意に多い場合には，非組み換え体と想定している2座位間が連鎖しているということになります。

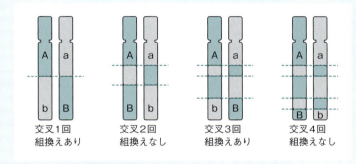

図　交叉の回数と組換えの有無

ざまな程度の連鎖が存在していますので，θの値は0～0.5の値を取ります。

座位間の距離によって交叉の頻度が決まります。座位1と座位2が十分に離れたところにあるとき，組換え率が50％（$\theta = 0.5$）になります。逆に座位1と座位2が近すぎると，その間で交叉が起きませんので，組換え率0％となります。中間程度の距離があると，その間で組換えが起こる場合もあるし，起こらない場合もあるということで，組換え率は距離により0～50％の値を取ることになります（コラム）。

遺伝学では物理的距離と遺伝的距離という2つの考え方があります。物理的距離というのは実際の塩基数になり，単位はb（ベース＝塩基対）です。遺伝的距離というのは単位はM（モルガン）で表されますが，Mの1/100である1cMという単位は，減数分裂の1％に1回交叉が起こる遺伝的距離になります。性別によって遺伝的距離は違うといわれていて，女性では4,596 cM，男性では2,868 cMとされます。性別で違う理由はよくわかっていません。男女平均は3,790 cMで，ヒトハプロイドゲノムの物理的距離は3,300 Mb（メガベース＝百万塩基対）といわれていますので，1 Mbはおよそ1.15 cMという計算になります。ただし，1 Mb以上の解像度でみると1 cMは1 Mbと大体同じくらいといわれているのです

A

		部位2のアレル頻度	
		freq (S) = 0.1	freq (s) = 0.9
座位1のアレル頻度	freq (A) = 0.5	ハプロタイプA-Sの頻度 freq (A-S) = 0.05	ハプロタイプA-sの頻度 freq (A-s) = 0.45
	freq (a) = 0.5	ハプロタイプa-Sの頻度 freq (a-S) = 0.05	ハプロタイプa-sの頻度 freq (a-s) = 0.45

例）ハプロタイプ A-S
freq (A) × freq (S) = 0.5×0.1 = 0.05

B

		部位2のアレル頻度	
		freq (S) = 0.1	freq (s) = 0.9
座位1のアレル頻度	freq (A) = 0.5	ハプロタイプA-Sの頻度 freq (A-S) = 0	ハプロタイプA-sの頻度 freq (A-s) = 0.5
	freq (a) = 0.5	ハプロタイプa-Sの頻度 freq (a-S) = 0.1	ハプロタイプa-sの頻度 freq (a-s) = 0.4

例）ハプロタイプから予測される頻度と観察された頻度
ハプロタイプ A-S：0.5×0.1 = 0.05 >> 0 ↓
ハプロタイプ A-s：0.5×0.9 = 0.45 >> 0.5 ↑
ハプロタイプ a-S：0.5×0.1 = 0.05 >> 0.1 ↑
ハプロタイプ a-s：0.5×0.9 = 0.45 >> 0.4 ↓

C

		部位2のアレル頻度	
		freq (S) = 0.1	freq (s) = 0.9
座位1のアレル頻度	freq (A) = 0.5	ハプロタイプA-Sの頻度 freq (A-S) = 0.01	ハプロタイプA-sの頻度 freq (A-s) = 0.49
	freq (a) = 0.5	ハプロタイプa-Sの頻度 freq (a-S) = 0.09	ハプロタイプa-sの頻度 freq (a-s) = 0.41

例）ハプロタイプから予測される頻度と観察された頻度
ハプロタイプ A-S：0.5×0.1 = 0.05 >> 0.01 ↓
ハプロタイプ A-s：0.5×0.9 = 0.45 >> 0.49 ↑
ハプロタイプ a-S：0.5×0.1 = 0.05 >> 0.09 ↑
ハプロタイプ a-s：0.5×0.9 = 0.45 >> 0.41 ↓

図10.5　連鎖平衡と連鎖不平衡
A：連鎖平衡。2つの座位の距離によって交叉の頻度が異なり，2座位間が十分に離れている場合，ハプロタイプ頻度はアレル頻度からの予測と同じになる。
B：連鎖不平衡。2つの座位が近いとそのあいだで交叉が起こりにくくなり，2つの座位（特定のハプロタイプ）が一緒に次世代に継承される。この例ではアレルSは必ずアレルaを持ち，a-Sが完全な連鎖不平衡にある。
C：部分的連鎖不平衡。連鎖不平衡も必ずしも完全ではなく，2つの座位間の距離によって程度が異なる。この例ではハプロタイプ A–S の頻度はアレル頻度から予測される値（0.5×0.1 = 0.05）よりも低い。
文献1より。

が，もう少し細かい解像度で 100 kb 内に存在するマーカーでみてみますと，場所によっては4桁以上の幅があります（0.01 ～ 100 cM/Mb）。これは実際には組換えが起こりやすいホットスポットと呼ばれる場所と，まったく起こらない場所が混在していることを表しています。

連鎖平衡と不平衡

次に連鎖平衡・不平衡に関して話していきます。これには2つの座位の距離によって交叉の頻

度が異なるという前提があります。2つの座位が十分離れている場合，ハプロタイプ頻度はアレル頻度からの予測と同じになります。これが**連鎖平衡**の場合です。どういうことかというと，座位1のアレルAとaがあって，それぞれのアレル頻度が0.5だとします（**図10.5**A）。また座位2にアレルSとsがあって，アレル頻度がSは0.1，sは0.9だったとします。この場合，例えばハプロタイプA–Sの計算上の頻度は0.5 × 0.1 = 0.05となります。このアレル頻度の掛け算から計算される数字と，実際に観察されるハプロタイプの頻度が同じになる場合を連鎖平衡といいます。

ところがこの2つの座位が近いとその間で交叉が起こりにくくなって，2つの座位が一緒に伝達される場合が多くなります。例えば図10.5AですとハプロタイプA–Sの観測値は0.05でしたが，図10.5Bだと実際の観察値が0となっており，A–Sを持っている人は全然いないということになります。この場合にアレルSは必ずアレルaを持つということで，a–Sが完全な**連鎖不平衡**にあることになります。連鎖不平衡も必ずしも100 %ではなくて，程度によって度合いが違います。図10.5Cの例ですと，ハプロタイプA–Sはアレル頻度から計算される値では0.05です。しかしここでも，図10.5Bのように0まではいかないけれども，やはり予想の0.05よりも観察値が少なく0.01となっています。このような場合には部分的な連鎖不平衡があると考えられます。

次に**連鎖不平衡**（linkage disequilibrium：LD）**ブロック**について説明します。特定の連続したSNPはまとまってクラスターを形成しています。これは組換えが起こらずに連鎖しているということになります。例えば**図10.6**の上図の左部分ですと，ある領域にSNPが9個あって，SNPごとに2アレルが存在しています。そうすると理論上は2^9で512通りのハプロタイプが存在するはずですが，実際には5つのハプロタイプだけで全体の98 %を占めていました。つまりこの部分に強い連鎖不平衡を示すアレルが存在するということで，これをLDブロックと呼んでいます。

図10.6の下図は上図に対応しており，2つのSNP間のLDの程度D′をペアワイズ法で計算したものです。D′というのはLDの程度を定量化する尺度になります。D′ = 0が連鎖平衡を示していて，1に近づくにつれて連鎖不平衡の度合いが強くなります。そしてLDの程度が高いほど色を濃く表しています。クラスター内にあるSNP間（SNP 1 〜 8，11 〜 14）では連鎖不平衡が非常に強いのに対して，クラスターを越えるとほとんど連鎖不平衡を示さなくなるというのがこの図の示す意味になります。

関連して，疾患の原因となるバリアントを含むハプロタイプ（disease-containing haplotype）という考えがあります。例えば，発端者の染色体に疾患と関係する変化が生じたとします。そうすると各世代にわたっていろいろな場所で組換えが起こるのですが，やはりここでも連鎖不平衡ブロックが存在する場合があります。疾患アレルを有するLDブロックが存在する場合，これを持つ人たちはみんなこの疾患アレルを含むハプロタイプを共通して持っているということになります。

連鎖解析を用いたヒト遺伝子マッピング

次に連鎖解析によるヒト遺伝子マッピングについて話します。単一遺伝子疾患の解析では，遺伝形式，浸透率，アレル頻度を想定したパラメトリック解析を用います。これは尤度比を計算して行います。尤度比は下記の式によって計算されます：

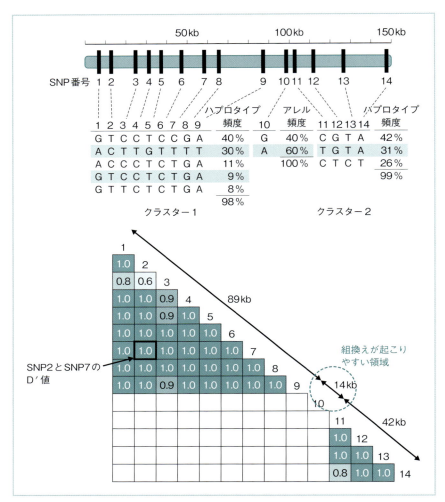

図10.6 連鎖不平衡ブロック
高い連鎖不平衡（LD）を示すアレルが存在する領域を連鎖不平衡ブロック（LDブロック）と呼ぶ。上図の左部分には9つのSNPがあり、SNPごとに2種類のアレルが存在するので，理論上は2^9で512通りのハプロタイプが存在する可能性があるが，実際には5つのハプロタイプだけで全体の98％を占めていた。すなわち，強い連鎖不平衡を示すLDブロックである。下図は上図に示したSNPについて，2つのSNP2つのSNP間のLDの程度D′をペアワイズ法で計算したものである。D′＝0が連鎖平衡を示し，1に近づくほどLDの度合いが高い。SNP1〜8およびSNP11〜14のあいだでは高いLDがみられる。文献1より。

$$\text{尤度比} = \frac{\text{特定の}\theta\text{を取る距離で座位が連鎖しているとした場合のデータの尤度}}{\text{座位が連鎖していないとした場合のデータの尤度}(\theta = 0.5)}$$

組換え率θは0〜0.5の間を取りますので，それぞれの値で計算し，最大の尤度比を与えるθが最良の組換え推定値となります。この値を$\theta_{\max}$と呼びます。さまざまなθ値に対して計算された

尤度比は慣例により $\log_{10}$ で表され，LOD 値（logarithm of the odds score：Z）と呼ばれます。最大 LOD 値を取るものを Z_{max} と呼びます。例えば家系が 3 つあった場合には，3 家系の LOD 値を全部足すことで，この 3 家系における合計の LOD 値を出すことができます。表 10.1 は網膜色素変性症の 3 家系の LOD 値を表したものなのですが，θ 値 0 〜 0.4 までをそれぞれ計算すると，家系 1 では $\theta = 0.125$ のときに Z_{max} が 1.1 を取ります。家系 2 と 3 に関しては $\theta = 0$ のときに Z_{max} は 1.2 と 1.5 をそれぞれ取ります。3 家系をまとめて解析すると，$\theta_{max} = 0.06$ のときに $Z_{max} = 3.47$ を取ることになります。通常は LOD 値が 3 以上だと連鎖していると考えます。

ホモ接合性マッピング

ホモ接合性マッピングあるいはオート接合性マッピングという手法も紹介します。これは近親婚家系などで劣性遺伝形式が想定され，ホモ接合領域に疾患の原因となるバリアントの存在が考えられる場合にとても有用です。図 10.7 は父母が近親婚の家系図です。子ども 4 人中 2 人が患者で，患者がアレルをホモ接合で持っている領域を色つきの文字で示しています。患者がホモ接合で同じアレルを持っていて，かつ患者に共通している領域を探しますと破線で囲んだ部分になります。この領域に疾患と関係するバリアントが存在するのではないかと考えて解析を進めていきます。

表 10.1　網膜色素変性症の 3 家系の LOD 値 Z の例

θ	0.00	0.01	0.05	0.06	0.07	0.10	0.125	0.20	0.30	0.40
家系 1	—	0.38	0.95	1	1.03	1.09	**1.1**	1.03	0.8	0.46
家系 2	**1.2**	1.19	1.11	1.1	1.08	1.02	0.97	0.82	0.58	0.32
家系 3	**1.5**	1.48	1.39	1.37	1.35	1.28	1.22	1.02	0.73	0.39
合計	—	3.05	3.45	3.47	3.46	3.39	3.39	2.87	2.11	1.17

各家系の Z_{max} を黒色の太字で記載。$\theta_{max} = 0.06$ のとき，全体の $Z_{max} = 3.47$。文献 1 より。

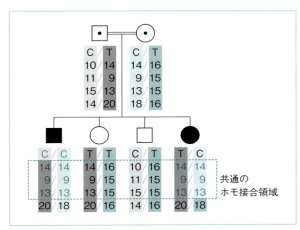

図 10.7　ホモ接合性マッピング
ホモ接合性マッピングは近親婚家系などで，劣性遺伝形式が想定される疾患において，ホモ接合の領域に疾患の原因となるバリアントの存在が示唆される場合に有効である。ホモ接合性を示し，かつ患者間で共通している領域（図中の破線で囲んだ領域）に原因バリアントがあることが示唆される。

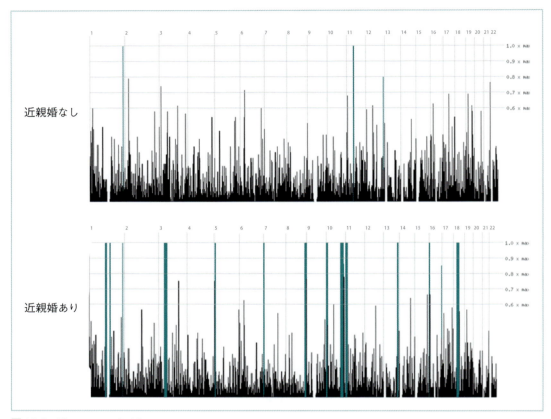

図10.8　HomozygosityMapper

　私たちがよく使っているHomozygosityMapper（http://www.homozygositymapper.org/）という無償で利用可能なWebサイトを紹介しておきます。サイトにデータをアップロードすると結果がすぐに出てきます（図10.8）。1番染色体がからX染色体までそれぞれ分けて書いてあり，近親婚ではない場合のデータだと上図のように出てきます。これが近親婚の家系を解析させると，図10.8のように色のついたバーで示すように連続したホモ接合の領域が同定できます。この領域を中心に疾患遺伝子を追っていくということになります。

関連解析によるマッピング

　次に**関連解析**（association analysis）によるヒト疾患遺伝子のマッピングに関して話します。これはメンデル遺伝形式に依存しない多因子疾患に多く用いられる方法で，家系を集める必要がないというメリットがあります。ある座位の遺伝マーカーの頻度が対照群と比較して罹患者群で高いもしくは低い場合に，疾患との関連があるとされます。

　解析の種類は大きく2つに分けられて，1つ目

	患者群	対照群	合計
遺伝マーカーあり	a	b	a+b
遺伝マーカーなし	c	d	c+d
合計	a+c	b+d	

$$\text{疾患オッズ比} = \frac{\dfrac{\text{アレルを持つ患者数(a)}}{\text{アレルを持つ対照群(b)}}}{\dfrac{\text{アレルを持たない患者数(c)}}{\text{アレルを持たない対照群(d)}}} = ad/bc$$

$$\text{相対リスク} = \frac{\dfrac{\text{マーカー陽性の患者数(a)}}{\text{マーカー陽性全体の人数(a+b)}}}{\dfrac{\text{マーカー陰性の患者数(c)}}{\text{マーカー陰性全体の人数(c+d)}}}$$

図10.9　疾患オッズ比と相対リスク
文献1より。

プロトロンビン遺伝子	患者群	対照群	合計
20210G＞A（＋）	23	4	27
20210G＞A（−）	97	116	213
合計	120	120	240

オッズ比＝（23/4）÷（97/116）＝6.9
95％信頼区間：2.3〜20.6

図10.10　脳静脈血栓症の症例対照研究例
文献1より。

が症例対照研究です。罹患者とそれにマッチする非罹患の対照群における遺伝型の比較を行います。2つ目が横断研究もしくはコホート研究で，横断研究は無作為に標本を抽出してその時点での疾患の有無を比較するもので，コホート研究は継時的な追跡によって発症するかしないかを解析していくことになります。

　症例対照研究の結果の見方ですが，遺伝マーカーを持つ場合に疾患が起こるオッズと，マーカーを持たない場合に疾患が起こるオッズの比を計算します（図10.9）。これが**疾患オッズ比**（odds ratio）になり，式としては図に示した計算からad/bcとなります。疾患オッズ比＝1は遺伝マーカーと疾患に関連がないことを表していて，疾患オッズ比が1からずれると疾患に関連があるということになります。

　横断研究とコホート研究では，特定のマーカーを保有する集団における患者の割合と，その遺伝マーカーを保有しない集団における患者の割合の比を計算します。図10.9に**相対リスク**（relative risk）の計算法も挙げておきます。先ほどと同じく相対リスクが1だと遺伝マーカーと疾患には関連がなく，1より離れると関連があるということになります。

　脳静脈血栓症の症例対照研究を例として挙げます（図10.10）。プロトロンビン遺伝子の20,210番目の塩基GがAに変わるというSNPに関し，患者群と対照群を分けて示しています。この図から疾患オッズ比を計算すると6.9になって，95％信頼区間は2.3〜20.6と計算されます。ここから何がいえるかというと，疾患オッズ比や相対リスクが1から離れるほどバリアントの影響が大きく，本例では，このアレルを持つ人は持たない人に比べて約7倍のオッズで罹患しやすいということです。95％信頼区間は真の値が95％の確率で存在する範囲を示していて，信頼区間に1が含まれると関連性がないといえます。この例では1を含まないので，有意に関連しているといえることになります。

ゲノムワイド関連解析（GWAS）

　次に**ゲノムワイド関連解析**（genome-wide association study：GWAS）です。これはゲノム全域を対象に網羅的に行う関連解析のことで，多因子疾患に寄与する効果の小さなバリアントの同定

図10.11 ゲノムワイド関連解析
ゲノムワイド関連解析 (GWAS) は全ゲノムについて網羅的に行う関連解析である。連鎖不平衡 (LD) ブロックを利用した解析で，LDブロック内の関連アレル (図中の▲) を同定することで，同一ブロック内にある疾患関連アレル (図中の★) をみつける。

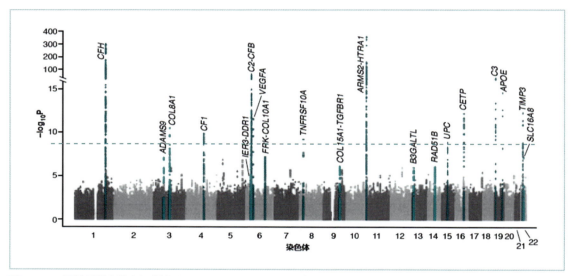

図10.12 加齢黄斑変性症におけるGWASのマンハッタンプロット
色のついた点は統計学的有意性のあるものを示す。破線は有意水準 ($p=5\times10^{-8}$) を示す。文献1より。

に最も適したアプローチになります。連鎖不平衡（LD）ブロックを利用した解析です。例えば図10.11のようにLDブロックが3つあって，その中に遺伝子A～Dがあるとします。そしてマーカーとなるSNPのうち，例えば色のついた三角形で示したマーカーが疾患と関連ありとされました。マーカーSNP自体が機能的な変化をもたらすこともありますが，実際にはこのマーカーSNPに病因となるような意味はなくても，マーカーの周囲を追っていくと，遺伝子Bの中に実際に疾患と関連のあるバリアントが発見されることがあります。このように疾患に関係する領域をGWASを使ってマップして，疾患に実際に関係するバリアントを追っていくという流れになります。遺伝マーカーは頻度の高いSNPが使用されることが多いです。

図10.12は加齢黄斑変性症におけるGWASのマンハッタンプロット結果です。横軸が染色体

で，縦軸が統計的有意度を示しています。色のついたの点々が統計学的に有意性のあるものを示しています。ゲノムワイド解析の有意水準は $p<5\times 10^{-8}$ なので，実際には破線を越えているものが有意ということになります。

網羅的ゲノム配列決定法によるマッピング

塩基配列の解読

最後に**網羅的ゲノム配列決定法**に関して話していきます。従来の塩基配列解読法はSanger法と呼ばれるもので，特定の領域を増幅させて塩基配列を読んでいきます。図10.13は患者とコントロールの波形を示していますが，コントロールでCのところが，患者ではCとA半分ずつの波形となっています。この患者はCとAをヘテロ接合で持っているという解釈になります。

その後に登場したのが網羅的な配列決定法です。これは次世代シークエンサーを用いた大量並行シークエンシングにより可能となったアプローチになります。大きく2つに分けられまして，全

ゲノムシークエンスと全エクソームシークエンスがあります。全ゲノムシークエンスは文字通りゲノムすべてを読んでいく方法です。エクソームシークエンスとは遺伝子のエクソン領域のみを解読するもので，全ゲノムの大体2％くらいを集中的に読んでいくことになります。

大量並行シークエンスの原理を説明していきますと，まず二本鎖のDNAを目的に応じて200～600塩基くらいにランダムに切断します。そしてその両端にアダプターと呼ばれる配列を付加します。フローセル（Illumina社の場合）と呼ばれるガラスの基盤の中に穴が開いてまして，この内側にDNAがアダプターを介して結合します。そこでDNA断片をそれぞれに増幅させて塩基を読んでいくわけです。実際には，1反応ごとに異なる蛍光色素のついた塩基がDNA断片に1塩基ずつ取り込まれるのですが，その蛍光色素の光を画像データとして取得して，最終的には塩基配列として出力させます。

図10.14Aが実際に出力されるfastqと呼ばれるデータです。文字がバーッと並んでいますが，1つのDNA断片（1リード）あたり4行の情報

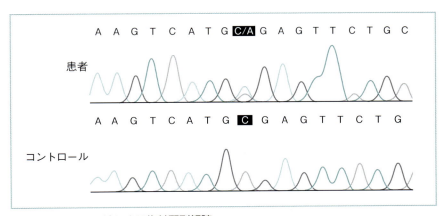

図10.13　Sanger法による塩基配列解読

図10.14　fastq形式の配列データ
1リードについて4行ずつで情報が表されている（**A**）。**B**はその一部を拡大したもの。

が与えられます。一部分を拡大して何が書いてあるか見てみましょう（図10.14B）。1行目はシークエンサーの機種であったり，フローセルの名称だったり，いわゆるシークエンスの名前にあたる情報が書いてあります。2行目が読まれた塩基情報です。3行目の+は記号のようなもので，4行目がデータの質です。4行目には1塩基に対して1つの文字が書いてあります。これはASCII文字と呼ばれるもので，出力された塩基がどのくら

い本当にその塩基なのかという「確からしさ」を表しています。数字で書くと1文字で収まりませんので，数字を変換して1文字で表せるようになっています。

配列情報を意味づける

　実際に出てきた塩基配列情報ですが，次世代シークエンス解析ではこれを参照配列へ突き合わせていくという作業をします。既に知られている

166

第10講　ヒト疾患における遺伝学的基礎の解明：疾患に関連する遺伝子はどうやってみつけるのか？

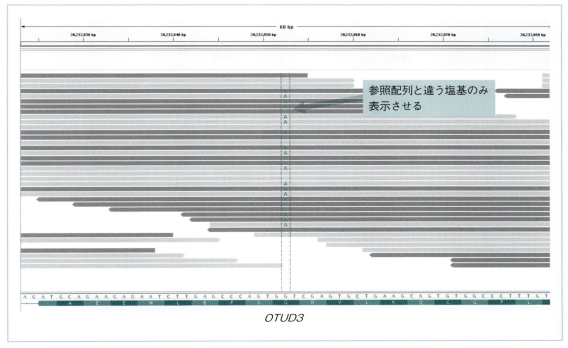

図10.15　Integrative Genomics Viewer

　ヒトゲノム配列（参照配列）がありますので，読んだ配列が実際にはどの部分だったのかなと探していく作業になります．これをマッピングといいます．リードがどんなふうに参照配列に当たっているのか（マッピングされたのか）を確認できるソフトウエアがあります．図10.15の例ではIntegrative Genomics Viewer（IGV）というソフトウエアを使って，*OTUD3*遺伝子を表示させています．横方向に並んだ線がそれぞれ1本ずつのリード情報で，きれいに並べられているのがわかると思います．この例では参照配列と違うところだけ塩基を表示させる設定にしています．ただ，これを全ゲノムについて目でずっと見ていくというのは不可能ですので，人間でも理解しやすいデータとして，参照配列と違う箇所だけを出力させて確認します．

　実際の見方を説明します（表10.2）．1つのバリアントに対して，エクソン領域なのか，どの遺伝子の中にあるのか，非同義置換なのか同義置換なのか，塩基やアミノ酸がどう変化しているのかをみていくことになります（非同義置換，同義置換については第11講を参照）．例えば，表の下から2行目のバリアントに関していうと，*ANKRD65*の非同義置換で，538番目のGがCに変わって，180番目のアラニンがプロリンに変わる変異だということが簡単にわかります．

　このように参照配列と異なるバリアントを抽出する作業をvariant callと呼びまして，その意味づけをアノテーション（annotation）といいます．

167

表10.2　現行の解析による最終出力例の一部抜粋

Function	Gene	Exonic Function	Amino Acid Change	dbSNP1350
exonic	SAMD11	nonsynonymous SNV	NM_152486:c.T1027C:p.W343R	rs6672356
exonic	KLHL17	synonymous SNV	NM_198317:c.C1614T:p.N538N	
exonic	B3GALT6	nonsynonymous SNV	NM_080605:c.C694T:p.R232C	
exonic	B3GALT6	nonsynonymous SNV	NM_080605:c.G899C:p.C300S	
exonic	PUSL1	nonsynonymous SNV	NM_153339:c.C649G:p.L217V	rs79155839
exonic	DVL1	synonymous SNV	NM_004421:c.A366G:p.P122P	rs307362
exonic	ANKRD65	nonsynonymous SNV	NM_001145210:c.G538C:p.A180P	
exonic	TMEM88B	nonsynonymous SNV	NM_001146685:c.C448A:p.P150T	rs185086231

バリアントの種類と頻度

バリアントの種類にはさまざまなものがあります。まず，直接疾患を引き起こす病的バリアント，つまり単一遺伝子疾患を起こす影響の大きなバリアントがあります。多因子疾患に関連する影響の小さなバリアントもあります。また，表現型に影響を与えるけれども病的ではない，例えば体格や皮膚の色，代謝，気質などにおいて正常範囲内の遺伝学的多様性をもたらすものも含まれます。さらには変化してもまったく表現型に影響をもたらさないものもあります。

実際にゲノムにはどのくらいバリアントがあるのでしょうか。John Craig Venter博士やJames Watson博士といった有名な先生方が自身のゲノムを解読していまして，参照配列とどれくらい違うか調べられたことがあります。2人とも約330万個ぐらいのバリアントが検出されたと報告しています。当然，この2人が特別ではなくて，皆さん同じくらい参照配列と違うバリアントを持っているということになります。

図10.16にトリオで全ゲノム解析を行ったらどれくらいのバリアントが出てくるのかを示しま

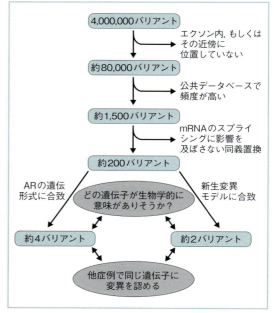

図10.16　トリオ解析
トリオで全ゲノム解析を行った一例について，バリアントの内訳を示した。文献1より。

した。**トリオ解析**とは，患者とその両親の3人（トリオ）を一緒に解析することです。トリオで全ゲノム解析を行うと，約400万個のバリアントが

表10.3　バリアント評価のためのデータベースとソフトウエア

名称	URL
アレル頻度のデータベース	
Exome Variant Server	evs.gs.washington.edu/EVS/
ExAC	exac.broadinstitute.org
gnomAD	gnomad.broadinstitute.org
Human Genetic Variation Database [*]	www.hgvd.genome.med.kyoto-u.ac.jp
iJGVD (integrative Japanese Genome Variation Database) [*]	ijgvd.megabank.tohoku.ac.jp
アミノ酸置換の病原性を予測するソフト	
SIFT, PROVEAN	provean.jcvi.org/genome_submit_2.php
PolyPhen-2	genetics.bwh.harvard.edu/pph2/
MutationTaster	www.mutationtaster.org

＊日本人集団についてのデータベース。

出てくるといわれています。そのうちエクソン内もしくはエクソンの近くに位置していないものを除くと8万個ぐらいになって，公共データベースで頻度が高いものを除くと1,500個ぐらいになります。ここからmRNAのスプライシングに影響を及ぼさない同義置換を省くと，200個ぐらいになるといわれています。さらにモデルにもよりますが，常染色体優性形式の新生変異によって疾患が起こっていると考えられる場合には，患者が持っていて父母が持っていないものになり，大体0〜3個にまで絞れます。図10.16には2バリアントと書いてありますが，大体0〜3個ぐらいといわれています。常染色体劣性遺伝に合致するものでは，約4バリアントぐらいになるといわれています。

　こうして出てきたバリアントに関しては，今まで病気との関連が知られていない遺伝子だった場合には生物学的に意味がありそうか，あるいは同じ病気のある他の症例で同じ遺伝子内に変異が認められるかなどを確認し，総合的に新しい疾患遺伝子なのかを検証していきます。

バリアントの評価ツール

　バリアントの評価の際，遺伝学的なエビデンスとしてよく使われるのがアレル頻度のデータベースになります。今利用可能なものとしては，**表10.3**に挙げたものがあります。この中で一番規模が大きいのはgnomADです。また，民族集団ごとの頻度がとても重要だといわれていて，日本人集団のデータベースとしてはHuman Genetic Variantion Databaseと，iJGVD（integrative Japanese Genome Variation Database）がとても有用です。また，アミノ酸置換が病的かどうか予測するソフトをいくつか挙げましたが，複数のソフトで予測させて参考にしています。

　例としてExACのデータを少し見てみましょう（**図10.17**）。遺伝子名を入れるところがありまして，試しに*CHN1*を入れてみました。するとこの遺伝子に関する情報が出てきまして，下のほうにはバリアントがずらっと並んでいます。バリアントに注目すると，一番右側にAllele Frequency（頻度）が出ています。これは全体として

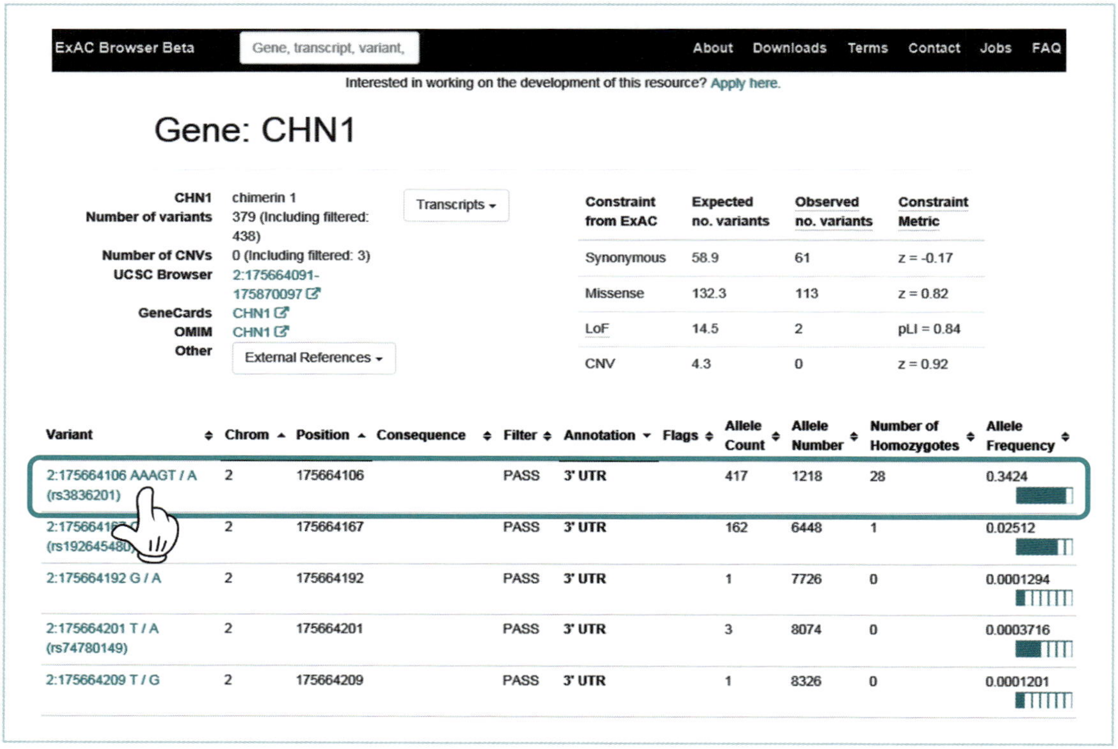

図10.17　ExAC

アレル頻度のデータベース ExAC にて, *CHN 1* 遺伝子について表示したところ（一部抜粋）。

の頻度になりますが，民族集団ごとの頻度もみることができます。バリアントの部分をクリックしますとより詳細な画面に移るのですが，その中にPopulation Frequencies という項目があります。そこに民族ごとの頻度が細かく表示されていますので，とても有効かと思います。

バリアントの評価方法に関連して，既知の病的バリアントのリストも作られています。例えばHuman Gene Mutation Database（http://www.hgmd.cf.ac.uk/ac/index.php）という論文ベースの報告が適宜アップされているデータベースがありますし，ミトコンドリアゲノムでは MI-TOMAP（https://www.mitomap.org/MITOMAP）というサイトもあります。疾患ごとのデータベースが作られている場合もありますので，興味ある疾患のデータベースがあるかどうかは一度調べてみるとよいと思います。機能的ネットワークや生物学的経路のデータベースもあります。新しい遺伝子に変異があって，それが本当に疾患と関係あるのかどうかを調べるときには，このようなデータベースも検索しながら総合的に検証していきます。

● ● ●

次世代シークエンサーの登場以前から，疾患の

原因遺伝子の同定は進められていました。次世代シークエンサーで単一遺伝子疾患の原因遺伝子が初めて同定されたのが2010年なのですが，それ以降，次世代シークエンサーを使って同定された疾患遺伝子がものすごく増加しています。しかし，全ゲノム/全エクソンシークエンスを用いた原因バリアントの同定率は25～40％くらいといわれていて，6割以上の疾患の遺伝要因はまだわかっていません。これにはさまざまな原因があると思うのですが，通常の解析ではコピー数異常を解析していないというのもありますし，非コード領域の解釈はまだできていません。非コード領域を読んでもそれが病的なのか評価できないとい

う状態が続いていますので，そこが1つ大きな問題かと思います。また，今の解析技術では検出できない複雑なゲノム異常もあると思います。疾患遺伝子の同定は診断や遺伝カウンセリングに有用となるだけではなく，有用な治療法・予防法の開発にもつながりますので，新しい解析技術を使って疾患遺伝子を同定することでゲノム医療に貢献していきたいと思っています。

● 文献
1) Nussbaum RL 著（福嶋義光監訳）：トンプソン＆トンプソン遺伝医学 第2版．メディカル・サイエンス・インターナショナル，2017.

第11講

遺伝性疾患の分子遺伝学：
ヘモグロビン異常症から学ぶ分子メカニズム

和田敬仁 ●京都大学大学院医学研究科 医療倫理学・遺伝医療学分野

この講義では，赤血球のなかに含まれるヘモグロビンの遺伝子とその異常症を学びます。ただし，ここでは血液学を学ぶわけではありません。分子遺伝学は歴史的にヘモグロビン研究と共に発展した部分もあり，ヘモグロビンを知ることによって分子遺伝学の基礎を学ぶという講義にしたいと思います。

単一遺伝子疾患とタンパク質の変化

　最初に単一遺伝子疾患（メンデル遺伝性疾患）の基本を復習しておきます。皆さんご存じの通り，DNA は RNA に転写され，タンパク質へと翻訳されます。これは**セントラルドグマ**（中心教義）と呼ばれています。第3講に戻って図3.4 をみていただきたいのですが，この図は非常に大切なので，よく理解しておいてください。

　各種の変異がタンパク質に与える影響として，機能への影響に加え，時間的そして空間的な発現への影響があります。機能に関していうと，機能を喪失する変異（バリアント）と，機能を獲得する変異（バリアント）があります。機能喪失型とは，遺伝子産物の機能が減弱・喪失する変異です。機能獲得型とは，通常は持たない新たな機能を獲

得する変異になります。時間的な影響とは，異時性の発現です。つまり不適切なときに発現することによって，表現型異常を示す場合です。空間的というのは，本来発現するべきではない場所で発現してしまうなどを指しています。

　機能喪失型変異が片アレルだけに起こるとタンパク質の量が半分になるわけですが，それでも通常は疾患にならない場合があります。しかし，両方のアレルが変異を起こし，タンパク質量が100 ％から0 ％まで落ちると発症する場合は，いわゆる常染色体劣性の遺伝形式を取ることになります。一方で変異が片方に起こることで発症する場合は，優性遺伝形式になります。優性遺伝のなかにはタンパク質が100 ％ないと困る，50 ％になると発症してしまうものがあり，これは**ハプロ不全**に分類されます。

　さらに異常タンパク質が正常タンパク質の機能

第11講

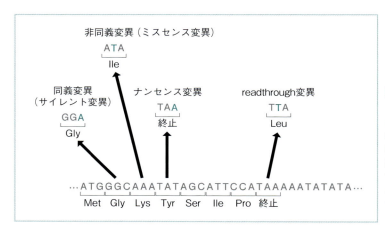

図11.1 塩基置換とコードするアミノ酸の変化

コードするアミノ酸が変化しない変異を同義変異（あるいはサイレント変異），変化する変異を非同義変異（あるいはミスセンス変異）と呼ぶ。ナンセンス変異はアミノ酸をコードしているコドンが終止コドンに変化する変異である。反対に，終止コドンがアミノ酸をコードする変異はreadthrough変異である。文献1より。

を邪魔してしまうタイプがあります。これは**優性阻害**（dominant negative）効果と呼ばれます。この場合も優性遺伝形式を取ることになります。

塩基が置き換わることでアミノ酸は影響を受けます（図11.1）。非同義変異（ミスセンス変異）はアミノ酸が変化する変異，同義変異はアミノ酸が変化しない変異です。ナンセンス変異はそこで翻訳が終わってしまう変異で，逆に終止コドンを読み飛ばすreadthroughという変異もあります。

さらに塩基の欠失ないし重複もあります。3の倍数で塩基が欠失すると，読み枠はずれません（in-frame）。3で割り切れない数で欠失が起きた場合には，読み枠がずれる（out-of-frame）ことになります。読み枠がずれる変異やナンセンス変異はタンパク質の機能が喪失しますが，非同義変異が本当にタンパクの機能を喪失しているかというのは評価が難しい場合があります。また，同義変異が転写や翻訳に影響を与える可能性には注意しなければなりません。

機能への影響と疾患との関連

具体例を示したいと思います。*RET*という遺伝子があります。この遺伝子に機能獲得型の変異が起こった場合，多発性内分泌腫瘍症2型（MEN2）を発症します。一方，同じ遺伝子であっても機能喪失型変異では，腸が狭くなる先天性疾患，Hirschsprung病を呈します。どちらも同じ遺伝子が原因ですが，タンパク質が受ける影響の種類によってまったく別の疾患になるということを示しています。また，機能喪失型変異での変化の場所は遺伝子全体に散在しているのに対して，機能獲得型変異は機能的に重要な領域に集中する傾向があります。

別の例として，グルコセレブロシダーゼをコードする*GBA*遺伝子があります。この遺伝子の変異のホモ接合体は，Gaucher病という常染色体劣性の代謝性疾患を呈します。常染色体劣性なので機能喪失型変異により発症するということになります。しかし，この変異をヘテロで持つ人たちはParkinson病になりやすい体質を持つということが最近わかってきました。この体質の場合では常染色体優性遺伝を呈することになるのですが，原因がタンパク質量が減ることによるのか，あるいは遺伝子の変化によって毒性機能を獲得するのか，詳しいところはまだわかっていません。

優性阻害効果についても説明しましょう。例え

174

ば血管型 Ehlers–Danlos 症候群は，責任遺伝子 *COL3A1* の片方のアレルに変異が起こることで発症する疾患です．つまり，作られるタンパク質の 50 ％は正常，50 ％は異常ということになります．このタンパク質の特徴は三量体を形成することです．産生されるタンパク質の正常：異常はそれぞれ 1：1 ですが，最終的な機能単位である完全に正常な三量体（3 つのサブユニットすべてが正常なもの）は 8 分の 1 しか作られないということです（＝1/2 の 3 乗）．異常アレルがなければ転写・翻訳される正常なタンパク質は半量になりますが，三量体の量は 2 分の 1 と増加することになります．

このように，変異を考えるときにはその影響が機能喪失型なのか機能獲得型なのか，常に念頭に置くことが大切です．

異質性と修飾遺伝子

次に遺伝型と表現型について話します．遺伝性疾患の表現型が多様な場合，アレル異質性，座位異質性，修飾遺伝子のいずれかで説明されます．**アレル異質性**（allelic heterogeneity）を示します．例えば，図 11.2 には β グロビン遺伝子の変異の場所を示しています．1 つの遺伝子のいろんな場所に変異があることがわかりますが，その表現型はすべて β サラセミアというヘモグロビン異常症を呈することになります．1 つの遺伝子の異常なのですが，変異の場所によって症状に与える影響度はさまざまになります．

次に**座位異質性**（locus heterogeneity）です．β グロビン遺伝子は 11 番染色体にあり，α グロビン遺伝子は 16 番染色体にあります．別の場所

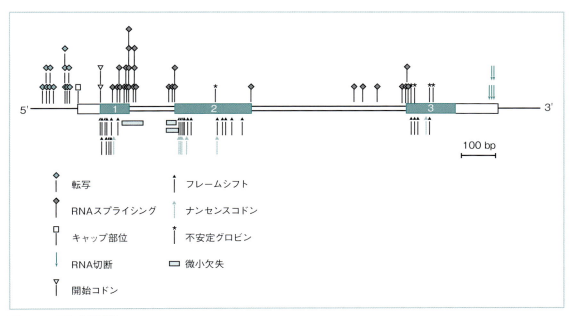

図11.2 アレル異質性
同じ遺伝子（アレル）上のさまざまな変異が β サラセミアの原因になっている．文献 2 より．

にある2つの遺伝子になりますが，どちらの遺伝子に変異が起きてもサラセミアに結びつきます。

最後が**修飾遺伝子**（modifier gene）です。グロビン遺伝子の変異によってヘモグロビン異常症を発症します。ただし，その症状や病態には他の遺伝子も影響してきます。つまり，症状を修飾する遺伝子が複数存在します。また，環境因子も症状に影響を与えることがわかっています。ここでは調節遺伝子の1つとしてマイクロRNAを紹介します。図11.3の上が正常二倍体の赤血球前駆細胞，下が13番染色体トリソミーの赤血球前駆細胞を示しています。13トリソミーでは，マイクロRNAをコードする遺伝子量が1.5倍になっています。6番染色体上の遺伝子にコードされ，胎児期のヘモグロビン遺伝子の発現抑制に働く転写因子MYBに対する転写後発現抑制効果がより強くなること（脱抑制）で表現型に影響を与えます。

マイクロRNAについても少し説明しておきます。マイクロRNAは翻訳されずに，RNAとして働きます。まずDNAから転写されてRNAが作られます。これがステムループRNAという特殊な構造を作って，切断され，核の外に出てきます。核の外に出てきたRNAが再びダイサーによって切断され，二本鎖になります。こうして作られたマイクロRNAの二本鎖の一方が分解されます。残った一本鎖RNAは，大体20～22ヌクレオチドで構成されています。この一本鎖のマイクロRNAが他の遺伝子のRNAに結合することによって，その発現を抑える（遺伝子発現の転写後調節）というメカニズムです。

ヘモグロビンの構造変化と遺伝子発現スイッチ

ヘモグロビンによる疾患を取り上げる前に，ヘモグロビンそのものについて説明しておきます。ヘモグロビンは赤血球の中に含まれていて，酸素を運ぶトラックの役割を果たします。詳しくみる

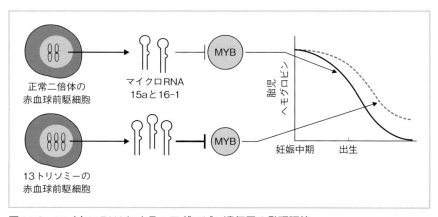

図11.3　マイクロRNAによるヘモグロビン遺伝子の発現調節
マイクロRNA 15aと16-1は，MYBの転写後発現抑制をする。MYBは胎児期ヘモグロビン遺伝子の発現抑制に働く転写因子である。このマイクロRNAは13番染色体上にコードされているため，13トリソミーでは遺伝子量が1.5倍になり，MYBの転写後発現抑制が強まる。その結果，13トリソミーでは胎児期ヘモグロビン遺伝子の発現抑制が弱まる。文献2より。

と，αグロビン鎖が2つ，βグロビン鎖が2つの四量体を形成し，その中にヘムという構造があります。ここで四量体をつくるという点が重要です。αグロビン遺伝子は16番染色体，βグロビン遺伝子は11番染色体にあります。ここからαグロビン鎖とβグロビン鎖がそれぞれ作られ，それらが四量体を形成します。そしてヘモグロビンAという成人型のヘモグロビン（$\alpha_2\beta_2$）が生成されます。αグロビン鎖に対してβグロビン鎖の産生が低くなった場合をβサラセミアと呼びます。一方，βグロビン鎖に対してαグロビン鎖が少ない状態をαサラセミアと呼びます。ヘムの代謝に関しては別経路なので，ここでは省略しています。

グロビン遺伝子はクラスターを形成しています。**図11.4**Aは，αグロビン遺伝子クラスターとβグロビン遺伝子クラスターを示しています。αグロビン遺伝子クラスターをみていくと，同じような構造を持った3つの遺伝子が並んでいます。左からζ，$\alpha2$，$\alpha1$です。$\alpha2$と$\alpha1$は同じ配列をしています。一方でβグロビン遺伝子クラスターには同じような構造を持つ遺伝子が5つあります。さらにその下に発生段階という項目がありますが，これは胚から胎児になり，出生して成人になるに従って発現する遺伝子が変化していくということを示しています。

発生段階による遺伝子発現の遷移

例えばヘモグロビンGower 1では$\zeta_2\varepsilon_2$と書いてあります。これはαグロビンクラスターではζが発現し，βグロビンクラスターでは一番左のεが発現することで，四量体を作っているということになります。それが胎児になると$\alpha2$と$\alpha1$が発現するようになり，βグロビンクラスターでもG_γないしはA_γが発現するようになります。

結果，$\alpha_2\gamma_2$四量体のヘモグロビンFが産生されます。成人になると一番右端の$\alpha2$と$\alpha1$が発現し，βグロビンクラスターでは主にβが産生されることで成人型の$\alpha_2\beta_2$が産生されるようになるという流れになります。つまり，発生時期によって発現する遺伝子がどんどん移行していきます。移行する順番，発現する時期の順番に並んでいるという構造に注意が必要です。

図11.4Bをみると，発生時期によって赤血球の産生部位が卵黄嚢，肝臓，脾臓，骨髄と移動していることがわかります。その下図は，出生前／出生後の週数によってどの遺伝子が発現しているかを示しています。この図からわかるように，αグロビン遺伝子は受精後の週数の早い時期から既に高発現しています。逆にいうとαグロビン遺伝子の発現が落ちることは，胎児期で影響を及ぼしやすいということになります。一方，βのほうは出生後に上昇してくるということで，βグロビン遺伝子の発現異常は出生後から明らかになってきます。

グロビン遺伝子スーパーファミリー

なお，ここまでグロビンクラスターという表現をしてきましたが，進化の過程で脊椎動物のグロビン遺伝子はスーパーファミリーを作っています（**図11.5**）。祖先遺伝子から少しずつその姿を変え，重複を繰り返しながら，現在の姿になっています。

8億年前には14番染色体にあるニューログロビン遺伝子ができ，5億年前を超えたあたりで17番染色体にサイトグロビン遺伝子が作られ，その途中でミオグロビン遺伝子も派生しました。さらにαグロビンが作られ，それが重複を繰り返しαグロビンクラスターが形成されました。1億5,000万年前にβグロビンができ，それがまた重複を繰

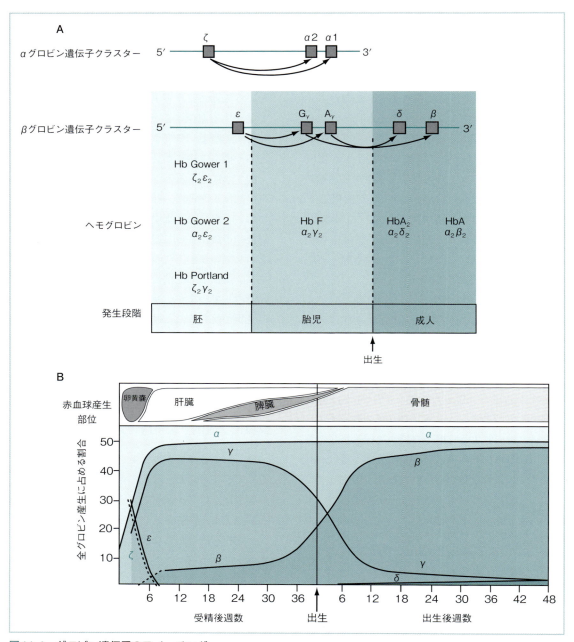

図11.4 グロビン遺伝子のスイッチング
A：ゲノム上のαグロビン遺伝子クラスターとβグロビン遺伝子クラスターの並びと，発生段階での発現時期．発現する時期の順番に遺伝子が並んでいることに注意．
B：発生時期によって赤血球の産生部位と，全グロビン産生に占める各サブユニットの割合．
文献2より．

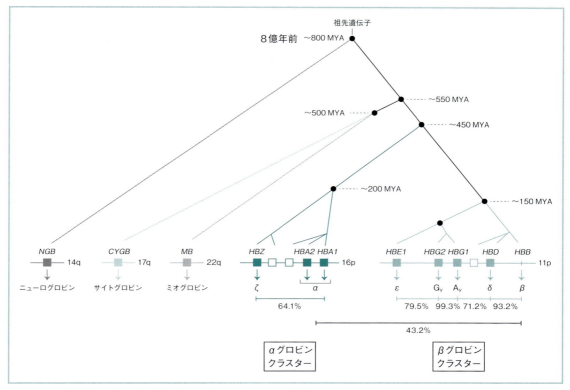

図11.5 脊椎動物のグロビン遺伝子スーパーファミリーの進化
脊椎動物のグロビン遺伝子は遺伝子重複によってコピーを増やし、スーパーファミリーを形成している。αグロビンクラスターとβグロビンクラスターの重複は約4.5億年前に起こり、その後、それぞれが近傍で遺伝子重複を繰り返すことでクラスターを形成したと考えられる。文献3より。

り返してクラスターを形成し、今の構造に至っています。結果として、それぞれのクラスターの中では類似した遺伝子構造が存在するということがいえます。

βグロビン遺伝子と座位制御領域（LCR）

疾患を学ぶ前に、基本となるβグロビン遺伝子の構造も解説します。βグロビン遺伝子は3つのエクソンから成り立っています（図11.6）。エクソンが3つ、エクソン1と2に挟まれるイントロン1、エクソン2と3に挟まれるイントロン2、そしてエクソン1の5′側とエクソン3の3′側にタンパク質に翻訳されない領域（非翻訳領域）があることがわかります。

もう一点、βグロビン遺伝子で重要なことがあります。座位制御領域（locus control region：LCR）の存在です。図11.7にβグロビン遺伝子クラスターを示しましたが、進化的に重複を重ねた結果、εからβまでの遺伝子が並んでいます。βから見るとちょうど100 kb 上流領域にLCRがあります。この領域が欠失すると ε、γ、δ、β、すべての遺伝子が働かなくなります。つまり

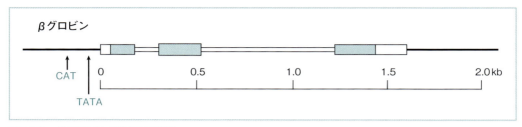

図11.6　βグロビン遺伝子の構造
βグロビン遺伝子は3つのエクソンと2つのイントロンからなる。エクソンはボックスで表し，そのうちのタンパク質に翻訳される領域は色をつけて示した。エクソン1の5′側とエクソン3の3′側にはタンパク質に翻訳されない領域がある。エクソンに挟まれた白い横棒はイントロンを示す。文献2より。

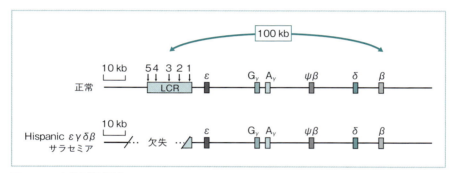

図11.7　座位制御領域
座位制御領域（LCR）は構造遺伝子のクラスター外に位置するDNAドメインで，クラスター内にある遺伝子の適切な発現に関与している。文献2より。

$\varepsilon \sim \beta$ の正常な遺伝子発現には，β 遺伝子から100 kbも離れた場所にあるLCR領域が重要な役割を果たしていることになります。

なぜ，こんなに離れているのに発現をコントロールすることができるのでしょうか。その理由は直線的に働いているわけではなく，ループ構造を作っているからだとわかっています。LCRにさまざまな転写因子が結合することで，胎児期にはG$_\gamma$ないしA$_\gamma$が働くようになり，成人になると別の転写因子が結合することによってδないしはβが働くように変化していきます。このためLCRが失われるとスイッチングがうまくいかなくなり，正常な遺伝子発現ができなくなります。

ヘモグロビン異常症は複数の機序が原因となる

実際にヘモグロビン異常症をみていきます。ヘモグロビン異常症は大きく3つに分かれます。質的異常，量的異常，そしてスイッチング異常です。

質的異常というのはアミノ酸が変化することによる構造異常になります。この講義では鎌状赤血球症を扱います。

量的異常というのはαグロビンとβグロビンの量的不均衡による疾患になります。αサラセミ

ア，βサラセミア，ATR-X 症候群などがこれに
あたります。

スイッチング異常は今回は詳しく扱いません
が，先ほど説明したαグロビンクラスターとβグ
ロビンクラスターが発生時期によって発現が変化
していく，そのスイッチングに異常が起こること
により発生する疾患になります。スイッチング異
常の例としては遺伝性高胎児ヘモグロビン症が挙
げられます。

鎌状赤血球症

βグロビン遺伝子の非同義変異とその影響に関
して**表 11.1** を挙げました。ここでは特に **Hb S**
と**鎌状赤血球症**を扱います。

Hb S というのは鎌状赤血球症で現れる赤血球
です。鎌状赤血球症はβグロビンの 6 番目のグル
タミン酸がバリンに変わる変化によって発症する
疾患です。通常 GAG のところが GTG へと一塩
基置換することで，このようなアミノ酸の変化が
起こります。この変化をホモで持つ人ではヘモグ
ロビンが凝集するために赤血球の形が変化しにく
くなり，血管中で閉塞が起こりやすくなり，さま

ざまな症状を呈することになります。

鎌状赤血球症の興味深いところは，ヘテロ接合
体の優位性がある点です。他の講義でも説明があ
りますが，アフリカ大陸の赤道を中心とした地域
では，鎌状赤血球症の Hb S アレルの頻度が非常
に高いという事実があります。変異アレルをホモ
接合で持つ人たちは非常に重症化するので問題と
なるわけですが，ヘテロ接合で持っている人たち
はマラリア原虫に感染しにくくなります。した
がって，マラリアが流行している地域において
は，ヘテロ接合体のほうが適応度が高いといわれ
ています。そのため，マラリアの流行地に住んで
いる人たちでは，この変異アレルを持っている割
合が高いとされています。

αサラセミア

次にサラセミアを学びたいと思います。サラセ
ミアは 16 番染色体のαグロビンと 11 番染色体
のβグロビンから翻訳されるタンパク質の不均衡
が原因ということを先ほどお話ししました。βグ
ロビン鎖が少なければβサラセミア，αグロビン
鎖が少なければαサラセミアという病態になりま

表11.1　βグロビン遺伝子のミスセンス変異

バリアントの分類	アミノ酸置換	変異の病態生理学的影響	遺伝形式
Hb S	β鎖：Glu6Val	脱酸素化された Hb S が重合→鎌状赤血球→血管閉塞と溶血	AR
Hb Hammersmith	β鎖：Phe42Ser	不安定ヘモグロビン→ヘモグロビンの沈殿→溶血，酸素親和性の低下	AD
Hb Hyde Park（Hb M）	β鎖：His92Tyr	アミノ酸置換によりヘム鉄がメトヘモグロビン還元酵素に対して抵抗性を獲得→酸素を運搬できない Hb M →チアノーゼ（非症候性）	AD
Hb Kempsy	β鎖：Asp99Asn	アミノ酸置換によりヘモグロビンを酸素親和性が高い構造に固定→組織における低酸素→多血症	AD
Hb E	β鎖：Glu26Lys	変異→異常ヘモグロビンと合成量の減少（RNA スプライシングの異常）→軽症サラセミア	AR

AD：常染色体優性遺伝，AR：常染色体劣性遺伝，Hb M：メトヘモグロビン（本文参照）。文献 2 より。

す。

　αサラセミアから説明します。先ほどαグロビン遺伝子クラスターを紹介しましたが，まったく同じ配列を持つα2とα1が横並びになって，縦列配列しています。ここで重要なのは，似た構造を持つ遺伝子が縦列配列しているために，第一減数分裂の組換えの際にズレが発生する場合があることです（図11.8）。例えばα1とα1ではなく，α1とα2の間で組換えを起こすことにより，αが1つになったアレルができたり，α2・α・α1のようにα遺伝子を3つ持つアレルが形成されることがあります。つまり，本来はα2同士ないしα1同士で組換えを起こせば問題ないのですが，構造が似ているために少しずれて組換えを起こすということです。これを非アレル間相同組換え（non-allelic homologous recombination：NAHR）といいます。

　NAHRの結果として，α遺伝子が1つ少ない，あるいは3つ持っているアレルが形成される場合があります。そのため，αグロビン遺伝子を4つ持つのが一般的な正常遺伝型なのですが，例えば3つしかない，2つしかない，1つしかない，まったくないという状況が起こり得ます（図11.9）。α鎖の量からすれば100％から0％であり，臨床症状も正常から無症状保因者，αサラセミア，ヘモグロビンH症，胎児水腫を呈するような非常に重い病態までが起こり得るということになります。

ATR-X症候群

　ここでαサラセミアと関連するATR-X症候群を取り上げます。ATR-XのATはαサラセミア（α-thalassemia）を表します。Rは精神遅滞（mental retardation）のことですが，現在は知的障害（intellectual disability）という呼び方の方が推奨されています。つまり，ATR-X症候群とはαサラセミアと知的障害を呈する症候群になります。

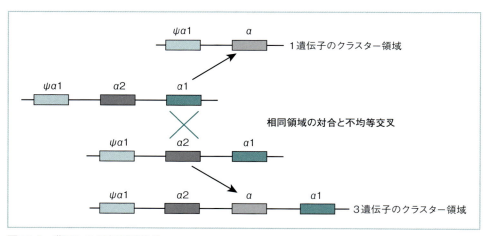

図11.8　非アレル間相同組換え
αグロビン遺伝子のように似た配列を持つ遺伝子が縦列に並んでいる場合，隣の遺伝子の相同領域と対合と不均等交叉が起こることがある。これは非アレル間相同組換え（NAHR）と呼ばれる。NAHRの結果，αグロビン遺伝子を1遺伝子しか持たないクラスター，あるいは3遺伝子持つクラスターが形成される。文献2より。

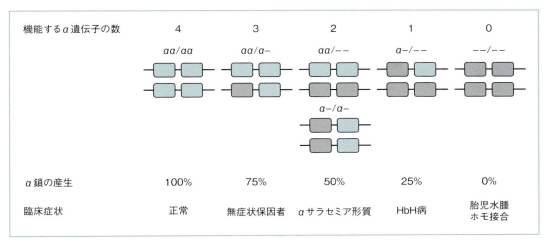

図11.9　αサラセミアの遺伝型と臨床症状

　αグロビン鎖の遺伝子は16番染色体にありますが，その近くには発達にかかわる遺伝子も存在しています．αサラセミアと知的障害を呈する患者の一部では，この16番染色体のαグロビン遺伝子を含む領域が欠失していることがわかりました．16番染色体の末端が欠けている患者はATR-16と呼ばれます．

　しかし，16番染色体はまったく欠失しておらず，それにもかかわらずαサラセミアを呈する男性のみの患者群が存在することも明らかになりました．16番染色体が欠けていない患者はすべて男性なのでX染色体に原因があることが予想され，ATR-Xと命名されました．現在ではATRX遺伝子が同定されていますが，このATRX遺伝子が変化してATRXタンパク質が働かなくなることにより，αグロビン遺伝子がαグロビン鎖を作れなくなる病態です．結果としてαグロビン鎖とβグロビン鎖の量がアンバランスになり，βが過剰になります．そのためにαサラセミアを呈することになります．また，ATRX遺伝子の異常は他の遺伝子の発現異常をも引き起こすため，知的障害や外性器異常，骨格異常といったさまざまな症状を呈することがわかっています．

　αグロビン遺伝子の上流には繰り返し配列があります[4]（図11.10）．この繰り返し配列が長いアレルをもつ人もいれば短いアレルをもつ人もいます．長い繰り返し配列のアレルでは，G-quadruplex（グアニン四重鎖構造：G4）と呼ばれる特別な構造が形成されやすくなり，正常なATRXがないとαグロビン遺伝子が正常に発現しなくなります．一方で繰り返し配列が短いアレルでは，ATRXがなくても，αグロビンの発現は変わりません．つまり繰り返し配列の長さが，症状の重症度に関連するということになります．ATRXはG4構造に結合することによって周囲の遺伝子の発現に影響を与えていることがわかりました．最近の研究では，ATR-X症候群に対してアミノレブリン酸の投与により体内でG4構造に結合能をもつポルフィリン体に代謝され，G4

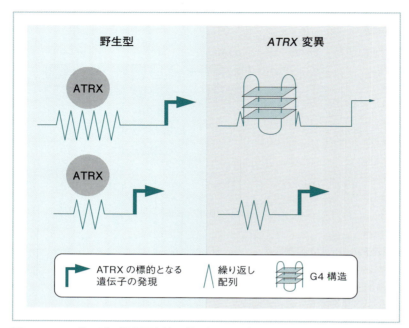

図11.10　αグロビン遺伝子上流の繰り返し配列の長さとATRXによる安定化
αグロビン遺伝子上流の繰り返し配列があり，繰り返し配列が長いアレルと短いアレルがある。長い繰り返し配列のアレル（上）ではG-quadruplex（G4）と呼ばれる特殊構造をとりやすく，この構造をとるとαグロビン遺伝子が正常に発現しなくなるが，野生型ではATRXタンパク質がそれを抑制している。一方，短い繰り返し配列のアレル（下）ではATRXがなくてもαグロビンの発現は変わらない。文献4より。

構造を安定化させる治療法の可能性が報告されました[5]。

βサラセミア

次にβサラセミアの説明に移ります。αグロビン遺伝子が欠失することによってαサラセミアになるのとは対称的に，βサラセミアの多くは一塩基置換が原因になっています。ここでは特にRNAスプライシング異常とナンセンス変異を中心に取り上げたいと思います。

βサラセミアと一塩基置換：βグロビン遺伝子は3つのエクソンから成りますが，他の遺伝子と同様にスプライシングによってイントロンが抜け，タンパク質に翻訳されます。ここで重要なのは，イントロンの上流端と下流端がそれぞれgtとagであることです。2番目のイントロンもgtで始まり，agで終わります。正常なスプライシングにはこのgt-ag構造が重要といわれています。これを「gt-ag法則」といいます。gtをスプライス供与部位（図11.11のD），agをスプライス受容部位（図11.11のA）と呼びます。

実際に配列をみてみます（図11.11）。エクソン1の後で，イントロン1はgtで始まり（D），agで終わっています（A）。イントロン2もgtで始まり（D），agで終わっています（A）。このようにイントロンはgtで始まりagで終わるわけで

エクソン 1

5′ ....agccacaccctaggggttggccaatctactcccaggagcagggagggcaggagccagggctgggcataaaa
gtcagggcagagccatctcattgcttACATTTGCTTCTGACACAACTGTGTTCACTAGCAACCTCAAACAGACACCATG
ValHisLeuThrProGluGluLysSerAlaValThrAlaLeuTrpGlyLysValAsnValAspGluValGlyGly AAG
GTGCACCTGACTCCTGAGGAGAAGTCTGCCGTTACTGCCCTGTGGGGCAAGGTGAACGTGGATGAAGTTGGTGGTGAG
AlaLeuGlyAr
GCCCTGGGCAGgttggtatcaaggttacaagacaggttaaggagaccaatagaaactgggcatgtgtggacagagaag

イントロン 1

actcttgggtttctgataggcactgactctctctgcctattggtctattttcccacccttagGCTGCTGGTGGTCTAC

エクソン 2

ProTrpThrGlnArgPhePheGluSerPheGlyAspLeuSerThrProAspAlaValMetGlyAsnProLysValLys
CCTTGGACCCAGAGGTTCTTTGAGTCCTTTGGGGATCTGTCCACTCCTGATGCTGTTATGGGCAACCCTAAGGTGAAG
AlaHisGlyLysLysValLeuGlyAlaPheSerAspGlyLeuAlaHisLeuAspAsnLeuLysGlyThrPheAlaThr
GCTCATGGCAAGAAAGTGCTCGGTGCCTTTAGTGATGGCCTGGCTCACCTGGACAACCTCAAGGGCACCTTTGCCACA
LeuSerGluLeuHisCysAspLysLeuHisValAspProGluAsnPheArg
CTGAGTGAGCTGCACTGTGACAAGCTGCACGTGGATCCTGAGAACTTCAGGgtgagtctatgggacccttgatgtttt

イントロン 2

ctttccccttctttttctatggttaagttcatgtcataggaaggggagaagtaacagggtacagtttagaatgggaaac
agacgaatgattgcatcagtgtggaagtctcaggatcgttttagtttcttttatttgctgttcataacaattgttttc
ttttgtttaattcttgctttctttttttttcttctccgcaattttttactattatacttaatgcctttaacattgtgtat
aacaaaaggaaatatctctgagatacattaagtaacttaaaaaaaaactttacacagtctgcctagtacattactatt
tggaatatatgtgtgcttatttgcatattcataatgtccctactttattttcttttattttttaattgatacataatca
ttatacatatttatgggttaaagtgtaatgttttaatatgtgtacacatattgaccaaatcagggtaatttttgcatt
tgtgtaCrttaaaaaatgctttcttctttttaatatactttttttgtttatcttatttctaatactttccctaatctcttt
ctttcagggcaataatgatacaatgtatcatgcctctttgcaccattctaaagaataacagtgataatttctgggtta
aggcaatagcaatatttctgcatataaatatttctgcatataaattgtaactgatgtaagaggtttcatattgctaa
tagcagctacaatccagctaccattctgctttttatttttatggttgggataaggctggattattctgagtccaagctag
gcccttttgctaatcatgttcatacctcttatcttcctcccacagCTCCTGGGCAACGTGCTGGTCTGTGTGCTGGCC

エクソン 3

HisHisPheGlyLysGluPheThrProProValGlnAlaAlaTrpGlnLysValValAlaGlyValAlaAsnAlaLeu
CATCACTTTGGCAAAGAATTCACCCCACCAGTGCAGGCTGCCTATCAGAAAGTGGTGGCTGGTGTGGCTAATGCCCTG
AlaHisLysTyrHisTer
GCCCACAAGTATCACTAAGCTCGCTTTCTTGCTGTCCAATTTCTATTAAAGGTTCCTTTGTTCCCTAAGTCCAACTAC
TAAACTGGGGGATATTATGAAGGGCCTTGAGCATCTGGATTCTGCCTAATAAAAAACATTTATTTTCATTGCaatgat
gtatttaaattatttctgaatatttactaaaaagggaatgtgggaggtcagtgcatttaaaacataaagaaatgatg
agctgttcaaaccttgggaaaatacactatatcttaaactccatgaaagaaggtgaggctgcaaccagctaatgcaca
ttggcaacagcccctgatgcctatgccttattcatccctcagaaaaggattcttgtagaggcttga.... 3′

図11.11　βグロビン遺伝子の塩基配列

色で囲んだ部分はエクソンを表し，塩基配列を大文字で表した。エクソンに挟まれた箇所はイントロンで，その塩基配列は小文字で示している。また，βグロビン遺伝子のアミノ酸配列をコード配列の上に示した。イントロンは gt（矢印D）ではじまり，ag（矢印A）で終わっている。イントロン2の矢印Aの箇所の塩基が gg に変化した場合，その上流にある ag（矢印Cr）がスプライシングに用いられるため，異常なタンパク質が形成される。文献2より。

すが，一塩基置換が起きて例えばイントロン2の最後の ag が gg に変わった場合，gt–ag 法則に反しますから，元々あった ag のかわりにその上流にある ag（Cr）（イントロン2潜在受容部位）が用いられることになります。このため，手前の ag（Cr）から下流がエクソン扱いされることに

なってしまい，異常なタンパク質ができてしまいます。正常なスプライス受容部位が破壊され，それまでは使われていなかった潜在部位と呼ばれる別の ag が使われ，異常タンパク質ができるという病態です。

イントロン内の別パターンの変化も異常タンパク質を作りだします。今度は図 11.11 のイントロン 1 をみていただきたいのですが，やはり gt で始まり ag で終わっています。イントロン 1 内には ggt（ag）という配列がありますが，この場所で 1 塩基が変化して，ggt が agt に変わるとします。本来はさらに下流の ag（A）を使ってスプライシングが起こるはずなのですが，新たに手前に ag ができたことで，この場所で誤ったスプライシングが起こり得ます。この場合，正常なタンパク質も作られるのですが，約 90 ％で異常タンパク質が作られてしまいます。イントロン内の配列が変化することによって，新たなスプライス受容部位が形成されるという異常です。

エクソン内の変化でも異常タンパク質は作られます。エクソン 1 の中にグルタミン酸をコードする GAG 配列があります（囲み部分）。この GAG が AAG になることで，グルタミン酸がリシンになるという変化が起こったとします。一見するとアミノ酸が変わる非同義変異にみえますが，これはアミノ酸を変化させるだけではなく，AAG は新たなスプライシングを起こす場所にもなります（エクソン内の潜在スプライス供与部位の活性化）。供与部位のコンセンサス配列は AAG**GTAAGT** なのですが，置換によって GTG**GTAAGG** という非常によく似た配列になってしまうからです。この場合でも正常なスプライシングは起こるのですが，本来起こるべきではない所をスプライシングしてしまい，異常タンパク質も作られてくるという状況になります。これは非常に興味深い

現象で，エクソン内の変化もスプライシングに影響を与えるということです。このように，一見非同義変異であっても，スプライシングに影響を与える可能性があります。あるいは，非同義置換ではない同義置換によってもスプライシングが影響を受けるかもしれないという点で注意が必要です。

まとめると，イントロン両端の gt–ag 配列以外にも，イントロン中心部の配列やエクソン内のさまざまな配列の変化が，スプライシングに影響する可能性があるということになります。

βサラセミアとナンセンス変異：最後にナンセンス変異についてふれます。**図 11.12** は β グロビン遺伝子の 3 つのエクソンを示していますが，ナンセンス変異もさまざまな場所に入る可能性があります。ナンセンス変異の入る場所を図中に星印で表しました。

通常であれば ATG から始まり TAA で終わる長いタンパク質が作られるわけですが，例えば最後のエクソンであるエクソン 3 の途中でナンセンス変異が入ると（図 11.12 の一番右の星印），少し短いタンパク質ができることは想像がつくと思います。しかしもっと上流，例えばエクソン 1 にナンセンス変異が入ったときにはさらに短いタンパク質ができるのではなくて（図 11.12 の一番左の星印），メッセンジャー RNA の段階で分解メカニズムが働き，タンパク質自体が産生されません。これをナンセンス変異依存性 mRNA 分解（nonsense mediated mRNA decay：NMD）と呼びます。

β グロビン遺伝子は 3 つのエクソンから成りますので，エクソン 2 とエクソン 3 が連結された所が最後の結合部位となります。一般に最後のエクソン（last exon）と最後から 2 番目のエクソン（penultimate exon）の結合部位から 55 塩基上

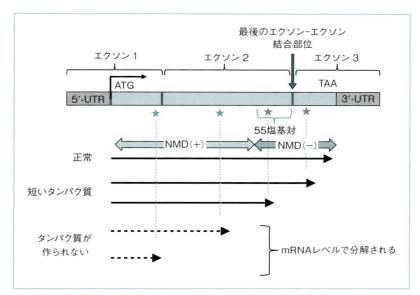

図11.12　ナンセンス変異依存性mRNA分解
βグロビン遺伝子の3つのエクソンを示し，ナンセンス変異の入りうる箇所を★印で表した。上流のNMD（＋）と示した領域でナンセンス変異が入ると，ナンセンス変異依存性mRNA分解（NMD）というメカニズムによってmRNAが分解され，タンパク質はまったく作られない。一方，下流のNMD（−）と示した領域でナンセンス変異が入るとNMDは働かず，短い異常なタンパク質が作られる。

流の部位よりも5′側でナンセンス変異が入ったときにはNMDが働き，mRNAレベルでの分解が起こり，異常タンパク質は作られません。一方で，それより下流のNMD（−）部分であれば，異常なタンパク質ができてしまいます。まったく作られないか，異常なタンパク質が作られるかということで，同じナンセンス変異でも病態に差が出てくることになります。

● ● ●

まとめになりますが，ヘモグロビン異常症は単一遺伝子疾患を理解する基本になります。遺伝性疾患の病態の理解に役立ててください。

● 文献

1) Brown TA: Genomes 3. Garland Science, 2007
2) Nussbaum RL 著（福嶋義光監訳）：トンプソン＆トンプソン遺伝医学 第2版．メディカル・サイエンス・インターナショナル，2017.
3) Strachan T, Read A 著（戸田達史，井上聡，松本直通監訳）：ヒトの分子遺伝学 第5版．メディカル・サイエンス・インータナショナル，2021.
4) Law MJ, et al. ATR-X syndrome protein targets tandem repeats and influence allele-specific expression in a size-dependent manner. *Cell* 2010; 143; 367-78. [PMID: 21029860]
5) Shinoda N, et al. Targeting G-quadruplex DNA as cognitive function therapy for ATR-X syndrome. *Nat Med* 2018; 24: 802-813. [PMID: 29785027]

第 **12** 講

遺伝性疾患の機序：
分子，細胞，生化学経路は
どう変化しているのか？

古庄知己 ● 信州大学医学部 遺伝医学教室／信州大学医学部附属病院 遺伝子医療研究センター

> この講義では，遺伝性疾患を引き起こす代表的なメカニズムを学びます．遺伝性
> 疾患では分子レベル，細胞レベルでどのような変化が起こっているのでしょうか．
> 酵素異常，受容体異常，輸送異常，構造タンパク質異常，神経変性疾患について，
> 代表的な疾患とともに見ていきましょう．

遺伝性疾患のさまざまな機序

　まず，細胞の各部位・タンパク質と遺伝性疾患の関連を示した表を示します（表12.1）．細胞小器官のなかでもミトコンドリアに関係したものでは，酸化的リン酸化やミトコンドリアタンパク質の翻訳にかかわる疾患があります．また，ペルオキシソームやライソゾーム関連の疾患もあります．細胞外タンパク質としては，輸送，モルフォゲン，プロテアーゼ阻害，止血，ホルモン，細胞外マトリックス，炎症・感染反応の異常によって疾患が引き起こされます．それから細胞質では，代謝酵素や細胞骨格にかかわる疾患が挙げられます．細胞表面では，ホルモン受容体，増殖因子受容体，代謝受容体，イオン輸送，抗原提示が重要です．さらに核内でも，発生に関与する転写因子，ゲノムの完全性に関する遺伝子，RNA翻訳調節，クロマチン関連タンパク質，腫瘍抑制因子，がん遺伝子といった，さまざまな要素と遺伝性疾患が関係していることがみてとれます．

酵素異常症

高フェニルアラニン血症

　酵素異常から話を進めていきます．酵素が関与する疾患として代表的なものが，高フェニルアラニン血症です．その最も有名な病態がフェニルケトン尿症になります．これは常染色体劣性遺伝で，フェニルアラニン水酸化酵素（PAH），もしくはPAHの補酵素であるテトラヒドロビオプテリン（BH_4）の異常によって起こります．ここで酵素異常症の基本についてふれておきますと，酵

表12.1　遺伝要因の強い疾患と関連するタンパク質の例

細胞内における機能部位	機能	タンパク質	疾患
核	発生に関与する転写因子	Pax6	無虹彩症
	ゲノム完全性	BRCA1, BRCA2	乳がん
	ゲノム完全性	DNA ミスマッチ修復タンパク質	Lynch 症候群（遺伝性非ポリポーシス性大腸がん）
	RNA 翻訳調節	FMRP（RNA に結合して翻訳を抑制）	脆弱 X 症候群
	クロマチン関連タンパク質	MeCP2（転写抑制）	Rett 症候群
	腫瘍抑制因子	Rb タンパク質	網膜芽細胞腫
	がん遺伝子	BCR–Abl がん遺伝子	慢性骨髄性白血病
細胞小器官（ミトコンドリア）	酸化的リン酸化	電子伝達系の ND1 タンパク質	Leber 遺伝性視神経症
	ミトコンドリアタンパク質の翻訳	tRNA^{Leu}	MELAS
	ミトコンドリアタンパク質の翻訳	12S RNA	感音難聴
細胞小器官（ペルオキシソーム）	ペルオキシソーム生合成	12 個のタンパク質	Zellweger 症候群
細胞小器官（ライソゾーム）	ライソゾーム酵素	ヘキソサミニダーゼ A	Tay-Sachs 病
	ライソゾーム酵素	α–L–イズロニダーゼ欠損症	Hurler 症候群
細胞表面	ホルモン受容体	アンドロゲン受容体	アンドロゲン不応症
	増殖因子受容体	FGFR3 受容体	軟骨無形成症
	代謝受容体	LDL 受容体	高コレステロール血症
	イオン輸送	CFTR	嚢胞性線維症
	抗原提示	HLA 座位 DQβ1	1 型糖尿病
細胞質	代謝酵素	フェニルアラニン水酸化酵素	フェニルケトン尿症
	代謝酵素	アデノシンデアミナーゼ	重症複合免疫不全症
	細胞骨格	ジストロフィン	Duchenne 型筋ジストロフィー
細胞外タンパク質	輸送	β グロビン	鎌状赤血球症, β サラセミア
	モルフォゲン	ソニックヘッジホッグ	全前脳胞症
	プロテアーゼ阻害	α$_1$ アンチトリプシン	肺気腫, 肝疾患
	止血	第 VIII 因子	血友病 A
	ホルモン	インスリン	2 型糖尿病のまれな病型
	細胞外マトリックス	I 型コラーゲン	骨形成不全症
	炎症, 感染への反応	補体 H 因子	加齢黄斑変性症

文献 1 より作成。

素異常症とは，基質が生成物に変換される反応が障害されることによって起こります。酵素異常によって特定の反応が進まないために基質が過剰になる，もしくは生成物が欠乏することによって起こる疾患です。

高フェニルアラニン血症で障害されている生化学的反応経路についてみていきます（図 12.1）。フェニルアラニンはフェニルアラニン水酸化酵素によってチロシンに代謝されますが，この反応には BH4 という補酵素もかかわっています。高フェニルアラニン血症のほとんどが PAH の異常症ですが，1 〜 3 % は BH4 の生合成・再利用の異常によって起こることがわかっています。図 12.1 の右には BH4 異常についての代謝図が示されていますが，BH4 異常によりフェニルアラニン水酸化酵素のみならず，チロシン水酸化酵素やトリプトファン水酸化酵素も障害されるので，チロシンだけでなく L-ドーパ，ドーパミン，アドレナリン，それからセロトニンの欠乏も起きることがわかります。

表 12.2 は，高フェニルアラニン血症の座位異質性を示しています。座位異質性については第 11 講も参照してほしいのですが，ある臨床症状がさまざまな座位の変異によって生じることをいいます。まず，フェニルアラニン水酸化酵素をコードする遺伝子の変異によるものをみていきま

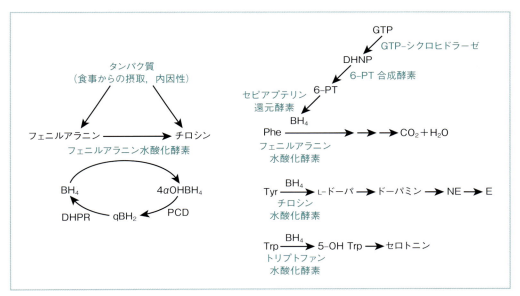

図 12.1　高フェニルアラニン血症で障害される生化学的反応経路
高フェニルアラニン血症のほとんどはフェニルアラニン水酸化酵素（PAH）の異常によって起こるが，PAH の補酵素であるテトラヒドロビオプテリン（BH4）の異常によっても起こる。BH4 異常ではフェニルアラニン水酸化酵素だけでなく，チロシン水酸化酵素やトリプトファン水酸化酵素も障害されるため，L-ドーパ，ドーパミン，アドレナリン，セロトニンの欠乏も生じる。
BH4：テトラヒドロビオプテリン，4αOHBH4：4αヒドロキシテトラヒドロビオプテリン，qBH2：クイニノイドジヒドロビオプテリン，PCD：プテリン 4αカルビノールアミン脱水酵素，Phe：フェニルアラニン，Tyr：チロシン，Trp：トリプトファン，GTP：グアノシン三リン酸，DHNP：ジヒドロネオプテリン三リン酸，6-PT：6-ピルボイルテトラヒドロプテリン，L-ドーパ：L-ジヒドロキシフェニルアラニン，NE：ノルアドレナリン，E：アドレナリン，5-OH Trp：5-ヒドロキシトリプトファン。文献 1 より。

表12.2　高フェニルアラニン血症における座位異質性

生化学的異常	頻度 /10^6 出生児	異常酵素	治療
フェニルアラニン水酸化酵素 (PAH) をコードする遺伝子の変異			
古典型 PKU	5 〜 350（集団により異なる）	PAH	フェニルアラニン制限食*
異型 PKU	古典型 PKU より少ない	PAH	フェニルアラニン制限食（古典型 PKU よりも軽度の制限食*）
非 PKU 高フェニルアラニン血症	15 〜 75	PAH	特に必要としない，または非常に軽度のフェニルアラニン制限食*
テトラヒドロビオプテリン (BH$_4$) 代謝系の酵素をコードする遺伝子の変異			
BH$_4$ リサイクル障害	< 1	PCD, DHPR	フェニルアラニン制限食＋L–ドーパ, 5-HT, カルビドーパ（DHPR 変異患者では＋葉酸）
BH$_4$ 生合成の障害	< 1	GTP–CH, 6-PTS	フェニルアラニン制限食＋L–ドーパ, 5-HT, カルビドーパ, 薬理学的投与量の BH$_4$

*BH$_4$ 補充療法は，*PAH* 遺伝子変異によるこれら 3 つのグループの疾患に罹患する患者の一部で，PAH 活性を上昇させる可能性がある。
BH$_4$：テトラヒドロビオプテリン, DHPR：ジヒドロプテリジン還元酵素, GTP–CH：グアノシン三リン酸シクロヒドロラーゼ, 5-HT：5-ヒドロキシトリプトファン, PAH：フェニルアラニン水酸化酵素, PCD：プテリン 4α カルビノールアミン脱水酵素, PKU：フェニルケトン尿症, 6-PTS：6-ピルボイルテトラヒドロプテリン合成酵素。文献 1 より。

す。古典的なフェニルケトン尿症（PKU）が最も多く，集団によって差がありますが，頻度は 100 万人あたり 5 〜 350 人ぐらいです。これは PAH 酵素の異常によるもので，治療はフェニルアラニン制限食になります。フェニルアラニンの摂取量を減らすことにより，神経障害の大部分を回避できます。異型 PKU は古典型よりは少ないですが，異常酵素の活性が古典型よりもやや高くなります。治療はやはりフェニルアラニン制限食ですが，古典型よりも軽度の制限になります。また，非 PKU 高フェニルアラニン血症というものがあり，こちらも同じく PAH の異常によりますが，特に治療を必要としない，もしくは非常に軽度のフェニルアラニン制限が必要となる病態です。

BH$_4$ 代謝系の酵素をコードする遺伝子の変異によって起きるものとしては，大まかに分けて BH$_4$ のリサイクル障害と，生合成障害があります。いずれも頻度は非常に低くなっています。この場合の治療にはフェニルアラニン制限食だけでなく，L–ドーパ，5-ヒドロキシトリプトファン，カルビドーパ等の補充も必要になってくる点に注意が必要です。

PAH 遺伝子の変異は民族集団によって違いがあります。ヨーロッパ系の集団では 7 つの変異が多くを占めており（R408W, IVS12nt1g>a, IVS10nt–11g>a, I65T, Y414C, R261Q, F39L），アジア系では 6 つの変異が大部分を占めています（R413P, R243Q, E6nt–96a>g, IVS4nt–1g>a, R111X, Y356X）。ホモ接合体よりも複合ヘテロ接合体のほうが多いことがわかっていますが，同一変異でも臨床症状には幅があります。

この疾患に関しては新生児マススクリーニングについて知っておく必要があります。ろ紙血を用いて新生児の血中フェニルアラニン値を測定する検査ですが，これにより超早期に患者をピックアップできます。診断がつけば早期治療としてフェニルアラニン制限食を導入していくことになり，非常に有効です。

もう1つ重要な知識として，母性フェニルケトン尿症というものがあります。過去，ほとんどのフェニルケトン尿症患者は小児期中期に制限食を中止している時代がありました。しかしながら女性患者が妊娠すると，母体血中のフェニルアラニン高値が胎児へ影響することがわかってきました。母体がホモもしくは複合ヘテロですので，胎児はヘテロ接合体になり罹患者ではないのですが，小頭症，成長障害，心疾患などが起きることがわかっています。原因が胎児期のフェニルアラニン高値曝露になりますので，それが判明して以降は，女性では受胎前からの制限食が必須になっています。

ライソゾーム蓄積病

ライソゾームは細胞小器官で，内部に多くの加水分解酵素を含んでいます。この疾患群の病態として，酵素異常によりライソゾーム内に基質が蓄積し，それによりさまざまな細胞毒性が起きてきます。症状としては，進行性病変，臓器腫大，神経変性症状などを呈します。治療としては，骨髄移植や酵素補充療法といった形で欠損酵素を補うことが必要となってきます。

ここでは例として GM_2-ガングリオシドーシスについて説明します。この疾患は GM_2-ガングリオシドを分解できない疾患で，ヘキソサミニダーゼAという酵素の活性低下によって起きます。特にヘキソサミニダーゼAの中の α サブユニット（HEXA）の異常によって起きる疾患を Tay-Sachs 病と呼びます。この患児は生後3～6か月までは一見正常ですが，その後，神経学的異常が進行し，2～4歳で亡くなるという重篤な疾患です。診断材料として眼底のチェリーレッド斑が有名です。また，ヘキソサミニダーゼAの β サブユニット（HEXB）の異常によって起きる疾患として，Sandhoff 病が知られています。アクチベータータンパク質欠損症も GM_2-ガングリオシドーシスの範疇に入ってきます。

GM_2-ガングリオシドーシスの酵素異常を図12.2に図示しました。ヘキソサミニダーゼAは，α・β サブユニットの活性型酵素複合体とアクチベータータンパク質からできており，それに GM_2-ガングリオシドがくっついて切断される形になります。先ほど説明したように，α サブユニットの異常では Tay-Sachs 病などが起こります。そして β サブユニットの異常では Sandhoff 病が起き，アクチベーターの欠損によってアクチベータータンパク質欠損症が起きることになります。

Tay-Sachs 病におけるヘキソサミニダーゼAの変異例を示します（図12.3）。アシュケナージ系ユダヤ人における Tay-Sachs 病の主な原因であり，乳児期発症する重篤な例ですが，正常アレルでは TCC となっているセリンをコードする場所に，TATC の4塩基が挿入されます。この4塩基挿入によってフレームシフトが起き，下流に終止コドンができて，最終的に酵素活性が完全に欠損します。乳児期発症の重篤さを裏付ける状態です。

酵素インヒビター異常症

続いて酵素インヒビター異常症の例として α_1 アンチトリプシン（AT）欠損症を取り上げます。こちらも常染色体劣性遺伝疾患です。α_1AT は

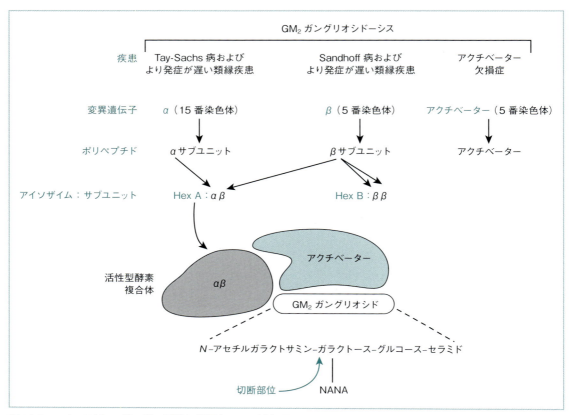

図12.2 ヘキソサミニダーゼA活性に必要な3つの遺伝子とそれぞれの異常によって引き起こされる疾患
Hex A：ヘキソサミニダーゼA, Hex B：ヘキソサミニダーゼB, NANA：N-アセチル-ノイラミン酸。文献1より。

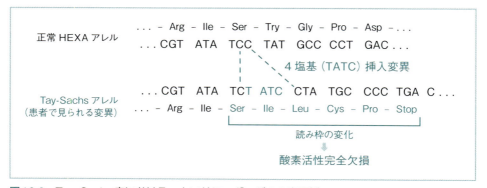

図12.3 Tay-Sachs病におけるヘキソサミニダーゼAの変異例
文献1より改変。

SERPINA1遺伝子によってコードされるタンパク質で，プロテアーゼインヒビターファミリーであるセリンプロテアーゼインヒビター（セルピン）ファミリーに属します。ほとんどの人はM/Mアレルで，患者の多くではZ/Zアレル（Glu-342Lys）によって異常が起きています。幅広いプロテアーゼを阻害するのですが，特に下気道の好中球エラスターゼを阻害するタンパク質になります。

合併症としては肺と肝臓の病変が知られています。好中球エラスターゼ阻害能が低下することによって，慢性閉塞性肺疾患，肺気腫が生じます。肝病変は変異型の$α_1$ATタンパク質が新たに獲得した特性によって生じると考えられています。

$α_1$AT欠損症では喫煙によるリスク増大も知られています。通常のM/Mアレルを持った人の累積生存率と，Z/Zアレルを持った喫煙者および非喫煙者の累積生存率を比べると，非喫煙者においてもZ/Zアレルを持つだけで累積生存率が下がります。しかし，喫煙者になると累積生存率がさらに低下します。$α_1$AT欠損症において，喫煙は肺気腫の発症に重大な影響を及ぼすということです。

急性間欠性ポルフィリン症

生合成経路の制御異常によって起きる疾患の例として，急性間欠性ポルフィリン症を挙げます。ヘムの生合成経路におけるポルフォビリノーゲン（PBG）デアミナーゼの欠損によって起きる疾患で，常染色体優性遺伝となります。90％の人は無症状ですが，末梢神経，自律神経，中枢神経を障害して，急性腹症あるいは精神疾患の形で発症することがあります。

発症にはδ-アミノレブリン酸（ALA）の負荷が引き金となることがわかっています。図12.4はそのカスケードを示していますが，通常ではPBGデアミナーゼ活性が50％低下しても症状は起きません。ところが，例えば薬物，化学物質，

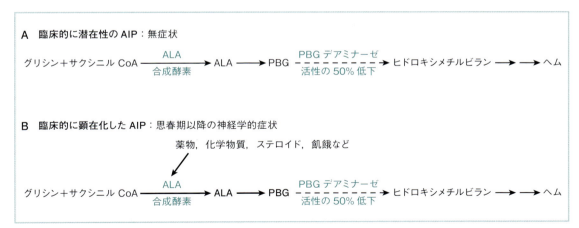

図12.4 急性間欠性ポルフィリン症（AIP）の発症カスケード
通常ではPBGデアミナーゼ活性が50％低下しても症状は生じない（A）。しかし，薬物や化学物質などの影響によってALA合成酵素の活性が上昇すると，ALAおよびPBGの合成も上昇する。すると，残存PBGデアミナーゼ活性に過剰な負荷がかかり，ALAやPBGが蓄積することにより臨床症状が発現する（B）。
ALA：δ-アミノレブリン酸，PBG：ポルフォビリノーゲン。文献1より。

ステロイド，飢餓といった環境因子の影響があると，ALA 合成酵素の活性が上がります。そうするとALA が増加し，PBG の合成も上昇します。そうしてPBG 値が上昇するのですが，この際にPBG デアミナーゼ活性が低いと症状が表れるという流れになります。

受容体異常症

続きまして受容体異常症の説明に移ります。受容体タンパク質欠損で起こる疾患の代表的なものが家族性高コレステロール血症です。図 12.5 に家族性高コレステロール血症に関連する 4 つのタンパク質の関係性を示しました。まずLDL 受容体と，コレステロールエステル・コアを取り囲むアポタンパク質 B100 があります。さらに，LDL 受容体のクラスリン被覆ピットにおけるクラスター形成に必要な ARH アダプタータンパク質があります。そして 4 つ目が，LDL 受容体のライソゾームでの分解を促進するプロテアーゼの PCSK9 になります。いずれの異常でも LDL コレステロールが増加し，心筋梗塞のリスクが増すという疾患群です。

LDL 受容体異常によるものは常染色体優性遺伝で，機能喪失型変異によって起きます。典型的にはヘテロ接合体で LDL コレステロール値が 350 mg/dL，ホモ接合体で 700 mg/dL にもなります（健常成人では約 120 mg/dL）。

アポタンパク質 B100 の変異による場合も常染色体優性遺伝です。同じく機能喪失型変異で，ヘテロ接合体の LDL コレステロール値は 270 mg/dL，ホモでは 320 mg/dL 程度となります。

ARH アダプタータンパク質の異常によるものは常染色体劣性遺伝になりますが，機能喪失型変異で，ホモ接合体で LDL コレステロール値が 470 mg/dL ほどになります。

最後に PCSK9 プロテアーゼの異常によるものは常染色体優性遺伝ですが，この場合は機能獲得

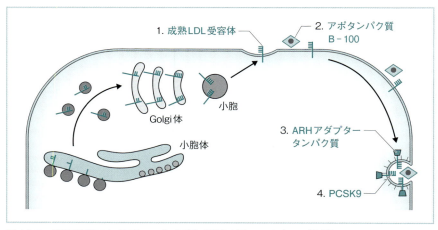

図12.5　家族性高コレステロール血症に関連する4つのタンパク質
1. 成熟LDL受容体。2. コレステロールエステル・コアを取り囲むアポタンパク質B–100。3. LDL受容体のクラスリン被覆ピットにおけるクラスター形成に必要なARHアダプタータンパク質。4. LDL受容体のライソゾームでの分解を促進するプロテアーゼPCSK9。文献1より改変。

型変異によって起き，ヘテロ接合体で225 mg/dL程度の軽度のLDLコレステロール値の上昇がみられます。

LDL受容体欠損症

まずLDL受容体欠損症について述べます。ホモ接合体ですと小児期に重度の冠動脈疾患を生じ，無治療では30歳までに亡くなるという重篤な疾患です。ヘテロ接合体は1,000人に対して2人もいるといわれており，最も多いヒト単一遺伝子疾患とされています。ヘテロ接合体でも50歳未満という早期で心筋梗塞を発症するという点で，臨床的にもきわめて重要です。血清コレステロール値で比べてみると，ヘテロ接合体では一般人口の平均よりは高く，ホモ接合体ではさらに高い値になります。

LDL受容体遺伝子の変異の詳細についてみていきます。図12.6には変異のクラスが6つ書いてあります。クラス1は受容体の合成にかかわるもので，合成ができないヌルアレルによります。

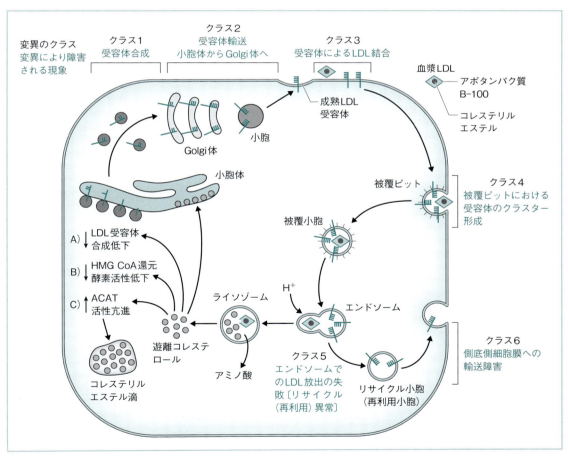

図12.6　LDL受容体遺伝子変異の種類
文献1より改変。

クラス2が受容体輸送異常で，小胞体から Golgi 体への輸送がうまくいかない場合です。クラス3は結合不全で，受容体と LDL の結合がうまくいかないタイプ。クラス4は被覆ピットにおける受容体クラスターがうまく形成されないもの。クラス5はエンドソームでの LDL 放出の失敗。つまり被覆ピットから小胞が取り込まれて LDL が放出されるはずなのですが，これがうまくいかない場合です。リサイクル小胞が細胞膜へ輸送される過程の障害がクラス6になります。細胞膜に向かえない標的不全ということです。

PCSK9 プロテアーゼ異常

次に PCSK9 プロテアーゼの異常です。プロテアーゼをコードする *PCSK9* 遺伝子の変異によるもので，常染色体優性遺伝の家族性高コレステロール血症を生じます。LDL 受容体をライソゾーム分解に向かわせ，細胞表面の LDL 受容体を減らすことによって発症します。機能獲得型の変異であり，細胞表面の LDL 受容体が減少することになります。

PCSK9 には注目すべき点があります。*PCSK9* 遺伝子の機能喪失型変異の家系も知られているのですが，この場合には細胞表面の LDL 受容体が増加します。そうすると血中コレステロールが低下して，冠動脈心疾患を予防できるということがわかってきました。しかもヌルアレルのホモ接合体，つまりこの酵素が完全欠損しても，実は臨床的に悪影響がないことも知られています。

この発見が契機となって，創薬への道が開けることになりました。PCSK9 のヌルアレルあるいは優性阻害アレルは非常にまれですが，LDL コレステロール値がなんと 7 〜 16 mg/dL と非常に低下します。この場合に冠動脈性心疾患リスクがどれくらい低下するかは頻度が低いのではっき

りとした割合は示せませんが，リスクが大きく減少するものと考えられています。何より特段の健康上の問題がありません。

アフリカ系米国人のヘテロ接合体の 2.6 ％にみられるタイプのバリアント（Tyr142Stop または Cys679Stop）も，やはり LDL コレステロール値を下げます。冠動脈性心疾患の発生率は 90 ％減少すると報告されています。あるいは白人のヘテロ接合体の 3.2 ％に含まれる Arg46Leu バリアントは，LDL コレステロール値を 15 ％まで下げ，冠動脈性心疾患の発生率を 50 ％減少させることが知られています。

こういった知見がきっかけとなって創薬へと進んでおり，PCSK9 活性を低下または消失させる薬剤が開発されています。そのような薬剤が高コレステロール血症治療薬の候補となっており，日本でもエボロクマブやアリロクマブなどが出てきています。適応としては家族性高コレステロール血症や高コレステロール血症ですが，心血管イベントの発現リスクが高く，従来から用いられている HMG-CoA 還元酵素阻害薬で効果不十分な場合の手段として適用となっています。

輸送異常

輸送異常の代表的な疾患は嚢胞性線維症です。白人小児において最も頻度の高い致死性の常染色体劣性遺伝疾患で，白人の 2,500 人に 1 人という高頻度の疾患となります。保因者頻度は 25 分の 1 ともいわれています。病変は肺や膵臓に起こり，膵外分泌異常の結果として消化不全症候群や胎便性イレウスとなります。また生殖器合併症や不妊もあります。

原因遺伝子は *CFTR* で，変異によって CFTR 塩素チャネルの異常が起きます。上皮頂端膜を通

第12講　遺伝性疾患の機序：分子，細胞，生化学経路はどう変化しているのか？

過する水分や電解質の輸送異常をきたします。汗腺の汗管内の塩素イオンが再吸収されず，汗の中のナトリウムイオン濃度や塩素イオン濃度が上昇するといったことが起こります。

図12.7に，CFTR遺伝子異常がどのようなメカニズムで発症とかかわるのかが記載されています。6つにクラス分けされており，クラス1はタンパク質そのものの欠損，つまりタンパク質が合成されないヌルアレルを持つ場合です。クラス2はタンパク質の成熟障害で，変異によってタンパク質の折りたたみ状態がおかしくなるものです。クラス3は通過障害で，チャネルの開閉に異常を

きたします。クラス4は塩素チャネルの変化による伝導異常。クラス5がCFTR遺伝子の発現減少，クラス6が細胞表面での不安定化というように分類されています。

構造タンパク質異常

筋ジストロフィー

構造タンパク質異常の疾患としてジストロフィン異常症を取り上げます。Duchenne型筋ジストロフィー（DMD），Becker型筋ジストロフィー

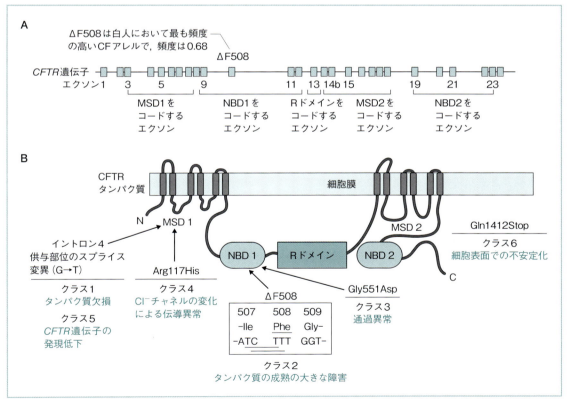

図12.7　CFTR遺伝子の構造（A）とCFTRタンパク質の模式図（B）
変異がどのようなメカニズムで発症にかかわるのかを示した。文献1より。

（BMD）に代表され，DMD は比較的頻度が高い筋疾患で，重篤かつ進行性の筋力低下をきたします。X 連鎖遺伝で男児が罹患し，3〜5 歳で筋力低下が顕在化し，通常 12 歳までに車椅子での生活となります。その後，側彎症ですとか，呼吸不全や心筋症といった状態になって生命の危機に至るわけですが，最近は管理法がかなり進歩していることや，分子病態をふまえた新しい治療戦略が出てきています。DMD の軽症型が BMD です。ヘテロ接合体女性では 20 ％に筋力低下，8 ％に筋症状あるいは心筋症が生じるといわれています。

　筋ジストロフィーと X 連鎖遺伝について説明します。母親が DMD の保因者である場合を仮定すると，母親は一対ある X 染色体のそれぞれに乗っている *DMD* 遺伝子の片方に変異を持っていることになります。つまり卵子には，変異 *DMD* 遺伝子を持つ X 染色体，もしくは野生型 *DMD* 遺伝子を持つ X 染色体のどちらかが受け継がれます。父親は正常パターンだとしますと，女児の場合は母親から変異 *DMD* 遺伝子を持つ X 染色体か，正常 *DMD* 遺伝子を持つ X 染色体を受け継ぎます。父親からは正常な X 染色体ですので，女児では半分の確率で母親と同じ保因者になります。男児の場合は母親から変異遺伝子を持つ X を受け継ぐか，正常な遺伝子を持つ X を受け継ぎます。そして父親からは Y 染色体を受け継ぎますので，2 人に 1 人が罹患者となります。

　では，父親が罹患者だった場合の児のリスクはどうでしょうか。この場合，父親の X 染色体上にある *DMD* 遺伝子に変化がありますので，精子には変化がある *DMD* 遺伝子を持つ X 染色体，もしくは Y 染色体が入ります。母親からは正常な遺伝子を持つ X 染色体のみが受け継がれます。結果的には，男児においては父親から必ず Y 染色体を受け継ぐので発症することはないのですが，女児においては父親から必ず変異遺伝子を持つ X 染色体を受け継ぐので，女児は必ず保因者になります。

●**筋病理と遺伝子変異**：正常組織，Becker 型筋ジストロフィー組織，Duchenne 型筋ジストロフィー組織をジストロフィン特異抗体を用いて蛍光免疫染色すると，正常組織ではジストロフィンタンパク質が筋細胞膜に局在していることがわかります。Becker 型ではジストロフィンの染色性が低下しています。Duchenne 型においてはジストロフィンがまったく検出されず，筋細胞間の結合組織が明らかに増加しています。

　遺伝子の変異としては，DMD または BMD の6 割近くはエクソンのコピー数異常（欠失）であることがわかっています。残りの 3 割強が一塩基置換などの異常です。コピー数異常に関していうと，BMD あるいは中間型を生じる欠失と，DMD を生じる欠失とでは，欠失の位置がやや異なることが知られています。主要な原因となるエクソン単位のコピー数異常や重複の検出には，現在は MLPA（multiplex ligation-dependent probe amplification）法が使われています。**図12.8** が MLPA 法の結果ですが，正常男性と比べて患者ではエクソン 46 とエクソン 47 のピークがないことがわかります。これによってエクソン 46 と 47 の欠失が診断されることになります。

骨形成不全症

　構造タンパク異常としてもう 1 つ，骨形成不全症についても説明します。頻度は 1 万人に 1 人程度で，95 ％は I 型コラーゲン遺伝子 *COL1A1* もしくは *COL1A2* の変異によるものです。周産期致死型といった非常に重篤なものから，骨折頻度が増加するだけのものまで，症状は多様です。

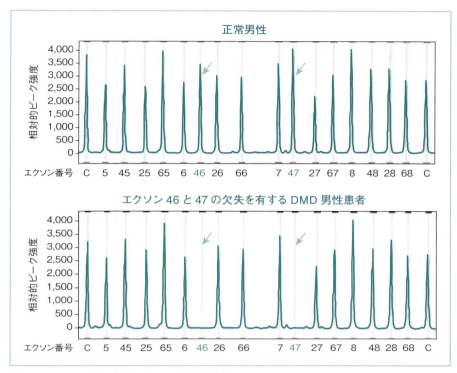

図12.8　MLPA法によるエクソン欠失の検出
正常男性と比べて，Duchenne型筋ジストロフィー（DMD）患者のジストロフィン遺伝子ではエクソン46とエクソン47のピークがなく，これらのエクソンが欠失していることがわかる．文献1より．

表12.3はⅠ型コラーゲン遺伝子変異に基づく骨形成不全症のさまざまなパターンを紹介したものです．詳しくは表に記載されていますが，Ⅰ型コラーゲンの産生異常と構造異常に大別されます．病型としては産生異常がⅠ型，構造異常がⅡ～Ⅳ型となります．

図12.9に，Ⅰ型プロコラーゲンの構造を示しました．Ⅰ型プロコラーゲンは2本のproα1鎖と，1本のproα2鎖からなる三重鎖（トリプルヘリックス）構造をとっています．proα1鎖は，*COL1A1*遺伝子の産物で，proα2鎖は*COL1A2*遺伝子の産物です．その核となる部分がグリシンと2つのアミノ酸からなる繰り返し配列です．

骨形成不全症の変異パターン別に分子病態を考えてみます（図12.10）．まずproα1のハプロ不全では，一対のアレルのうち片方がヌルアレルとなることでproα1鎖の産生量が低下します．その結果，形成される正常三重鎖の分子自体が半分になってしまうという量的な問題が原因となります．この場合ではⅠ型の軽症骨形成不全症が発症します．

残りの病型はミスセンス変異が原因となりますが，まず*COL1A1*にミスセンス変異が起こった場合を考えてみましょう．先述の通り，トリプルヘリックスにはproα1鎖が2本含まれます．したがって1つのproα1アレルに異常をきたした

第12講

表12.3 I型コラーゲン遺伝子変異に基づく骨形成不全症

病型	表現型	遺伝形式	生化学的異常	分子遺伝学的異常
I型コラーゲンの産生異常[*]				
I	軽症:青色強膜,易骨折性,骨変形なし	常染色体優性遺伝	産生されるコラーゲンは正常(すべて正常アレル由来)であるが,量が半減	大部分は,I型プロコラーゲンα1鎖の産生を障害するヌルアレル,例えばmRNAの合成を障害する異常など
I型コラーゲンの構造異常				
II	周産期致死型:重篤な骨格異常,暗色強膜,1ヵ月以内の死亡	常染色体優性遺伝(新生変異)	通常タンパク質の全長に存在するトリプルヘリックス(三重らせん)領域のGly-X-YにおけるGly(グリシン)残基のアミノ酸置換にもとづく異常なコラーゲン分子の産生	α1またはα2鎖をコードする遺伝子のグリシンコドンにおけるミスセンス変異
III	進行性変形型:青色強膜,骨折(しばしば出生時に),進行性骨変形,成長障害	常染色体優性遺伝[†]		
IV	正常強膜,変形型:軽度〜中等度の骨変形,低身長,骨折	常染色体優性遺伝		

[*] I型患者の少数は,I型コラーゲン鎖の1つにおけるグリシン残基置換を有する。
[†] 稀に常染色体劣性遺伝もある。
mRNA:メッセンジャーRNA。
文献2,3より。

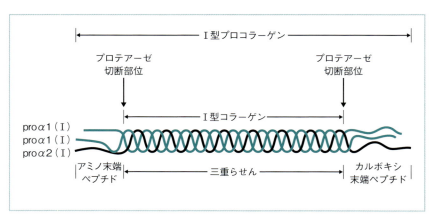

図12.9 I型プロコラーゲンの構造
I型プロコラーゲンは2本のproα1鎖と,1本のproα2鎖からなる三重鎖(トリプルヘリックス)構造をとる。文献1より改変。

第12講 遺伝性疾患の機序：分子，細胞，生化学経路はどう変化しているのか？

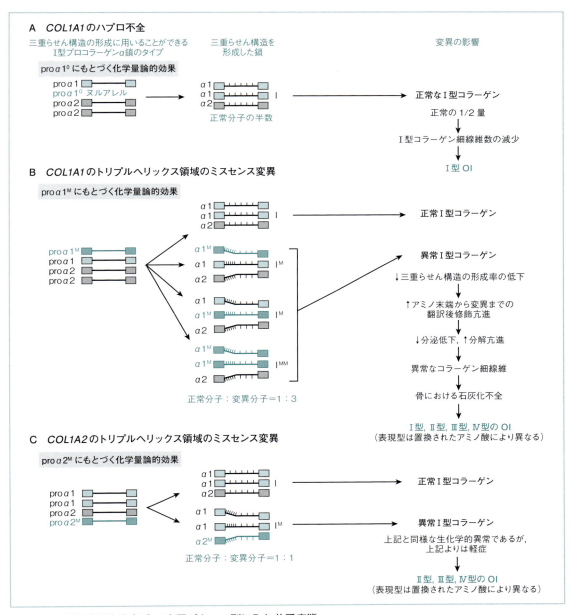

図12.10 骨形成不全症（OI）の変異パターン別にみた分子病態
COL1A1 のハプロ不全（**A**）では，片方がヌルアレルとなることで pro α1 鎖の産生量が低下し，形成される正常三重鎖の分子が半分になってしまう。この場合はⅠ型の軽症 OI が発症する。*COL1A1* にミスセンス変異が起こった場合（**B**），三重鎖には pro α1 鎖が 2 本含まれることから，正常三重鎖分子と変異三重鎖分子（異常鎖を 1 本以上含むもの）の量比は 1：3 になる。この場合は，より重篤な OI が発症する。*COL1A2* にミスセンス変異が起こった場合（**C**），三重鎖には pro α1 鎖が 1 本含まれることから，正常三重鎖分子と変異三重鎖分子の量比は 1：1 になる。この場合は，*COL1A1* にミスセンス変異が起こった場合よりも軽症となる。ただし，置換されたアミノ酸により表現型は異なる。文献 1 より改変。

203

場合，三重鎖では正常な proα1 鎖が 2 本を占めることもあれば，正常と異常 1 本ずつの場合もあり，また異常鎖が 2 本入ることも想定されます。全体を通じてみると，正常なトリプルヘリックスは 4 分の 1 しか作られないことになり，残りは何らかの異常を持ちます。正常な I 型コラーゲンタンパク質はかなり減るので，より重篤になることが示されます。

最後のパターンが COL1A2 にミスセンス変異が起きた場合です。こちらも 2 つあるうち 1 つの proα2 アレルに異常をきたします。proα2 鎖は三重鎖の中の 1 本を占めるので，正常が入るか異常が入るかということで，正常と変異の割合が 1：1 になります。正常に対する異常分子の割合が COL1A1 変異の場合とは変わってくることになります。

神経変性疾患

最後に神経変性疾患をみていきましょう。具体例として，Alzheimer 病，ミトコンドリア DNA 異常症，リピート病について説明します。

Alzheimer 病

Alzheimer 病は通常 50 ～ 80 歳代で発症します。先進国での有病率が 1.4 %，米国で年間 10 万人死亡，生涯発症リスクは男性 12 %，女性で 20 % を示す非常に重要な疾患です。病態は大脳皮質や海馬の特定部位における神経細胞変性になります。症状としては，記憶や高次機能の進行性の障害，行動異常などがあります。7 ～ 10 % が単一遺伝子疾患としての家族性 Alzheimer 病だといわれています。この場合は 20 歳代からの若年発症という特徴があります。

現時点で PSEN1，PSEN2，APP，APOE の 4 つの原因遺伝子が知られています。PSEN1，PSEN2，APP の 3 つが常染色体優性遺伝となります。基本病態は，アミロイド β ペプチド（Aβ）と τ タンパク質という 2 種類の線維状タンパク質の脳への沈着です。Aβ はアミロイド β 前駆タンパク質（APP）の分解産物であり，老人斑中に存在します。老人斑には APOE タンパク質も存在しています。表 12.4 に Alzheimer 病の易罹患性に関連するものとして，4 つの遺伝子の情報がまとめられています。家族性 Alzheimer 病の圧倒的多数がプレセニリン 1（PSEN1）によるものですが，プレセニリンはつぎに述べる γ セクレターゼのサブユニットの 1 つになります。

さらに詳細をみていきます。図 12.11 は，APP の変異による Alzheimer 病発症についての模式図です。APP は細胞膜を貫通するタンパク質で，α セクレターゼ，β セクレターゼ，γ セクレターゼという 3 つのプロテアーゼによって切断を受けます。正常の場合は α または β セクレターゼで分解され，さらに γ セクレターゼで分解されて，9 割方が 3 kDa となり，残りが $A\beta_{40}$ という無毒なペプチドとなります。しかしプロセシングに影響するアミノ酸置換が起きると，α セクレターゼによる切断異常が起こります。そうすると最終的に $A\beta_{42}$ の産生が増加し，これが凝集すると神経毒性を呈することがわかっています。また，717 番目のアミノ酸置換による変異は γ セクレターゼに影響を及ぼし，同じように最終的に $A\beta_{42}$ の産生が増加して神経毒性を引き起こします。

空間的に考えると，APP の 692 番目のアミノ酸が α セクレターゼによる切断部の近辺にあたります。717 番目のアミノ酸周辺は γ セクレターゼの切断部位になります。α セクレターゼによる正常な切断ではアミロイドは形成されず，逆に 673

第12講 遺伝性疾患の機序：分子，細胞，生化学経路はどう変化しているのか？

表12.4 Alzheimer 病易罹患性関連遺伝子

遺伝子	遺伝形式	FAD における比率（%）	タンパク質	正常機能	FAD における役割
PSEN1	AD	50%	プレセニリン1（PS1）：脳の内外の細胞タイプに見いだされる5〜10個の膜貫通ドメインをもつタンパク質	未知，しかし，βAPP のγセクレターゼによる切断に必要	βAPP およびその誘導体タンパク質の42番目のコドンの位置での異常切断にかかわっている可能性。100をこえる変異が Alzheimer 病患者において見つかっている
PSEN2	AD	1〜2%	プレセニリン2（PS2）：PS1 に似た構造。脳外で最大の発現	未知，PS1 に似ていると推定	少なくとも5つのミスセンス変異が同定されている
APP	AD	1〜2%	アミロイド前駆体タンパク質（βAPP）：細胞内の膜貫通型タンパク質。正常の場合，βAPP はその膜貫通ドメイン内でタンパク質内部分解を受けるため（図12.11 参照），βアミロイドペプチド（Aβ）はほとんど作られない	未知	βアミロイドペプチド（Aβ）は，老人斑の主要構成成分。Aβ，特に Aβ42 の産生増加は，発症の鍵となる病的現象。FAD において約10の変異が同定されている
APOE	表12.5 参照	NA	アポリポタンパク質 E（apoE）：いくかの血漿リポタンパク質のタンパク質構成成分。apoE タンパク質は細胞外間隙から神経細胞の細胞質に輸送される	神経細胞における正常機能は未知。脳外においては，apoE は組織・細胞間の脂質輸送に関与している。機能喪失により，1つのタイプ（III 型）の高リポタンパク質血症を生じる	

AD：常染色体優性遺伝，FAD：家族性 Alzheimer 病，NA：適用不能。
文献 4，5 より。

番目のアミノ酸置換は保護的になることがわかっています。βセクレターゼやγセクレターゼによる異常切断が起こるとアミロイドを形成する Aβが生じ，Alzheimer 病を引き起こす変異はこれら切断領域に集中しています。

最後に *APOE* ですが，これはいわゆるリスクアレルとして位置づけられています。112番目のアミノ酸残基と158番目のアミノ酸残基のパターンによって，ε2〜ε4に分類されています（表12.5）。Alzheimer 病への影響は，ε2が保護的，ε4が遺伝的リスクのうちの30〜50％となっています。つまり *APOE* 遺伝子のε4アレルは Alzheimer 病発症の主要なリスク因子となり，逆にε2は保護的ということです。Alzheimer 病発症との関係はアレル量に依存することがわかっており，ε4アレルを2つ持つ場合には平均発症年齢

205

第12講

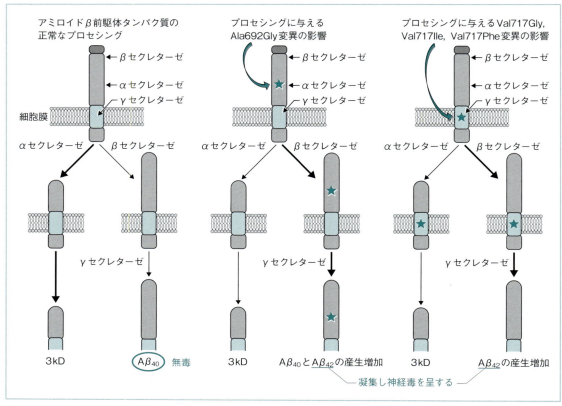

図12.11 アミロイドβ前駆タンパク質（APP）の正常なプロセシングと，ミスセンス変異がプロセシングに及ぼす影響
文献1より改変。

が70歳を割り，1つの場合では70歳を超えるとされます。

ミトコンドリア病

ミトコンドリア内に局在している小さな環状のミトコンドリアDNA（mtDNA）は，37個の遺伝子を含みます。具体的には2個のリボソームRNA，22個の転移RNA，13個の酸化的リン酸化サブユニット構成タンパク質ですが，これらの異常によっても疾患が起こります。なお酸化的リン酸化には核遺伝子も関与しており，こちらはメンデル遺伝します。

1個のミトコンドリアには複数コピーのmtDNAが含まれています。1細胞には数百のミトコンドリアがありますので，1つの細胞には少なくとも1,000のミトコンドリアDNAが存在します。加えてミトコンドリアは，母系遺伝，複製分離，ホモプラスミー（正常もしくは変異mtDNAのみ）やヘテロプラスミー（正常と変異mtDNAの混在）といった特徴的な遺伝形式を示します。複製分離とは，細胞分裂において個々のミトコンドリア内の複数コピーのmtDNAが複

表 12.5　アポリポタンパク質 E の 3 種類のアレル

アレル	ε2	ε3	ε4
112 番目のアミノ酸残基	Cys	Cys	Arg
158 番目のアミノ酸残基	Cys	Arg	Arg
白人集団における頻度	10%	65%	25%
Alzheimer 病患者における頻度	2%	58%	40%
Alzheimer 病への影響	保護的	未知	Alzheimer 病の遺伝的リスクのうちの 30〜50%

Cys：システイン，Arg：アルギニン。
これらの数値は推定値であり，アレル頻度は対照集団の民族性，および，Alzheimer 患者の年齢，性別，民族性によって異なる。
データは文献 6 より。

製された後，新たにできたミトコンドリアにそれらがランダムに分配されることです（図 12.12）。さらにミトコンドリア自体も娘細胞へとランダムに分布されることによって，さまざまな割合で変異ミトコンドリアを含む細胞ができてきます。変異ミトコンドリアが一定の閾値を超えると疾患表現型を示す細胞となり，それ以下ですと正常表現型になります。

図 12.13 が mtDNA とヒト疾患の関連を示す図です。有名なものでは例えば 1555 変異があり，アミノグリコシド系薬剤誘発性の難聴が起こります。3243 変異は糖尿病を伴う難聴であったり，MELAS の原因となることが知られています。なお MELAS とは mitochondrial myopathy, encephalopathy, lactic acidosis, and stroke-like

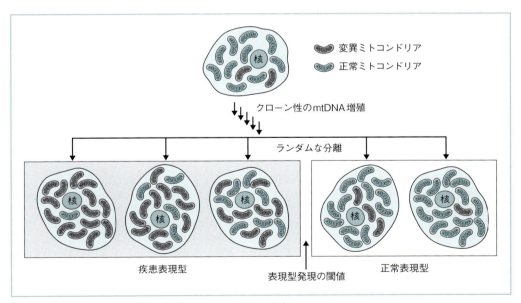

図 12.12　ミトコンドリアのヘテロプラスミーと複製分離
1 つの細胞内に，正常ミトコンドリア DNA（mtDNA）と変異 mtDNA が混在していることをヘテロプラスミーという。複製分離とは，細胞分裂時に，個々のミトコンドリア内の複数コピーの mtDNA が複製された後，新たにできたミトコンドリアにそれらがランダムに分配されることを指す。複製分離の結果，変異ミトコンドリアの割合が表現型発現の閾値を超えると，疾患として表れる。文献 1 より。

第12講

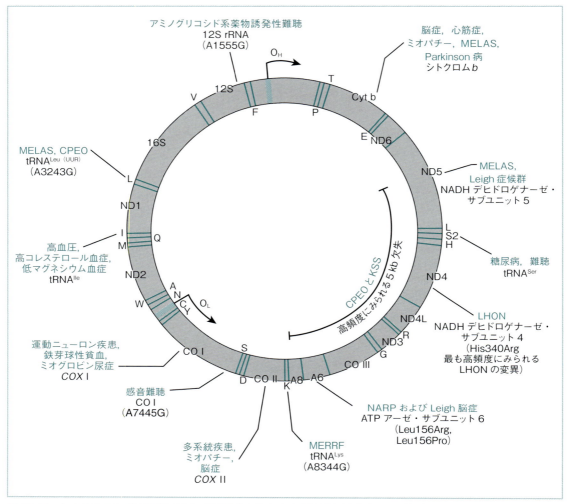

図12.13 ヒトミトコンドリアゲノムにおける代表的な疾患関連遺伝子変異および欠失の位置
CPEO：慢性進行性外眼筋麻痺（Chronic Progressive External Ophthalmoplegia），LHON：Leber遺伝性視神経症，MELAS：乳酸アシドーシスと卒中様発作を伴うミトコンドリア脳筋症（Mitochondrial Encephalomyopathy with Lactic Acidosis and Strokelike episodes），MERRF：赤色ぼろ線維・ミオクローヌスてんかん症候群（Myoclonic Epilepsy with Ragged-Red Fibers），NARP：神経障害・失調症・網膜色素変性症（Neuropathy, Ataxia, and Retinitis Pigmentosa）．文献1より．

episodesの略称です．ミトコンドリア病は多彩な臨床症状を取り，中枢神経系，心臓，腎臓，内分泌系，末梢神経，消化管，聴覚能といったエネルギー産生臓器のさまざまなところに症状をきたします．**表12.6**にmtDNA変異による代表的疾患を一覧にして示しました．

リピート病

最後にリピート病になります．これは不安定反復配列の伸長を原因とする疾患の総称です．代表

第12講　遺伝性疾患の機序：分子，細胞，生化学経路はどう変化しているのか？

表12.6　ミトコンドリアDNA変異にもとづく代表的疾患

疾患	表現型（多くは神経学的）	最も頻度の高いmtDNA変異	ホモプラスミーか，ヘテロプラスミーか	遺伝形式
Leber遺伝性視神経症（LHON）	視神経萎縮による若年成人での急速進行性の視力障害（盲）。変異によって視力のいくらかの回復はある。性別による表現型の差が著しい：約50%の男性保因者が視力障害を呈するのに対し，女性保因者で視力障害を呈するのは約10%に過ぎない	電子伝達系の複合体IのND4サブユニットにおける塩基置換（1178A>G）。この変異と，他の2つの変異で症例の90%以上を占める	大部分はホモプラスミー	母系
Leigh症候群	早期発症進行性の神経変性症状で，筋緊張低下を伴う。発達遅滞，視神経萎縮，呼吸異常を呈する	ATPアーゼ・サブユニット6遺伝子の点変異	ヘテロプラスミー	母系
MELAS	ミオパチー，ミトコンドリア脳筋症，乳酸アシドーシス，および卒中様発作。糖尿病や難聴のみを呈する場合もある	tRNALeu (UUR) の点変異，変異のホットスポットは3243A>G	ヘテロプラスミー	母系
MERRF	筋生検上赤色ぼろ筋線維を伴うミオクローヌスてんかん，ミオパチー，失調，感音難聴，認知症	tRNALysの点変異，最も高頻度なものは8344A>G	ヘテロプラスミー	母系
難聴	進行性感音難聴（しばしばアミノグリコシド系抗菌薬投与による），非症候群性感音難聴	12S rRNA遺伝子の1555A>G変異 12S rRNA遺伝子の7445A>G変異	ホモプラスミー ホモプラスミー	母系 母系
Kearns-Sayre症候群（KSS）	進行性ミオパチー，早期発症進行性外眼筋麻痺，心筋症，心ブロック，眼瞼下垂，網膜色素変性症，失調，糖尿病	約5 kbの大きい欠失（図12.13参照）	ヘテロプラスミー	一般的には孤発型（母体性腺モザイク由来と推測）

mtDNA：ミトコンドリアDNA, rRNA：リボソームRNA, tRNA：転移RNA。文献1より。

的なものとして，Huntington（ハンチントン）病，脊髄小脳失調症，脆弱X症候群，Friedreich（フリードライヒ）失調症，筋強直性ジストロフィー1型および2型などが挙げられます。反復配列の伸長にはスリップ誤対合説が知られており，表現促進現象を示すことがあります（表現促進については第7講を参照）。

　図12.14にリピート領域と疾患について示しています。例えば脆弱X症候群や脆弱X振戦／失調症候群は，5′非翻訳領域（UTR）のCGGリピートの伸長によって起きます。イントロン領域のGAAリピートではFriedreich失調症が，CCTGリピートでは筋強直性ジストロフィー2型が発症します。エクソン部分のCAGリピートの伸長によるHuntington病は，ハンチンチンタンパク質のポリグルタミン鎖の伸長により起きる疾患です。3′UTR部分においては筋強直性ジス

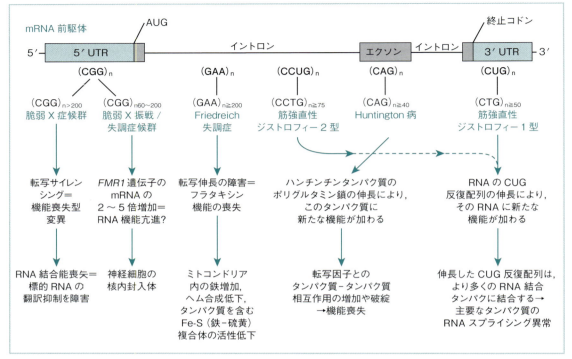

図12.14　さまざまなリピート病のリピート領域
5つの代表的な3塩基反復配列疾患（トリプレット・リピート病）におけるそれぞれの3塩基配列と、それが伸長する位置を、一般的なmRNA前駆体の図上に示した。それぞれの疾患が発症するのに必要最小限な塩基配列の反復回数も記した。文献1より。

トロフィーの1型が生じることがわかっています。

スリップ誤対合説についてもう少し説明しておきましょう。図12.15はリピート数の伸長がどのように起きるのかを示したものです。まず鋳型となるゲノムDNA鎖があるとします。そして複製過程で新生DNA鎖が鋳型DNAから不適切に解離してしまうと、複製中のDNA鎖が鋳型DNA鎖の正しい位置に結合せず、反復配列1コピー分ずれて結合してしまうことになります。このとき結合できなかった部分は鋳型から離れてループ状に突出します。こうして新たに合成された鎖は、R1, R2, R3, R3といった形で余分な反復配列を含むことになりますが、このような機序によってリピート数が増えていくのではないかと推定されています。

疾患の発生機序は3つのクラスに分けられます。クラス1は非コード領域の反復配列の伸長により、タンパク質の発現が喪失してしまうもので、例えば脆弱X症候群などがこの分類にあたります。クラス2は非コード領域の反復配列の伸長により、新たな機能を獲得してしまうもので、例えば筋強直性ジストロフィーです。クラス3はコドン（コード領域の反復配列）の伸長によりタンパク質が新たな機能を獲得するもので、例えばHuntington病などが知られています。

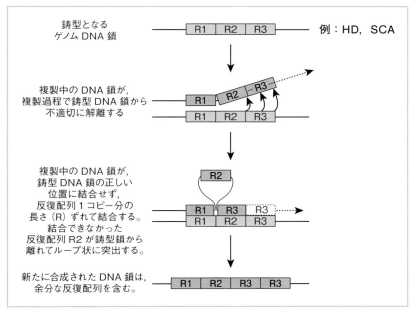

図12.15　スリップ誤対合説

● 文献

1) Nussbaum RL 著（福嶋義光監訳）：トンプソン＆トンプソン遺伝医学 第2版．メディカル・サイエンス・インターナショナル，2017．
2) Byers PH: Disorders of collagen biosynthesis and structure. In Scriver CR, Beauder AL, Sly WS, Valle D, eds.: *The metabolic basis of inherited disease*, 6th ed., New York, 1989. McGraw-Hill.
3) Byers PH: Brittle bones—fragile molecules: disorders of collagen gene structure and expression. *Trends Genet* 1990; 6(9): 293-300. [PMID: 2238087]
4) St. George-Hyslop PH, Farrer LA: Alzheimer's disease and the fronto-temporal dementias: diseases with cerebral deposition of fibrillar proteins. In Sciver CR, Beaudet AL, Sly WS, Valle D, eds.: *The molecular and metabolic basis of inherited disease*, 8th ed., New York, 2000, McGraw-Hill.
5) Martin JB: Molecular basis of the neurodegenerative disorders. *N Engl J Med*. 1999; 340(25): 1970-80. [PMID: 10379022]
6) St. George Hyslop PH, Farrer LA, Goedert M: Alzheimer disease and the frontotemporal dementias: diseases with cerebral deposition of fibrillar proteins. In Valle D, Beaudet AL, Vogelstein B, et al, editors: *The online metabolic & molecular bases of inherited disease* (OMMBID). (www.ommbid.com/)

第 **13** 講

遺伝性疾患の治療：
単一遺伝子疾患を中心に

荒川玲子 ●国立国際医療研究センター病院 臨床ゲノム科

遺伝性疾患の治療の目的は，患者だけでなくその家族も含めて，疾患による影響をなくしたり軽減させたりすることにあります．変異遺伝子やmRNA，タンパク質，代謝調節レベルなど，さまざまな段階での介入による治療があります．この講義では，各段階の治療について，具体的な例を示しながらみていきます．

遺伝性疾患＝対応不能な病気ではない

　機序にもとづいた根本的な治療を目指すためには，遺伝性疾患を分子レベルで理解することが基本となります．機能喪失型変異による単一遺伝子疾患の場合，治療は異常が生じたタンパク質を補充，または機能の増強をすること，あるいは異常による影響を最小限にすることを目指します．さらに近年では，機能獲得型変異による単一遺伝子疾患に対する分子標的薬なども治療に応用されつつあります．

　遺伝性疾患の治療というと，特殊で対応不能との誤解をうけることがありますが，遺伝性疾患は変異遺伝子から臨床症状にいたるさまざまなレベルで介入が可能です．医療介入により症状をある程度改善させることが可能な疾患も多く，近年の

ゲノム医学の進歩により，治療可能な疾患数は増加してきています．「遺伝性疾患＝手の施しようがない疾患というわけではない」という認識が大切です．的確な診断に基づいて，医療者としてやれること，やるべきことというのはたくさんあります．目の前の患者に対してどのような対応が可能であるかを判断し，それをきちんと患者に伝えていくことが必要となります．

遺伝性疾患にはさまざまなレベルで介入が可能

　図13.1 に，遺伝性疾患に対するさまざまな段階での治療戦略を示しました．遺伝子治療など最先端の手段も含まれますが，多くは昔から行われてきた治療となります．臨床症状レベルでの治療には，遺伝性疾患に特異的なものではない，あらゆる内科的・外科的治療が含まれます．遺伝性疾

図13.1 遺伝性疾患はさまざまな段階で治療介入が行われる

患の治療を学ぶ際には，それぞれの治療がどの段階の介入であるかを意識することで，知識の整理が容易になります．本講ではどのレベルでの介入なのかという視点を交えながら，主に単一遺伝子疾患の治療について解説します．

まず図13.1の一番上のように，疾患の原因となる変異遺伝子があります．そして遺伝子に変異があるために，変異mRNAが産生されます．次に変異mRNAにより変異タンパク質が産生される，もしくは本来あるべきタンパク質が不足することになります．そのために機能不全をきたし，臨床症状が現れます．

加えて遺伝性疾患では，1人の患者の診断がつくことにより，家族が同じ疾患に罹患している可能性が推定される場合があります．直接的な治療のみならず，患者やその家族に対する教育というのは，疾患や治療についての理解を深めるだけで

なく，生涯に及ぶ可能性のある治療を継続的に行うためにも非常に重要となります．家系の話は重要な部分ではあるのですが，ここでは遺伝性疾患を罹患している本人の治療に焦点をあて，変異遺伝子から臨床像までの治療介入について話します．

脊髄性筋萎縮症を例にして

さまざまな介入段階での治療および治験が実施されている例として，脊髄性筋萎縮症（spinal muscular atrophy：SMA）があります．SMAは主に，*SMN1*遺伝子のホモ接合性欠失により生じる常染色体劣性遺伝疾患です．脊髄前角細胞が変性することにより，全身の筋萎縮を生じます．最重症のⅠ型はWerdnig-Hoffmann病と呼ばれ，呼吸筋を含めた全身の重度の筋力低下があり，人工呼吸器管理なしには多くの場合で2歳以上の生

存が難しい疾患です。

SMAについては根本治療法がない状況が長く続いていました。臨床症状に対する内科的・外科的治療としては，理学療法をはじめとして，呼吸不全に対しての気管切開や人工呼吸器管理，嚥下困難に対しての胃瘻造設，高度の側弯症に対する脊柱固定術など，さまざまな対症療法が行われていました。そこにSMNタンパク質の機能を補充する新規医薬品が登場し，2022年1月現在，3製剤が製造販売承認されています。オナセムノゲンアベパルボベク（*SMN1*を遺伝子導入したアデノ随伴ウイルス9型使用の遺伝子治療用ベクター製品），ヌシネルセン（*SMN2* mRNA前駆体を標的として機能性SMNの産生を増加させるアンチセンス核酸医薬），リスジプラム（*SMN2* mRNA前駆体の選択的スプライシングを修飾し，機能性SMN産生量を増加させる低分子化合物）の3つです[注1]。

各薬剤で，使用できる年齢や作用機序，副作用が異なるため，患者ごとに適した治療の選択が必要になります。これらの治療は，適切な時期に開始することにより，自然歴においては2歳以上生存するために人工呼吸器が必要となるI型の児が，呼吸器が不要となり[1]，歩行を獲得する例も散見される画期的な治療法です[2]。しかし，治療後も筋力低下症状などが残存することがあり，リハビリテーションや非侵襲的陽圧換気療法などの継続的ケアが求められます。薬物療法のみならず，集学的な治療介入が患者の予後改善に寄与します。

遺伝子レベルでの介入

ここからは各レベルでの介入についてそれぞれ解説していきますが，まずは遺伝子・RNAレベルでの介入から取り上げます。遺伝子治療とは，治療的効果を得る目的で，生物学的活性をもつ遺伝子を細胞に導入することです。2017年の時点で，世界では11種類の遺伝子治療薬剤が公的機関で承認されています。遺伝性疾患の治療において最もよく用いられる遺伝子治療は，機能喪失型変異を有する患者の細胞へ，機能性遺伝子コピーを導入する方法です。**表13.1**に遺伝子治療の例を挙げました。

遺伝性疾患に遺伝子治療を考慮する場合には，いくつかの条件を満たす必要があります。主なものを下記に挙げます：

- 分子の異常が同定されている
- 原因遺伝子のcDNAクローンあるいは原因遺伝子が入手可能
- 病態生理学的機序が明らかとなっている
- リスクと便益の比が優れている
- 適切なベクターが利用できる
- 導入遺伝子が適切に制御できる
- 適切な標的細胞に運搬できる
- 効果と安全性に関する強固なエビデンスがある

遺伝子の導入方法

患者に遺伝子を導入する2つの主要な方法を示します（**図13.2**）。遺伝性疾患の患者に最もよく使われる方法は，目的のヒト相補的DNA（cDNA）を組み込んだウイルスベクターを構築し，それを直接患者に投与する方法，あるいは培養した患者細胞にベクターを導入し，その細胞を患者の体内に戻す方法です。DNA分子の末端にあるウイルス構成要素は，このベクターが宿主ゲノムに組み込まれるために必要となります。また，目的の遺伝子をプラスミドに組み込んで遺伝子導入を行う場合もあります。

ウイルスベクターは大きく3種類に分類されますが，それぞれに特徴があります。レトロウイルスは，ウイルス自体は無害で，遺伝子がゲノムに

第13講

表 13.1　遺伝子治療の例

疾患	変異タンパク質（遺伝子）	ベクター，形質導入される細胞	結果
X 連鎖 SCID	いくつかのインターロイキン受容体の γc サイトカイン受容体サブユニット（*IL2RG*）	レトロウイルスベクター 同種造血幹細胞	32 名の患者中 27 名で明らかな臨床的改善，5 名は白血病様病変を発症したが，そのうち 4 名は治療可能
ADA 欠損による SCID	アデノシンデアミナーゼ（*ADA*）	レトロウイルスベクター 同種造血幹細胞	40 人中 29 人の患者は PEG–ADA 酵素補充療法から離脱
X 連鎖副腎白質ジストロフィー	ペルオキシソームアデノシン三リン酸結合カセットトランスポーター（*ABCD1*）	レンチウイルスベクター 自己造血幹細胞	臨床試験を行った 2 名の男児で明らかに大脳の脱髄が停止
リポタンパク質リパーゼ欠損症	リポタンパク質リパーゼ（*LPL*）	アデノ随伴ウイルスベクターの筋肉内注射	患者の膵炎の頻度が減少
異染性白質ジストロフィー	アリルスルファターゼ A（*ARSA*）	ARSA を正常以上のレベルで発現するレンチウイルスベクター 自己造血幹細胞	3 人の患者で遺伝性な有害作用なく神経変性が明らかに停止。治療の最終的な安全性と有効性を確認するために長期間の経過観察が必要
Wiskott–Aldrich 症候群	造血系細胞におけるアクチン重合の調節因子である WAS タンパク質（*WAS*）	レンチウイルスベクター 自己造血幹細胞	最初に治療を受けた 3 名の患者で免疫学的，血液学的および臨床的に顕著な改善
血友病 B	第 IX 因子（*F9*）	アデノ随伴ウイルスベクター 患者は単回の静脈内投与を受けた	治療後最大 3 年間，正常の 1 ～ 7% のレベルで安定した第 IX 因子の発現；6 名の患者のうち 4 名は第 IX 子の予防的投与を中止できた
β サラセミア	β グロビン（*HBA1*）	レンチウイルスベクター 自己造血幹細胞	複合ヘテロの $β^E/β^0$ サラセミアの 1 名の患者で Hb 濃度が 9 ～ 10 g/dL で安定，しかしベクターに由来する Hb は全体の 1/3 に過ぎなかった
Leber 先天性黒内障（1 つの病型）	ビタミン A 代謝物であるレチノイド類の光受容体への循環に必要なタンパク質である RPE65（*RPE65*）	アデノ随伴ウイルスベクター 網膜色素上皮細胞	最初の試験では多くの患者で視力が改善した。しかし，予期しなかったことだが現在得られている知見は光受容器の変性が持続することを示唆している。この光受容器の細胞死の機序は不明

ADA：アデノシンデアミナーゼ, Hb：ヘモグロビン, PEG：ポリエチレングリコール, SCID：重症複合免疫不全症,
WAS：Wiskott–Aldrich 症候群。文献 3 より。

導入されるので安定である一方，分裂細胞にしか導入できません。また，導入部位により悪性腫瘍を誘発しうることが欠点となります。アデノウイルスの利点は，高力価のウイルスを調製できること，また分裂細胞にも非分裂細胞にも導入可能な

ことです。ただし免疫反応を誘発しうる欠点があります。アデノ随伴ウイルスは，ウイルス自体は無害で，分裂細胞にも非分裂細胞にも導入可能なことが利点です。そしてほとんどが染色体外で安定して存在できます。欠点としては大きな DNA

216

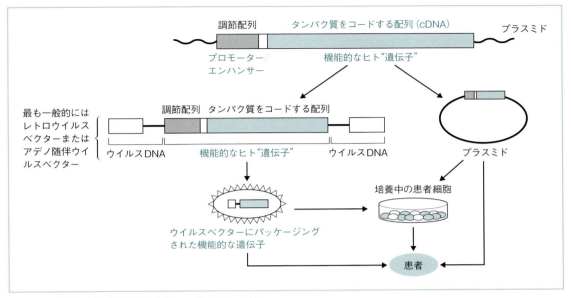

図13.2　患者に遺伝子を導入する2つの主要な方法
目的のヒト相補的DNA (cDNA) を組み込んだウイルスベクターを直接患者に投与する方法，および培養した患者細胞にベクターを導入する方法がある．文献3より改変．

を導入できないことです．

　なかでもアデノ随伴ウイルスベクターの開発研究は，一時停滞していた遺伝子治療を見直すきっかけとなりました．脊髄性筋萎縮症をはじめとして，Parkinson病，α1アンチトリプシン欠損症などの臨床研究においても有効な結果が得られています．2012年にはリポタンパク質リパーゼ欠損症の治療用AAV1ベクターがヨーロッパで，2017年にはLeber先天性黒内障の治療用AAV2ベクターが米国で，遺伝子治療薬として販売が承認されています．

　図13.3は，異染性白質ジストロフィー患者の治療経過です．アリルスルファターゼを産生するように操作したレンチウイルス（レトロウイルスの一種）ベクターを自己造血幹細胞に導入し，その後，患者に移植した結果になります．左は治療前，中央は治療2年後の頭部MRIです．患者の大脳は2年後の時点でほぼ正常となっています．一方，右側の治療を受けていない同年代の患者は，びまん性萎縮を伴う高度の脱髄を示しています．この治療後，症状の進行が少なくとも24か月間にわたって停止するという劇的な効果が得られていますが，遺伝子治療の効果が安全かつ永続的であることを示すためには，さらなる長期観察が必要となります．

骨髄移植

　次に，骨髄移植または骨髄への遺伝子導入によってライソゾーム病の基質蓄積が軽快する2つの主要な機序を示しました（図13.4）．治療Aは同種ドナーからの骨髄移植，治療Bは遺伝子導入による患者自身の骨髄幹細胞の遺伝的修正で

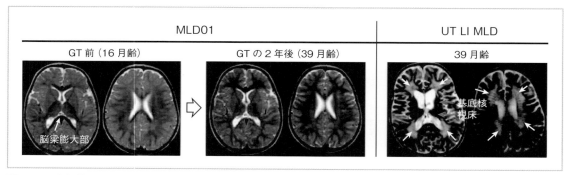

図13.3 造血幹細胞へ遺伝子治療を受けた異染性白質ジストロフィー患者の経過
アリルスルファターゼを産生するように操作したレンチウイルスベクターを自己造血幹細胞に導入し，その後，患者に移植した。左は治療前，中央は治療2年後の頭部MRI。治療2年後ではほぼ正常な像を示している。右は治療を受けていない同年代の患者で，びまん性萎縮を伴う高度の脱髄がみられる。文献3より。

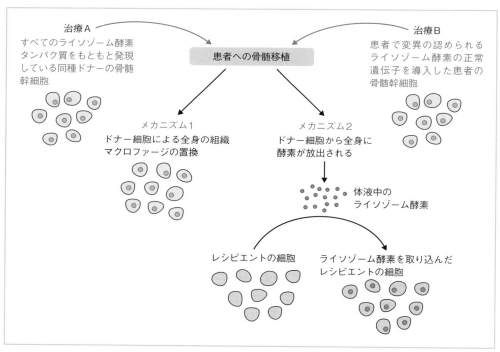

図13.4 ライソゾーム病の基質蓄積が軽減する2つのメカニズム
文献3より。

す。いずれの治療においても，欠損しているライソゾーム酵素を発現する前駆骨髄幹細胞の子孫細胞が増殖し，患者の単球マクロファージ系を再構築するようになります（メカニズム1）。さらに，ドナー由来の骨髄系細胞，もしくは遺伝子導入を受けた患者の修正骨髄系細胞からライソゾーム酵素が放出され，細胞外液から酵素欠損細胞にとりこまれます。こちらがメカニズム2になります。これらの機序を介することにより，多くの組織でライソゾームの異常蓄積を改善する効果があります。

遺伝子発現の調整

遺伝子発現を調節する薬物を用いて遺伝性疾患を治療するという手法も出てきています。これは大きく5つのタイプに分けられ，1つ目は正常もしくは変異座位からの遺伝子発現の増強。2つ目が疾患の影響を受けていない座位からの遺伝子発現の増強。3つ目が低分子RNAによる干渉。4つ目がエクソンスキッピングの導入。5つ目が遺伝子編集です。本講では3番目の低分子RNAによる干渉と，4番目のエクソンスキッピングの導入について説明します。

● **RNA干渉**：一部の優性遺伝疾患の病的変化は，有害な変異タンパク質が産生されることで生じます。例えばトランスサイレチン型アミロイドーシスは，以前は肝移植が唯一の治療法でした。新しく開発されたRNA干渉による治療法は，トランスサイレチンをコードする特定の標的RNAを分解へと誘導するものです。具体的には標的RNAの特定の塩基配列に相補的な短いRNAを，脂質ナノ粒子やウイルスベクターを用いて導入します。それらが標的RNAに結合することで，分解を惹起することになります。

● **エクソンスキッピング**：エクソンスキッピング

治療の原理をDuchenne型筋ジストロフィーを例に示します（図13.5）。ジストロフィン遺伝子のエクソン50を欠失するDuchenne型筋ジストロフィー患者では，エクソン49からエクソン51にかけてスプライシングが起こることにより，読み枠がずれます。結果としてエクソン51に終止コドンが生じ，ジストロフィンの合成が途中で終了します。

そこで，エクソン内の特定の塩基配列に結合するアンチセンスオリゴヌクレオチドを利用して，スプライシング時にエクソン50のみならずエクソン51を一緒に飛ばしてしまうという戦略が考えられました。これにより読み枠がずれることなく，エクソン52から読み枠が保たれた状態でタンパク質を作ることができます。短縮型ではありますが，軽症のBecker型筋ジストロフィー患者にみられるものに似た変異ジストロフィンの合成が再開されることになります。ジストロフィン遺伝子には欠失のホットスポットがあるため，エクソン51の組み込みを阻害することにより，全患者の約13％でジストロフィンの読み枠を正常に回復できると推測されています。この治療によって患者の歩行が安定化された臨床試験結果も報告されています[注2]。

ここまでは変異遺伝子および変異mRNAに対する治療法を示してきました。一方で，ゲノムに対するものだけが遺伝性疾患の治療法ではありません。後半では，変異タンパク質から臨床像にいたるまでの各段階を対象にした治療法について，順を追ってみていきます。

タンパク質レベルでの介入

ここからはタンパク質レベルでの治療の説明となります。例えば酵素異常症では，変異タンパク

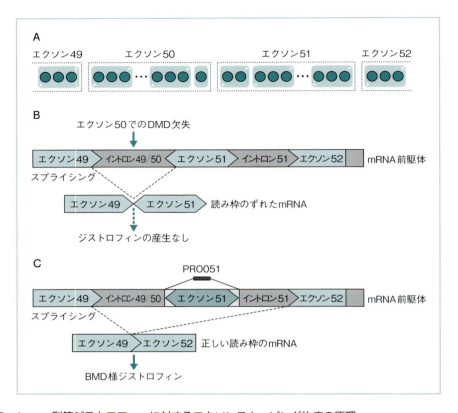

図13.5　Duchenne型筋ジストロフィーに対するエクソンスキッピング治療の原理
A：ジストロフィン遺伝子のエクソン49〜52におけるコドンの構成を模式的に示したもの．エクソン50の最後はトリプレットの最初の1塩基で終わっていることに注意．
B：Duchenne型筋ジストロフィーでは，ジストロフィン遺伝子のエクソン50が欠失し，エクソン49からエクソン51にかけてスプライシングが起こることにより読み枠がずれ，ジストロフィンの合成は中途で終了する．
C：そこで，スプライシング時にエクソン50だけでなくエクソン51も一緒に飛ばし，エクソン49からエクソン52にかけてスプライシングを起こさせることで，読み枠がずれることなく，短縮型のジストロフィンが作られる．この短縮型ジストロフィンは，軽症のBecker型筋ジストロフィー（BMD）患者の変異ジストロフィンに似ている．
文献3より改変．

質の安定化や残存酵素の増強によって，タンパク質機能の向上が得られる場合があります．数パーセントのみの機能向上であっても，生化学的な恒常性を回復するのに十分なことも少なくありません．

タンパク質レベルでの主な治療法を**表13.2**に示します．これらのなかからいくつかをピックアップして説明します．

残存機能の増強

残存機能の増強として，まず変異タンパク質の機能を高める治療があります．具体的には，酵素活性を高めるための補因子投与，終止コドンのスキップ，立体構造を変化させ機能回復をはかる方

第13講　遺伝性疾患の治療：単一遺伝子疾患を中心に

表13.2　変異タンパク質レベルでの遺伝性疾患の治療

方法	例	現状
変異タンパク質の機能の増強		
変異終止コドンの翻訳のスキッピングを促進する小分子	囊胞性線維症の 10% を占める, *CFTR* 遺伝子にナンセンス変異を有する患者に対するアタルレン	囊胞性線維症において治験中：確認のための第Ⅲ相臨床試験が 2014 年に開始
変異タンパク質の小胞体から細胞膜への移動を増やす "矯正小分子"	囊胞性線維症患者の上皮細胞管腔頂端膜で ΔF508 変異 CFTR タンパク質の量を増やす lumacaftor（VX–809）	治験中；ivacaftor との併用で ΔF508 ホモ接合体の肺機能に非常に有望な改善；高価
正常に細胞膜に到達した膜タンパク質の機能を増強する小分子	上皮細胞管腔頂端膜の特定の変異 CFTR タンパク質の機能を増強するイバカフトール（VX–770）の単独投与	特定の変異アレルを有する囊胞性線維症患者の治療薬として FDA が認可；高価
変異酵素の残存機能を高めるためのビタミン補因子投与	ピリドキシン反応性ホモシスチン尿症に対するビタミン B_6	シスタチオニン合成酵素欠損症のうち反応性を示す 50% の患者では第一選択の治療
タンパク質の増量		
細胞外タンパク質の補充	血友病 A における第Ⅷ因子	確立した治療, 有効, 安全
細胞内タンパク質の細胞外補充	ADA 欠損症におけるポリエチレングリコール修飾アデノシンデアミナーゼ（PEG–ADA）	確立した治療, 安全, 有効, しかし高価；現在は遺伝子治療や HLA 適合ドナーからの骨髄移植前に患者の状態を安定させる目的で主に行われる
標的細胞への細胞内タンパク質の補充	非神経型 Gaucher 病における β–グルコセレブロシダーゼ	確立した治療；生化学的および臨床的に有効；高価

ADA：アデノシンデアミナーゼ, FDA：米国食品医薬品局, HLA：ヒト白血球抗原。文献 3 より。

法などです。

　いくつかの先天性代謝異常症は，変異によって障害を受けた酵素の補因子であるビタミンの大量投与に劇的に反応します。用いられるビタミンは無害で，通常の栄養として必要な量の 100 〜 500 倍を安全に投与できます。例えばホモシスチン尿症の患者では，補因子結合部位に異常があり，シスタチオン β 合成酵素がビタミン B_6 と結合しにくくなっています。ただし，親和性は低下しているもののビタミン B_6 と結合したホロ酵素にはわずかでも活性がありますので，ビタミン B_6 を大量投与することによりシスタチオン β 合成酵素の活性を上昇させることができます。

　小分子を用いてナンセンス変異をスキップさせる治療法もあります。病的バリアントにより本来あるべき場所よりも早期に終止コドンが出現した場合（premature termination codon），本来よりも短いタンパク質が作られて，このタンパク質は機能を失います。そこで異常な終止コドンを読み誤まらせるように働きかける薬剤を投与することで，終止コドンを認識しないまま通り過ぎてタンパク合成を進行させようという戦略です。ナンセンス変異はヒトゲノム変異の約 11 ％を占めるとされています。したがって，ナンセンス変異に起因する疾患にこの手法が広く応用されることは非常に期待されている反面，病因以外の終止コド

221

ンも読みとばされてしまう可能性も考えなくてはなりません。今後の技術開発が待たれる治療法の1つです。

次が小分子によって異常タンパク質に正常な立体構造をとらせる手法です。膜タンパク質の変異は，タンパク質の折りたたみや小胞体への移行，細胞膜への移動を障害します。膜タンパク質の移動が障害される変異として最もよく知られているものに，嚢胞性線維症におけるCFTRタンパク質のΔF508変異があります。CFTRタンパク質の折りたたみ異常を防ぎ，三次元構造を安定化させる薬剤として，lumacaftor/ivacaftor併用療法の第III相臨床試験が行われました。この併用療法では，ホモ接合体患者の肺機能に明らかな改善が認められています。この結果は分子シャペロン療法が単一遺伝子疾患の治療に有用であることを示したという点で，重要な意味をもっています。

また，嚢胞性線維症の約5％の患者が有しているGly551Asp変異を少なくとも1アレル持つ患者に対してivacaftorを投与した結果，明らかな肺機能の改善と，体重増加および呼吸器症状改善が認められたという結果も出ています。

不足タンパク質の補充

次に不足タンパク質を直接補充する治療についてみていきます。タンパク質の補充が日常の選択肢の1つとなっている代表的な疾患として血友病があります。血液凝固因子を豊富に含む血漿タンパク質分画製剤の投与によって，凝固異常に対処します。血友病の治療経験には長年の蓄積がありますが，タンパク質の半減期に合わせた投与の費用や，中和抗体の形成などが問題点として上がってきています。

また，ライソゾーム病を筆頭に酵素補充療法の有効性が示されており，保険収載された疾患も増えてきています。非神経型Gaucher（ゴーシェ）病は，酵素補充療法の有効性が示された最初のライソゾーム病です。本疾患は常染色体劣性遺伝疾患で，βグルコセレブロシダーゼの欠損が原因となる最も頻度の高いライソゾーム病です。この酵素の喪失により，分解されるべきグルコセレブロシドがライソゾームに蓄積して，肝脾腫，貧血，血小板減少が引き起こされます。また，骨病変は発作性の疼痛や骨壊死の原因となり，非常に強い苦痛を患者にもたらします。世界中で5,000人以上が酵素補充療法を受けています。効果の典型例として，ある患者のヘモグロビン濃度の上昇を図13.6に示します。治療により肝脾腫が軽減し，血小板数が増加しています。

代謝調節レベルでの介入

次に代謝の調節による治療についてみていきま

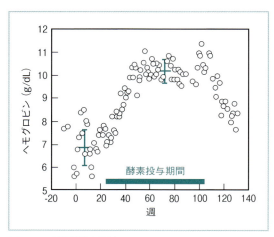

図13.6　酵素補充療法
ライソゾーム病の1つである非神経型Gaucher病では，βグルコセレブロシダーゼの欠損によりグルコセレブロシドがライソゾームに蓄積し，肝脾腫，貧血，血小板減少などが引き起こされる。βグルコセレブロシダーゼを投与することにより，ヘモグロビン濃度の上昇がみられる。文献3より。

す。遺伝性疾患のなかでも疾患特異的な治療が最も成功しているのは，先天性代謝障害と考えられています。代謝調節の基本的戦略を図13.7に示しました。人体内で基質AがBとEになり，BはCになり，という代謝の流れを例として表しています。私たちの体内ではこのような膨大な量の代謝経路が機能して，生命の恒常性を維持しています。例えばここでB→Cへの経路がうまく機能しないと，Bという有害な物質が体内に蓄積してしまい，臨床症状を引き起こします。あるいはどこかで代謝経路の流れが悪くなり，最終生成物Dが十分得られないために，臨床的にDの欠乏症状が出るということもあります。このような異常の機序を考えていくと，いくつかの戦略が導かれます。

有害な物質を増やさないために基質を制限するという考え方が基質制限です。補充は，図13.7でいえば不足するDを体外から補充する方法です。Cを投与するなどの方法もあります。迂回戦略ではA→Eの反応を促進，あるいはA→Bを薬物で阻害することによって有害物質の量を減らします。除去は読んで字のごとくですが，Bや

F を強制的に体外へ排出する手法になります。これらについて具体的にみていきます。

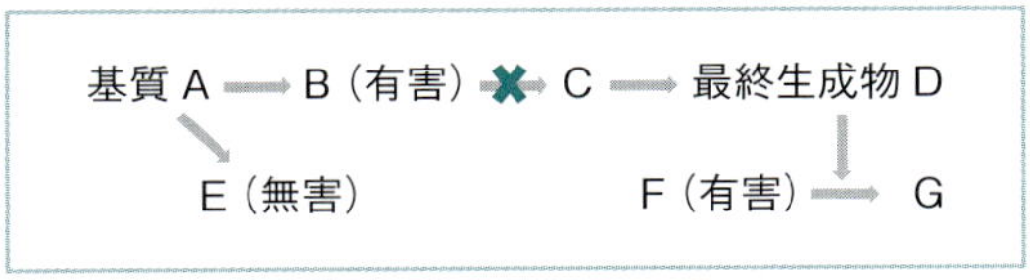

基質制限

まず基質制限です。例えばフェニルアラニン水酸化酵素欠損症（フェニルケトン尿症）では，基質であるフェニルアラニンの蓄積を予防する必要があるため，低フェニルアラニン食を生涯にわたって継続する必要があります。このように基質制限で良好な管理ができる疾患もあります。一方で，厳しいタンパク質制限食を生涯にわたって続けなければならない治療となります。

補充

必須の代謝産物，補因子，ホルモンが欠乏しているときに，それを補充します。1つの例が先天性甲状腺機能低下症です。罹患者の10～15％では単一の遺伝子が原因です。日本でも新生児スクリーニングが実施されており，知的障害を防ぐために，出生後直ちにサイロキシンの補充が開始されます。

迂回

迂回戦略が用いられる主な疾患としては，尿素サイクル異常症が挙げられます。尿素サイクル酵素の遺伝的欠損により，アンモニアを尿素サイクルで除去できなくなります。そこで安息香酸ナトリウムの投与によってアンモニアをグリシン合成へと誘導すると，窒素部分が尿中に排泄されます。こうして尿素サイクル異常症患者のアンモニアを除去していくという方法をとります。

家族性高コレステロール血症のヘテロ接合体患者の血中コレステロール濃度を低下させるためにも迂回アプローチは用いられます。例えば図13.8の右図ですが，コレセベラムの経口投与に

図13.7　代謝の調節による治療

人体内の基質代謝で，B→Cへの代謝に支障があり，有害なBが体内に蓄積し，また，最終生成物Dが十分得られないために臨床症状が引き起こされるという例を示す。この場合，代謝の調節による治療として，以下のような方法がある。
基質制限：Bを増やさないためにAの摂取を制限する。
補充：不足するDを体外から投与する（あるいはCを投与する）。
迂回：A→Eの代謝を促進する。
酵素阻害：A→Bを薬物で阻害する。
除去：BやFを強制的に体外に排出する。

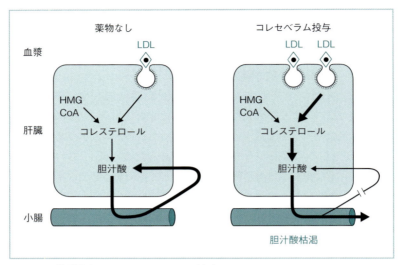

図13.8 代謝を迂回させることによる治療
家族性高コレステロール血症のヘテロ接合体患者の血中コレステロール濃度を低下させるために，代謝を迂回させる方法が用いられる。右に示すように，コレセベラムの経口投与により胆汁酸を腸管内で隔離し，再吸収させずに便中に排泄させることで，コレステロールからの胆汁酸合成が増加し，結果として血中コレステロール濃度が低下する。文献3より。

より胆汁酸を腸管内で隔離し，再吸収させずに便中に排泄させます。するとコレステロールからの胆汁酸合成が増加してきます。これによる肝コレステロール濃度の低下は，正常なLDL受容体遺伝子からの受容体産生を増加させ，LDL結合コレステロールの肝臓での取り込みを促進し，結果として血中コレステロール濃度を低下させます。

酵素阻害

先天性代謝異常症の治療においては代謝障害の影響を軽減する目的で，時に酵素の薬理学的阻害が行われます。この原理の例も，家族性コレステロール血症のヘテロ接合体患者の治療でみることができます。患者の肝臓でのコレステロール新生を減少させる目的で，コレステロール合成の律速酵素（HMG-CoA還元酵素）の強力な阻害剤であるスタチンを投与します。すると肝臓は正常な

LDL受容体遺伝子からの受容体合成を増やすことで，それを代償します。このようなLDL受容体の増加は，典型例では家族性高コレステロール血症のヘテロ接合体患者の血中LDLコレステロール濃度を40〜60％ほど低下させる機能を持ちます。先ほどの迂回機序を用いたコレセベラムと併用することで効果は相乗的となり，さらなる低下が得られることとなります。

除去

有害な物質を体内から直接除去する方法です。例えば家族性高コレステロール血症において他の方法でLDLを低下させることができないホモ接合体患者に対しては，循環血中からLDLを除去するアフェレーシスという治療が行われます。全血を体外に導き，血漿中からLDLをとり取り除いた後に，血漿と血球を患者の体内に戻すという

方法です。

あるいは遺伝性ヘモクロマトーシスにおける鉄の沈着を軽減させる瀉血療法も除去療法の一例になります。

受容体拮抗

Marfan 症候群に対するロサルタンの投与が一例となります。Marfan 症候群の主たる死因は，大動脈基部の拡張および大動脈瘤と大動脈解離ですが，その背景には TGF-β シグナル伝達の活性化があると考えられています。Marfan 症候群に対する最初の臨床試験では，ロサルタンの投与により大動脈基部の拡張速度が明確に低下することが示されました。これは主に TGF-β シグナル伝達の減弱によると考えられています。

臨床症状レベルでの介入

最後に臨床症状に対する介入です。ここにはさまざまな内科的・外科的治療が含まれます。つい根本治療に目が行ってしまいがちですが，治療法の有無にかかわらず臨床症状に対するケアというのは非常に大切となります。この部分を見落とさないようにしなければいけません。治療効果に対応したリハビリなど，それぞれの患者ごとのプログラムが必要となることが予測されます。患者にあわせた，治療にあわせたケアを丁寧にやっていくことが重要となります。

遺伝性疾患治療の現状と今後の課題

これまでみてきたように，遺伝性疾患ではさまざまな段階で治療介入が行われ，原因遺伝子の特定や病態解明が治療法の開発に大きく寄与しています。報告によりますと，単一遺伝子疾患のうち

治療による生命予後の改善が可能なものは15％ほどといわれておりましたが，原因の明らかな57種類の先天性遺伝性疾患では約50％で生命予後が改善するという報告もあります（図13.9）。また，成長や知能，社会適合性など他の所見でも明らかな改善を認めています。遺伝性疾患の遺伝学的および生化学的背景を明らかにするということは，治療効果に大きな影響を与えることとなります。

このように各種治療法が驚異的な進歩を遂げていますが，単一遺伝子疾患の治療には課題もまだ多く残っています。第1に，遺伝子が同定されていない，あるいは病因が不明な疾患が多くあります。3,000種類以上の遺伝子が遺伝性疾患と関連していますが，単一遺伝子疾患の半数以上でいまだ原因遺伝子が不明です。

2番目に，原因遺伝子が明らかになったとしても，病態生理学的な機序の解明が不十分な疾患が多いという課題があります。例えば数十年にわたる研究にもかかわらず，フェニルアラニンの濃度上昇が脳の発達や機能を障害する機序というのはわかっておりません。

3番目として，重度の臨床症状は介入によっても軽快が難しいという点があります。重篤な症例ではタンパク質が完全に欠損していたり，機能を大きく欠いて残存活性がほとんどない場合が多いためです。これに対してバリアントの影響が小さい場合は，タンパク質がいくらかの機能を残存し，その機能を増強させることで治療効果が得られることがあります。

4番目は優性阻害アレルの問題です。優性遺伝疾患の一部では，変異タンパク質が正常アレルの機能を阻害します。正常アレルや正常タンパク質の発現・機能を阻害することなく，変異アレルや変異タンパク質の影響だけを減弱させることには

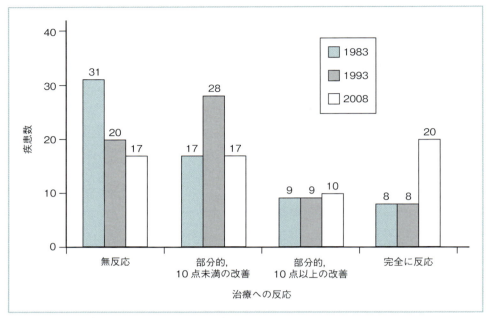

図13.9　遺伝性疾患に対する治療法への反応
原因遺伝子もしくは生化学的機能が明らかとなっており，解析のための十分な情報が入手可能な57種類の遺伝性疾患の，1983年，1993年，2008年における治療法への反応。文献3より。

困難が伴います。

長期的評価の重要性

　単一遺伝子疾患の治療では，長期的な，時には何十年にもわたる調査が必要となります。当初は有効とされた治療も，最終的には不十分であると判明する場合があります。例えばよく管理されたフェニルケトン尿症の患者は，重度の知的障害をまぬがれ，ほぼ正常の知能指数を獲得できますが，さらに成長した後に軽度の学習障害や行動異常を呈するということがしばしばあります。

　第2に，当初予測されなかった臓器に予期せぬ問題が生じることがあります。以前はこうした病変が出てくるまで患者が生存できなかったという事情もあります。一例として，ガラクトース血症が挙げられます。経口摂取物からミルクを完全に除去することにより，胃腸障害，肝硬変，白内障といった事象は予防可能です。しかし，うまく治療できた患者でも高率に学習障害が認められ，多くの患者は持続的なガラクトース毒性の影響で卵巣機能不全を呈します。

　第3に，短期間には副作用がない治療が，長期的には重大な問題を引き起こす場合があります。例えば血友病における凝固因子投与は，投与されたタンパク質に対する抗体の産生を引き起こすことがあります。また，サラセミアに対する輸血は鉄の過剰を招き，鉄キレート剤の投与が必要となります。

遺伝的異質性とそれに合わせた治療

　単一遺伝子疾患に対して最適な治療を行うためには，正確な診断が何より大切になります。時には生化学的な診断のみならず，関与している遺伝子も明らかにする必要がありますが，特に遺伝的異質性についても考慮する必要があります。

　まず，症状が同じでも原因の違いにより治療法が異なってきます。高フェニルアラニン血症を例にすると，この疾患の原因にはフェニルアラニン水酸化酵素（PAH）の遺伝子の病的バリアントによるものと，PAH の補因子である BH_4 の合成に必要な遺伝子の病的バリアントによるものがあります。これら 2 つに対する治療法は異なってくるため，原因まで含めた正確な診断が必要となります。

　また，アレル異質性も治療選択において重要な意味を持ってきます。病的バリアントの影響によっては，タンパク質の産生量は減少しているものの，いくらかの生理活性が残存している場合があります。その場合，部分的な機能をもつタンパク質を増強する治療法が有効と考えられます。一方，まったく残存活性を持っていない場合では，いくら変異タンパク質の発現増強を行ったところで機能増強は期待できません。

　さらに病的バリアントの情報が治療に直結する例として，囊胞性線維症が挙げられます。囊胞性線維症では数百種類のミスセンス変異が見つかっていますが，特定の病的バリアントを持つ場合のみ ivacaftor の治療が認可されています。このような疾患では治療法決定のため，病的バリアントを明らかにしておく必要があります。

● ● ●

　本講でみてきたように，遺伝性疾患に対する治療にはさまざまな介入段階があります。ゲノム情報が明らかになるにつれ，治療可能な疾患が増えてきています。病因に即した治療法や発症予防の実現のために，原因となる遺伝要因とその機序の解明は非常に重要な要素となります。

● 注

1) オナセムノゲン アベパルボベクは，2 歳未満でかつ抗 AAV9 抗体が陰性の患者に限られますが，1 回の静注で治療が完了します。2020 年 5 月に保険収載されました。2021 年 11 月時点で 48 例が投与を受けています。

　ヌシネルセンは，全年齢で使用可能であり，4〜6 か月ごとの髄注投与となります。2017 年に保険収載されました。2021 年 12 月時点で 500 例以上が投与を受けています。

　リスジプラムは，経口投与であることが特徴的で，1 日 1 回の投与となります。2021 年 8 月に保険収載されました。2022 年 1 月時点で 272 例が投与を受けています。

2) 2020 年には，我が国においてエクソンスキッピング作用を有する核酸医薬品であるビルトラルセン静注が保険収載されました。「エクソン 53 スキッピングにより治療可能なジストロフィン遺伝子の欠失が確認されている Duchenne 型筋ジストロフィー」が対象で，週 1 回の静脈内投与となります。

● 文献

1) Finkel RS et al.: Nusinersen versus Sham Control in Infantile-Onset Spinal Muscular Atrophy. *N Engl J Med* 2017; 377(18):1723-1732. ［PMID: 29091570］
2) Mendell JR et al.: Single-Dose Gene-Replacement Therapy for Spinal Muscular Atrophy. *N Engl J Med* 2017; 377(18):1713-1722. ［PMID: 29091557］
3) Nussbaum RL 著（福嶋義光監訳）：トンプソン＆トンプソン遺伝医学 第 2 版. メディカル・サイエンス・インターナショナル, 2017.

第 14 講

発生遺伝学と先天異常：
胚発生の基本的なメカニズムと
それにかかわる遺伝子

山田重人 ●京都大学医学研究科附属先天異常標本解析センター

本講のテーマは「発生遺伝学と先天異常」です。遺伝医学において発生学を学ぶ意義というのは，先天異常（birth defect）を有する患者についての合理的な理解をするための基礎になるということです。また，この後第 17 講では出生前診断を学びますが，その理解にも発生学の知識は重要となります。分子生物学・分子遺伝学が非常に発展してきていますので，形態学の正確な理解が求められているというのもこの領域の特徴です。

先天異常は何が原因となるのか

　まず，先天異常が公衆衛生に与える影響について米国のデータをみてみます。2016 年には 1,000 出生に 5.60 人の乳児死亡があり，そのうち 20 % 以上は先天異常が原因だとされています。同じく 2016 年の日本のデータでは，乳児死亡は 1,000 出生のうち 2 人となっています。出生前診断が結果的に先天異常を減らしている可能性があるという言い方がされることもありますが，これは議論があるところかもしれません。ここで大事なのは，公衆衛生的には予防できる先天異常があるという点です。後で述べますが，葉酸やアルコールの摂取／不摂取に気をつけることで，先天異常を予防できる場合があります。先天異常にかかわる発生メカニズムの解明は治療につながる可能性があるということも重要なポイントです。

異常形態学と先天異常のメカニズム

　異常形態学（dysmorphology）というのは，新生児の体の部位の形態を変化させる先天奇形についての研究分野です。これを専門にしている人はあまり多くはありませんが，非常に重要な分野であると思います。先天異常発生のメカニズムとしていくつか紹介しておきます。**奇形**（malformation），**変形**（deformation），**破壊**（disruption）です。そして奇形を引き起こす要因と多面発現を説明していきます。

　奇形は，発生にかかわる遺伝的プログラムの 1

229

つ以上に内因的な異常があることで生じます。図14.1は遺伝子変異による多指症です。遺伝子は発生の間に複数部位で異なる時期に使われることがあるため，奇形も複数部位にみられる場合が多くなります。

変形は，発生過程の胎児に物理的に作用する外的要因によります。例えば先天性関節拘縮で，羊水過少に伴う胎児の重度の圧迫により筋肉の発生障害が起き，対称的な関節拘縮が多発的にみられる状態です。この状態は出生時に明らかで，リハビリテーションの効果があります。

破壊とは，正常胎児組織の不可逆な破壊によります。血管障害や外傷，催奇形因子が原因となります。正常組織が失われるため，治療が非常に困難となります。羊膜破綻（amnion rupture）などがその例となりますが，これは古くは羊膜索症候群（amniotic band syndrome）と呼ばれており，そちらの名前で知っている方が多いかもしれません。最近は羊膜破綻シークエンスという言い方をしますが，羊膜組織の絞扼により四肢の部分欠損が生じるというものです。

これらの奇形，変形，破壊という分類は，先天異常の認識，診断，治療にあたり非常に有用な指針になります。また，これらは単独ではなく重なって生じることがあります。例えば血管の奇形が離れた組織の破壊を引き起こしたり，あるいは泌尿器系の奇形が羊水過少を引き起こして変形につながったりといった具合です。つまり先天異常の症状というのは，奇形，変形，破壊の組み合わせによって起こるということを考えていく必要があります。

奇形を引き起こす要因

次に奇形を引き起こす遺伝要因と環境要因について説明します。図14.2は先天異常の原因の割合で，昔からあるグラフです。最新の版ではアレイCGH（比較ゲノムハイブリダイゼーション）が臨床応用されて「コピー数バリアント」が項目に入ってきており，このグラフも少しずつ変化しています。

ここでは，染色体不均衡（第6講），先ほど述べたコピー数バリアント（第5講），単一遺伝子異常（第7講），多因子形質（第8講），催奇形因子（第12講）が原因として挙げられています。各々の項目については，示しました他の講義で説明があるので，そちらもご参照ください。

多面発現

奇形のもう1つの特徴として多面発現があります。多面発現は単一の原因で複数の構造あるいは複数の器官系に異常が引き起こされる現象です。ここで症候群とシークエンスという言葉の使い分けに注意していただきたいと思います。**症候群**は，1つの原因により同時並行で複数の異常が引き起こされる場合です。**シークエンス**は，1つの原因によりある時期にある1つの器官系に異常が

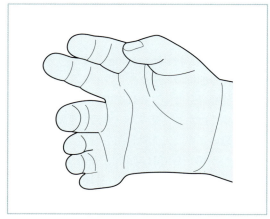

図14.1　多指症
挿入型多指症に見られる奇形。文献1より改変。

第14講 発生遺伝学と先天異常：胚発生の基本的なメカニズムとそれにかかわる遺伝子

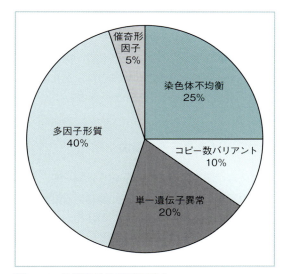

図14.2　先天異常の原因の割合
文献1より。

起き，その後二次的にさまざまな影響が波及する場合を指します。この症候群とシークエンスの定義の違いは整理しておいてください。

多面発現症候群にはいろいろありますが，例えば鰓弓耳腎（branchio-oto-renal：BOR）症候群やRubinstein–Taybi（ルビンシュタイン テイビ）症候群などが挙げられます。BOR症候群では，単一遺伝子（例：*EYA1*）の異常で，耳と腎臓の奇形が起こります。Rubinstein–Taybi症候群は転写コアクチベーターの機能喪失が原因となり，複数の奇形や症状が同時進行的に起こります。

一方，シークエンスの例としては，Robin（ロバン）シークエンスが挙げられます。これはPierre Robin（ピエール ロバン）症候群という名称で覚えている方もいるかもしれません。胎生9週に下顎の成長が制限され，舌が正常よりも後方に位置します。その結果，口蓋の成長が阻害されて口蓋裂ができるというシークエンスです。このシークエンスを引き起こす原因の1つとして，Stickler症候群があります。Stickler症候群はII型コラーゲンの遺伝子変異によって生じ，やはり小さな下顎形成が起こることからRobinシークエンスを引き起こします。Stickler症候群では他にも身長や眼，関節にも症状が出ることが知られており，そちらは症候群という扱いでいいのですが，それとは別にRobinシークエンスも引き起こすので，「症候群とシークエンスの定義の違いは整理しておいてください」と言いつつも，1つの疾患で両方が見られるというちょっとややこしい説明になります。

臨床で発生生物学が重要となる理由

遺伝医学の臨床は，発生生物学の基礎の上に成り立っています。遺伝子や分子経路の機能異常が，どのように発生および最終的には表現型に影響を与えるのかを理解することが重要です。発生生物学は，1つの細胞がどのようにして成熟した動物になるのかを研究する分野です。1つの受精卵から10^{13}〜10^{14}個以上の細胞で構成される個体になっていく，その過程を対象とします。発生学（embryology）という学問は19世紀から始まりまして，古くは形態的な観察が主でした。近年では分子生物学・遺伝学・ゲノム学が発生学に応用されて研究手法は大きく変化し，発生生物学（developmental biology）として非常にエキサイティングな学問分野となっています。

さらに発生は進化と非常に強いつながりを持っております。古くから「個体発生は系統発生を繰り返す」といわれています。受精卵が単細胞生物にあたるとすれば，胚胞は管腔状の生物に似ていたりですとか，発生過程が系統発生を繰り返しているというのは興味深い発想です。このように進化研究と発生生物学には深い関連があり，evodevoと呼ばれる進化発生生物学という分野も発展してきています。

相同性と相似性

発生や進化を考えるうえで，**相同性**（homologous）と**相似性**（analogous）という言葉を勉強しておきたいと思います。相同性は「異なる生物の構造が，共通する祖先に存在する構造から進化した場合」で，つまり共通祖先がいるというのが重要なポイントです。それに対して相似性は，「似ているように見えるが異なる系統から互いに独立に生じたもの」となります。

前肢における相同性と相似性を例に挙げます。ヒトと鳥とコウモリには，骨格として上腕骨や前腕の2つの骨があって，指の骨がある。こういった構造は共通祖先から進化したもので，3つの生物が共通に持っています。つまり，前肢という観点からは相同です。しかしわれわれは飛べないですけれども，鳥とコウモリは飛べます。鳥とコウモリは翼を持ちますが，構造がよく見ると違います。コウモリの翼では指の間の水かき様のものが大きくなっている感じで，鳥の翼では指の先が羽になっています。このように構造は違うけれども，飛ぶという機能は同じです。鳥とコウモリの進化系統では翼の原始的な構造を持つ共通祖先がいないので，これらは別々に進化してきたものになります。したがって翼という機能からみると，これは相似構造になるわけです。

進化的に保存される現象がなぜ重要か。当然ですが，倫理的な理由から発生研究の大部分はヒトでは実験ができません。したがって動物モデルを使って研究することになるわけですが，もし発生機構や相同構造が進化的に保存されていれば，動物モデルの研究結果をヒトに応用可能ということになります。1990年代以降，ノックアウトマウスを使い，ヒトと相同な遺伝子の研究が行われるようになりました。その結果，ヒトとマウスで同じような表現型が出るということで，疾患の原因遺伝子が解明されてきたというのは，進化的に保存される現象を利用した例ということになります。

発生における遺伝子と環境

ゲノムは発生においてどういう役割を果たしているのでしょうか。例えば，建築物は設計図通りに建てれば基本的には図面通りの建物ができるわけです。しかし，ゲノムの情報というのは胚や胎児のすべての最終構造を忠実に記したものでありません。ゲノムはそもそもタンパク質と非コードRNAを定めているもので，その後に成長や移動，分化，アポトーシスといった過程が働いて，最終的な成熟構造ができてきます。さまざまな発生過程の結果として，最終的な形態が出来上がるわけです。

発生では確率的な側面も重要となります。発生はゲノムによって調節されますが，決定されるわけではありません。例えばマウスの*formin*という遺伝子がありますが，この遺伝子に変異が起こると20％で腎無形成が引き起こされます。遺伝的背景が同じでも100％ではなく20％というのが重要なところです。簡単に説明すると，この現象は，遺伝子異常が発生過程のバランスをシフトさせ，閾値が変わるという考え方によります。腎無形成が起こる閾値が変化し，異常の起こる確率が上昇し，それが20％になるということです。遺伝子の直接的な影響ではありませんが，確率的な要因で先天異常が起こることを示す例になります。

催奇形因子と変異原

環境因子として重要なものに**催奇形因子**と**変異原**（mutagen）を挙げておきます。催奇形因子というのは，発生中の胚組織に一過性の効果を与えるものです。レチノイン酸やアルコールが例に挙げられます。現在の妊娠における先天異常リスクは上昇しますけれども，次の妊娠には影響しません。これが催奇形性因子です。それに対して変異原では，遺伝物質に対して次世代に伝わりうる変化・傷害を与えます。例えばX線です。曝露された人の生涯にわたっても影響を与えますし，子孫にも遺伝して先天奇形やがんなどのリスクが高くなる場合があります。

催奇形因子は，臨床医療，公衆衛生，基礎科学研究と関連します。例えば，受精後2〜5週前後にイソトレチノインを母体へ投与された場合に発生する胎児性レチノイド症候群というものがあります。イソトレチノインは内因性のレチノイン酸と作用が似ており，神経堤細胞の発生と移動に影響を及ぼし，大量の細胞死が起こります。症状は全身にわたり，きわめて多彩です。

また，アルコールも重要な催奇形因子で，胎児性アルコール症候群を引き起こします。アルコールの毒性に感受性が高いのは脳と頭蓋顔面で，そこに症状が出ます。妊娠中の多量のアルコール摂取によるといわれますが，多量というのは少し語弊があり，決まった閾値がありませんので少量でもなる人はいるし，多量でもならない人がいるというのがややこしいところです。つまり，摂取しないに越したことはないということですね。

在胎4〜8週でサリドマイドへの曝露があると，胎児に高頻度に四肢の奇形が起こり，これはサリドマイド症候群と呼ばれます。1950年代の後半にドイツあたりから始まって，日本でも309名の患者が出ました。これはサリドマイドが胎児の血管系に影響するためであることがわかっています。つまり，サリドマイドは血管新生阻害作用を持つということで，「これはがん組織への毛細血管の成長を阻害するのでは」という観点からがん治療への臨床試験が行われました。その結果，多発性骨髄腫に代表される悪性腫瘍に効くことがわかりました。ですので，先天異常を引き起こしたから一律に禁じることが果たして妥当なのか，これからの使い方というのは考えていく必要があると思います。

発生生物学の基本概念を理解する

発生生物学の基本概念についてお話しします。発生における細胞過程として，増殖・分化・移動・細胞死があり，これらの組み合わせで成長と形態形成が起こることになります。成長の調節というのは非常に重要で，細胞数が予定よりも多くなると過形成，細胞自体が予定よりも大きくなると肥大という状態になります。

ヒトの胚発生

ヒトの胚発生について簡単に説明します（**図14.3**）。ヒトの胚発生は1つの受精卵から始まります。どんどん卵が分かれていきまして，3日目には16細胞（E），4日目には桑実胚（F），5日目には胚盤胞（G）になります。A〜Gの段階では胚は殻のような透明体の中に入っているのがわかると思います。この段階では胚の体積は変わらずに，細胞数だけが増えていきます。この後，Hに至る段階でハッチングが起こり，殻から外に出て胚がいくらでも大きくなれるという変化を遂げるわけです。

それまで均一だった胚盤胞が6日目には極性

第14講

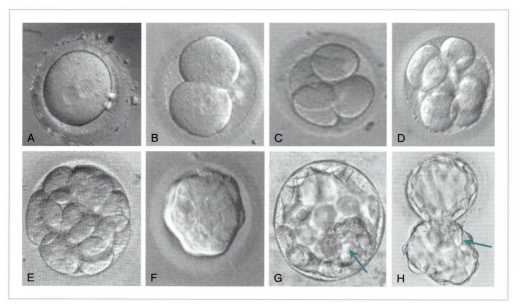

図14.3　ヒト受精卵の胚発生
A. 受精後0日目の受精卵。2つの前核と極体がみえる。B. 受精後1日目の2細胞期胚。C. 2日目の4細胞期胚。D. 3日目の8細胞期胚。E. 3日目後期の16細胞期胚。この後，コンパクションが起こり，その後の胚は桑実胚と呼ばれる。F. 4日目の桑実胚。G. 5日目の桑実胚。矢印は内細胞塊を示す。H. 胚（矢印）が透明帯から脱出する（ハッチング）。文献1より。

（polarity）を示すようになり，栄養膜細胞と内部細胞塊に分かれます（図14.4）。図14.4で外側の薄っぺらい部分が栄養膜細胞で，その中に内部細胞塊が固まっています。栄養膜細胞は将来的には胎盤になっていく部分です（図14.5）。内部細胞塊からは体の本体ができてきます。この後，内部細胞塊から二層性の胚盤ができます。

　図14.6 が二層性胚盤で，将来の体の本体を作る胚盤層上層（epiblast）と，卵黄嚢をつつむ胚盤層下層（hypoblast）ができます。二層性胚盤はさらに三層性胚盤へ変化していきます。受精後7～12日目で子宮の内膜壁に着床が起こりますが，着床後に原始線条という線が縦に入りまして，その部位から胚盤層上層の細胞が遊走していき，あるものは胚盤層下層を押し下げて内胚葉と

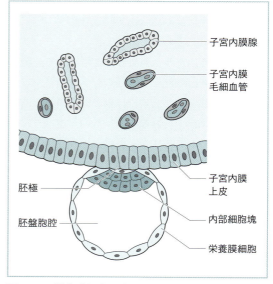

図14.4　栄養膜細胞と内部細胞塊に分かれた胚盤胞
受精後6日目の受精卵。胚盤胞が極性を示す。文献1より。

234

第14講　発生遺伝学と先天異常：胚発生の基本的なメカニズムとそれにかかわる遺伝子

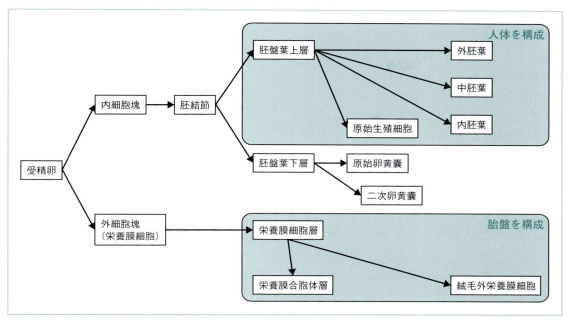

図14.5　受精卵からの大まかな細胞分化

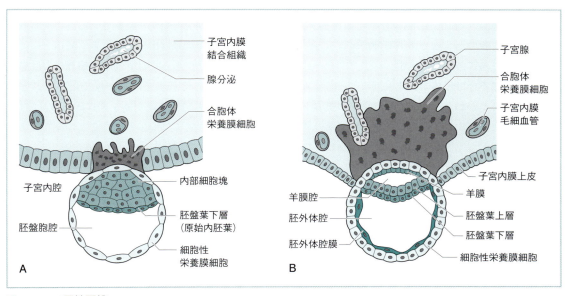

図14.6　二層性胚盤
受精後7日目（A）および8日目（B）の受精卵。内部細胞塊から二層性胚盤が形成される。胚盤葉上層は将来の体の本体を作る。胚盤葉下層は卵黄嚢を包む。文献1より。

235

なり，あるものは胚盤層上層と内胚葉の間で胚内中胚葉となります。胚盤層上層に残った細胞は外胚葉となり，外胚葉，中胚葉，内胚葉からなる三層性胚盤が作られることになります。このようにして外胚葉と中胚葉と内胚葉からなる三層性の胚盤が形成され，外胚葉からは神経系や皮膚，中胚葉からは腎臓・心臓・血管系・筋骨格系，内胚葉からは消化管や呼吸器が発生します。

神経管閉鎖不全

　初期の発生異常によって起こる神経管閉鎖不全について説明したいと思います。外胚葉由来の板状の神経板が輪となって閉じることで神経管が形成されます。この平べったい板が輪になって閉じるというプロセスが大事です。この輪になって閉じるということが起こらないと閉鎖不全という先天異常が生じるわけですが，閉鎖不全部位によって症状が異なります。例えば頭の上のほうで閉鎖が起こらず神経管が開いてしまう状態になった場合には，無脳症（anencephaly）が起こります。それに対して腰のところで閉鎖不全が起きると二分脊椎が起こることになります。

　神経管閉鎖不全は母体の葉酸欠乏によってリスクが上がることがわかっています。葉酸の摂取不足も原因となりますが，代謝にかかわる酵素の遺伝的バリアントも原因となります。テトラヒドロ葉酸をメチルテトラヒドロ葉酸へ戻すという代謝プロセスがありますが，そこにかかわる酵素がうまく働かないと葉酸代謝が崩れ，神経管閉鎖不全リスクが上がるといわれています。

　遺伝的バリアントを変えることは難しいですが，葉酸の欠乏に関しては葉酸摂取という形で比較的容易に介入が可能ということで，妊娠を考慮する女性については 400 〜 800 μg/日の葉酸摂取が推奨されています。葉酸は肉や野菜も含めてい

ろいろな食物に含有されていますが，加熱で壊れやすく，食品から吸収されにくいので，現在ではサプリメントの利用が推奨されています。『トンプソン＆トンプソン遺伝医学 第2版』には，「神経管閉鎖不全の予防」について，出生前スクリーニングとして超音波検査で神経管閉鎖不全が診断可能であることが挙げられていますが，胎児診断により「予防」する，という考え方は議論があるところだと思います。

胚子期と胎児期

　発生は胚子期と胎児期に分かれます。胚子期というのは妊娠の最初の2か月間で，形態形成が行われて主に分化が起こる段階になります。それに対して胎児期というのは胚子期以降のことで，器官が成熟してさらなる分化を遂げる時期です。

　胚子期の終わりには「もうヒトのミニチュアができてますよ」と，ときどき説明しますが，これは半分合っていて半分うそみたいなところがあります。胎児期でも発生が継続される器官もあるわけですね。神経系は出生後も大きく発達を遂げますし，骨格系に至っては骨端線が閉じるのは思春期ですから，それまで成長が続くということです。必ずしも発生現象が胚子期に起こる「分化」で完結するわけではないということになります。

生殖細胞と幹細胞

　生殖細胞（germ cell）についても少しふれておきます。体細胞組織はそれぞれ成長と分化をしていくわけですが，それとは別に生殖細胞区画というものがあります。体ができる前の発生の本当に早い時期に，生殖細胞になる運命が決まります。そしてそれらは性腺に入っていくわけですが，そこで何をするかというと，成体で配偶子になる際に減数分裂を行うようにプログラムされま

す。役割としては，遺伝情報の伝達，染色体の組換えやランダムな分配です。つまり，個体が発生するときには，生殖細胞は特に何も仕事をしていないことになります。いうなれば発生の一番最初にもう次世代に受け継がれることが決まっているスーパーエリートの細胞集団です。「俺たち何もしないから，後はおまえらで頑張れ」という感じでしょうか。体の成長と分化は体細胞に任せておいて，自分たちは出番を待ってじーっとおとなしくしている，そういう特殊なグループです。

　もう1つ特殊な細胞グループとして幹細胞（stem cell）があります。組織特異的な細胞で，成体期でも分化した細胞を産生できます。造血幹細胞などがその例となります。造血幹細胞は血液にしかなれないけども，血液系の細胞すべてを産生できる。そういった細胞グループが大人になっても残っているのです。

　そもそもの話になりますが，細胞にはそれぞれどういう方向へ分化していくかという**発生運命**（fate）があります。この運命がどうやって決まっていくかには段階があり，最初に**特定化**（specification）によってある特性を可逆的に獲得します。その後に運命の**決定**（determination）が起こり，細胞が不可逆的な特性を獲得します。

調節的発生とモザイク的発生

　重要な発生メカニズムとして調節的発生とモザイク的発生を説明します。調節的発生というのは発生初期にみられるもので，胚の一部が除去されたり喪失したりしても，残存している同様の細胞によって代償されるというメカニズムです。一方のモザイク的発生というのは発生後期にみられるもので，胚の各細胞は異なる発生運命を持っていて，胚の一部が失われると，失われた細胞が担う部分は他の細胞によって代償されず，正常な最終

構造に発生できないということです。つまり「調節的発生」と「モザイク的発生」は，胚発生の可塑性の程度を表す用語で，発生の様式が調節的発生からモザイク的発生に変化していくことで，可塑性が経時的に失われていくということになります。

　もう少しわかりやすい具体例として双胎をみてみましょう。初期発生が調節的である証拠として一卵性双胎が挙げられています（**図14.7**）。どういうことかというと，一番左側の4細胞期での分割では胎盤が2つになりますので，二絨毛膜性双胎になります。図中央の内部細胞塊で分割した場合では，羊膜は別になりますが胎盤は共有しますので，一絨毛膜性二羊膜性双胎になります。一番右側の二層性胚盤の時期での分割になると羊膜も共有しますので，一絨毛膜性一羊膜性双胎になります。分割された後の細胞集団が完全な1人の人間になるように，もう1回再プログラム化が行われ，完全な胚が2つできる。つまりこれは調節的発生の証拠なわけですね。

　調節的発生を示すもう1つの例が着床前診断です。8細胞胚のうち生検で1個を取って7個になっても，完全な人間になることがわかっています。1細胞失った分をちゃんと他の細胞がフォローしているという点で，明らかに調節的です。

　一方のモザイク的発生も双胎で考えたらわかりやすくなります。13日目以降に胚の分割が起こると結合双胎が生じます。これは胎児が体の一部や器官を共有している，くっついている状態です。2つの完全な胚を形成できなかったことを意味します。つまり，調節的発生からモザイク的発生に移行した後の胚分割の証明になるわけです。

　ちなみにヒト以外でも発生に関する興味深い現象はたくさんあります。例えばオオサンショウウオの成体は尻尾を切り取られても完全な尻尾を再

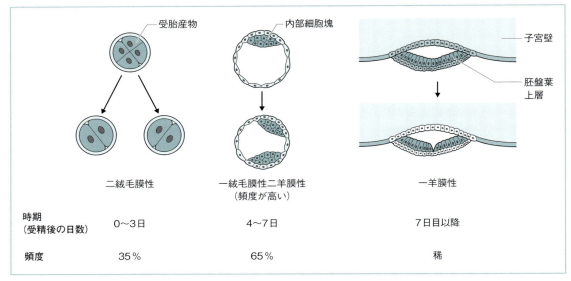

図14.7 一卵性双胎
一卵性双胎は初期発生が調節的である証拠である。分割がいつ起こったかによって，一卵性双胎のタイプが異なる。左は4細胞期で分割した場合で，二絨毛膜性双胎となる。中央は内部細胞塊が分割した場合で，一絨毛膜性二羊膜性双胎となる。右は二層性胚盤の時期に分割した場合で，一絨毛膜一羊膜性双胎となる。分割後の細胞集団が，完全な胚の発生が可能なように再プログラム化を行う。文献1より。

生しますし，カエルでは前肢を切断すると切断部位によって肘の関節が再生したり，ちょっと中枢側（近位側）で切ると再生しなかったりとか，いろいろなことが起こります。まだ解明できていない興味深い現象があるということです。

体軸の特定化とパターン形成

もう1つ発生メカニズムで重要なのが，体軸の特定化とパターン形成になります。動物の体部分や器官の位置を決定するための軸がいくつか挙げられます。1つが頭尾（前後）軸で，頭とお尻，つまり前後を決める軸です。さらに背中とおなかを決める背腹軸，右と左を決める左右軸もあります。人間も含めて左右非対称な動物は左右を決めなければいけません。前後軸では *Nodal*，背腹軸では *Sonic Hedgehog*，左右軸では *ZIC3* など，

それぞれの軸決定でどんな遺伝子が働いているのかが徐々にわかってきています。

また，体幹だけでなく四肢にも軸があります。例えば近い遠いの遠近軸です。上腕や前腕，手など，体幹から近い部分と遠い部分で形が違いますね。また，手のひらと手の甲は違うように，四肢にも背腹軸があります。前後軸としては四肢の場合は指の形が前後対称ではなく，親指から小指まで違いがあります。これもいろいろな遺伝子が作用していることがわかっています。

● HOX遺伝子

パターン形成に関しては，HOX遺伝子について特に説明しておきます。ホメオボックス遺伝子のうちゲノム中に特徴的なクラスターを形成しているものをHOX遺伝子群といいまして，ショウ

ジョウバエで最初に発見され，動物の胚発生の初期において組織の前後軸および体節を決定する重要な遺伝子群になります。胚において体節にかかわる構造，例えばショウジョウバエだと触角や眼，脚などを適切な数，適切な位置に配置するにあたって決定的な役割を果たしています。

HOX遺伝子はかなり大きな遺伝子群にもかかわらず，保存的であるという特徴があります。時間的（進化的）変化，あるいは異なる種のあいだでの変化がきわめて少ない。例えば，ハエのホメオティックタンパク質をニワトリのものと入れ替えても機能します。たいていの遺伝子は種を越えると機能を発揮しませんが，HOX遺伝子はこれ

が可能です。HOX遺伝子はきわめて重要な機能を持ちますので，もしここに変異が生じると個体の生存にかかわる異常となります。したがって，長い年月を経ても変化が相対的に小さいということになります。

図14.8はHOX遺伝子の機能と構成を示したものです。図14.8AにショウジョウバエのHOX遺伝子と，その下にヒトとマウスのHOX遺伝子のクラスターが4つ並んでいます。HOXA，B，C，Dがどの染色体にあるかというのは，例えばHOXAは7番短腕，HOXBは17番長腕と，全部わかっています。

図14.8Bは体幹の発生とHOX遺伝子の対応を

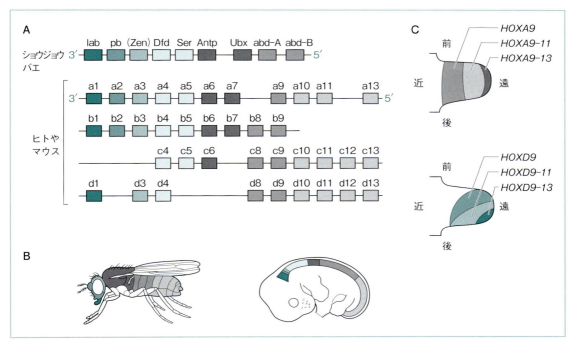

図14.8　HOX遺伝子クラスター
A. ショウジョウバエと，ヒトおよびマウスのHOX遺伝子クラスター。哺乳類はHOX遺伝子クラスターを4つもち，ヒトではHOXAは染色体領域7p14-15に，HOXBは17q21-22に，HOXCは12q12-13に，HOXDは2q31-37に存在する。B. 胚発生とHOX遺伝子の発現の対応を示した。前後軸にそって体幹に異なるHOX遺伝子が発現することで，特定の発生運命が選択される。C. 四肢の発生では，HOXA遺伝子およびHOXD遺伝子の発現が，遠近軸，前後軸に沿った発生運命の選択に関与する。文献1より。

示したものです。ショウジョウバエの頭からお尻まで，ヒトの場合でも頭からお尻まで，体節の形成や前後軸の形成に HOX 遺伝子が重要な役割を果たしていることがわかります。

図 14.8C は四肢の発生になります。例えば遠近軸では，HOXA 遺伝子の 9 ～ 13 が濃度勾配をつくります。四肢の先のほうでは HOXA 遺伝子の 9 ～ 13 が出て，根元は 9 だけとなっています。また，前後軸の発生では HOXD 遺伝子のクラスターが作用していることがわかっています。

この HOX 遺伝子が示している重要な原則の 1 つは，胚の異なる場所で複数の遺伝子が協調して広範囲に働いており，相同な構造は相同な遺伝子セットによって規定されているということです。例えば体幹の前方に頭があって，決して尻に頭は生えてこない。四肢は体幹から発生し，頭から手が生えたりはしない。あるいは体幹が胸と腹に分かれ，胸には心臓呼吸器系が入って，腹には消化器系が入る。こういった基本原則は相同な遺伝子セットによって規定されているというのが重要な点です。

もう 1 つ重要な原則が，遺伝子クラスターの空間的な構成が発現の位置や時期を反映しているという点です。図 14.8 を見ると，遺伝子クラスター内の順番が発現の位置に対応している点が確認できますが，時間的にもこの順番で発現しています。クラスター内の遺伝子の並び方も非常に重要だというのが面白いところです。

発生における細胞機構と分子機構

発生を調節する基本的な細胞機構と分子機構についての概説となります。発生を制御する基本的なメカニズムとしてここでは転写因子による遺伝子調節，細胞間のシグナル伝達，細胞の形態と極性の誘導，細胞の移動，プログラム細胞死の 5 項目をお話ししていきます。

転写因子による遺伝子調節

遺伝子の発現調節には転写調節モジュール，つ

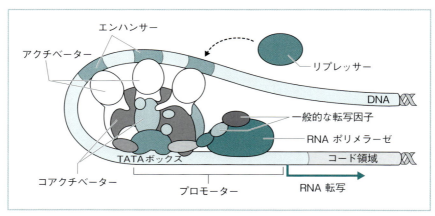

図14.9　転写因子による遺伝子調節
協調して機能する転写因子群を転写調節モジュールと呼ぶ。転写因子は転写因子複合体をつくってプロモーターやエンハンサーに結合する。転写因子複合体には多数の基本的な転写因子と，複合体に選択性を与える特別的な転写因子が集合する。文献 1 より。

まりは協調して機能する転写因子群の機能の解明が重要になります。図14.9に示したように，転写因子は複合体を作ります。プロモーターやエンハンサーにさまざまな分子が結合し，複合体には多数の基本的な転写因子に加え，複合体に選択性を与える特異的な転写因子が関与します。先ほど述べたHOX遺伝子は転写因子ですが，その1つHOXD13の変異によって多合指（趾）症が起こります。正常発生における転写因子の重要性を示しています。

細胞間シグナル伝達とモルフォゲン

モルフォゲンと細胞間シグナル伝達も，発生を調節する非常に重要なメカニズムです。リガンドと受容体の相互作用になるわけですが，ここでは濃度依存的に発生運命に影響するモルフォゲンの例としてHedgehogの濃度勾配を取り上げます。図14.10Aは脊髄発生の模式図です。脊髄の横断面をみると，腹側に運動ニューロンがあって，背側に感覚ニューロンがある。これがモルフォゲンとなるHedgehogの濃度勾配によって規定されるわけです。腹側でSonic Hedgehogが高濃度になると，背側でBMPが高濃度になる。このような濃度勾配ができることで腹側と背側が決まります。そのバランスにより腹側には運動ニューロンができ，背側には感覚ニューロンができ，その間には中間ニューロンができる，ということが知られています。

図14.10Bは四肢の形成の図で，ここでもSonic Hedgehogが働いています。Sonic Hedgehog濃度が高いところが後ろ側，ヒトでいうと小指側になります。逆に濃度が低いほうが親指側になります。2，3，4という番号はSSHの濃度の高さを示しており，4のほうが高濃度で，後方を形成するわけですね。図14.10Bの右側の図はSonic

Hedgehogあるいはそれに似た物質を親指側に移植したもので，両方が小指側になっています。発生生物学ではこういったなかなかマッドな実験も多いのですが，この実験の結果からはSonic Hedgehogの濃度勾配で前後軸も決まっていることがわかります。

これは鳥だけの話だけではなくて，ヒトでもSonic Hedgehogは働いています。有名な例に全前脳胞症（holoprosencephaly）との関連があります。全前脳胞症というのは前脳が2つに割れない，あるいは不完全な分割が起こる病態で，口唇口蓋裂や眼間狭小が出たりします。これは要するに真ん中が欠如する疾患と考えていいかと思います。脳が左右2つに割れるのは，2つに割れようとするのではなくて，真ん中ができるから割れるのですが，その真ん中ができない病態になります。

細胞の形態と極性の誘導

細胞は場所に応じて適切な極性や機能特性を獲得し，組織化される必要があります。例えば腎の上皮細胞は再吸収機能を担うために，頂端部と基底部は異なった機能を持つように発生する必要があります。また，腎細胞で発現する受容体は胎児型と成人型があるわけですが，多発性嚢胞腎になると胎児型がいつまでも残るといった異常が起こります。

細胞の移動

発生においては細胞の移動（migration）が非常に重要で，中枢神経の発生が好例となります。図14.11は発生中の神経管の模式図です。上の絵が正常な場合ですけれども，VZという脳室側の根元のゾーンから細胞が出てくるわけです。「インサイドアウト」という言い方をしますが，

第14講

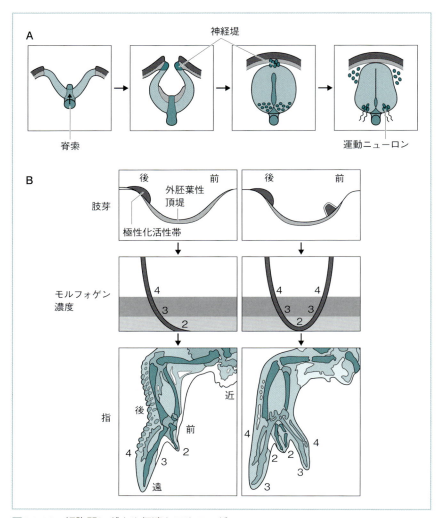

図14.10　細胞間シグナル伝達とモルフォゲン
A. 脊髄発生を示す，脊髄の横断面の模式図。腹側に運動ニューロンが，背側に感覚ニューロンがある。腹側で Sonic Hedgehog（SHH）が，背側で BMP が高濃度になり，この濃度勾配によって腹側と背側が決まる。B. 四肢の形成。SHH 濃度が高い方が後ろ側，濃度が低い方が前側になる。SHH は肢芽後端の極性化活性帯から分泌される。肢芽前端に極性化活性帯を移植すると（右），異所性のSHHの発現により後ろ側が2つできる。文献1より。

要するに後から出発する細胞がより外側，表面に近いところに移動することになります。一番最初に出た細胞は近い場所に，後から出ていった細胞は外側にきれいに並ぶことで，脳の6層構造が発生するというメカニズムです。

滑脳症ではこれがうまくいかなくなります。下図には *LIS1* 変異のヘテロ接合と書いてありますが，細胞移動が異常を起こし，皮質層の形成がぐ

第14講　発生遺伝学と先天異常：胚発生の基本的なメカニズムとそれにかかわる遺伝子

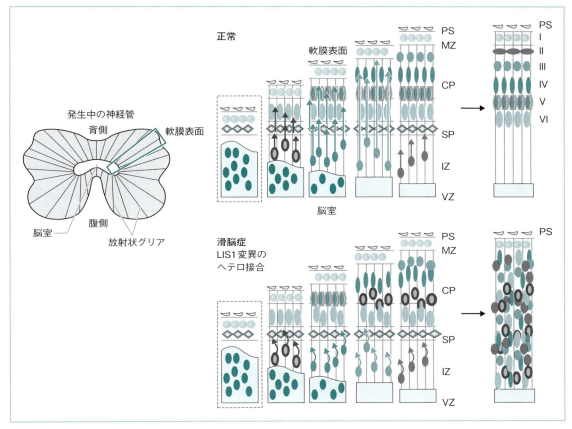

図14.11　発生中の神経管と細胞移動
中枢神経系では細胞の移動のタイミングにより到達先が異なり，それぞれが皮質層を形成する。滑脳症は*LIS1*遺伝子の変異をヘテロ接合で持つ人にみられ，細胞移動の異常の結果，皮質層の形成が欠如する。文献1より。

ちゃぐちゃになって層ができていません。こういったことが起こるため，細胞移動というのは先天異常の理解において非常に重要です。

その他の例として神経堤細胞の移動異常があります。神経堤細胞もいろいろな場所に動いていくのですが，例えば腸の神経堤細胞異常では自律神経細胞ができずにHirschsprung病になります。複数の神経堤細胞の異常ではWaardenburg症候群が起こり，皮膚や虹彩，毛髪，大腸などさまざまな部位に影響が出ます。

プログラム細胞死

形態形成過程で組織が再構築を必要としたときに起こるのがプログラム細胞死（programmed cell death）です。一番有名なのは指の発生でしょう。指が発生するときに，指の間に水かきのような部分が一度できて，その水かき部分の細胞が死んで最終的な指の形状が残ります。あるいは閉じている肛門や鼻腔の貫通ですとか，子宮と膣の接続部分の確立など，さまざまなところでプログラ

243

ム細胞死は働いています。プログラム細胞死の主なものとしてアポトーシスがさらに有名ですが、心室中隔や流出路の形成であるとか、あるいは免疫系の発生でも非常に重要な役割を果たしています。

複雑な発生とその異常を理解するために

発生過程にはここまでに話した増殖、分化、移動、アポトーシスのすべてが関与しています。このように複雑な発生機構を理解するためには、例えば線虫やハエ、マウスなどのモデル動物を用いて研究を行い、基本的な原則を発見し、ヒトの発生過程の理解に応用するということが重要です。

また何度も出てきましたが、四肢の発生も器官形成のモデルとして重要となります。四肢は比較的単純な過程によって生じます。例えばヒトの上肢は1m弱の長さで、1つの近位骨があって、2つの前腕骨があって、27個の手指の骨があります。その発生ではまず細胞が増殖して、肢芽（limb bud）という形で突出する。その後に軸が決まって形態形成が進むので、このようにモデルとして比較的わかりやすい段階を踏みます。

分子遺伝学の最新知見を応用しながらこういったモデルを研究した結果、どの遺伝子の異常でどういった症候群が起こるかということがかなりわかってきました。例えば、異常が起こるとさまざまな症候群を引き起こす分子として GLI3 や Patched、CREB 結合タンパク質（CBP）などが発見されていますが、これらはすべて Sonic Hedgehog シグナル経路に乗っている分子であることが分かっています。当然といえば当然なのですが、シグナル伝達経路を共有していれば臨床症状も共有しています。このように分子遺伝学的な知見から疾患原因を突き止めるということは、発症メカニズムにどの経路が関与し、最終的にはそれをどういうふうに止めていけばいいかという対策にもつながります。発生過程についての詳細な理解は、異常が起こった経路の特定要素を標的にした治療を可能にするということです。こうした理由からも、発生生物学や発生遺伝学を学ぶことは非常に重要であると考えられます。

● ● ●

最後になりますが、先天異常領域において臨床医、専門医、認定遺伝カウンセラーはどういった役割を果たすのでしょうか。先天異常患児の診断、さらなる診断的評価の提案、予想される転帰についての予後情報提供、先天奇形の原因についての家族への情報提供、両親や血縁者に対する再発率の提供などが一般には挙げられます。ただし実際のところ、カバーする分野が極めて広範であることから、実現するには難しい面もあり、日本では小児の異常形態学の専門家との連携も必要になってくるのではないかと思います。

では、このような広範な目的を達成するためにどうすればよいのか。統合的な理解ということで、患者データや家族歴はもちろん大切ですが、同時にこの分野は基礎研究がどんどん進んでいますので、臨床研究、基礎研究の最新データを把握することも重要になります。そして特に多分野の連携が必要と考えます。小児外科、神経科、リハビリテーション医学の専門家、あるいはその他のケアにかかわる医療の専門家すべてと連携していくことが大事なのではないかと思います。

● 文献
1) Nussbaum RL 著（福嶋義光監訳）：トンプソン＆トンプソン遺伝医学 第2版. メディカル・サイエンス・インターナショナル, 2017.

第15講

腫瘍遺伝学と腫瘍ゲノム学：
がんは遺伝子の変異によって起こる

植木有紗 ●慶應義塾大学病院 臨床遺伝学センター/慶應義塾大学病院 腫瘍センター

> がんの発生には遺伝学的な変化が大きく関与しており，がんは遺伝子の疾患であるといわれます。本講ではまず，がんの発生にかかわる基礎知識として，細胞周期メカニズムとがん原遺伝子やがん抑制遺伝子の機能について整理します。続いて，散発性のがんと遺伝性腫瘍症候群について，疾患紹介を含めて発症メカニズムの違いを整理します。さらに，現在大きな話題となっているがんゲノム医療の実際についても簡単に紹介します。

がんとは何か？

　国立がん研究センターの統計によれば，日本人の2人に1人は一生のうち何らかのがんにかかるといわれており，がんという疾患はそのくらい一般的であるといえます。がんは悪性新生物とも呼ばれます。そもそも新生物とは，「組織において細胞増殖とアポトーシスのバランスがとれなくなったことにより生じた細胞の異常な蓄積」と定義され，制御の効かない細胞増殖により腫瘍や腫瘤が形成されていきます。

　発生母地によって分類すると，骨や筋肉，結合組織などの間葉系組織に生じる腫瘍を肉腫（sarcoma）と呼び，腸管や気管支，乳管などの上皮組織に由来する腫瘍をがん腫（carcinoma），そのほか造血組織やリンパ組織に生じる血液系腫瘍になります。

　がんは，もともとは正常であった細胞において，DNAの損傷修復や恒常性維持にかかわる遺伝子に傷が蓄積していくことで発生すると考えられています。がんでは細胞が正常のコントロールから逸脱し，自律増殖能を獲得し，周囲の正常組織に浸潤し，多臓器に転移していきます。がん細胞の無秩序な増殖により，正常組織が必要とする栄養が奪われ，増大した腫瘍による物理的圧迫で臓器機能不全が引き起こされることが，がんの症状発現につながります。がんの進展に際しては，遺伝的な損傷が蓄積していくことで悪性形質を獲得し，局所浸潤や血管新生，遠隔転移による腫瘍

第15講

の拡散が促進されることになります。

細胞周期とチェックポイント

　がんについてマクロレベルで理解しましたので，次に分子レベルで考えてみます。がんを理解するために，まず細胞周期について復習します。1つの細胞が分裂して，2つの娘細胞に分かれる過程を細胞周期と呼びます（図 2.8 参照）。細胞周期は G_1 期，S 期，G_2 期，M 期の 4 段階に分かれます。G_1 期は間期で DNA 合成の準備を行い，G_2 期も間期ですが，ここでは DNA 複製のチェックを行います。DNA 合成を行うのは S 期で，そして実際に分裂を行うのが M 期になります。

　正常細胞においては細胞周期の各チェックポイントにおいてチェックを受けていきます。つまり細胞が次の期に進む前に，必要なステップをすべて適切に完了していることを確認する品質管理がチェックポイントにおいて行われているわけです。G_1/S 期のチェックポイントでは，DNA の損傷があれば S 期への移行をストップさせ，DNA の損傷修復が完了すると細胞周期の進行を再開させます。S 期のチェックポイントでは，DNA 合成の際に損傷があった場合，DNA の複製をやめさせて修復機構が働きます。G_2/M 期のチェックポイントは，DNA 複製が完全に完了しなかった場合に M 期に移行させないよう働きます。M 期のチェックポイントは，染色体が赤道上にきちんと配列しなかった場合，細胞分裂を起こさせないように働きます。特に G_1/S 期のチェックポイントは制限点（R 点）とも呼ばれ，ここで DNA の損傷修復ができずその先に進めないという判断が下された場合，アポトーシスが誘導されることになります。

　このように，DNA が損傷を受けて修復されていないのであれば，細胞は S 期や M 期に進むこ

とを許されません。また，修復が行われない場合はアポトーシスが起こり，正常組織の恒常性が維持されます。複数のチェックポイント機構により二重三重に管理されることで，遺伝情報の喪失や細胞のがん化などを防いでいるのです。

　一方で，がん細胞においては細胞周期の破たんに代表されるような悪性質の獲得により，無秩序な腫瘍形成が引き起こされることになります。図 15.1 は 2011 年の *Cell* に掲載されたレビューです。Hanahan と Weinberg という非常に有名ながん研究者によってまとめられたがんの特徴（hallmarks of cancer）として 10 項目が挙げられています。こういった正常細胞にない機能をがん細胞が獲得することで，がんの進展につながります。逆にいえば，これらの特徴に対して抗腫瘍効果を目的とした治療戦略が立てられていくことになります。

がんに特有の遺伝子を分類

　がんにかかわる遺伝子としては，がん抑制遺伝やがん原遺伝子という名前を耳にされたことがあるかもしれません。ただ，がん関連遺伝子といっても，がん細胞にだけ発現している遺伝子というわけではありません。正常に制御されたがん関連遺伝子は，正常細胞においてもさまざまな役割を果たしています。まずはドライバー遺伝子とパッセンジャー遺伝子について説明していきます。

ドライバー遺伝子とパッセンジャー遺伝子

　まず**ドライバー遺伝子**（driver gene）ですが，これは変異が生じることによってがんの発生や進展に直接影響する遺伝子です（図 15.2）。通常は正常細胞における細胞周期の制御，あるいは増殖やアポトーシスのコントロールなどの役割を持

第15講　腫瘍遺伝学と腫瘍ゲノム学：がんは遺伝子の変異によって起こる

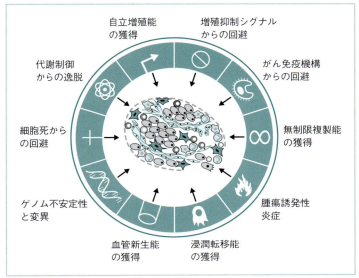

図15.1　がんの特徴

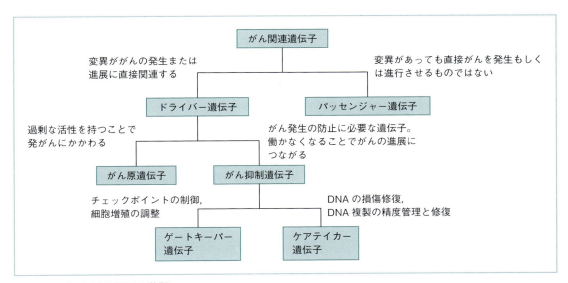

図15.2　がん関連遺伝子の分類

ち，非常に重要な遺伝子群です。ドライバー遺伝子のうち**がん原遺伝子**（proto-oncogene）は，活性化を受けると発がんにかかわるアクセル役です。また，**がん抑制遺伝子**（tumor suppressor gene）は，発現が抑制されると発がんにかかわるブレーキ役といわれています（図15.2）。

ドライバー遺伝子にがん化活性をもたらす変異を**ドライバー遺伝子変異**（driver gene muta-

247

tion）と呼びます。がん原遺伝子に活性化型の変異が加わると活性化がん遺伝子となり，がん原遺伝子が常にオンとなって発がんに進んでいきます。がん抑制遺伝子にはゲートキーパー遺伝子とケアテイカー遺伝子がありますが，これに関しては後で述べます。

一方，パッセンジャー遺伝子（passenger gene）は，たまたま乗り合わせただけの乗客といった意味合いです。つまりがん組織において認められるだけで，発がんに直接影響するとは考えられていない遺伝子が主となります（一部は変異が蓄積することで発がんに寄与します）。パッセンジャー変異は発がんの影響で生じ，がんの進展過程で二次的に発生したものと考えられています。

がん原遺伝子とがん抑制遺伝子

●**がん原遺伝子**：ここは複雑ですので個別にみていくことにしましょう。確認のため整理しておきますと，ドライバー遺伝子のうちがん原遺伝子は，過剰な活性を持つことによって発がんにかかわる遺伝子です。がん原遺伝子は細胞の増殖，増殖の制御，アポトーシスの制御などの機能を持っているため，この機能が機能獲得型変異によって活性化されることで，活性化型がん遺伝子となります。代表的なものは *RAS*，*RAF*，*RET* 遺伝子などで，常にアクセルがオンとなることで，細胞増殖促進やアポトーシス阻害などに働き，がんを進展させていきます。

活性化がん遺伝子の機能獲得型変異では，たった1つの変異であっても発がんにかかわることがあります。がん原遺伝子を活性化する変異には，タンパク質の調節異常や過剰反応性につながるもの，遺伝子を過剰発現させるもの，あるいは染色体転座や遺伝子増幅などがあります。

●**がん抑制遺伝子**：がん抑制遺伝子はがん発生の防止に必要な遺伝子になります。まず門番の役割を果たす**ゲートキーパー遺伝子**（gate keeper gene）があります。この遺伝子の機能としては，チェックポイントをつかさどり，細胞増殖を調整し，腫瘍細胞の出現を防ぐ役割を持っています。一方で，がん抑制遺伝子のうち**ケアテイカー遺伝子**（care taker gene）は管理人の役割を担っており，DNA の損傷修復をつかさどっています。DNA 複製の精度管理と修復を行って腫瘍細胞の出現を防ぎます。

がん抑制遺伝子が機能喪失型の変異によって働かなくなることで，がんの進展につながります。ゲートキーパー遺伝子に変異が起こり機能喪失してしまうと，必要なチェックポイントでストップがかからず，細胞周期が常に回るようになってしまいます。これによって適切な DNA 修復が行われず，細胞が異常を抱えたまま増殖を進めてしまうことになります。代表的なゲートキーパー遺伝子としては，*RB1*，*TP53*，*APC*，*VHL* などが知られています。

また，ケアテイカー遺伝子に機能喪失型変異が起こると，必要な DNA の修復が行われず，がん化を導く有害な変異を除去できなくなるため，発がんに寄与します。代表的な遺伝子としては，ミスマッチ修復遺伝子である *MLH1*，*MSH2*，そして *BRCA1* や *BRCA2* などが知られています。

がん抑制遺伝子の機能喪失が発がんにかかわる機序については，Knudson の「2ヒット説」が知られています（**図 15.3**）。通常2つあるがん抑制遺伝子に，変異であったりエピジェネティックなサイレンシングといった機序でファーストヒットとセカンドヒットが起こることで，両アレルのがん抑制遺伝子が機能しなくなり，これによって発がんにつながるという機序になります。

がん原遺伝子，がん抑制遺伝子のゲートキーパー遺伝子とケアテイカー遺伝子，パッセンジャー遺伝子のそれぞれの役割を擬人化して表すと図15.4のようになります。それぞれの遺伝子のイメージをつかんでください。

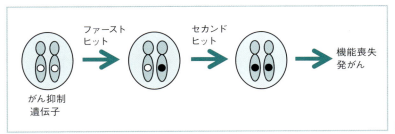

図15.3　Knudsonの2ヒット説

図15.4　がん関連遺伝子の役割
がん関連遺伝子をその役割に従って擬人化したイメージ図。Aは正常細胞，Bはがん細胞でBでは遺伝子が変異を起こしている。ドライバー遺伝子はがん原遺伝子（自動車の運転手）とがん抑制遺伝子に分類され，さらにがん抑制遺伝子はゲートキーパー遺伝子（左の門番）とケアテイカー遺伝子（車内2列目）に分けられる。パッセンジャー遺伝子（車内3列目）は発がんの影響で変化をうけた遺伝子で，腫瘍形成には直接かかわらないことも多い。

散発がんで学ぶがんと変異の関係

がんの発生にはここまで説明してきたがん原遺伝子やがん抑制遺伝子の変化がかかわることからも，がんが遺伝子の疾患と呼ばれる点は理解できたでしょう。では，遺伝子の変異はどのように起こるのでしょうか。まず一般集団におけるがん，つまり散発がんで確認しておきます。

一般にがんにおいては遺伝子にさまざまな変異が蓄積していることが報告されており，多段階発がんモデルが提唱されています。すなわち，腫瘍の形成には複数の遺伝子の関与があるというモデルです。例えば大腸がんにおいては，まず*APC*遺伝子に変異が入ることで過形成が起こり，続いて*KRAS*遺伝子に変異が起こり腺腫（adenoma）を形成します。さらに*TP53*などの遺伝子にも変異が入ることによって，発がんに至ります（図15.5）。このような遺伝子変異の蓄積が大腸がんの発がんにかかわると考えられており，これはadenoma-carcinoma sequenceと呼ばれています。

がんの不均一性

DNA修復遺伝子などに変化が起こり，適切な修復がなされずにチェックポイントを通過し，細胞周期が進んでしまったとき，できそこないの細胞が増殖して新生物の芽が生まれることになります。そもそもがんは正常な細胞に遺伝子の変化が蓄積することで起こります。それぞれのがん細胞においてさまざまな変異が蓄積されることで，がんは均一な細胞集塊ではなく，多種の細胞からなる不均一性（異質性，heterogeneity）を獲得し，転移や再発の際に原発巣と異なる表現型を持ったりすることが知られています（図15.6）。

このようにしてがんは発育過程でさまざまな遺

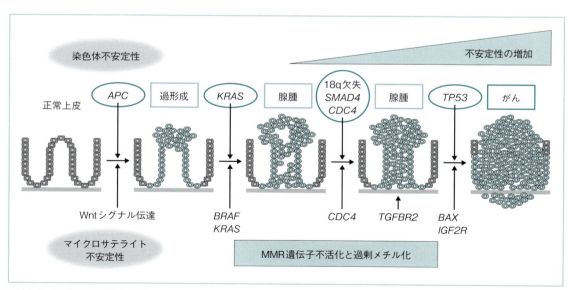

図15.5　多段階発がんモデル
大腸がんのadenoma-carcinoma sequence。腫瘍は複数の遺伝子の変化が起こって発生する。文献1より。

第15講　腫瘍遺伝学と腫瘍ゲノム学：がんは遺伝子の変異によって起こる

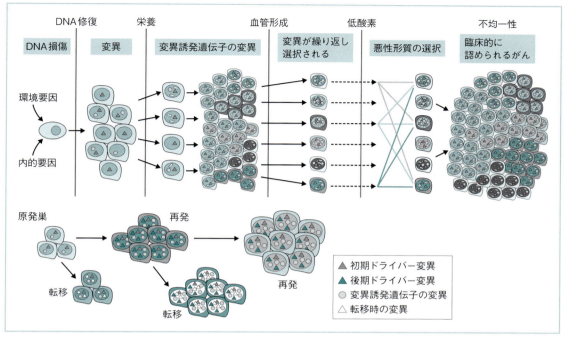

図15.6　がんの不均一性
それぞれのがん細胞においてさまざまな変異が蓄積されることで，がんは不均一性を獲得する。そのため，転移や再発の際に原発巣と異なる表現型を持つことがある。より腫瘍の生存に適した遺伝子変化を獲得した細胞が選択される。

伝子変異を獲得していき，多彩な細胞集塊から形成されます。このため，不均一性の高い腫瘍においては細胞集塊の性質が多彩であり，腫瘍の成長に適した遺伝学的変化を獲得した細胞が選択されていくため，薬剤治療が奏効しにくく，再発リスクが高いと考えられます。一方で，不均一性の低い腫瘍は比較的均一な細胞集塊からなる組織のため，適切な薬剤が選択できれば高い治療効果が期待できます。また，転移の際には遺伝子変異による新規の悪性形質を獲得することで，原発巣とは異なる性格を持った腫瘍が転移巣で形成されることもあり，これも治療を難しくする要因の1つと考えられています。

ゲノム制御の異常

　がんにおける遺伝学的変化は，塩基配列レベル（遺伝子増幅含む），染色体レベル，そしてエピジェネティックな機序という形で大別できると思います。

　1つ目の機序としては，DNAの塩基配列の異常です。例えばがん原遺伝子である *RAS* 遺伝子ですが，この遺伝子に点変異が生じることによって活性化型の *RAS* になることが知られています。こうしてできた活性化型の *RAS* がシグナルを送り続ける異常な RAS タンパク質を産生することで，細胞分裂を促進し，がん化につながるという流れになります。

251

染色体の数的異常もがんと関連します。染色体は通常2本あり，この状態を正倍数体と呼びますが，がんにおいては染色体数が異常となる異数性の状態がみられることが少なくありません。染色体の数的異常が，がん細胞における異常シグナルにつながると考えられています。

がんに特徴的な染色体転座も複数知られています。染色体の転座とは，染色体の一部が切断され，他の染色体にくっついてしまう状態をさします。こういった転座によって2つの遺伝子が融合して1つの異常遺伝子が生じ，新たなキメラタンパク質が産生されることが発がんに関与します。例えば9番染色体と22番染色体が転座を起こすことによって，フィラデルフィア染色体と呼ばれる染色体が作られます。この転座によって，チロシンキナーゼをコードしている *ABL1* という遺伝子が，*BCR* の下流に移動してきます。結果，この転座によってチロシンキナーゼ活性がより高いキメラタンパク質 BCR–ABL1 が形成されます。BCR–ABL1 によってチロシンキナーゼ活性が過剰になり，細胞増殖シグナルが異常亢進し，慢性骨髄性白血病が起こります。このチロシンキナーゼ活性を特異的に阻害する薬として，イマチニブをはじめとする効果の高い薬剤が開発されています。フィラデルフィア染色体以外にもがんと関連する染色体転座が知られており，さまざまな血液腫瘍などでの報告があります。

遺伝子増幅とはゲノムの一部のコピーが何個も追加されてしまう現象を指します。例えば *MYCN* がん原遺伝子の増幅は，神経芽腫という小児の脳腫瘍における臨床的な予後予測因子であることが知られています。進行した神経芽腫は積極的な治療をしなければ患者の3年生存率はわずか30％と非常に予後不良な疾患であることが知られており，*MYCN* は進行した神経芽腫の40％

で200倍以上に増幅されています。対照的に，初期段階の神経芽腫では *MYCN* の増幅がみられるのは4％のみであり，この段階での3年生存率は90％です。このように，遺伝子の増幅が臨床的予後を規定する因子となることもあります。

また，例えば乳がんにおいては *HER2* 遺伝子が染色体上で増幅していることで，HER2 タンパク質の発現が増加しています。これは遺伝子の増幅としてももちろん検出できますが，タンパク質の発現増加として腫瘍の免疫組織化学染色で検出することも可能です。この場合，HER2 陽性の腫瘍と診断され，このシグナルを抑制するための抗体治療としてトラスツズマブの適応となります。

エピジェネティックな異常

ここまで話してきたのは塩基配列や染色体の構造変化に基づく遺伝子発現の制御であり，ゲノム制御と呼びます。一方で，塩基配列の変化によらずに，DNA のメチル化やヒストン修飾に代表されるクロマチン構造の変化によって遺伝子発現を制御するメカニズムのことをエピジェネティクスと呼んでいます。

この機序の1つにDNAのメチル化があります。多くの遺伝子の上流には CpG アイランドと呼ばれる部位があります。この領域がメチル化されていなければ，遺伝子の発現はオンになっていますが，この部位にメチル化を受けることで，その下流の遺伝子発現をオフにする機序が知られています。またヒストン修飾に関しても非常に複雑な機序が知られており，一般にヒストンのアセチル化は構造をオープンにし，遺伝子の発現をオンにします。逆にヒストンのメチル化は構造をクローズにし，転写オフに働くといわれています。がん細胞のなかには複数のがん抑制遺伝子がDNAのメチル化によって機能喪失している機序があると報

告されていますし，ヒストンの修飾についても目覚ましい研究の進展がみられています．

遺伝性腫瘍症候群には生殖細胞系列病的バリアントが関与する

　発がんの一般的なメカニズムを理解したところで，ここからは遺伝性腫瘍症候群の説明に移ります．一般に多くのがんは遺伝要因と環境要因の両方が関与していると考えられています．しかし，一部のがんでは遺伝的な要因が非常に大きく関与しており，家族集積性が高く，こういった腫瘍を遺伝性腫瘍と呼びます．遺伝性腫瘍症候群とは，受精卵の段階で原因となる遺伝子に生殖細胞系列の病的バリアントをファーストヒットとして持っているものをさします．遺伝性腫瘍の臨床的な特徴としては，

- 一般的な発症年齢よりも若くしてがんを発症する
- 同じがんに罹患した人が家系内に複数いる
- 何回もがんに罹患する人がいる
- 遺伝性乳がん卵巣がん症候群のように，がんの特徴的な組み合わせがある

などが挙げられます．遺伝性腫瘍の遺伝形式はメンデルの法則に従い，多くは常染色体優性（顕性）遺伝の遺伝形式を取り，次世代に伝わります．この場合，子どもは50％の確率で病的なバリアントを引き継ぐことになります．

　しかし，生殖細胞に病的バリアントを持っていたとしても，すべての人ががんを発症するわけではありません．これを不完全浸透といいます．図15.7のグラフは遺伝性腫瘍における累積発症罹患リスクの模式図です．年齢が上がっていくにつれ，がんにかかる方が増えるという見方をしますが，この図では70歳までに75％の人ががんを発症しています．しかし，残りの25％の方は発

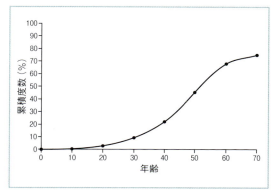

図15.7　遺伝性腫瘍における累積発症罹患リスク

症していないこともわかります．つまり，浸透率は疾患によっても異なりますが，発症していない人にはセカンドヒットが起きていないと考えられます．セカンドヒットを起こさないためにも健康的な食生活や運動習慣といったアドバイスは重要であるといえます．

　まとめますと，遺伝性腫瘍の特徴としてはまず，家系内にがん罹患者が複数存在するという家族集積性があります．生殖細胞系列の病的バリアントを持ち，生まれながらに片方のアレルにファーストヒットが起きている状態で，そこに体細胞変異でセカンドヒットが入ってくると発がんに至ります．そうして同じ人に何度もがんができたり，両側性のがんや重複がんといった特徴を示します．また，若年発症という特徴にもつながります．

　一方で散発がんの場合には，家系内にがんの罹患者がいないことや，いても高齢発症であることが多いと考えられます．生まれた段階では両方のアレルが正常ですので，体細胞変異で2つのヒットが重なることで発がんに至ります．このため高齢での発症であったり，あるいは片側性や孤発性といった特徴につながっていきます．

がん原遺伝子が原因の遺伝性腫瘍症候群

遺伝子病的バリアントが原因で生じる遺伝性腫瘍症候群には，さまざまな疾患群があると知られています。最初にがん原遺伝子に活性化変異が入ることで生じる遺伝性腫瘍症候群について説明します。活性化がん遺伝子が原因で起こる遺伝性腫瘍の場合，活性化変異を引き起こす遺伝子病的バリアントの場所は非常に限られることから，比較的頻度の低い疾患であることが多いです。

多発性内分泌腫瘍症 2A 型（MEN2A）を例に挙げます。MEN2A は常染色体優性の遺伝形式を取り，甲状腺髄様がん，褐色細胞腫，副甲状腺腺腫が関連腫瘍として知られています。原因遺伝子は *RET* であり，この遺伝子の活性化型変異を引き継いだ場合，特に甲状腺髄様がんの発症リスクが高くなることが知られています。ただ，MEN には MEN1 型や MEN2B もありますので，混乱しないように注意が必要です。

MEN2A では *RET* に活性化型の変異が起こることで，常に細胞増殖をつづけるようなシグナルがオンになってしまいます。がんはシグナル伝達経路の疾患ともいわれており，こういったカスケードを理解することも治療戦略のためには必須です。ただし，なぜこの遺伝子変異が甲状腺髄様がんなど特定組織のがんを引き起こし，その他の部位にがんを引き起こさないのかという点に関してはまだ解明されていません。

そもそも *RET* 遺伝子は多くの組織に発現しており，さらに自律神経節や腎臓の正常な胚発生にも必要な分子であると考えられています。このためか，*RET* 遺伝子に機能獲得型ではなく機能喪失型の変異が入ると，MEN2A とはまったく違う Hirschsprung 病が引き起こされます。これはおそらく，RET 受容体が腸では自律神経節など

に分布しており，この部位で RET 受容体が機能しなくなることで，腸の蠕動不全を引き起こすため Hirschsprung 病の発症にかかわるのではないかと考えられています。このように，同じ遺伝子の病的バリアントであっても，機能獲得型と機能喪失型ではまったく異なる影響をもたらすことには注意が必要です。

がん抑制遺伝子が原因の遺伝性腫瘍症候群

続いてがん抑制遺伝子に機能喪失型変異が入ることで生じる遺伝性腫瘍症候群について説明します。一般に遺伝性腫瘍症候群では，がん抑制遺伝子に生殖細胞系列の病的バリアントを持つ割合が高いと考えられます。その理由は，やはり生命維持に重要な遺伝子に活性化型のがん遺伝子変異を持つ場合，胎生致死や，生存に不利に働くことが多いからではないかと推察されます。一方で，がん抑制遺伝子の変異の場合には出生時に片アレルは機能しているため，生存して生まれてくることが可能なケースが多いと考えられます。

ここで，最近話題にあがる**ヘテロ接合性の喪失**（loss of heterozygosity：LOH）という概念について説明しておきます。遺伝性腫瘍におけるファーストヒットは，典型的には遺伝的に伝承された変異，すなわち DNA 配列の変化によるものです。遺伝性腫瘍の場合，受精卵の段階でファーストヒットがすでに起きており，片方のアレルには病的バリアントがあって，もう片方は健常な野生型ということになります。このように，2 つのアレルが同一（ホモ）ではないということで，これをヘテロ接合性と呼びます。そしてセカンドヒットは多くの場合では体細胞変異で起こると考えられますが，配列の変化を伴わないエピジェネティックなサイレンシングであったり，染色体の組換えといった変化も原因となります。このとき

に正常アレルが喪失してしまうと遺伝子は機能を失い，これをヘテロ接合性の喪失と表現します。遺伝性であれ散発性であれ，正常アレルを喪失したLOHが認められるということで，がんの分野では注目されている現象です。

網膜芽細胞腫

ここからは代表的な遺伝性腫瘍症候群をいくつか説明していきます。まず網膜芽細胞腫（retinoblastoma）です。網膜芽細胞腫の原因遺伝子はRB1で，P110という細胞周期制御にかかわるタンパク質を作ります。網膜芽細胞腫は常染色体優性遺伝形式を取り，RB1に生殖細胞系列の病的バリアントを持つ場合，より早期での両側性・多巣性の腫瘍形成が多いことが知られています。網膜芽細胞腫はKnudosonの2ヒット説を想起させるきっかけになった疾患です。網膜芽細胞腫は乳幼児期の網膜にみられるまれな悪性腫瘍であり，発生頻度は2万人に1人といわれています。白色瞳孔が発見の契機になることが知られ，早い段階で診断された小さな腫瘍であれば局所治療が可能であり，視力の温存ができます。しかし進行してしまった場合では，眼球を摘出しなくてはいけないことも少なくありません。

まず散発性の網膜芽細胞腫について2ヒット説から考えてみます。正常な網膜でがん抑制遺伝子RB1は2つ存在しています。何らかの原因により片方のアレルにファーストヒットが起こったとしても，残りの片方が機能しているのですぐに発症することはありません。その後，もう片方にもセカンドヒットが入ってくると，両方のRB1が機能しなくなるため，この段階で網膜芽細胞腫を発症します。この変化はあくまで網膜に限られ，生殖細胞において病的バリアントはないので，精子・卵子には引き継がれず，次世代には伝わりま

せん。このようなバリアントのことを体細胞バリアントあるいはsomatic variantなどと呼びます。

しかしながら，遺伝性腫瘍としての網膜芽細胞腫では，がん抑制遺伝子RB1の病的バリアントを精子あるいは卵子から引き継いでいます。このように受精卵の段階から存在し，全身の細胞に認められる変異を生殖細胞系列バリアントあるいはgermline variantと呼びます。こうした変異は50％の確率で次世代に伝わります。網膜細胞にも生まれつきRB1の病的バリアントがありますので，既にファーストヒットが起きている状態です。ここに何らかの変化によってセカンドヒットが起こると，この段階で網膜芽細胞腫を発症してしまいます。これが生殖細胞系列病的バリアントを有する遺伝性腫瘍としての網膜芽細胞腫の発がん機序です。

遺伝性乳がん卵巣がん症候群の例

次に遺伝性乳がん卵巣がん症候群（hereditary breast and ovarian cancer：HBOC）について話します。原因遺伝子はBRCA1とBRCA2という2つのがん抑制遺伝子であると考えられており，常染色体優性遺伝形式を取ります。女性では乳がん以外にも，卵巣がん，卵管がん，腹膜がんを発症しやすいことが知られています。また男性では，男性乳がんや前立腺がんが関連腫瘍となっています。頻度は低くなりますが，男女を問わず膵臓がんやメラノーマも関連腫瘍であることが知られています。臨床で遭遇することも多く，研究も進んでおり，遺伝性腫瘍を考えるうえで重要な疾患です。

遺伝学的な検査によって，リスクの高い女性を発症前に特定することが可能です。国内外でのさまざまなガイドラインでも，HBOCの拾い上げや診断，リスク低減手術や早期発見，早期治療の

ためのサーベイランス方法が提唱されています。例えば，乳がんや卵巣がんが若年で多発している家系図をみた場合，HBOC を疑います。遺伝性腫瘍の診断をつけることは，患者や家系構成員の健康管理に有用になると考えられます。

HBOC では 80 歳までの乳がん発症罹患リスクが 70 ％前後と非常に高く，卵巣がんについては BRCA1 で 44 ％，BRCA2 で 17 ％となっており，発症リスクに差があります。卵巣がんの発症に関しては BRCA2 よりも BRCA1 の影響が大きいといえます。浸透率に差はあるものの，一般人口に比して乳がん・卵巣がんリスクが共に高くなっています。しかし浸透率はいずれも 100 ％ではなく，がんに罹患しないケースもあり，これは遺伝カウンセリングでは重要な情報となります。

HBOC 関連卵巣がんの管理方法として提唱されているサーベイランスや化学予防は十分なエビデンスに乏しいのが実状で，現段階ではリスク低減卵管卵巣摘出術（risk reducing salpingo-oophorectomy：RRSO）が HBOC における卵巣がんを防ぐ唯一の方法であるといわれています。RRSO を実施した群とサーベイランスを行った群で比較すると，BRCA に関連する腫瘍の発症リスクが 75 ％低減されたことが報告され，RRSO は国内外で広く推奨されるようになっています。

また，HBOC における乳がんについては，感度の高い乳房造影 MRI などもサーベイランスの有用な手段として提示することができますが，乳がんおよび卵巣がん既発症者に対しての RRSO とリスク低減乳房切除術（RRM）が保険収載され実臨床で行うことが可能です。2021 年に発刊された遺伝性乳がん卵巣がん診療ガイドラインでは，BRCA1/2 病的バリアント保持者女性に対する RRM の推奨は未発症者に対する両側の BRRM，既発症者に対する対側の CRRM ともに条件つきの推奨となっています。

また，新しい分子標的薬として期待されているのが PARP 阻害薬です。BRCA と PARP 分子は DNA の損傷修復に協働して働きます。BRCA に異常がある場合には DNA 修復は PARP に依存してきますので，この PARP の働きを阻害することによって，BRCA 変異を有する HBOC の腫瘍においてはがん細胞を特異的に細胞死に至らしめる合成致死（synthetic lethality）を惹起できるのではないかという戦略で，非常に期待されている薬剤です。日本においても，卵巣がん，乳がん，前立腺がん，膵がんの臨床において導入され，奏効が期待されています。

Lynch 症候群

次に Lynch 症候群について話します。Lynch 症候群は家系内に大腸がん，子宮体がん，卵巣がん，尿路系がん，小腸がんなどを若年で好発する遺伝性腫瘍症候群です。常染色体優性遺伝形式を取ります。大腸がんや子宮体がんなどの関連腫瘍が若年で多発し，なかには重複がんもある家系情報をみた場合，Lynch 症候群を疑います。

Lynch 症候群を疑う臨床情報があった場合，まずは一次スクリーニングとして，アムステルダム基準あるいは改訂ベセスダ基準といった臨床診断基準を満たすかを確認します。これらの臨床診断基準を満たす場合，さらにマイクロサテライト不安定性（MSI）の検査あるいは免疫組織化学染色に進みます。ここで MSI high（MSI-H）であったり，免疫組織化学染色でミスマッチ修復遺伝子の発現喪失が示唆された場合，さらに遺伝学的な検査を行います。そしてミスマッチ修復遺伝子の生殖細胞系列病的バリアントが認められた場合，Lynch 症候群と確定診断されます。

表 15.1 は，Lynch 症候群における 70 歳まで

の累積がん発症罹患率です。さまざまな部位に一般集団よりも高確率かつ若年で発がんを起こしてくることがうかがえます。Lynch症候群と診断された患者には，**表15.2**に示した方法で早期発見のためのサーベイランスを行うことが勧められます。重要なのは，診断された患者だけでなく家系構成員にもこのような検診方法を提示し，がんの早期発見についてアドバイスをすることです。

　Lynch症候群は，DNA修復にかかわる*MLH1，MSH2，PMS2，MSH6*といったミスマッチ修復（MMR）遺伝子に生じた機能喪失型変異が原因で起こります。MMR遺伝子はがん抑制遺伝子のなかでもケアテイカー遺伝子に分類され，DNA複製時に起こった塩基対の不正な組み合わせを見つけて直す役割を持っています。この遺伝子に異常を持つLynch症候群では，特にマイクロサテライトと呼ばれる繰り返し配列において，繰り返し回数に起きたミスマッチを見逃してしまいます。これをマイクロサテライト不安定性（MSI）と呼び，Lynch症候群の二次スクリーニングに用いられる指標となっています。

　2017年5月，Lynch症候群の二次スクリーニングにも用いられるMSIを指標として，免疫チェックポイント阻害薬であるペムブロリズマブが米国FDAにより迅速承認されました。従来の臓器縦割りではなく，臓器横断的に分子遺伝学的解析で治療標的を定める新たな考え方になります。がん種にかかわらず共通のバイオマーカーとしてMSIを用いた治療戦略が認められたことは，precision medicine（精密医療，個別化医療）を体現する1つの方法であるといえます。

常染色体劣性（潜性）遺伝および易罹患性遺伝子

　また，遺伝性腫瘍症候群のなかには常染色体劣性遺伝で発症する疾患もあります。常染色体劣性

表15.1　70歳までの累積がん発症罹患率

発生部位	一般集団でのリスク	Lynch症候群リスク	平均発症開始年齢
大腸	5.5%	22〜53%	27〜46歳
子宮内膜	2.7%	14〜54%	48〜62歳
胃	<1%	0.2〜13%	49〜55歳
卵巣	1.6%	4〜20%	43〜45歳
肝胆道	<1%	0.2〜4%	54〜57歳
尿路系	<1%	0.2〜25%	52〜60歳
小腸	<1%	4〜12%	49歳
脳・中枢神経	<1%	1〜4%	〜50歳
皮脂腺	<1%	1〜9%	報告なし

GeneReviewsのLynch症候群の項目（https://www.ncbi.nlm.nih.gov/books/NBK1211/）より抜粋。

表15.2　Lynch症候群患者の管理

部位	検査方法	検査開始年齢	検査間隔
大腸	大腸内視鏡	20〜25歳	1〜2年
子宮・卵巣	経膣超音波，子宮内膜組織診（または細胞診），（CA-125）	30〜35歳	1年
胃・十二指腸	HP感染*	30〜35歳	
	上部消化管内視鏡**	30〜35歳	1〜3年
尿路	検尿（または尿細胞診）***	30〜35歳	1年

　*HP感染があれば除菌
　**胃がんリスクの高い集団，または胃・十二指腸がんの家族歴がある場合に考慮
****MSH2*バリアント，または尿路上皮がんの家族歴がある場合に考慮
文献2より。

遺伝の遺伝性腫瘍としては，色素性乾皮症などが代表例です（**表15.3**）。主にDNAの修復や複製に必要なタンパク質の機能喪失によって起こると考えられています。常染色体劣性遺伝疾患として

表15.3 常染色体劣性遺伝の遺伝性腫瘍

疾患名	原因遺伝子	遺伝形式	関連疾患
色素性乾皮症 (xeroderma pigmentosum：XP)	*XPA* 遺伝子, *ERCC2* 遺伝子など	常染色体劣性遺伝	紫外線過敏症, 皮膚がんなど
毛細血管拡張性運動失調症 (atxia-telangiectasia：ATM)	*ATM* 遺伝子	常染色体劣性遺伝	乳がん, 大腸がんなど
Fanconi 貧血 (Fanconi anemia)	*BRCA2* 遺伝子, *BRIP1* 遺伝子, *PALB2* 遺伝子など	常染色体劣性遺伝	貧血
Bloom 症候群 (Bloom syndrome)	*BLM* 遺伝子など	常染色体劣性遺伝	免疫不全, 大腸がんなど

表15.4 家族性乳がんに関わる原因遺伝子

分類	遺伝子	生涯発症 リスク (乳がん)
高度易罹患性遺伝子 (high susceptibility genes)	*BRCA1*	40～80%
	BRCA2	20～85%
	TP53	56～90%
	PTEN	25～50%
	STK11	32～54%
	CDH1	60%
中等度易罹患性遺伝子 (moderate susceptibility genes)	*ATM*	15～20%
	CHEK2	25～37%
	PALB2	20～40%
	BARD1, BRIP1, *MRE11A, NBN,* *RAD50,* *RAD51C,* *XRCC2,* *RAD51D,* *ABRAXAS,* *MLH1, MSH2*	多様
低度易罹患性遺伝子 (low susceptibility genes)	*FGFR2, TOX3,* *MAP3K1,* *CAMK1D,* *SNRPB,* *FAM84Bc-MYC,* *COX11, LSP1,* *CASP8, ESR1,* *ANKLE1,* *MERIT40* など	相対危険度 (乳がん) 0.7 ～ 1.5

文献３より。

これらの原因遺伝子をホモで欠失している患者はまれですが，さまざまながんのリスクが著明に上昇します。特に皮膚がんのリスクが高いといわれています。一方，一般集団において何らかの遺伝子病的バリアントをホモではなくヘテロで持っている頻度は高く，一部では悪性腫瘍の発生リスクが一般集団よりも高くなることが知られています。近年注目されている低度～中等度易罹患性遺伝子や多因子疾患の領域で注目されている遺伝子群になります。例えば家族性乳がんでは，*ATM*，*CHEK2*，*PALB2* などの中等度易罹患性遺伝子も原因となると考えられています（**表15.4**）。これらの遺伝子の病的バリアントをヘテロで持つ人は一般集団でも少なくなく，がんの易罹患性と関連することは先ほど話しました。つまり，中等度易罹患性遺伝子を生殖細胞病的バリアントで持つ人に環境要因などが複合的に加わることで，がんの発症リスクが高まるのではないかと推察されます。

したがって，遺伝性腫瘍の病的バリアントが明らかにならない方の一部では，検索されているだけではすべてのリスクを捉えられていない可能性があります。あるいは，家系構成員が共有するものの認識されていない環境要因への曝露などの可能性も残されています。遺伝性腫瘍は単一遺伝子

第15講　腫瘍遺伝学と腫瘍ゲノム学：がんは遺伝子の変異によって起こる

によるシンプルな疾患ではなく，複雑な要素も検討すべき点に注意が必要です。

遺伝学的検査の特殊性には注意が必要

遺伝性腫瘍の原因遺伝子を調べる遺伝学的検査は，主に採血検体を用いて生殖細胞系列の病的バリアントを検索します。遺伝学的検査の結果には，生涯変化しない，家族へ影響する，発症を予測する，といった特徴があります。また，検査結果の情報が不適切に扱われた際には，社会的不利益につながる可能性があることから，取り扱いに注意が必要であることは明白です。もちろん，遺伝情報はその後の予防や治療選択に有益なものとなる可能性も秘めています。疾患に対して ac-tionable な手段となること（治療や予防に応用できること）を認識して診療に当たる必要があります。

加えて，単一遺伝子疾患の遺伝学的検査はあくまで特定遺伝子のみをターゲットに行うため，結果が陰性であっても，その他の遺伝性腫瘍の罹患を完全に否定できないという限界もあります。また，検査では意義不明のバリアント（variant of unknown significance：VUS）などの曖昧な結果が出る可能性にも留意しながら，遺伝カウンセリングを行っていきます。

大きな転換期を迎えているがん診療

最後に，近年の遺伝子解析技術の進歩ががん診療にもたらした変化についてお話しします。腫瘍ごと，組織ごとの遺伝子発現を測定することで，発現の増減を比較し，そのパターンから組織を分類することを遺伝子発現プロファイル解析と呼びます。

さらに，試料横断的な発現パターンに基づいて遺伝子をグループ分けすることを，クラスタリングと呼びます。クラスタリングによって，遺伝子発現クラスターと試料との間の相関を検討できます。例えば，ある遺伝子クラスターは腫瘍 A の試料で発現が多く，腫瘍 B で発現がみられなかったり，別の遺伝子クラスターは腫瘍 B で多く腫瘍 A では少なかったり，といった具合です。発現が互いに相関している遺伝子クラスターや，特定試料との相関がみられる遺伝子クラスターは，特徴的な発現パターンを示すことになります。これを発現シグネチャーと呼びます。発現シグネチャーを知ることで，腫瘍の由来を正確に鑑別診断したり，予後予測や治療方針決定のための有益な情報が得られます。

すでに臨床でも，多くのがんにおけるさまざまな遺伝子発現プロファイルが使用可能です。新たにがんと診断された患者に対しては，臨床データと遺伝子発現データを組み合わせることで，より精度の高い予後予測ができ，より適した治療方針を提示できるようになることが期待されています。同じがんと診断された患者であっても，遺伝子の発現パターンは異なります。すべての患者はそれぞれ独自の遺伝子発現プロファイルを持っています。このような知見を受けて，がんの個別化医療・精密医療を体現する方法として，がんゲノム医療が期待されているわけです。

がんの個別化治療戦略のために

がんゲノム医療の目的は，個々の患者の腫瘍組織における遺伝子発現プロファイルを解析し，その腫瘍のドライバー遺伝子を標的にした個別化治療戦略を実現することです。今後のがんゲノム医療においては，遺伝子発現をバイオマーカーとした治療戦略構築が実臨床でも大きな潮流になると考えられます。実際に，がん個別化医療のための

259

クリニカルシークエンスが導入されつつあります。がんのクリニカルシークエンスの多くは，患者から腫瘍検体と血液を採取し，DNA抽出を行ってデータを解析するプラットホームを構築します。そして治療標的となる遺伝子変異があるかどうかを検出し，適切な治療戦略を患者・主治医にフィードバックすることが期待されています。

がんのクリニカルシークエンスでは，腫瘍検体における遺伝子変異を検索します。解析過程ではコントロール（対照）となる正常部位との比較が行われますが，その際に遺伝性腫瘍の存在が明らかになる可能性があり，遺伝カウンセリングに紹介されるケースも増えつつあります。遺伝性腫瘍診断のメリットとしては，がん患者に適切な治療戦略を提示することももちろんありますが，血縁者への早期医療介入が可能になることも挙げられます。遺伝学的検査の結果が，患者本人だけではなく家系構成員の健康管理にも影響する可能性について，十分に理解しておく必要があります。

網羅的解析が実臨床に用いられつつあり，遺伝学的検査は急速に変遷しています。従来では遺伝性腫瘍を疑った場合，クライエントにとって最も疑わしいものを想定して，生殖細胞系列の遺伝学的検査を実施してきました。例えばHBOCであれば*BRCA1/2*の検査です。現在ではパネル検査の導入で1度に複数の遺伝学的検査を行えるようになり，検査の取りこぼしは少なくなっています。近い将来には全エクソン，全ゲノムシークエンスの時代が到来すると考えられ，検査技術が日進月歩であることは明白です。

ただし，パネル検査やがんのクリニカルシークエンスの対象となる遺伝子にコンセンサスはなく，各検査会社や施設が独自に設定しているのが現状です。今後は対象となる遺伝子に関して一定の共通理解を作ること，そして体細胞を対象にするのであればその先の治療法まで提示する準備が不可欠であるといえます。

● ● ●

最後になりますが，がんを理解するためには，まず遺伝子の機能を知ることが大切だと考えます。また散発がんと遺伝性腫瘍の発がん機序についても理解することで，適切な患者管理につながるのではないかと思います。新たな解析技術が次々と実臨床に導入されており，がん診療は大きな転換期を迎えています。がんゲノム医療を有用なツールとして使いこなすためには，やはりがんと遺伝子について十分に理解することが必要です。そうすることで，患者によりよい医療が提供できるのではないかと思っています。

● 文献

1) Walther A et al.: Genetic prognostic and predictive markers in colorectal cancer. *Nat Rev Cancer*. 2009; 9: 489-99. [PMID: 19536109]
2) 大腸癌研究会編：遺伝性大腸癌ガイドライン2020年版. 金原出版, 2020.
3) 三木 義男：BRCA遺伝子の発見から新たな臨床遺伝学へ. 産科と婦人科 2015; 82(6): 599-604.

第 **16** 講

リスク評価と遺伝カウンセリング：
再発率を計算できるようになろう

山本佳世乃 ●岩手医科大学医学部 臨床遺伝学科

> 遺伝カウンセリングには正確なリスク評価が欠かせません．本講では遺伝カウンセリングにおけるリスク評価の重要性，再発率の算出，経験的再発率，分子およびゲノムにもとづいた診断について説明します．そのなかでも特に再発率の算出は難しいところになるので，少し時間をかけてみていきます．

遺伝カウンセリングの基盤となるリスク評価

　遺伝カウンセリングにおいて正確なリスク評価というのは基盤となる情報で，これがないと始まりません．昨今は遺伝学的検査が進歩していますので，変異を調べれば再発率計算なんていらないと思われがちな風潮もありますが，遺伝の専門家ならば再発率の計算は最低限できるようになっておくべきと思います．
　これはもう皆さんよく知っていることと思いますが，日本医学会「医療における遺伝学的検査・診断に関するガイドライン」では「遺伝カウンセリングは，疾患の医学的関与について，その医学的影響，心理学的影響および家族への影響を人々が理解し，それに適応していくことを助けるプロセス」と定義されています．

　遺伝カウンセリングでは再発可能性の評価が行われます．それに対してどんな検査ができるのか，どんなマネジメントがあるのか，どういう教育ができるのかといったことを考えます．その後，十分な理解，十分な情報を得たうえで，自律的な選択を可能にするための遺伝カウンセリングを行います．まずしっかり再発率の計算をして遺伝学的な状況を確かめ，それをもとにしてそのリスクがどういう意味を持つのかを考えていくのが遺伝カウンセリングです．
　非発症保因者診断，発症前診断，出生前診断を行うにあたっては，専門家による遺伝カウンセリングが必須です．また実際に発症している方に対しても，主治医と連絡を取りながら必要に応じて認定遺伝カウンセラーや臨床遺伝専門医などの専門家が対応します．また，多因子疾患の検査ではかなり複雑な結果が出てきます．このような場合

には遺伝カウンセリングの提供方法にも考慮が必要であると考えられています。

遺伝カウンセリングの担当者ですが，臨床遺伝専門医や認定遺伝カウンセラー，遺伝看護専門看護師など，複数の専門職のチームとして遺伝カウンセリングを行っていきます。

再発率の計算とBayes分析

さて，ここから再発率の計算に入っていきます。初めは遺伝型がわかっている場合のメンデルの法則を用いたリスク計算を説明します。その次に，いくつかの遺伝型がありうる場合の条件確率を用いたリスク評価をみていきます。前者はシンプルですが，後者の場合には条件によっていろいろな場合を考えないといけないので，難しいなと思われることがあるかもしれません。

まずは遺伝型がわかっている場合についての計算を，常染色体劣性遺伝疾患を例に行ってみたいと思います。図16.1をみてください。お子さんが疾患を持っている夫婦の家系図となります。この夫婦が保因者であるというのはもう判明しています。この場合，子どもが何人いたとしても，次の子どもが罹患する確率というのはメンデルの法則から常に1/4になります。ただどうしても一般の方の感覚だと，「1/4の確率の病気の子が既に生まれているから，次の子は病気ではないですよね？ 1/4は出ちゃってるから，あとは大丈夫なのでは？」と考えてしまう方もいます。そうではなくて，一人一人のお子さんについて常に確率は1/4なのですよというのをあらためてお話しする必要が出てくる場合もあります。

Bayes分析

次が条件を分けて計算していく方法で，これが

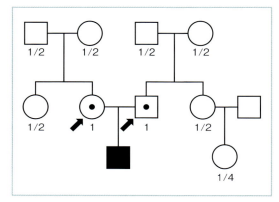

図16.1 常染色体劣性遺伝形式の疾患の保因者であるクライエント夫婦

文献1より。

Bayesの定理です。Bayesという言葉はよく聞くけれども，何となくわかるようなわからないような，というイメージを持っている方は多いのではないでしょうか。Bayesの分析とは何かというと，例えば家系図などの情報を参考にすることで，一般的な再発率ではなく，それぞれ家系に対応した再発率の計算が可能になるというものです。条件つき確率の算定ともいわれます。これがないと一般的な法則しか使えないですが，せっかくそれぞれの家系の情報があったら，しっかり計算にいかしたいということです。

Bayes分析を行う場合，具体的には事前確率，条件確率，複合確率，事後確率の4つを出していくという方法をとります。事前確率というのは，ある事象について一般法則によって導かれる確率となります。ですので，その家系独自の情報が一切手に入らないときには，とにかくこれで計算するしかないということになります。

しかし家系図など，そのケース固有の情報が手に入った場合には，条件確率の計算が可能となります。この条件というのは，健康な子どもが何人

いるかだったり，発症している人がいるかいない
か，発症者がいるなら何歳での発症か，発症者が
女性か男性か，という情報になってきます。

そして複合確率というのは読んで字のごとくで
すが，事前確率と条件確率をかけ合わせたもの，
複合させたものと覚えておいてください。

そして最後が事後確率あるいは帰納確率と呼ば
れるもので，計算式としては「複合確率／その事
象が生じうるすべてのケースの確率の和」となり
ます。分母がポイントになりまして，場合分けし
た想定されるすべてのケースの確率をここにすべ
て入れ込むことになります。

Bayes 分析では，罹患／非罹患など，起こり
うるすべてのケースを想定して場合分けします。
場合分けした後で，条件の情報をいかすために事
前確率，条件確率，複合確率，事後確率の順番で
計算をしていきます。繰り返しますが，場合分け
を行うというのがポイントになります。

家系図から実際にリスクを計算してみよう

X 連鎖疾患

まず X 連鎖疾患についてみていきますが，こ
こでは 2 つ計算方法を紹介します。1 つは『トン
プソン＆トンプソン遺伝医学』にも載っている方
法です。もう 1 つは，遺伝カウンセリングのマ
ニュアルや授業で習ったことがあるかもしれませ
んが，別のやり方になります。

●**計算方法 1**：最初の方法です。まず考えられる
シナリオをすべて列挙してから，求めたい保因者
確率を一度で計算する方法です。対象とするのは
図 16.2 の家系図で，III-5 の保因者確率を求め
たいとします。I-1 が保因者というのは確定して

おり，黒の方が罹患者です。白の方に関しては罹
患してないというのはわかるのですが，それ以上
の情報はありません。実際に調べたわけではない
ので本当のところはわかりませんが，この家系で
可能性がある変異アレルの共有状態シナリオが図
下の A，B，C の 3 つになります。

まずシナリオ A です。最終的に保因者確率を
求めたいのは III-5 の方なのですが，その母親の
II-2 が保因者で，III-5 が変異アレルを受け継い
でいないと確定したケースになります。そしてシ
ナリオ B では，II-2 はやはり保因者ですが，今
度は III-5 も保因者だと考えたケースです。シナ
リオ C は，II-2 が保因者ではなく，もちろん
III-5 も変異アレルは受け継いでいないケースで
す。この 3 つを固定して考えます。

まず事前確率を出したいと思います。シナリオ
A から順番に考えていきますが，II-2 が持つア
レルは実際には不明なことに注意してください。
ただ II-2 が保因者もしくは非保因者と仮に決め
ないと話が始まらないので，まずは保因者と決め
ることにします。II-2 が I-1 から変異アレルをも
らったかもらわないかという確率を入れないとい
けないので，それぞれ同じ 1/2 になります。ま
ずここで保因者ですよ，保因者ではないですよ，
というのを A ～ C まで事前確率として指定しま
す。この場合ではすべてのシナリオで 1/2 とな
ります。

その後に条件確率を入れていきます。シナリオ
A の場合には，III 世代の男性の方 4 人が罹患し
ていなくて，しかも III-5 の女性 1 人も罹患して
いません。そうすると，II-2 が変異アレル保因
者だと固定していますので，その人から変異アレ
ルを受け継がない確率は常に 1/2 になります。し
たがって，III 世代で合計 5 人が変異アレルを全
員受け継がない確率は，1/2 の 5 乗となります。

第16講

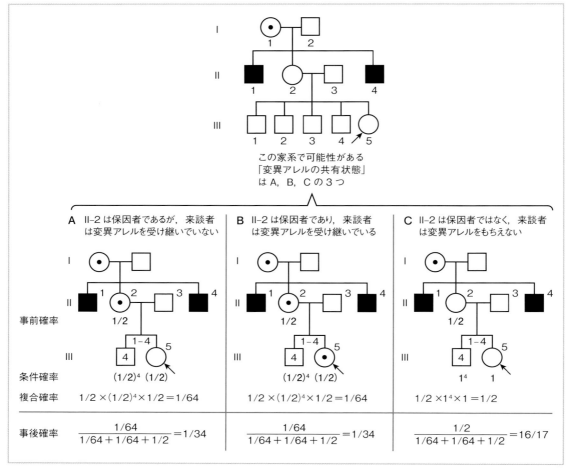

図16.2 X連鎖疾患の再発率の算出方法1：考えられるシナリオを列挙してからIII-5の保因者確率を一度で計算する方法

文献1より改変。

　他も同じように考えて，シナリオBではII-2が持つ変異アレルを受け継がない確率がやはり1/2。それが男性4人で1/2の4乗です。ここでBではIII-5が変異アレルを受け継いだことになっており，それも1/2で表せまして，これもかけ算をしていきます。

　シナリオCでは，そもそもII-2が変異アレルを持っていません。当然，下の子どもたちが変異アレルを持っていないというのは100％になります。

　ここまで計算したところで複合確率を出します。複合確率として先ほど出てきた数字を全部かけ合わせれば，それぞれの状況を表現できるようになります。Aでは事前確率1/2×条件確率1/2

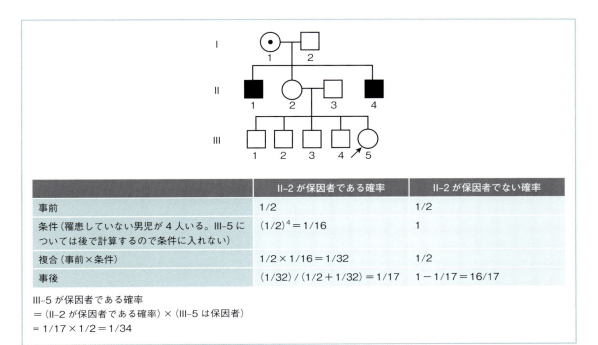

図16.3 X連鎖疾患の再発率の算出方法2：II-2が保因者である確率を計算してからIII-5の保因者確率を計算する2段階方式

文献1より改変。

の5乗で，1/64になります。BもCも同様にして計算できます。思い出してほしいのが，事後確率というのはこのA〜C全部の複合確率を出した後で，それぞれのケースの複合確率の割合を求めることになっていたということです。したがってAの場合の事後確率は図16.2の一番下の式のようになり，分母が1/64＋1/64＋1/2，分子が1/64となります。同様に計算をしていくと，BとCの事後確率も求まります。III-5の人が保因者である確率を知りたかったのですけれども，Bのケースだけが該当することになり，1/34という数字が出てきます。

●**計算方法2**：別の方法で考えてみましょう。先ほどのケースで十分に計算は可能ですが，ただ先ほどの場合では3つのケースをいっぺんに頭の中に思い浮かべないといけないので，取りこぼしが心配になります。そんなときに一歩一歩できる方法はないのかなという点を踏まえた計算方法です。

この計算方法では，II-2の人が保因者かどうかを計算してから，一番最後の仕上げでIII-5が保因者かどうかを計算します（図16.3）。まずはII-2が保因者か保因者でないかに注目します。要するに事象としては保因者か非保因者しかなく，まずこれで2つに分けます。事前確率としてはI-1が保因者ですので，II-2が保因者である確率は1/2，II-2が保因者でない確率も同様に1/2と

なります。

　続いて条件確率を求めますが，注意してほしいのは，III–5は後で計算するので，この場合では数字の中に入れないということです。条件としてはIII世代の健康な男性4人だけを使います。II–2が非保因者の場合では，もともと変異アレルを持っていないのでその男児が罹患しないのは当然で，確率は100％となります。反対にII–2が保因者だった場合では，変異アレルではなく正常アレルだけを伝える確率はそれぞれの男児に対して1/2ですので，1/2の4乗ということで1/16という数字が出てきます。

　複合確率は先ほどと同じように計算できます。さらに複合確率を足し合わせてそれぞれのケースの事後確率を計算すると，II–2の方が保因者である確率は図のように1/17となりました。

　最終的に求めたいのはIII–5が保因者かどうかということですので，III–5が保因者である確率というのはII–2が保因者で，かつIII–5に変異アレルが受け継がれた場合の計算になります。つまり母親II–2の保因者確率1/17にIII–5が変異を受け継ぐ確率1/2をかけ合わせると，先ほどと同じ1/34が出てくることになります。

致死性のX連鎖疾患

　では次に，同じX連鎖性なのですが，致死性の疾患について説明したいと思います。言葉がきついかもしれませんが，症状が重く次世代に遺伝子を伝えることができないということで，この表現をしています。ここでも2つ計算方法を考えてみました。方法1が家系内における保因者を仮定して考える計算法です。もう1つは，集団から失われる変異アレル率から考えるという方法です。

●**計算方法1**：まず最初に**図16.4**の家系図をみ

てください。最終的に求めたいのはIII–2の人が保因者である確率とします。このとき，まずはII–1が保因者かどうかというところから計算を始めます。先ほどの例と同じく，この家系で考えられる可能性がある変異アレルの共有状態は3通りあります。シナリオAはIII–1の人が新生変異（*de novo* 変異）で発症している場合です。III–1より上には変異アレルを持ってる人は誰もいませんね。BがII–1に新生変異が起こったパターン。Cは家系内で変異が受け継がれているシナリオですが，I–1より上がどうなっていたかはわからないという状況です。

　先ほどBayes分析のためには事前確率が必要だと話しましたが，このケースの場合の事前確率とは一体何でしょうか。答えとしては，「一般集団中での当該疾患の女性保因者頻度」が事前確率になります。人が大勢いたら何人かは間違いなく一定の頻度でこの変異アレルを持っていると考え，この頻度をHという文字で表します。さらに，新生変異なのか，それとも家系内で受け継がれている変異なのかという問題を考えるために，配偶子における新生変異率μというものを導入します。このうえで，Hとμがどういう関係にあるのかを数式で表しておきます。

　まずHで表される女性保因者頻度ですが，女性保因者が変異を持つに至る経緯というのがやはり3種類あります：

①母親が保因者であり，かつ変異アレルを受け継いだ場合（$H \times 1/2$）

②母親から受け継いだX染色体に新生変異が生じた場合（μ）

③父親から受け継いだX染色体に新生変異が生じた場合（μ）

この3パターンです。まず①の場合では，母親が保因者である頻度にはHをそのまま使います。

第16講 リスク評価と遺伝カウンセリング：再発率を計算できるようになろう

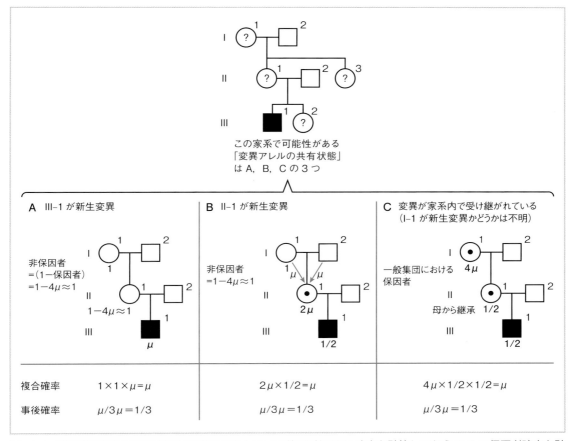

図16.4 X連鎖致死性疾患の再発率の算出方法1：II-1が保因者である確率を計算してからIII-2の保因者確率を計算する

文献1より。

母親が保因者である確率を H とした後で，ここから変異アレルを引き継ぐ確率として1/2をかければいいわけです。つまり①の確率は $H \times 1/2$ となります。そして②の確率は新生変異率 μ，③も同じく μ となります。こうして女性保因者頻度 H は①＋②＋③で導出できまして，$H = (H \times 1/2) + \mu + \mu$ ですので整理すると $H = 4\mu$ となります。これで一般集団における女性保因者頻度を H でも μ でも表現できるようになりました。

ちなみに μ というのは $10^{-4} \sim 10^{-6}$ 程度の非常に小さな数字になります。

$H = 4\mu$ というのが一般集団における女性保因者頻度として表現できましたので，非保因者頻度は $1 - H$ で表すことができます。なにしろ保因者か非保因者しかありませんので，$1 - H$ という計算で保因者ではない頻度を示すことができます。$H = 4\mu$ ですので，$1 - H$ は $1 - 4\mu$ と表すことも可能です。先ほど話しましたように，μ

267

というのはとても小さな値なので，通常，非保因者は $1 - 4\mu \approx 1$ として考えていいとされています。

では先ほどの3シナリオに戻りまして，μ を用いながら計算を進めていきましょう（図16.4）。まずIII–1の方が新生変異のシナリオAをみてみると，祖母が非保因者の確率は $1 - 4\mu \approx 1$。母親も非保因者の確率は $1 - 4\mu \approx 1$ です。

シナリオBではII–1の人が新生変異です。そうすると祖母が非保因者の確率は $1 - 4\mu \approx 1$。II–1で新生変異が起きたのですが，女性なのでX染色体を2本持っています。つまり，母親からの遺伝子に変異を持つ可能性もあれば，父親からの遺伝子に変異を持つ可能性もあるのです。どちらで起きてもかまいませんということで，II–1の新生変異率は $\mu + \mu = 2\mu$ で表せます。後はメンデルの遺伝なのでIII–1が変異を持つ確率は× $1/2$ です。

次にシナリオCで，これは家系内で変異が受け継がれている場合になります。保因者頻度は 4μ で表すことができるというのを先ほど説明しましたので，I–1を保因者（4μ）として指定します。その後はII–1では母親から変異を受け継ぐ確率だけを計算すればいいので，× $1/2$ になります。同じようにIII–1も× $1/2$ ですね。

ここで複合確率をそれぞれ算出します。シナリオAは $1 \times 1 \times \mu = \mu$。シナリオBは $1 \times 2\mu \times$ $1/2 = \mu$。シナリオCは $4\mu \times 1/2 \times 1/2 = \mu$ となります。事後確率の計算では，分母が $\mu + \mu + \mu$ で 3μ。分子がそれぞれ μ ということで，$\mu/3\mu = 1/3$。いずれのシナリオも同じ確率となっています。

こうして，II–1が保因者である確率はシナリオB＋シナリオC＝ $2/3$ になります。最終的に知りたかったIII–2の女性が保因者である確率は，母親が保因者である確率 $2/3$ の $1/2$ ということで，$1/3$ になります。まずこれが1つの計算方法です。

● **計算方法2**：もう1つの計算法を紹介します。やはり図16.4のIII–2の保因者である確率を計算しますが，集団から失われる変異アレル率から考えるというやり方です。

人がたくさんいるとみなアレルを持っておりますので，遺伝子プールというものを想定します。ある座位が常染色体上もしくは女性におけるX染色体上に存在する場合，アレルを2つずつ持っていることになります。この遺伝子においてアレルAの頻度を p，アレルaの頻度を q とします。そうすると，Aとaを組み合わせた各遺伝型が生じる確率というのは図16.5のようになります。精子にのっている，卵子にのっていると考えると，少しわかりやすくなるかもしれません。精子にのっているのがAならば頻度は p，aならば頻

		精子におけるアレル（頻度）	
		A (p)	a (q)
卵子におけるアレル（頻度）	A (p)	AA (p^2)	aA (qp)
	a (q)	Aa (pq)	aa (q^2)

遺伝型 AA の頻度は p^2
遺伝型 aA＋Aa の頻度は $2pq$
遺伝型 aa の頻度は q^2

図16.5　X連鎖致死性疾患の再発率の算出方法2：集団から失われる変異アレル率から考える

度はq。卵子にのっているのがAならば頻度はp，aならば頻度はqとなります。集団が十分に大きく，どの卵子と精子が出会うかはランダムだとすると，AA，aA，Aa，aaそれぞれの頻度はかけ算なので，図16.5のようになります。AaとaAを区別しないと考えると，頻度は$2pq$です。

ここでは正常アレルの頻度をp，変異アレルの頻度をqとおきます。今はX連鎖疾患を考えていますので，男性はアレルを1本だけ持っています。正常アレルを持っている頻度（p）と変異アレルを持っている頻度（q）を足し合わせれば全体になりますので，$p + q = 1$ですね。女性の場合にはアレルを2本持っていますので，先ほどの表でp^2と$2pq$とq^2を足し合わせれば全体の頻度が出ます。したがって$p^2 + 2pq + q^2 = 1$になります。ただ女性の場合にはq^2というのは非常に小さい値ですので，無視してもかまわないといわれています。

そして全体の遺伝子プールの中に存在するX染色体の遺伝子のうち，男性が持っているのが1/3になります。女性がX染色体を2本持っていて，男性が1本なので，必ずこの数字になります。そしてここに選択係数sというのを入れていきます。これは遺伝子が次世代に伝わらない率を表していて，0から1までの値をとります。$s = 1$というのは遺伝的致死で，次世代にその遺伝子変異を伝えることができないという性質を表す数字になります。

そうすると，1世代経るごとに遺伝子プールから失われていく変異アレル率というのは，$s \times q/3$となります。式の解釈としては，「（男性が遺伝子変異を伝えない率）×（変異アレル頻度）/（対象遺伝子の男性保有率）」です。$s = 1$の遺伝的致死の場合では，$1 \times q/3$ということで，変異アレル頻度の1/3が世代を経るごとに失われて

いくことになります。

今回の例のような遺伝的致死のX連鎖疾患の場合には，1世代を経るごとに対象遺伝子に新たに生じる変異率μは，遺伝子プールから徐々に失われる男性患者の変異アレル率と等しいと考えてかまいません。そうすると$\mu = q/3$という数式が出てきます。これは言い換えると，変異アレル頻度qのうち1/3というのは新生変異によるものと解釈できます。なぜこう考えられるかというと，そうでないとその疾患は世代を経るごとに患者数がどんどん減っていって，やがてなってしまうからです。実際には一定数の患者が存在し続けているわけで，それはこのμによって新たな変異が供給されているためと考えられます。

上記のようなことを考えますと，III–1の罹患は1/3の確率で新生変異によるものと考えられます。残りの2/3では，III–1は変異アレルをII–1から受け継いでいます。つまりII–1が保因者である確率は2/3です。最終的に知りたいのはIII–2の人が保因者である確率なので，II–1が保因者である確率（2/3）×それを受け継ぐ確率（1/2）＝1/3となります。無事，計算方法1と数字が同じになりました。

常染色体優性遺伝形式の不完全浸透疾患

ここから先は少し簡単になるので，力を抜いていただければと思います。今度は常染色体優性遺伝形式の不完全浸透の疾患というものです。図16.6の家系図で，III–4の方が未発症保因者である確率を求めたいと思います。この疾患の浸透率は仮に70％ということが知られているとして，これを条件確率として使います。

まず場合分けをどうやるかというと，III–4の人が保因者か非保因者かという分け方をします。事前確率として，常染色体優性遺伝形式で母親が

第16講

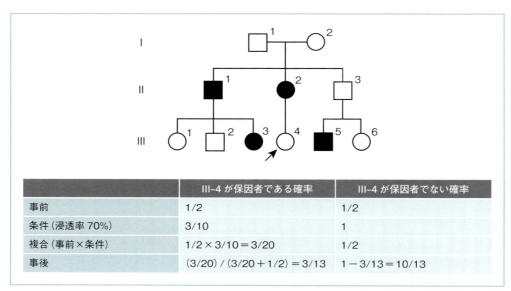

図16.6　常染色体優性遺伝形式の不完全浸透疾患の再発率の算出方法
III-4が未発症保因者である確率を求めたい。「本疾患の浸透率は70％であり，III-4は未発症」を条件確率として使う。文献1より改変。

罹患してますので，これは1/2ずつになります。条件確率はこの状況が生じる可能性ですが，もしIII-4が保因者でなければ変異アレルは持っていないので当然ながら発症しませんね。ですので，III-4が保因者でない場合の条件確率は1ということになります。もしIII-4が変異アレルを持っていたとしても，浸透率が70％なので30％では未発症です。したがって，III-4が変異アレルを持っている場合の条件確率には3/10が入ってきます。複合確率では事前確率と条件確率をかけ合わせます。

こうして事後確率を求める準備が整いまして，計算すると図の一番下に示した数字が出てくることになります。

晩期発症の疾患

次に常染色体優性遺伝形式の晩期発症の疾患について考えてみましょう。この場合では変異アレル保因者が発症しない確率が年齢に影響を受けまして，35歳で95％，60歳で1/3だと仮定します。この場合も2種類の計算方法がありまして，シナリオを全部挙げてからいっぺんに計算する方法と，2段階に分けて計算する方法です。それぞれみていきます。

●**計算方法1**：まず，シナリオを列挙する方法です。図16.7に示した家系があり，III-1が保因者である確率を知りたいとします。父親が60歳でクライエントが35歳です。この場合も実際に調べていないので本当のところはわからないですけれども，この家系における変異アレルと発症状態に関してはA，B，Cの3つのシナリオがあります。Aは，父親II-2が変異アレルを持っておらず，III-1も変異アレルを持っていない場合。

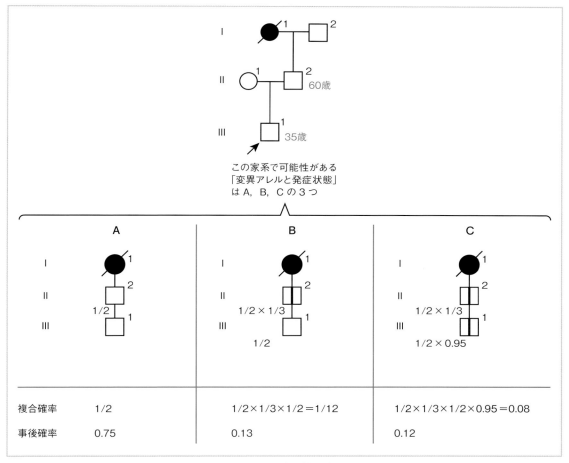

図16.7　常染色体優性遺伝形式の晩期発症疾患での再発率の算出方法1：考えられるシナリオをすべて列挙する
文献1より改変。

Bは，父親II-2は変異アレルを持っていますが発症しておらず，III-1は変異アレルを受け継いでいない場合。Cは，II-2とIII-1の2人とも変異アレルを持っているものの，まだ発症してないという状況です。

それぞれが起こりうる可能性を計算していきます。この疾患の条件として，冒頭の年齢依存の未発症率を思い出してください。35歳のときにはたとえ変異アレルを持っていても95％の人が発症しない。ただし60歳になってくると，発症しないのは1/3ということが知られています。

そうすると，シナリオAを考えるとI-1は罹患で，I-1からII-2が変異アレルを受け継がなかった事前確率が1/2です。II-2が変異アレルを受け継いでいなければ，その息子III-1が変異アレルを持っていない条件確率は100％なので1になります。Bの場合には，II-2が変異アレルを受け継ぐ確率1/2に，60歳だけれども発症して

いない確率である 1/3 をかけます。つまり B の確率は 1/6 になります。そして III–1 は変異アレルを受け継がなかったということなので，B の III–1 が変異アレルをもたない確率には 1/2 が入ってきます。C の場合には，1/2 の確率で変異アレルを受け継いだけれどもやはり発症していないので，II–2 が変異アレルをもつ確率が 1/2 × 1/3 = 1/6。さらに III–1 が変異アレルを 1/2 で受け継いだけれども発症していません（35 歳なので 95 ％）。したがって，C の III–1 が変異アレルをもつ確率は 1/2 × 0.95 になります。

それぞれのシナリオが起きるには，縦に全部掛け合わせますので，複合確率として A が 1/2 × 1 = 1/2。B が 1/6 × 1/2 = 1/12。C が 1/6 × 1/2 × 0.95 = 0.08 となります。この 3 つの複合確率を足し合わせて計算すると，図の一番下にある III–1 が未発症保因者である事後確率 0.12 が出てくるということになります。

●計算方法 2：2 段階に分けて考えましょうという方法です。最初に，II–2 が保因者かどうか，ということから考えます（図16.8）。家系図下の上表をみてください。II–2 が保因者か保因者でないかはそもそも双方 1/2 です。条件として 60 歳で未発症なのは，保因者だったときには 1/3，変異アレルを持ってなければこれは 1 です。複合確率は II–2 が保因者の場合は 1/2 × 1/3 = 1/6。II–2 が保因者でない場合は 1/2 × 1 = 1/2。事後確率は分母が 1/6 + 1/2 となり，分子にそれぞれの複合確率を乗せて，図に示した数字が出てきます。この方法では II–2 の数字をしっかりと決めた後で，III–1 のことを計算していきます。

上の計算結果をもとにして，III–1 が保因者か保因者ではないかを考えます。ここからは図 16.8 の下の表に注目してください。III–1 が保因者というのは，II–2 が保因者であるときにのみ起こりえます。そうすると，先ほど出した数字を使って 1/4 × 1/2 = 1/8 が事前確率になります。この状態があるなかで，35 歳だけれども未発症という数字 0.95 を入れていきます。これをかけ合わせれば III–1 が保因者の場合の複合確率が計算できます。同じようにして III–1 が保因者でない確率も計算します。事前確率は 1 − 1/8 = 7/8。保因者でなければ当然発症はしませんので，条件確率は 1。図のように計算を続けると，最終的に III–1 が未発症保因者である確率には先ほどと同じ 0.12 という数字が出てきます。

このように，すべてのシナリオを一度に考えても 2 段階に分けて考えても，出口は一緒になりますよということです。

経験的再発率

最新の知見も交えて関連トピックについて簡単にお話ししましょう。まずは経験的再発率についてですが，これは読んで字のごとく，計算式というよりはこれまでの長い経験の蓄積からはじき出された数字になります。例えば正常核型の両親から 21 トリソミーの児が生まれた際の経験的再発率は約 10/1,000 だといわれています。経験的な数字なので，教科書によっては少し違うかなと思います。母親の年齢が若ければ若いほど，これはかなり高い数字と捉えられることになります。ただ母親の年齢が上がっていくに従って一般集団のほうがこの数字に近づいてきます。

再発率に関してもう 1 つよく知られているのが，血族婚に対する遺伝カウンセリングです。日本の場合だといとこ婚の人はまだまだ多いのではないかと思いますが，一般婚の方と変わらないのかといわれると，そうではないということが知ら

第16講　リスク評価と遺伝カウンセリング：再発率を計算できるようになろう

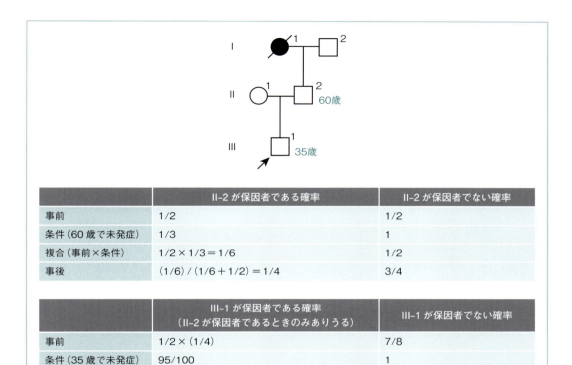

図16.8 常染色体優性遺伝形式の晩期発症疾患での再発率の算出方法2：II-2が保因者かどうかから考える
文献1より改変。

れています。表16.1は，血族婚ではないカップルといとこ婚のカップルの子どもに先天異常がみられる頻度および再発率です。この表からわかる通り，やはりいとこ婚のほうがどちらでも倍くらい先天異常の確率が高まっています。ですので，いとこ婚でも確率はまったく一緒だという言い方をしてしまうと間違いですし，だからといっていとこ婚だから絶対に子どもが疾患を持つというのも間違いだということをよく知っていただきたいと思います。

ゲノム情報にもとづいた診断と新しい課題

　以前は染色体だったり単一遺伝子疾患についてしかわからない，検査もできないという時代がありましたが，技術が急速に発展してきまして，現在では臨床的全エクソーム解析などで多くの遺伝子を一気に調べることができるようになってきています。日本でも未診断疾患イニシアチブ（IRUD）と呼ばれるプロジェクトが今まさに行われています。これは臨床的な所見を有しながら

273

表16.1 血族婚ではないカップルといとこ婚のカップルの子どもに先天異常がみられる頻度

	同胞群の最初の先天異常の頻度（1,000児あたり）	同胞群のその後の子どもに何らかの先天異常が再発する頻度（1,000児あたり）
いとこ婚	36	68
血族婚でない場合	15	30

文献2より。

通常医療では診断に至ることが困難な患者（未診断疾患患者）の方々を対象とし，次世代シークエンサーを用いたエクソーム解析などの遺伝学的検査を症状と照合することで，確定診断を目指すというプロジェクトです。これによって何の疾患かずっとわからなかった人たちの原因が少しずつわかるようになってきました。これからもこういった医療はどんどん進んでいくのではないかと思います。

　ゲノムを用いた検査が行われてくると，解釈の難しい結果も出るようになってきました。個人の配列と参照配列の違いはいろいろありますが，その差異の臨床的な意義について，以下の5つに分類されています：

・病的（pathogenic）
・おそらく病的（likely pathogenic）
・意義不明（variant of unknown significance：VUS）
・おそらく良性（likely benign）
・良性（benign）

　それぞれは言葉通りですので説明不要かと思いますが，VUSに関しては一言述べておきたいと思います。VUSデータの意味というのは変化していくものです。初めは病的なのか良性なのかわからなかったけれども，年月が経過して臨床的なデータが蓄積されるにつれて，やはり病的だったとなることもあれば，何も関係なかったとなることもあるでしょう。VUSが他の分類として再評価されたとき，その結果をクライエントにどうやって再連絡していくかというのがこれからの課題になっています。

◉ **文献**

1) Nussbaum RL 著（福嶋義光監訳）：トンプソン&トンプソン遺伝医学 第2版. メディカル・サイエンス・インターナショナル, 2017.

2) Stoltenberg C, et al.: Consanguinity and recurrence risk of birth defects: a population-based study. *Am J Med Genet.* 1999; 82(5):423-8. [PMID: 10069715]

第 **17** 講

出生前遺伝学的検査：
さまざまな検査とその注意点

佐々木愛子 ●国立成育医療研究センター 周産期・母性診療センター

出生前遺伝学的検査とそれに伴う遺伝カウンセリングの目的は，カップルに対し彼らの子どもの持つ先天異常あるいは遺伝性疾患のリスクについて示し，そのリスクにどう対処していくのかを決めるための情報を提供し，妊婦とその家族の意思決定支援を行うことにあります。本講では出生前遺伝学的検査の歴史，現状と今後の課題についてお話しします。

出生前検査の歴史を振り返る

最初に出生前検査の歴史についてお話ししましょう。現在，一般医療として行われている羊水検査は1960年代に始まったと報告されています。その後，絨毛検査が70年代，母体血清マーカー検査の報告が70〜80年代，1980年代にはリアルタイムで画像を見ることのできる超音波検査の普及がありました。90年代には超音波マーカー検査が報告されています。日本に母体血清マーカー検査が入ってきたのは大体1990年代ぐらいですが，後で述べるように日本ではこういった検査を積極的にやっていくのかという問題が生じまして，厚生省から見解が出されました。着床前診断については1998年に見解が出ましたが，承認例がしばらくないまま経過し，2004年に着床前診断認可の第1例が実施されています。

その後，2000年代に入りますと出生前検査にもマイクロアレイ染色体検査が用いられるようになったり，2010年代半ばには出生前診断にもエクソーム解析（ゲノム上の全エクソンの配列を決定する解析）が入ってくる時代になってきました。この間，2013年にはNIPT（無侵襲的出生前遺伝学的検査）と呼ばれている，おなかに針を刺さないで，採血するだけで赤ちゃんの疾患がかなりの精度でわかるという検査が報道され，国民にセンセーションを起こしたというのが記憶に新しいのではないかと思います。

なお出生前検査の範囲ですが，着床前の診断やスクリーニングも，生まれる前の検査という意味では出生前検査といわれますし，遺伝学的な要素

のない超音波精密検査や，胎児の CT 検査，MRI
検査なども広義の出生前検査の範疇に入ってくる
と思います（**表17.1**）。ただ，よくいわれる出生
前遺伝学的検査というのは，母体血清マーカー検
査，胎児超音波マーカー検査，NIPT と絨毛検査，
羊水検査を指していることが多いようです。

母体血清マーカー検査

リスク算出の原理

まず母体血清マーカー検査から説明します。現
在では Down 症候群を見つけるための検査とい
う認識が強いかと思いますが，もともとは胎児の
開放性の神経管障害で母体血中の α フェトプロテ
インが高くなるという 1977 年の報告が元になっ
た検査です。その後，Down 症候群も含む常染色
体トリソミーなどで他のマーカーも増減している
ことが見つかり，応用が進みました。精度を上げ
るために複数のマーカーを組み合わせて，トリプ
ルマーカーやクアトロマーカーの検査が開発され
たという経過になっています。2003 年には 4 つ
目のマーカーとして Inhibin A が報告されていま
す。

疾患ごとに各血清マーカーは上がったり下がっ
たりしますので，その傾向を利用して母体血清

表17.1 広義の出生前検査の分類

時期	名称	確定検査か 非確定検査か
着床前	着床前診断（PGD）	
	着床前スクリーニング（PGT-A）	
妊娠中	母体血清マーカー検査	非確定検査
	胎児超音波マーカー検査	非確定検査
	NIPT（母体 cell free DNA 検査）	非確定検査
	絨毛検査	確定検査
	羊水検査	確定検査
	胎児超音波精密検査	確定検査
	胎児 CT・MRI 検査	確定検査

マーカー検査は行われます。各疾患に特徴的な増
減パターンにどれくらい当てはまるかという尺度
である尤度比を出して計算するという方法になり
ます。クアトロテスト^{TM}（これは商標名です）に
関しては 3 つの疾患に対して 4 種類のマーカーを
測ってリスク計算を行います（**表17.2**）。

どのマーカーを用いるかによって検査精度は変
わってきますし，検査を行う週数も影響してきま
す。どのくらいの割合の Down 症候群児をおな
かの中で事前に見つけられるかというと，一般的
に昔は母体年齢だけでは大体 3 割といわれてきま
した。マーカー検査を行うことでこれが 6 割や 9
割と割合が上がってくるといわれています。超音

表17.2 母体血清マーカー値と疾患との関係

	AFP	hCG（free β hCG）	uE$_3$	Inhibin A	PAPP-A
開放性神経管奇形	↑	―	―	―	―
21 トリソミー（Down 症候群）	↓	↑	↓	↑	↓
18 トリソミー	↓	↓	↓	―	↓
13 トリソミー	↓	↓	↓	―	↓

AFP：α フェトプロテイン，hCG：ヒト絨毛性ゴナドトロピン，PAPP-A：妊娠関連性血漿タンパク質 A，uE$_3$：非結合型エス
トリオール。

波マーカーや血清マーカーを複数加えてリスク計算することで大体95％前後ぐらいまでこの割合は上昇するとされています。ただ，多数の血清，超音波マーカーを用いてもNIPTのほうが21トリソミーの検出率ははるかに高いという現状があります。

クアトロテストに戻りますけれども，この検査は実施期間が妊娠15週0日からということで，妊娠初期の期間は待たないといけないというデメリットが1つあります。血液中の4つの成分を測定し，疾患別の上がり下がりの傾向に当てはめて考えていきます。リスクは血液検査のデータだけで算出しているわけではなく，これを母体年齢別のトリソミーのお子さんを妊娠している可能性，つまり事前確率にかけ算するという仕組みになっています。年齢の他にも影響する因子が多数ありますので，そういったもので補正して，最終的な確率をみて考えていただくという方法です。マーカーは集団（民族）によって差があることが報告されていますので，検査を出すときには集団を書く欄があります。糖尿病でもマーカーが上下するといわれてますので，こういった因子も考慮しないといけません。もちろん家族歴も少しですが影響します。

結果の解釈と関連する情報

尤度比の計算ではMoM（multiple of the median）という値を使いますが，これは中央値の何倍かという数字になります。例えばMoM値が0.5という血液検査の結果だったとき（図17.1），対象疾患がDown症候群（Tと表します）だとすると，正常のお子さん（Cと表します）よりDown症候群のお子さんのほうがT（0.5）/C（0.5）の比の倍率分多いということになります。これを利用して順番に4種類のマーカーの尤度比を掛けると

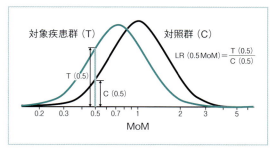

図17.1　尤度比の算出方法
例えば，MoM値が0.5のときの尤度比は，対象疾患群（T）でのMoM＝0.5の頻度と，対照群（C）でのMoM＝0.5の頻度の比となる。

いうことになってます。血中濃度のままだと正規分布せず尤度比を取れませんので，MoMを取って正規分布になるようにするというアルゴリズムを用いて，検査会社が独自に計算しています。

検査の陽性／陰性を分ける値，すなわちカットオフ値に関して特に医学的な決まりはないのですが，会社別にカットオフ値が決められています。例えばラボコープという会社ですと，21トリソミー（Down症候群）が1/295となっていますが，これは35歳，16週相当のリスクを基準にした値です。他にも18トリソミーが1/100，開放性神経管障害が1/290となっています。図17.2もラボコープから公開されているデータで，例えばクアトロテストでは陽性で一番高い場合，1/2という確率まで出ます。Down症候群のカットオフ値が先ほど1/295でしたので，陽性と出てもほとんどの場合は実際にはDown症候群ではないということです。陽性的中率は2.2％くらいになり，陽性と出ても確定診断ではないということをよくよく事前に理解してもらう必要があります。一番高い結果である1/2が出ても半分違うという精度です。

逆に図17.2の左側の陰性の中には，カットオ

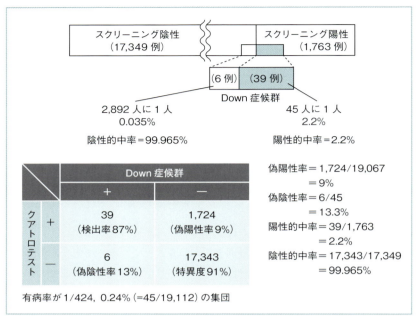

図17.2　クアトロテスト™の結果の内訳と検査精度
ラボコープでの，1999年から2004年までの19,112例の追跡調査による．文献1より．

フ値よりも確率が低く出たDown症候群の方が入ってきます．陰性のなかにも一定頻度でDown症候群のお子さんを妊娠している妊婦がいるということです．よって，陰性だからといってDown症候群のお子さんを絶対に妊娠していないという意味ではないということも，事前の遺伝カウンセリングでよく説明しておく必要があります．

ただ，陰性でも陽性に近い数字が出た方に罹患児の妊婦が多い傾向があり，同じ陰性の中でも確率が低いほうがやはり疑いも低いです．つまり，陽性に近い陰性だったり，陰性に近い陽性だったりすると，この確率をどう考えていいのか迷うことも多くなります．カットオフ値近辺の結果が出たときにどう考えるかも，夫婦で事前によく話し合ってもらって受けないと，「こんな結果が出ても困る」ということになりますので，事前の遺伝カウンセリングが非常に重要です．

検査の精度としてよく出てくるのは検出率（感度）だと思いますが，その他にも陽性的中率や陰性的中率，特異度，偽陽性率や偽陰性率などさまざまあります（図17.2参照）．1万9112人のうち45人がDown症候群罹患という集団において，39/45が検出率で87％となりますが，これは陽性と出たときに87％がDown症候群ですよという意味ではありません．こういった統計上の用語が何を意味するかというのはよく把握しておかないと，患者から聞かれたときに頭の中でこんがらがってしまってうまく説明できず，検査を受けた方も困ってしまいます．クアトロテストでいうと，各疾患の検出率は大体8割前後くらいになります．

クアトロテストの計算方法はそもそも年齢リス

クにかけ算するという方法になっていますので，年齢上昇と共に陽性率は高くなります。よく産婦人科の先生で「40歳以上だったらほぼ陽性だから，クアトロは意味ないよ」などと説明されてくることがありますが，40歳での陽性率は実際には3割ぐらいです。そもそもこの検査はカットオフ値として35歳でのリスクを基準にしてますので，40歳の人が受けて陽性だったとしても年齢相当リスクよりも低いけれども「陽性」ということもありえます。陽性だったらさらなる検査に進むという決まりもありませんので，出てきた数字を年齢だったり各人の価値観に合わせてどう考えるのかということも事前に想像していただく必要があるし，結果を考える過程を支援する姿勢が遺伝カウンセリングで重要となってきます。

妊娠・出産と関連するリスクは多様

　得てして出生前検査というと Down 症候群を見つける話ばかりになってしまいがちですが，まず大前提として妊娠・出産の各種リスクについて話す必要があります（表17.3）。そもそも自然流産が十数パーセントぐらいありますし，お産の前後で亡くなる児もいます。生産児でも，大きな先天奇形があるお子さんが3％は生まれています。

　日本で出生前検査を受けにくるのは高年妊娠の方が多く，赤ちゃんの病気は女性の年齢が原因で男性は関係ないとか，身内に罹患者がいる人が病気の赤ちゃんを産んでいるに違いないといった考えを強く持ってくる方もいます。どんな方であっても疾患を持つお子さんを産む確率が3％はあるということも話しておかないと，検査陰性だったらあらゆる疾患のお子さんは生まれないと思ってしまう誤解にもつながりますので，この説明も重要です。さらに後天的な疾患に関してはまた別の話になります。生まれたときに何もなかったらそ

表17.3　妊娠・出産のリスク

状態	リスク	％リスク
自然流産	1/6	17
周産期死亡	1/30 ～ 1/100	1 ～ 3
新生児死亡	1/150	0.7
先天大奇形	1/33	3
先天小奇形	1/7	14
重篤な精神・身体的障害	1/50	2

文献2より。

れですべて大丈夫かというと，そういうわけではないということも事前の話が必要と思います。

　ここで先天性疾患の原因の内訳として図14.2を参照してください。1/4が染色体疾患ですので，羊水検査をしてわかる疾患はこの範疇になります。このうち染色体が1本増える標準型トリソミーに関しては，母の卵子の年齢が上がることの影響があります。しかしそれ以外の部分欠失や重複などに関しては母の年齢は関係ありません。高年妊娠で増える疾患というのは染色体疾患のごく一部だけで，あとの疾患に関しては母の年齢は関係ないと伝えることも必要です。

　出生前検査で針を刺してわかるのは染色体疾患だけで，あとの疾患は何歳だろうが一定の確率は残るということを説明すると，何十万円もかけて検査してもこれだけしかわからないなら出生前検査をやらなくていいですという方もいますし，逆に一部だけでも事前に知っておきたいと検査に進む方もいます。全体に対して検査対象の疾患がどれくらいを占めているのかというのもよくよく事前に説明する必要があると思います。なおこのグラフも時代とともに変化しており，最近ではコピー数バリアント（CNV）という項目が入っています。海外では出生前検査においてもマイクロアレイ染色体検査やエクソーム解析が実施されはじ

第17講

めています。今後はこれをどう扱うかということに関しても考えないといけない時代が日本でも来るかもしれません。

図17.3は染色体疾患の中における内訳です。染色体疾患のなかでは半分をDown症候群が占めていて、18トリソミーと13トリソミーが次いでいます。大体7割ぐらいを常染色体のトリソミーが占めています。高年妊娠で増えるといわれる疾患はこの3つになります。NIPTもこの3つが対象になっていますし、総じてこの3つの常染色体トリソミーを対象にしている検査が多いです。よって、常染色体トリソミー以外の染色体異常に関してはNIPTでは対象となっておらず、羊水検査をしないかぎり見つかりません。なぜこの3つなのかというのもよく聞かれますが、トリソミーを持つ生産児の下には多くの染色体異常の自然流産が隠れてるという氷山モデルが提唱されているように、残りの常染色体トリソミーは通常流産に終わるためです。

出生前診断では遺伝カウンセリングや検査前説明が重要となる

このように、母体年齢が上がると確率が上昇するのは一部の染色体疾患に限られますので、繰り返しになりますが、母親の年齢が上がることですべての疾患が起こるわけではないということをしっかり説明する必要があります。あるいは妊婦が高齢だということを心配している周りの方を連れてきてもらって説明したりする場合もあります。さらに常染色体トリソミーには父方由来もあるということが報告されています。症状は父方/母方由来に関係なく同じで、特殊な検査をしないかぎりは由来まではわかりませんので、必ずしも母親が原因とではないということも伝えます。逆にTurner症候群では父由来染色体が欠失する割合が多いですし、XXX症候群やKlinefelter症候群でも一定頻度で父方由来となります。

多くのトリソミー、モノソミーは流産してしまいますが、生きて産まれるとされる18トリソミーや13トリソミーも一部はやはり少しずつおなかの中で亡くなっていきます。10週までの初期流産の時期を乗り越え、いわゆる安定期といわれる15週を過ぎても亡くなる子がいます。実際に40週の予定日のころにおなかの中で生存してるのは、18トリソミーや13トリソミーだと妊娠10週と比較しても10〜20％くらいになります。

ただDown症候群についていうと、妊娠中ずっと順調ですと伝えられていたのに、生まれて突然Down症候群かもしれませんといわれることになる場合も多く見うけられます。これは、通常の妊婦健診では見つかりにくい疾患であるからであり、担当医が見逃したわけではなく、別途検査をしないとわからない疾患なのだというのも合わせて説明しています。こういった妊娠途中で胎内死

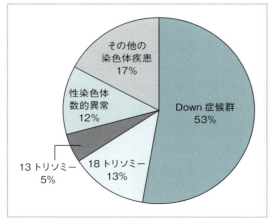

図17.3　染色体疾患の内訳

亡になったり，生まれてからトリソミーと診断され，出生前検査をやっていればと思われる方から相談いただくこともあります。最後のほうでふれますが，どういったタイミングで出生前検査を妊婦に知らせるのかというのは難しいところがあります。

妊娠週数が進むにつれ疾患をもつお子さんがおなかの中で亡くなっていきますので，元気な期間が長ければ長いほど疾患の疑いは下がることになります（表17.4）。初期コンバインド検査は12週ぐらいで行いますので，12週でのリスクにマーカーの尤度比がかかっていますし，クアトロテスト™や羊水検査も16週くらいで行っています。つまり生まれるときの疾患頻度と，胎内で診断す

るときの疾患頻度は違うということです。この差が胎内で死亡している赤ちゃんになります（コラム）。

あとは上のお子さんがDown症候群で，再発率を知りたいといった相談がある場合があります。常染色体優性遺伝だったり劣性遺伝保因者の家族ですと，次の子への再発率は50 %や25 %になると思います。21トリソミーの場合には，以前に罹患児を妊娠したことがある人としていない人の再発率の差は0.75 %くらいといわれています。また年齢が上がってきますとそもそも年齢要因が大きく影響しますので，罹患児を1回産んだことで再発率が増える要素の影響は減ってきます。これも既往のある方で検査を受けに来る方の

表17.4　母体年齢と各週数による各トリソミーの推定リスク

母体年齢	21トリソミー				18トリソミー				13トリソミー			
	週数				週数				週数			
	12	16	20	40	12	16	20	40	12	16	20	40
20	1,068	1,200	1,295	1,527	2,484	3,590	4,897	18,013	7,826	11,042	14,656	42,423
25	946	1,062	1,147	1,352	2,200	3,179	4,336	15,951	6,930	9,778	12,978	37,567
30	626	703	759	895	1,456	2,103	2,869	10,554	4,585	6,470	8,587	24,856
31	543	610	658	776	1,263	1,825	2,490	9,160	3,980	5,615	7,453	21,573
32	461	518	559	659	1,072	1,549	2,114	7,775	3,378	4,766	6,326	18,311
33	383	430	464	547	891	1,287	1,755	6,458	2,806	3,959	5,254	15,209
34	312	350	378	446	725	1,047	1,429	5,256	2,284	3,222	4,277	12,380
35	249	280	302	356	580	837	1,142	4,202	1,826	2,576	3,419	9,876
36	196	220	238	280	456	659	899	3,307	1,437	2,027	2,691	7,788
37	152	171	185	218	354	512	698	2,569	1,116	1,575	2,090	6,050
38	117	131	142	167	272	393	537	1,974	858	1,210	1,606	4,650
39	89	100	108	128	208	300	409	1,505	654	922	1,224	3,544
40	68	76	82	97	157	227	310	1,139	495	698	927	2,683
41	51	57	62	73	118	171	233	858	373	526	698	2,020
42	38	43	46	55	89	128	175	644	280	395	524	1,516

1/（表中の数字）が各トリソミーの推定リスク。文献3より。

コラム 確率の表記方法によって印象は変わる!?

　表17.4をお見せすると,「20歳に比べて35歳ではリスクが5倍になるのですか」や,「40歳では20倍になった」といわれますが,何分の1という示し方と,100%から引いたときの示し方では,全然違った印象を受ける場合があります。表に年齢の左右に異なる表示方法で示しましたが,右側の「Down症候群ではない確率」の表示では45歳でも思ったほど高くないなという感覚を持たれる方も多いのではないでしょうか。何分の1という表記だけではなく,100%から引いた確率をみてもらうというのも,感覚的に捉えてもらうためにやっております。

表　確率の表記方法による違い

Down症候群の確率	年齢	Down症候群ではない確率
1/1667	20歳	99.940%
1/1250	25歳	99.920%
1/952	30歳	99.895%
1/378	35歳	99.735%
1/106	40歳	99.057%
1/30	45歳	96.667%

場合には伝えています。

胎児超音波マーカー

　次に超音波マーカーの説明です。超音波マーカーで一番有名なのはNT(nuchal translucency, 胎児後頸部浮腫)でしょう。他にも鼻骨や静脈管逆流,三尖弁逆流といったものも超音波マーカーといわれています。おのおの独立して動いてますので,先ほどの血清マーカーと同じで別々に尤度比をかけ合わせることができます。

　ただこれには国際資格・ライセンスがあって,ライセンス番号を持つ人が測ってオーダーしないと検査を受け付けてくれなかったり,検査プログラムをダウンロードできないというシステムに世界共通でなっています。ですので,通常の妊婦健診のときについでに測ってみようかというわけにはいかない検査です。妊婦健診と同じ超音波を使った検査ですが,遺伝学的検査として扱う必要があります。

NT検査での判定

　NT検査では胎児後頸部領域の厚さを測定します(図17.4)。また,NT検査には適切な実施時期があります。週数は11〜13週といわれますが,正式にはcrown-rump length(CRL)と呼ばれる頭から尻までの長さ(図17.4右)によって規定されています(45〜84 mm)。したがって大きめの児だと週数が範囲内でもCRLがはみ出ることがありますし,逆に小さめの児だと妊娠11週に達したのに45 mmない場合もあります。規定を満たす期間に受けに来てもらわないと,その時期を逃して測ったところでマーカーの精度は下がることがわかっています。

　図17.5の点々がDown症候群児のNT値とCRLの関係を表したグラフですが,一律何ミリ以上と規定されてるわけではありません。それぞれのCRLでどれくらいのNTを示すかによって,正常範囲に入るか,正常範囲からどの程度外れるかが変わってきます。赤ちゃんの大きさに対する

第17講　出生前遺伝学的検査：さまざまな検査とその注意点

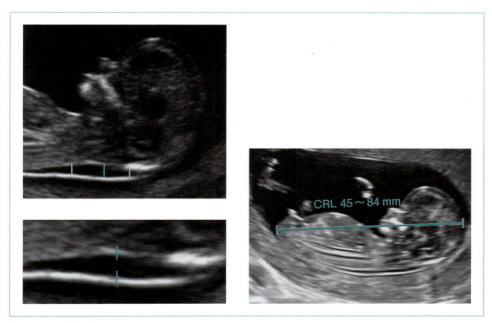

図17.4　NT検査
NT検査では妊娠11週〜13週6日まで，CRL（胎児の頭から尻までの長さ）が45〜84mmの時期にみられる胎児後頸部領域の厚さを測定する。https://www.fetalmedicine.org/education/the-11-13-weeks-scan より。

NTによる計算になっていますので，NTの絶対値だけでは決められないということです。さらに正常範囲に入るDown症候群のお子さん（グラフの灰色の帯の部分）が大体3〜4割ぐらいいるといわれてますので，むくんでないからといってDown症候群ではないということではありません。ここでも「むくんでないから大丈夫ですよね」とよくいわれますが，そうとは言い切れないということも話しています。

このように赤ちゃんの大きさによってNTの正常値も大きくなってくるわけですが，英国The Fetal Medicine Foundation（FMF）のデータからは，赤ちゃんの大きさがどれくらいであってもNT値が3.5mmを超えてくるとある程度（99％）正常範囲から外れていると考えていいだ

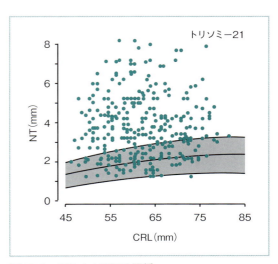

図17.5　CRLとNT厚の関係
Down症候群児のCRLとNTの値を色つきの点でプロットした。網掛けした正常範囲に入る児も3〜4割程度存在する。https://www.fetalmedicine.org/education/the-11-13-weeks-scanより。

283

ろうといわれています。ただ，境界領域では胎児の大きさによって NT 値の評価も変わってきますので，そういった全体の状況を加味して判定します。

表17.5 は産婦人科診療ガイドラインに掲載されている表で，先ほどいいましたように 3.5 mm を超えると，そのなかの 2 割ぐらいの児に染色体疾患があるということです。ただ 6.5 mm 以上という一番厚いゾーンでも 64.5 ％ですので，むくんでいたら絶対に疾患だというわけではありません。

コンバインド検査

この NT マーカーに，特に妊娠初期に使える血清マーカー 2 種類（PAPP-A，hCG）を組み合わせたものを，コンバインド検査と呼び，日本でも一部の施設で実施されています。疾患別にこれら 3 つのマーカーが増減することが知られていますので，これを年齢リスクにかけ算して，他の因子で補正を行うという流れになります。

ただ，妊娠高血圧症候群といった別の疾患や出血なども血清マーカー値に影響を与えますので，トリソミーだけがこれらのマーカーを動かす因子ではありません。ここでも「なんで見つからなかったのですか」とか「なんで偽陽性だったので

すか」などといわれたりもしますけれども，マーカー値の分布は正常群と疾患群で重なっているために起こりうるわけです（図17.1）。

出生前遺伝学的検査に関する日本の指針

こういった血清・超音波マーカーを用いてリスク計算を行うと，低いと 2 万分の 1 といった数字から，高いと 1/2 という数字までが出てきます。当然，陽性に近い陰性だったり，陰性に近い陽性だったりという悩ましい結果も多く出ます。陽性的中率は約 2 ％と説明しましたが，陽性だったとしても実際にはほとんどその疾患ではないということもあります。事前の遺伝カウンセリングがしっかりなされてないと，陽性というだけで怖くなって妊娠を中断してしまったり，陰性なのに罹患児が生まれた場合こんなはずじゃなかったということが起こりえます。

このように母体血清マーカー検査を受けることが社会的に不安を起こす要因になったという事態を受けまして，1999 年に血清マーカー検査に対していくつかの見解が出されました。そのなかには，当時の日本の遺伝カウンセリング体制を考えてですが，「医師が妊婦に対して本検査の情報を積極的に知らせる必要はない」ですとか，「医師は本検査を勧めるべきではなく，企業などによる宣伝も望ましくない」といった内容が書かれています。まだこれは撤回されていませんので，現在もこの状況が続いています。

ただ日本産科婦人科学会は出生前診断を禁止しているわけではなく，2013 年に「出生前に行われる検査および診断に関する見解」を改定し，「妊婦の管理の目的は，母体が安全に妊娠・出産を経験できることであるが，同時に児の健康の向上，あるいは児の適切な養育環境を提供することでもある」という見解を出しています。つまり，各種

表17.5　NT 厚別の胎児染色体異常頻度

NT 値（mm）	胎児数	染色体異常児数（%）
〜 3.4	95,086	315（0.33）
3.5 〜 4.4	568	120（21.1）
4.5 〜 5.4	207	69（33.3）
5.5 〜 6.4	97	49（50.5）
6.5 〜	166	107（64.5）

96,127 単胎妊娠における NT 値別胎児染色体異常頻度。文献 4 より。

検査の使い分けをしっかりとして，事前に遺伝カウンセリングを行って，そのうえで自主的な希望のある方に関しては，対応できる施設であれば実施可能というのが日本の現状です。

　出生前検査の遺伝カウンセリングでは多くの場合，夫婦と当事者の赤ちゃんという，まだ戸籍がないお子さんも含む3人の立場を考える必要があります。また日本の法律上，妊娠中断に週数制限がありますので，時間が限られています。産む場合には急ぎませんが，妊娠中断を念頭に相談に来た場合には時間の期限があるということなど，難しい要因が多く存在します。日本遺伝カウンセリング学会から「出生前遺伝カウンセリングに関する提言」[5]が出されていますが，この提言にも「遺伝カウンセリングのなかでも特に難しい分野と考えられている」と書かれています。この提言には注意すべき項目が挙げられ，その詳細についても記載されていますので，ぜひ参考にしていただければと思います。

NIPT
（無侵襲的出生前遺伝学的検査）

　次は2013年4月に日本でも始まったNIPTについてです。これも非侵襲的検査で，母体の血液を採るだけでできる検査の1つとなります。cell free DNAと呼ばれる，細胞の中ではなく血液中に浮いているDNAを調べる方法です。

　いろいろな会社がさまざまな解析方法を用いた検査を提供しており，ターゲット解析だったり，全染色体を網羅的に解析するmassively parallel sequencing（MPS）と呼ばれる方法だったり，SNPを用いて母体と子どものDNA型を分けて解析するという方法もあります。自分の施設が依頼している検査会社がどの方法を使っているのかを理解しておく必要があります。

MPSを使ったNIPT

　日本で一番多いのはMPSを使ったNIPTではないかと思いますので，これを説明します。血液中に浮いているcell free DNAの9割が母由来で，児由来のものは大体1割前後といわれています。それを母と児に分けずに全部網羅的にシークエンシングして，どの染色体から出てきたDNAパーツなのかというのを分ける方法です。

　例えば21番トリソミーについて調べたいときを考えます。染色体2本の正常状態では，全DNAに対する21番染色体由来のDNAの割合が1.3%だとします。ところがこれが1.3%ではなく少し多いという結果が出たときには，母が21トリソミーでないのだったら誰の分が余剰なのかを推定すると児の染色体ということになります。母が正常だという前提の，引き算式の推定です。

　MPSで検出される差は非常に小さく，パーセントにすると小数点以下の違いとなります。このまま見分けるにはカットオフが設定しにくいというのがあり，通常はZ scoreという方法が取られています。差を標準偏差で割って，標準偏差の何個分離れているかというスコアで示して，差がもう少しわかりやすくなるようにするといったものです。これで0.06といったわずかな違いが，数字が大きくなってわかりやすくなります。Z scoreいくつ以上を陽性とするかに関しては各社データがあるようです。結果を適切に解釈して患者に伝えるためには，どういうときに陽性が返ってきて，あるライン以下だとどういう結果が返ってくるのかなども事前に理解しておく必要があるでしょう。

　一定の基準よりもZ scoreが高くなったときに陽性の結果が返ってくることになりますが，そも

第17講

そも仮に感度99.1％，特異度99.9％の検査といっても，もともとの事前確率によってその方が陽性/陰性だったときの的中率は変わってきます。若い方の陽性的中率や陰性的中率と，40歳の人が受けたときの陽性的中率や陰性的中率は違いますので，統計的に自分がどのような数字を説明しているのかを把握して，結果を理解してもらうように注意しないといけません。

NIPT 結果とその後の対応

図17.6がNIPTコンソーシアムのデータを使った2017年の論文です。最初の3年ぐらいで約3万人がNIPTを受けています。そのうち判定保留が0.29％，残りの方は1.8％が陽性，残り98.1％は陰性となっています。多くの方は陰性が出て，それでよかったねとなるのですが，うまく結果が出ない場合（判定保留）や陽性の結果がどの人に起こってもおかしくありません。この数字も事前に見てもらって，それぞれの場合にどうするのかというのも考えてもらっています。

判定保留の理由としてはさまざま報告されていますが，ヘパリンなどの薬剤の影響だったり，母体本人が染色体の微細な重複/欠失の保因者だったりといったことがあるようです。また，DNAを産生する腫瘍が隠れている場合もあり，これらがあるとNIPT検査がうまくいかないことがわかっています。よって，検査目的以外の所見が偶発的にわかることがあるという点も伝えます。

表17.6が同論文の中で陽性が出た人のその後の経過になります。100％見つかる確定診断ではありませんので，陽性が出たときその疾患が羊水検査で確定された割合というのがトータルすると約9割です。ただ，偽陽性例が既に日本でも何十人といますので，陽性と出たからといって赤ちゃんが必ず疾患だという意味ではありません。確認

の検査が必要だというのもわかってもらう必要があると思います。ただいずれにせよ産むつもりであれば，そもそもDown症候群は生後に診断されることも多い疾患ですので，おなかの中で羊水検査を受けて確定しないといけない理由が本当に自分たちにあるのかどうかも考えていただく必要があります。

トリソミーが確定した後の経過をみてみると，あえてNIPT検査を希望して受けに来た集団になりますので，妊娠を諦めることも念頭にある方が割合としては多く，妊娠中絶という判断をされた方が数としては多いです。ただ，生まれてからわかったときに対応できるか自信がないということで，事前に知りたいという目的でいらして，トリソミーが確定しても妊娠継続の選択をされる方もいますし，迷ってるうちに自然に亡くなることも多くあります。最初に検査を受けにいらしたときには「結果が出たときに考えます」と言う方も多いのですが，現実的に自分たちならどうするかということをリアルに考えていただくためにこういった実際のデータも出しています。

絨毛検査と羊水検査

最終的な確定検査としては，1960〜70年代からある絨毛検査と羊水検査の2つになると思います（図17.7）。絨毛検査はおなかから（経腹的）と経腟的，羊水検査だったらおなかからということになります。

この2つの検査は行う時期と流産率が少し違います。絨毛検査の場合には脱落膜を一緒に取ってしまったりとか，母体血が入って血液由来の細胞が混入するという可能性がありますので，出生前検査，特に単一遺伝子疾患の出生前検査に使うときには間違って母の検査をしていないことを確認

第17講　出生前遺伝学的検査：さまざまな検査とその注意点

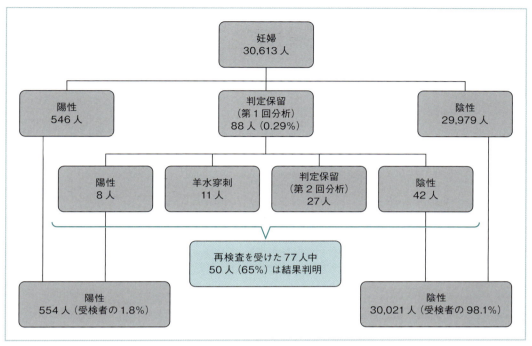

図17.6　無侵襲的出生前遺伝学的検査（NIPT）を受けた30,613人の経過
文献6より。

表17.6　NIPT陽性554人の経過

	21トリソミー	18トリソミー	13トリソミー	合計
陽性	324	179	50	554*
陽性的中率				
侵襲検査	289	128	44	462*
偽陽性	10	22	16	49*
真陽性	279	106	28	413
陽性的中率	96.50%	82.80%	63.60%	89.40%
その後の経過（偽陽性除く）				
胎児死亡	24	54	7	85
妊娠継続	6	8	0	14
中絶	274	90	27	391
不明	10	5	0	15

＊重複陽性例あり。
文献6より。

第17講

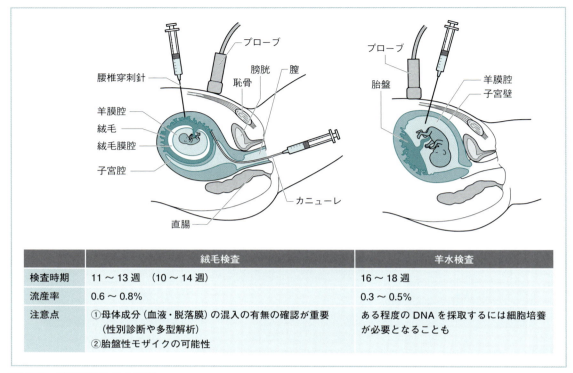

図17.7 絨毛検査と羊水検査
文献7より。

するための性別診断も行います。男児であれば母由来ではないだろうと確認できますし、女児だった場合には多型解析を用いて母とは違う父由来のアレルを確認するといった作業が必要だったりもします。また、絨毛検査では胎盤性モザイクの可能性もあります。

日本における出生前診断の現状

日本医学会や日本産科婦人科学会が遺伝学的検査に関する見解、ガイドラインを出しており、こういった理由のある方に行いましょうという項目が挙げられています（表17.7）ので、参照してください。

日本の基本統計

出生前検査の件数の調査を厚生労働科学研究で行っていますので、その結果を示します[9]。2008年までは病院にラボがある施設、あるいは医局で染色体解析を行っている施設に問い合わせた全数データがありますが、その後は主要5施設を対象とした調査を行って、日本全体の数字を推定しています。

データをグラフにしたのが図17.8です。2016年には母体血清マーカー検査が3万5,900件（うちコンバインド検査5,300件）行われています。

第17講　出生前遺伝学的検査：さまざまな検査とその注意点

表17.7　出生前遺伝学的検査のガイドライン

絨毛採取，羊水穿刺など侵襲的な検査（胎児検体を用いた検査を含む）ついては，下記に該当する場合の妊娠について，夫婦ないしカップルからの希望があり，検査の意義について十分な遺伝カウンセリングによる理解の後，同意が得られた場合に行う．
1）夫婦のいずれかが，**染色体異常の保因者**である場合
2）**染色体異常症に罹患した児を妊娠，分娩した既往**を有する場合
3）**高齢妊娠**の場合
4）妊婦が新生児期もしくは小児期に発症する重篤な**X連鎖遺伝病のヘテロ接合体**の場合
5）夫婦の両者が，新生児期もしくは小児期に発症する重篤な**常染色体劣性遺伝病のヘテロ接合体**の場合
6）夫婦の一方もしくは両者が，新生児期もしくは小児期に発症する重篤な**常染色体優性遺伝病**のヘテロ接合体の場合
7）その他，**胎児が重篤な疾患に罹患する可能性**のある場合

文献8より．

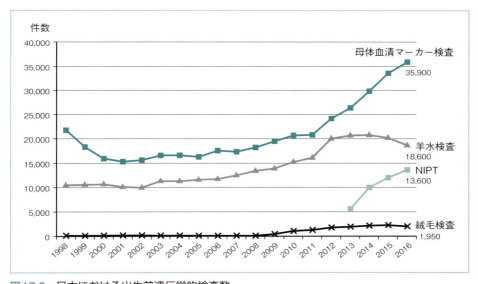

図17.8　日本における出生前遺伝学的検査数
NIPT件数を除くデータは文献9より．NIPT件数はNIPTコンソーシアムより．

　羊水検査は2016年では1万8,600件で，NIPTが始まったばかりのころがピークでしたが，だんだん減ってきています．絨毛検査も減ってきているという感じです．NIPTが右端に出ていますが，これはNIPTコンソーシアムのデータなので，日本医学会の数字でいうと1万5,000件ぐらいと聞いています．

　このグラフからは血清マーカーもNIPTも増加しているとわかりますが，実際には高年妊娠の妊婦数のほうもそれ以上のペースで増加しており，高年妊娠といってもほとんどの人は出生前診断を受けていないというのが日本の実態です．
　羊水検査において染色体異常が見つかった割合の推移としては，2006年からずっと8％前後ぐ

第17講

らいを動いていました。NIPT が始まったあたりから年齢だけを理由にした羊水検査が減ってきてますので，染色体疾患が見つかる割合が 11 ％と少し高くなってきています。そのなかで，Down 症候群の割合は 3 割前後を推移しています。

　このような検査を実施できる医療施設が日本でどれくらいあるかというと，図 17.9 のようになっています。NIPT が可能な施設は 2016 年では 69 施設となっていますが，NIPT は社会的注目を浴びたこともあり，きちんと体制が整った所でできるようにしようと日本医学会が認定基準を設定しました。この認定基準によると，以下の 6 項目の厳しい条件が要求されます：

1. 検査対象疾患の自然史や支援体制を含めた十分な知識および豊富な診療経験を有する小児科医師（小児科専門医）が常時勤務しており，その者は臨床遺伝専門医または，周産期（新生児）専門医であること
2. 産婦人科医師（産婦人科専門医）は臨床遺伝専門医であること
3. 医師以外の認定遺伝カウンセラーまたは遺伝看護専門職が在籍していること
4. これら 3 者が協力して診療を行っていること
5. 専門外来など十分な時間をとって対応する体制が整えられていること
6. 検査施行後の妊娠経過の観察を自施設で続けることが可能であること

　当然といえば当然なのですが，該当する施設は多くないということになります。それでは他の出生前遺伝学的検査ではこういった体制はいらないのかというと，そういうわけではありません。ただ，規定ができる前から実施されていた検査ですので，従来のまま施設基準がなく継続してなされているという現状にあります。

　表 17.7 の項目 4，5，6 に関しては，新生児期・小児期に発症する重篤な疾患の保因者が確認されている場合という条件がありますので，全国規模で件数把握はされてはおりませんが，他の理由をもとに実施されている検査よりはかなり少ないと推察されます。

　国立成育医療研究センターでは染色体検査を除く出生前検査を 2010 年以降は年に大体 30 例程度行っており，疾患は表 17.8 に示す内訳になっています。一番多いのは 21– 水酸化酵素欠損症で，以下さまざまな疾患が続いています。ただこれも当時検査を行っていたというだけの疾患も入っていますので，継続してできる体制にあるかというと，なかなか難しいところもあります。

　また，各疾患を診断するための方法が羊水検査のような染色体レベルの検査なのか，遺伝子レベルの検査なのか，それともマイクロアレイのような中間レベルの変化をみている検査なのか等々，検査法と解像度の関係についても十分知って対応する必要があります。

出生前診断における先進的な検査

マイクロアレイ染色体検査

　海外で行われている先進的な検査についてもふれておきます。日本でマイクロアレイ染色体検査を出生前診断に使っている所は，一部の胎児疾患を診ている施設以外はあまりないと思いますが，海外のデータが報告されています（表 17.9）。染色体は正常の症例において，児に表の左に列挙されている異常や状態があるとき，さらにマイクロアレイ染色体検査を追加したらどれくらい新しく病気の原因が見つかったかという報告です。胎児形態異常，中でも心奇形があるときにマイクロアレイ染色体検査を行うと異常検出率が高いという

290

第17講　出生前遺伝学的検査：さまざまな検査とその注意点

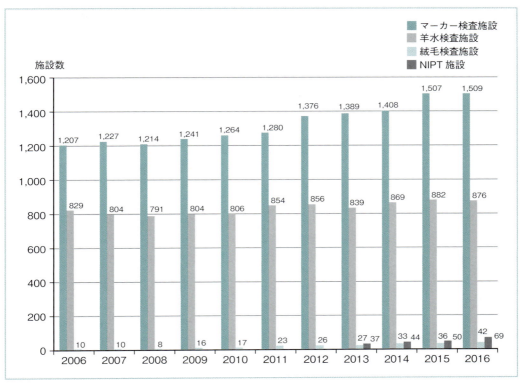

図17.9　主要解析施設における出生前検査契約施設数の推移
NIPT件数を除くデータは文献9より．NIPT件数はNIPTコンソーシアムより．

報告が出ていますが，それでも十数パーセントぐらいです．年齢だけを理由にマイクロアレイ染色体検査を行っても新たに病的変化が見つかる可能性は1.7％と低く，年齢や母体血清マーカー陽性を理由にマイクロアレイ染色体検査を追加で行うことにあまり意味はないと考えられます．

英国の報告にはなりますが，2017年に出たEACH studyで，国民保健サービス（NHS）として出生前マイクロアレイ染色体検査をどう使っていくかという見解が出されています．そのなかでは，「全検査ではなく胎児の形態異常を理由とした出生前検査の解析方法としては，臨床的にも重要な染色体の不均衡が検出でき，費用対効果のある検査法である．よって胎児の形態異常を理由とした場合には従来の分染法に取って代わるべきと考えられる」という結論になっています．ですので，胎児形態異常を理由とした場合にはマイクロアレイ染色体検査を使うのが妥当なのではないかという意見も海外ではあるということです．

オーストラリアからの報告もあります．2016年において，胎児の超音波異常所見を理由とした出生前遺伝学的検査では，95％以上がマイクロアレイを第一選択で実施しているとされています．結果として病的コピー数バリアント（CNV）が見つかるケースが3.5％で，これはDown症候群が見つかる確率（2.8％）よりも高いという報

291

表 17.8　国立成育医療研究センターにおける，遺伝性疾患の出生診断件数（G 分染法を除く）

疾患名	件数
21-水酸化酵素欠損症（21OHD）	16
ムコ多糖症 II 型（Hunter 病）	13
オルニチントランスカルバミラーゼ欠損症（OTCD）	12
カルバミルリン酸合成酵素（CPS1）欠損症	9
副腎白質ジストロフィー（ALD）	9
福山型筋ジストロフィー（FCMD）	8
X 連鎖性重症複合免疫不全症（XSCID）	7
I cell 病	5
MCT8 異常症	5
メチルマロン酸血症，Duchenne 型筋ジストロフィー（DMD），Tay-Sachs 病	各 4 件
先天性魚鱗癬，Gaucher 病 II 型，Wiskott-Aldrich 症候群	各 3 件
筋強直性ジストロフィー（MD），タナトフォリック骨異形成症，X 連鎖性精神遅滞，X 連鎖性遺伝性水頭症，Leigh 脳症，Lentz 小眼球症，ムコ多糖症 VI 型，Wolman 病	各 2 件
血球貪食症候群，拘束性皮膚障害，コラーゲン type X 異常症（MCDS），先天性ミオパチー（セントラルコア病），糖原病 Ia 型（von Gierke 病），軟骨無形成症，囊胞性線維症，ピルビン酸脱水素酵素複合体（PDHC）欠損症，表皮水疱症，慢性肉芽腫症（CGD），ミオチュブラーミオパチー，網膜芽細胞腫，リポイド副腎過形成，X 連鎖性滑脳症，Angelman 症候群，Cornelia de Lange 症候群，Huntington 病，microdeletion（14q32.2），microdeletion（Xq12），ムコ多糖症 IIIb 型，Niemann-Pick 病 C 型，Zellweger 症候群	各 1 件

表 17.9　検査理由別によるマイクロアレイ染色体検査での異常検出頻度（染色体数的異常を除く）

異常／状態	n	Array 方法	異常検出頻度	文献
形態異常	755	Oligo/SNP	6.0%	文献 10
高年妊娠	1,966	Oligo/SNP	1.7%	文献 10
スクリーニング検査陽性	729	Oligo/SNP	1.6%	文献 10
胎児奇形	118	SNP	17.0%	文献 11
心疾患	602	SNP	10.0%	文献 12
心疾患	110	Oligo	15.5%	文献 13

告もなされています。

エクソーム解析

　エクソーム解析も臨床研究として出生前診断に入ってきています。胎児超音波形態異常を認める症例において核型分析とマイクロアレイ染色体検査を行った場合，大体 20 〜 30 ％くらいに原因が見つかるといわれています。ここでエクソーム解析を用いるとさらに 20 ％の原因が見つかり，合計すると 50 ％の症例で原因が判明するのではないかと最近ではいわれています。

　正常核型であった流産胎児 19 例，新生児 11 例を対象に追加でエクソーム解析を行ったところ，疾患原因の可能性が高いバリアントが 3 例

（10 %），可能性はあるけども今後の確認が必要なバリアントが5例（17 %）見つかったという報告もあります。これはまだ研究段階ですけれども，こういった新しい解析方法もいずれ臨床へ入ってくるかもしれません。

着床前診断

　着床前診断は日本でも一部施設で研究として行われています。1998年に日本産科婦人科学会から「着床前診断に関する見解」が出されましたが，当初は「重篤な遺伝性疾患のヘテロ接合体，あるいは染色体構造異常保因者で重篤な症状を持つ児を出産する可能性がある場合」が対象となっていました。2010年に改定が行われまして，均衡型の相互転座や逆位に起因すると考えられる習慣流産に対しても，適用が認められるようになっています。

　『日産婦誌』に掲載された承認数のデータでは，2015年まででは申請549例に対して承認484例となっています[14]。対象疾患としては**表17.10**のようになっており，羊水検査や絨毛検査と主には同じです。ただしこれは病名で一律に判断されるわけではなく，発端者の症状だったり，変異のタイプも加味して承認されていますので，病名が一致するから間違いなく承認されるというわけではありません。

出生前遺伝学的検査に関し日本は特殊な状況にある

　出生前遺伝学的検査をどういうふうに，どの時点で提示するかというのが現状の最大の問題点でして，いまのところは妊婦からの自主的な希望がない限り出生前遺伝学的検査を提示したり，実施したりしなくてもよいことになっています。ただ，「知る権利」を主張される方も実際にはいま

表17.10　現在までの着床前診断（PGT-M）承認疾患

分類	疾患名
神経筋疾患	Duchenne 筋ジストロフィー
	筋強直性ジストロフィー
	副腎白質ジストロフィー
	福山型ジストロフィー
	Leigh 脳症
	脊髄性筋萎縮症
	Pelizaeus-Merzbacher 病
	先天性ミオパチー（myotubular myopathe）
骨結合織皮膚疾患	骨形成不全症 II 型
	成熟性遅延骨異形成症
	拘束性皮膚障害（restrictive dermopathy）
代謝性疾患	オルニチントランスカルバミラーゼ欠損症
	PDHC 欠損症（高乳酸高ピルビン酸血症）
	5,10-Methylenetetrahydroflate reductase（MTHFR）欠損症
	Lesch-Nyhan 症候群
	ムコ多糖 II 型（Hunter 病）
	グルタル酸尿症 II 型
染色体異常	重篤な遺伝性疾患児を出産する可能性のある染色体構造異常
その他	X 連鎖性遺伝性水頭症

文献 14 より。

す。なぜ出生前遺伝学的検査のことを事前に教えてくれなかったのか，ということですね。

　厚生労働科学研究の小西班では，出生前検査を希望している人ではなく，妊娠した女性全員を対象に『妊娠がわかったみなさんへ』というパンフレットを作り，最初に間違った情報が入らないようにという取り組みも行っています（インターネット上でPDFファイルの形で公開しています。http://www.gc-png.jp/doctor/data/leaflet 20160331.pdf）。そのなかにも「お近くの遺伝カウンセリング実施施設」という欄があるのですが，専門的な出生前遺伝カウンセリングができる

場所が日本にはまだまだ少ないという現状があります。一般の産婦人科施設でどのように話をするかというのが、いま一番悩ましいところとなります。原則としては積極的に知らせる必要はないとなっていますが、知らせる場合にはどういうふうに導入するかというのが大きな課題です。

　出生前遺伝学的検査率を海外と比べてみると、フランス84％、英国74％、デンマーク90％と高い国では8〜9割近くあり、一方の日本では7％程度という状況です。日本で妊婦健診を行っている施設は半分ぐらいがクリニック（診療所）になりますので、マンパワーが少なく、解釈の難しい新たな解析方法も含めてきちんと説明ができるのかとか、認定遺伝カウンセラーや遺伝看護専門職の確保ができるのかとか、適切な実施環境整備という意味では現実をみると難しい面があります。

　英国や米国では、実際に受けるか受けないかは別として、年齢にかかわらず全妊婦に出生前遺伝学的検査のオファーは行うべきと、国や産科婦人科学会が提言しています。つまり、海外では全妊婦を対象に情報提供が行われ、やりたくない人は断るという体制になっています。

　日本は1999年の厚生省の見解があるように、妊婦健診で必須の検査ではないという扱いをされています。出生前遺伝学的検査は全妊婦を対象としたものではなく、希望する人だけ受ける機会があればよいというのが日本のシステムです。ただし、それぞれの人が検査を希望しないという判断で受けないのか、それとも単に検査を知らないから受けないのかはわかりません。この日本の現状を理解したうえで、海外での状況を踏まえどう使っていくかが今後考えないといけない一番の課題だと思います。

●文献

1) ラボコープ・ジャパン http://www.labcorp.co.jp/dl/01/G-AFP-004E.pdf
2) Pritchard DJ, Korf BR 著（古関明彦監訳）：一目でわかる臨床遺伝学. メディカル・サイエンス・インターナショナル, 2004.
3) Nicolaides KH: The 11-13^{+6} weeks scan. https://www.fetalmedicine.com/synced/fmf/FMF-English.pdf
4) 日本産科婦人科学会, 日本産婦人科医会編集・監修：産婦人科診療ガイドライン —— 産科編2017.
5) 日本遺伝カウンセリング学会：出生前遺伝カウンセリングに関する提言. http://www.jsgc.jp/teigen_20160404.pdf
6) Samura O et al.: Current status of non-invasive prenatal testing in Japan. *J Obstet Gynaecol Res.* 2017; 43(8): 1245-1255. [PMID: 28586143]
7) Nussbaum RL 著（福嶋義光監訳）：トンプソン＆トンプソン遺伝医学. メディカル・サイエンス・インターナショナル, 2009.
8) 日本産科婦人科学会：出生前に行われる遺伝学的検査および診断に関する見解. http://www.jsog.or.jp/modules/statement/index.php?content_id=33
9) 佐々木愛子ら：日本における出生前遺伝学的検査の動向 1998-2016. 日本周産期・新生児医学会雑誌 2018; 54(1): 101–107.
10) Wapner RJ et al.: Chromosomal microarray versus karyotyping for prenatal diagnosis. *N Engl J Med.* 2012; 367(23): 2175-84. [PMID: 23215555]
11) Charan P et al.: High-resolution microarray in the assessment of fetal anomalies detected by ultrasound. *Aust N Z J Obstet Gynaecol.* 2014; 54(1): 46-52. [PMID: 24471846]
12) Wang Y et al.: Prenatal chromosomal microarray analysis in fetuses with congenital heart disease: a prospective cohort study. *Am J Obstet Gynecol.* 2018; 218(2): 244.e1-e17. [PMID: 29128521]
13) Xia Y et al.: Clinical application of chromosomal microarray analysis for the prenatal diagnosis of chromosomal abnormalities and copy number variations in fetuses with congenital heart disease. *Prenat Diagn.* 2018; 38(6): 406-413. [PMID: 29573438]
14) 倫理委員会 着床前診断に関する審査小委員会報告（1999〜2015年度分の着床前診断の認可状況および実施成績）. 日産婦誌. 69(9): 1916–1920.

第**18**講

医療へのゲノム学の応用：
ゲノム情報を一人ひとりの治療に役立てる時代へ

三宅秀彦●お茶の水女子大学大学院人間文化創成科学研究科ライフサイエンス専攻 遺伝カウンセリングコース

> この講義では遺伝学・ゲノム学が医療・個別化医療へどのように応用されてきているのかをみていきます。確定診断ないしは鑑別診断としての遺伝学的検査，予測性をもつ発症前診断や非発症保因者診断，スクリーニング検査，そして個別化医療につながる薬理遺伝学的検査について話します。また，検査で重要視される妥当性・有用性をどのように評価すればよいのかについても説明します。

急速に進む遺伝学の医療応用

現在，ゲノム解析にかかるコストはおよそ1,000ドル程度で安定しており，日本円でいうと約10万円という価格で全ゲノムが解析できるようになりました。ヒトゲノム計画が行われていたころの国家的予算1億ドルから次世代シークエンサーの登場により一気にコストダウンし，2015年ぐらいからはほぼ安定しています。このような解析技術の進歩は，社会的には環境問題，栄養問題などへの取り組みに寄与しており，また人類の祖先解析などにも使われるようになりました。しかし一番大きな応用範囲は，まさに医学ということになります。

簡単に遺伝学の医療応用についてまとめてみます。まず1つめは遺伝子関連検査になります。遺伝医療を担当している人にとっては最も身近である遺伝学的検査も含まれますが，それ以外にも病原体核酸検査なども含まれます。B型肝炎やクラミジアなどの検査においても遺伝子関連検査は応用されています。

そして個別化医療として薬理遺伝学も重要です。どのような薬を使っていくかということやゲノム創薬，分子標的治療薬や核酸治療薬の開発にもつながっています。また，疾患メカニズム解明のためにiPS細胞や遺伝子組換え生物なども利用されるようになりました。

そして将来的に期待されているのが予防医学です。遺伝情報にもとづく医療介入，例えば*BRCA*を判定してのリスク低減手術などが行われるようになってきました。

日本における遺伝学的検査の実際：保険収載

まず遺伝学的検査について，日本の様子をみてみることにします。日本では，一定の評価が得られた医療は保険収載されます。遺伝学的検査ではDuchenne型筋ジストロフィーなど3疾患が2006年度に最初に保険収載されました。その後徐々に収載疾患が拡大され，2016年に難病対策が拡充されて以来収載疾患数も大幅に増加しています。

保険収載され「遺伝学的検査」と名がついているものは疾患の原因遺伝子変異の検索となっていますが，その他の遺伝学的検査としてUDPグルクロン酸転移酵素遺伝子 *UGT1A1* 多型検査，生殖細胞系列 *BRCA1/2* 検査，角膜ジストロフィー遺伝子検査，FISH法も含む染色体検査が保険収載されています。また，がん遺伝子パネル検査でも生殖細胞系列の所見が得られることがあります。

保険収載された遺伝学的検査の概要をみてみます（2021年度）。点数としては3,880点，5,000点，8,000点と，処理の容易さ複雑さにより分類されています。どのような疾患があるかは**表18.1**に示しました。まず「ア」としては，ポリメラーゼ連鎖反応（PCR）法，DNAシークエンス法，蛍光 *in situ* ハイブリダイゼーション（FISH）法，サザンブロット法による場合に算定できるものが挙げられています。次に「イ」として，PCR法による場合に算定できるもの。そして「ウ」は除外的な項目ではありますが，ア，イ，エおよびオ以外のものになります。そして「エ」と「オ」は，施設基準に適合しているものとして地方厚生（支）局長に届け出た保険医療機関において検査が行われる場合で，うち「オ」では「臨床症状や他の検査等で診断がつかない」という条件がつきます。

これはまさに医療体制によって検査できるできないが決められているということです。

このように多数の疾患が保険収載されました。先ほども話しましたが，保険収載されている遺伝学的検査は原因遺伝子もしくはアレルの検査であるため，既発症者に対して行われる確定診断ないしは鑑別診断としての検査になります。ということは，日本医学会のガイドラインにあるように，分析的妥当性，臨床的妥当性，臨床的有用性などを確認したうえで，臨床的および遺伝医学的に有用と考えられる場合に実施する検査になります。

分析的妥当性，臨床的妥当性，臨床的有用性

分析的妥当性

ここで，遺伝学的検査・診断で重要視される分析的妥当性（analytical validity），臨床的妥当性（clinical validity），臨床的有用性（clinical utility）について説明します。

まず分析的妥当性とは何か。日本医学会の「医療における遺伝学的検査・診断に関するガイドライン」を参考にすると，「検査法が確立しており，再現性の高い結果が得られるなど精度管理が適切に行われていることを意味しており，変異があるときの陽性率，変異がないときの陰性率，品質管理プログラムの有無，確認検査の方法などの情報について評価される」ものになります。

臨床的妥当性

次に臨床的妥当性です。「検査結果の意味付けが十分になされていることを意味しており，感度（疾患があるときの陽性率），特異度（疾患がないときの陰性率），疾患の罹患率，陽性的中率，陰性的中率，遺伝型と表現型の関係などの情報に基

第18講　医療へのゲノム学の応用：ゲノム情報を一人ひとりの治療に役立てる時代へ

表18.1　保険収載された遺伝学的検査（改訂された 2021 年 4 月現在の表を p308 に掲載）

ア　PCR 法, DNA シーケンス法, FISH 法又はサザンブロット法による場合に算定できるもの
① Duchenne 型筋ジストロフィー, Becker 型筋ジストロフィー及び家族性アミロイドーシス
② 福山型先天性筋ジストロフィー及び脊髄性筋萎縮症
③ 栄養障害型表皮水疱症及び先天性 QT 延長症候群

イ　PCR 法による場合に算定できるもの
① 球脊髄性筋萎縮症
② Huntington 病, 網膜芽細胞腫及び甲状腺髄様がん

ウ　ア, イ及びエ以外のもの
① 筋強直性ジストロフィー及び先天性難聴
② フェニルケトン尿症, ホモシスチン尿症, シトルリン血症（1 型）, アルギノコハク酸血症, イソ吉草酸血症, HMG 血症, 複合カルボキシラーゼ欠損症, グルタル酸血症 1 型, MCAD 欠損症, VLCAD 欠損症, CPT1 欠損症, 隆起性皮膚線維肉腫及び先天性銅代謝異常症
③ メープルシロップ尿症, メチルマロン酸血症, プロピオン酸血症, メチルクロトニルグリシン尿症, MTP（LCHAD）欠損症, 色素性乾皮症, Loeys–Dietz 症候群及び家族性大動脈瘤・解離

エ　別に厚生労働大臣が定める施設基準に適合しているものとして地方厚生（支）局長に 届け出た保険医療機関において検査が行われる場合に算定できるもの
① ライソゾーム病（ムコ多糖症 I 型, ムコ多糖症 II 型, Gaucher 病, Fabry 病及び Pompe 病を含む。）及び脆弱 X 症候群
② プリオン病, クリオピリン関連周期熱症候群, 神経フェリチン症, 先天性大脳白質形成不全症（中枢神経白質形成異常症を含む。）, 環状 20 番染色体症候群, PCDH19 関連症候群, 低ホスファターゼ症, Williams 症候群, Apert 症候群, Rothmund–Thomson 症候群, Prader–Willi 症候群, 1p36 欠失症候群, 4p 欠失症候群, 5p 欠失症候群, 第 14 番染色体父親性ダイソミー症候群, Angelman 症候群, Smith–Magenis 症候群, 22q11.2 欠失症候群, Emanuel 症候群, 脆弱 X 症候群関連疾患, Wolfram 症候群, 高 IgD 症候群, 化膿性無菌性関節炎・壊疽性膿皮症・アクネ症候群及び先天異常症候群
③ 神経有棘赤血球症, 先天性筋無力症候群, 原発性免疫不全症候群, Perry 症候群, Crouzon 症候群, Pfeiffer 症候群, Antley-Bixler 症候群, タンジール病, 先天性赤血球形成異常性貧血, 若年発症型両側性感音難聴, 尿素サイクル異常症, Marfan 症候群, Ehlers–Danlos 症候群（血管型）, 遺伝性自己炎症疾患及び Epstein 症候群

文献 1 より。

づいて評価される」とされています。

● 4 分割表：前述した感度や特異度, 陽性的中率, 陰性的中率は重要なので, 少し説明しておきます。言葉だけで説明されてもわかりづらいと思いますので, 図 18.1 のような 4 分割表を作りました。疫学研究では多くの場合, 疾患があるかないか, それに対して原因があるかないかということで, この図のように 4 分割して考えていきます。今回は遺伝学的検査について話していますので, 疾患のある / なし, 原因として検査対象となった変異アレル / 野生型アレルで表記しています。

　例えば変異アレルがあるという検査結果で, 疾

	疾患あり	疾患なし	計
変異アレル	真陽性	偽陽性	陽性数
野生型アレル	偽陰性	真陰性	陰性数
計	患者数	非患者数	総数

有病率＝患者数 / 総数
感度＝真陽性 / 患者数＝検出率
特異度＝真陰性 / 非患者数
偽陽性率＝ 100% －特異度
陽性率＝陽性数 / 総数
陽性適中率＝真陽性 / 陽性数＝有病率×（感度 / 陽性率）
正診率＝（真陽性＋真陰性）/ 総数

図18.1　4 分割表

297

患がある場合は，真陽性となります。また野生型アレルを持っているにもかかわらず疾患がある場合，こちらは検査としては偽陰性になります。ただ，この偽陰性のなかには変異アレルが検出できていない場合もありますので，注意が必要です。変異アレルがあるという検査結果にもかかわらず疾患がない場合は偽陽性となります。常染色体優性遺伝のように浸透率がかかわる疾患の場合には，偽陽性を慎重に考えなくてはいけないかもしれません。

　ではこの4分割表についてもう少し詳しくみていきます。まず有病率です。有病率は全体に対する患者数ということになります。ですから，患者数を総数で除したものが有病率になります。

　感度は検査の検出率になりますが，真の陽性が患者数に対してどれくらいの割合で存在するかということになります。**特異度**は，真の陰性者が非患者数に占める割合になります。

　そして**偽陽性率**というのは100％－特異度です。すなわち，非患者数における偽陽性者の割合ということになります。

　検査の陽性率自体は陽性数／総数になりますが，**陽性的中率**というのは陽性といわれた人の中で真に陽性だった人の割合ということになります。すなわち，式を展開すると，有病率×(感度／陽性率)になります。

　また，この検査がどれだけ正しく状態を反映しているかを表すのは(真陽性＋真陰性)／総数で，これが**正診率**になります。

●相対リスクとオッズ比：臨床的妥当性を検討するにあたっては，疾患への影響力を考える必要があり，その指標として相対リスクがあります(**図18.2**)。相対リスクは，図の場合には変異アレルのある／なしになりますが，任意のリスクに曝される群と曝されない群における疾病の頻度を比で

	疾患有り	疾患無し	頻度
変異型アレル	a	b	a／(a+b)
野生型アレル	c	d	c／(c+d)

$$\text{相対リスク RR} = \frac{a／(a+b)}{c／(c+d)}$$

図18.2　相対リスク
相対リスクは，あるリスクに対して曝される群と曝されない群における疾患の頻度を比で表現したもの。

表したものになります。すなわち，変異アレルを持つ人における疾患がある人の割合と，変異型アレルを持たない人における疾患がある人の割合です。この比を計算する式としては図のように，分子がa／(a＋b)，分母がc／(c＋d)となります。

　そしてもう1つ，症例対照研究で用いる指標としてオッズ比があります(**図18.3**)。これは，疾患の有無に対してリスク因子の影響がどれくらいかという指標になります。まず疾患ありの人がリスク因子を持つオッズは，疾患のあるリスク因子を持つ人の数(a)／疾患のあるリスク因子を持たない人の数(c)になり，a／cとなります。同様に疾患なしのオッズは，b／dとなります。そしてこのオッズを比べることによって，オッズ比が求められます。

●陽性的中率と他の頻度の関係：ではここで相対リスクや関連因子の関係についてみてみましょう。**図18.4**は三次元グラフになっていますが，縦軸が陽性的中率になり，横に100，20，2と書いてあるのが相対リスクになります。そしてこの相対リスクに対してさらに遺伝型頻度があり，0.5，5，50％で分けています。加えて右端にあるように疾患頻度を0.1，1，5％で分けています。疾患頻度と遺伝型頻度が必ずしも一致しない場合を考えてこのような表記になっています。

第18講 医療へのゲノム学の応用：ゲノム情報を一人ひとりの治療に役立てる時代へ

	疾患有り	疾患無し	罹患/非罹患オッズ
曝露群	a	b	a/b
非曝露群	c	d	c/d
曝露/非曝露オッズ	a/c	b/d	

曝露/非曝露オッズ比 $= \dfrac{a/b}{c/d}$

罹患/非罹患オッズ比 $= \dfrac{a/c}{b/d}$

図18.3　オッズ比
オッズ比は，リスク因子の有無が，疾患の発生にどの程度影響するかの指標である．コホート研究では，曝露/非曝露オッズ比を，疾患対照研究では，罹患/非罹患オッズ比を用いる．

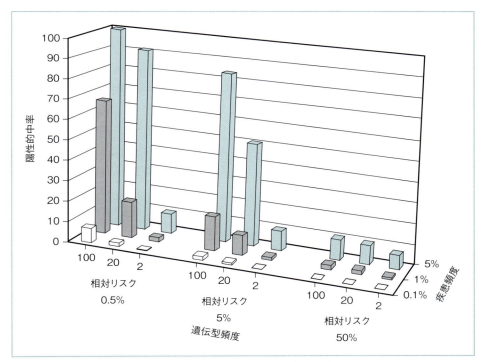

図18.4　陽性的中率と，相対リスク，遺伝型頻度，疾患頻度の関係
縦軸は陽性適中率を表す．横軸は遺伝型頻度を示しており，0.5，5，50％で分かれている．さらにそれぞれの遺伝型頻度で相対リスクが100，20，2の場合について示している．奥行き方向は疾患頻度で，0.5，5，50％の場合について分かれている．文献2より．

例えば図 18.4 の右下になりますが，遺伝型頻度が 50 ％で相対リスクが 2 の場合には，非常に陽性的中率は低いです。ここで疾患頻度が上がると（グラフ奥へ移動すると）陽性的中率が増加します。しかし相対リスクが 2 から 100 に上がっても，この場合ではそれほど陽性的中率は上がらないことがわかります。

次に図 18.4 の中央の遺伝型頻度が 5 ％程度のバリアントの場合にはどうなるかみてみましょう。疾患頻度が上昇するにつれて陽性的中率が上昇するのは明らかですが，相対リスクが上がると一気に陽性的中率も上がることがわかります。

遺伝型頻度が 0.5 ％とさらにレアになっていくと，疾患頻度 5 ％相対リスク 100 になると，ほぼ 100 ％近い陽性的中率になります。

このように陽性的中率，すなわち検査がどれだけ正しく診断できるかということは，その相対リスク，遺伝学的な検査の場合には遺伝型頻度，そして疾患頻度に影響されるということを理解いただけたかと思います。

●**家族性腺腫性ポリポーシスの例**：**図 18.5** は，アシュケナージ系ユダヤ人における家族性腺腫性ポリポーシスの原因遺伝子 *APC* の p.Ile1307Lys 変異アレルと大腸がんの関係を研究したものです。この検査をみてみると，感度は大腸がんに罹患した人のなかで Lys1307 アレルを保有する人の割合ということになり，7/45 で 16 ％になります。特異度をみてみると，大腸がんに罹患していない人のなかで Lys1307 アレルを保有しない人の割合になります。すなわち 4,142/4,452 で 93 ％になります。

では，実際に罹患しているかどうかがこの検査でどれくらいわかるでしょうか。陽性的中率すなわち Lys1307 アレルを保有する人のなかで大腸がんを罹患する人の割合ですが，全体で Lys1307

アレル	大腸がん		
	罹患	非罹患	合計
Lys1307	7	310	317
Ile1307	38	4,142	4,180
合計	45	4,452	4,497

・感度：大腸がんに罹患する人の中で Lys1307 アレルを保有する人の割合＝7/45＝16%
・特異度：大腸がんに罹患しない人の中で Lys1307 アレルを保有しない人の割合＝4,142/4,452＝93%
・陽性的中率：Lys1307 アレルを保有する人の中で大腸がんに罹患する人の割合＝7/317＝2%
・陰性的中率：Lys1307 アレルを保有しない人の中で大腸がんに罹患しない人の割合＝4,142/4,180＝99%

$$相対リスク＝\frac{7/310}{45/4,452}＝2.4$$

図18.5　アシュケナージ系ユダヤ人における *APC* 遺伝子の Ile1307Lys アレルと大腸がん
文献 2 より改変。

を持っている人が 317 人，そのなかで罹患している人は 7 人でした。すなわち陽性的中率は 2 ％になります。逆に陰性的中率ですが，Lys1307 アレルを保有しない人のなかで大腸がんに罹患しない人の割合ですから，4,142/4,180，すなわち 99 ％となります。この検査の陽性的中率は非常に低く，陰性的中率が高い検査ということになります。

先ほどの相対リスクを計算してみると，7/310 を 38/4,142 で割って 2.4 になります。このように検査を考える場合には，ただ単に 1 人の変異と罹患をみているだけではわからない事柄があり，疫学的な研究が重要なことがわかると思います。

臨床的有用性

最後が臨床的有用性です。「検査の対象となっ

ている疾患の診断がつけられることにより，今後の見通しについての情報が得られたり，適切な予防法や治療法に結びつけることができるなど治療上のメリットがあることを意味していて，検査結果が被検者に与える影響や効果的な対応方法の有無などの情報に基づいて評価される」というのが臨床的有用性になります。

例えば遺伝性乳がん卵巣がん症候群（HBOC）の原因遺伝子である *BRCA1/2* の臨床的有用性について考えてみます。*BRCA1/2* 遺伝子の変異を見つけた場合には，通常の乳がんや卵巣がんの方とはサーベイランス方針が変わってきます。また，術式選択や PARP 阻害薬の使用といった治療方針の判断にも利用されます。さらには予防的介入として，卵巣がんのように検診が不可能な疾患に対してのリスク低減手術，あるいは対側乳房切除なども考えられます。未発症段階からの乳房切除が検討されることもあります。そして，家系構成員のリスク判定に利用できるのも大きな利点です。

しかしこのような有用性がある一方で，遺伝子変異が見つかった場合の心理的ストレスも考慮しなくてはいけません。変異があったからといっていつ発症するかまではわかりません。乳がんや卵巣がん以外にも，検診の難しい膵臓がんなどの発症もあります。また今後の人生設計への影響も考えなくてはいけません。そして家族に対する心配なども生じてきます。加えてこのような検査の場合，検査結果が陰性であってもサバイバーズ・ギルトなど心理的な負荷がかかることが知られています。

このように臨床的有用性の検討というのも，遺伝学的検査の開発にあたっては非常に重要になります。先ほどから説明してきた分析的妥当性，臨床的妥当性，臨床的有用性に加えて，倫理的・法的・社会的事項（ELSI）をすべて判断することが必要です。例えば米国では ACCE モデルが分析プロセスとして利用されています（図18.6）。

遺伝情報は予測性を持つ

発症前診断

ここからは遺伝情報の持つ予測性が利用される検査，すなわち発症前診断について話していきます。再び日本医学会の「医療における遺伝学的検査・診断に関するガイドライン」からの文言になりますが，「発症する前に将来の発症をほぼ確実に予測することを可能とする発症前診断においては，検査実施前に被検者が疾患の予防法や発症後の治療法に関する情報を十分に理解した後に実施する必要がある」とされています。さらに，「結果の開示に際しては疾患の特性や自然歴を再度十分に説明し，被検者個人の健康維持のために適切な医学的情報を提供する」必要があります。「とくに，発症前の予防法や発症後の治療法が確立されていない疾患の発症前診断においては，検査前後の被検者の心理への配慮および支援は必須」となります。

発症前診断では多くの問題点を考えなくてはいけません。そもそも発症前診断は健康な人を対象にした検査になります。そして発症前診断で病的バリアントの保有が判明した場合には，サーベイランスが可能となる利点の一方で結婚，就職，保険加入など，遺伝的差別に関わる問題が出てきます。陽性でも結果が出ると将来への漠然とした不安の解消になるかもしれません。しかし生活設計として，結婚や挙児，就職，また財産管理などの問題が出てきます。そして治療法のない疾患が判明した場合などに冷静な対応ができるのかなども

301

第18講

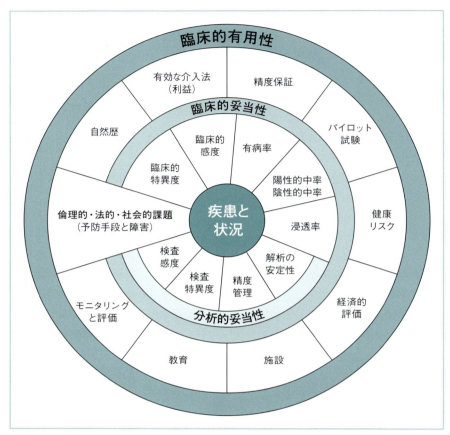

図18.6　ACCEモデル
http://www.cdc.gov/genomics/gtesting/ACCE/ より。

考えなくてはいけません。人はさまざまな状況へ適応する能力を持っていますが，極端なことをいえば例えば自殺への対応なども考えなくてはいけないかもしれません。

　陰性の場合でも心理的支援は必要になります。先ほどもふれたサバイバーズ・ギルトを例にすると，例えばきょうだいの1人が変異を持っていたが，自分は持っていなかった。そうすると自分だけが苦境から逃げたようで申しわけないといった気持ちが出てくる場合があります。あるいはきょうだいが発症し，自分は発症しないとなった場合には，介護者となる予測も出てきます。このように発症前診断をする場合には，さまざまな心理社会的課題への対応を検討してから行う必要があると考えます。

非発症保因者診断

　そしてもう1つ，発症していない人に対する検査として，非発症保因者診断があります。非発症保因者とは，メンデル遺伝病，特に常染色体劣性

遺伝疾患やX連鎖劣性遺伝疾患において疾患の原因変異をヘテロ接合で有している場合です。あるいは均衡型染色体異常を有している人もこれに含まれ，原則的にその本人は健康です。また家系図と遺伝形式から保因者であるとされる場合を確実保因者と呼びます。

このような非発症保因者を遺伝学的検査によって確認するのが非発症保因者診断になります。非発症保因者診断は主に何のために行うかというと，今後の出産，すなわち挙児の希望において必要な情報を得るためです。保因者であることが判明すれば，その後の出生前診断などに用いることが可能となります。また本人の健康管理に役立つこともあります。通常は当該疾患を発症せず治療の必要のない人に対する検査ですが，近年X連鎖遺伝疾患でも女性保因者の症状が注目されており，そのような症状への対応に役に立つことがあるかもしれません。

非発症保因者診断は米国などでは遺伝カウンセリングなしに行われていることもありますが，やはり出生前診断にかかわるなどの問題を考えれば，よく考えて行う必要があると考えます。

Expanded Carrier Screening

例えば米国などで行われているExpanded Carrier Screeningという検査があります。これは100種類以上の状態（ほとんどがまれなもの）の診断パネルで構成された検査で，表現型との関係がよくわかっていないものも含まれています。また明確な頻度や検出率がわかっていない状態も含まれており，このような検査における残余リスクの算定は信頼性が低いと考えられています。よってスクリーニングが陰性であってもリスクは残存しますし，スクリーニングパネルが状況により変化する可能性もあります。このようにして提供されている検査のなかには，常染色体劣性以外にもX連鎖や常染色体優性の状態なども含まれています。

また，このような検査を1人だけで受けることに本当に意味があるかどうかは難しい問題だと思います。多くはカップルを対象に行われる検査となりますが，時に配偶子提供者が対象となることもあります。また，家族歴のある場合や既に変異が見つかっている場合には，より特異的な検査を考慮した方がいいということもいえるでしょう。

しかし，Expanded Carrier Screeningのような保因者診断を皆が行う時代になった場合，人間というのはもともと誰もが保因者であることを考えれば，誰しも保因者と指摘されてくると予想されます。今はパネルで行われていますが，保因者診断を全ゲノムシークエンスや全エクソームシークエンスで行った場合には，ほぼ確実に何らかの保因者であることがわかってきます。すべての人が発症前診断・保因者診断を行える時代になってきたことを考えると，社会的影響についても考慮する必要があるでしょう。

遺伝学的スクリーニング

次に遺伝学的スクリーニングについて考えていきます。遺伝性疾患の易罹患性が高い人を同定する検査になります。家族歴や臨床的な状況に依存せず，集団全員が対象となる検査です。易罹患性の早期発見により，疾患の予防もしくは予後を改善させることを目的としています。代表的なものとしては新生児マススクリーニングがあり，代謝異常症や先天性難聴などが対象となっています。

新生児マススクリーニングでは，新生児の代謝産物から疾患のスクリーニングを行います。かつてはGuthrie法などを用いて行われていましたが，現在では質量分析計を用いたタンデム質量分

析による検査が主流となってきています。タンデム質量分析は，アミノ酸代謝異常症や有機酸代謝異常症，脂肪酸代謝異常症の診断に有用です。その一方で，先天性副腎皮質過形成やガラクトース血症などのスクリーニングができないことに弱みがあります。表18.2にタンデム質量分析によって検出可能な疾患を示しました。

●**必要な要件**：効果的な新生児スクリーニングプログラムに関しては，まず分析的妥当性として，適切な代謝産物を検出するために迅速で経済的な臨床検査の存在が要求されます。そして臨床的妥当性として，臨床検査の感度が十分高く，特異度が妥当で，陽性的中率が高いことが望まれます。

　臨床的有用性として，治療可能であること，症状が明らかになる前の早期治療の開始が重度の病態を軽減または予防すること，標準的なフォローアップと健康診断では新生児期に疾患を明らかにできず検査が必要となる疾患であること，スクリーニングを十分に正当化するだけの頻度と重症度を持つこと，などがあります。すなわちこれはスクリーニングが十分な費用対効果を持つということになります。

　そして新生児の両親や担当医にスクリーニング検査の結果を伝え，結果を確認し，効果的な治療や遺伝カウンセリングを行う公衆衛生システム基盤があることが，効果的な新生児スクリーニングプログラムの基準になります。

●**スクリーニング技術の進歩**：これまでの検査はタンパク質やその代謝産物の変化などをみて行われていましたが，現在ではゲノムDNAを使った新生児スクリーニングの研究が進んでいます。しかし，ヨーロッパ人類遺伝学会のポリシーにおいては，次世代シークエンサーを使った新生児スクリーニングにはまだまだ課題が残されているとされています。

表18.2　タンデム質量分析により検出可能な疾患

A. 脂肪酸代謝異常
- 中鎖アシルCoA脱水素酵素（MCAD）欠損症
- 極長鎖アシルCoA脱水素酵素（VLCAD）欠損症
- 三頭酵素（TFP）欠損
- カルニチンパルミトイルトランスフェラーゼ-I（CPT1）欠損症
- カルニチンパルミトイルトランスフェラーゼ-II（CPT2）欠損症
- カルニチンアシルカルニチントランスロカーゼ（CACT）欠損症
- 全身性カルニチン欠乏症
- グルタル酸血症II型

B. 有機酸代謝異常
- メチルマロン酸血症
- プロピオン酸血症
- イソ吉草酸血症
- メチルクロトニルグリシン尿症
- ヒドロキシメチルグルタル酸（HMG）血症
- 複合カルボキシラーゼ欠損症
- グルタル酸血症I型
- βケトチオラーゼ欠損症

C. アミノ酸代謝異常
- フェニルケトン尿症
- メープルシロップ尿症
- ホモシスチン尿症
- シトルリン血症I型
- アルギニノコハク酸尿症
- 高チロジン血症I型
- アルギニン血症
- シトリン欠損症

https://tandem-ms.or.jp/diagnosed より。

　まず，遺伝子変異と疾患の関係性が確立しているかどうかが重要です。すなわち網羅的な探索的検査は推奨されないということになります。また，検査の感度・特異度，治療・予防法との関連，それらの決定，コスト，予後，社会の受け入れなどについても課題が残されています。さらにモニタリング，教育，遺伝カウンセリング，保管のための社会資源，人的資源についても考えなくてはいけません。社会との対話も重要になります。そ

して新生児は自分では意思決定できませんので，親へのインフォメーションも重要ですし，専門家と一般の方への社会的な教育も重要です。また遺伝情報は個人情報，家系情報として扱われますので，このような情報の適切な管理も重要になります。

　また新生児スクリーニングを網羅的な遺伝学的検査で行うことは，非発症保因者の診断につながることにもなります。疾患の予防だけではなく，非発症保因者を新生児段階で本人の意思と関係なく調べる時代になってくるという面がありますので，まだまだ課題は大きく残されていると考えます。

実用化の進む個別化医療・精密医療

　ここからは個別化医療について説明します。これまでの治療法の多くは平均的な患者向けにデザインされたものでした。しかし現在では，個別化医療（personalized medicine）あるいは精密医療（precision medicine）として，遺伝要因・環境要因・ライフスタイルの個人ごとの違いを考慮した予防や治療法を確立することを目標として，世界各国がしのぎを削っています。

薬理遺伝学的検査

　このなかで最初に応用されたのが，薬理遺伝学的検査です。特定の薬剤への生体反応と遺伝情報の関連が明らかになっている場合に実施される検査です。このような検査には，副作用や有効性の乏しい薬物の投与を回避できたり，また適切な投与量を推定できるなどの有用性があると考えられています。多くは薬剤投与という特別な環境においてみられる表現型の予測となります。

　薬剤の動態と遺伝子の関連を考えてみると，薬剤はまず吸収され，体に分布し，そして作用し，代謝・排せつされます。これには受容体や薬物トランスポーター，イオンチャネルなどがかかわりますが，多くの遺伝子が関与することが知られています。

　特に薬剤の代謝能が低い人／平均的な人／高い人でみると，この3人に対して同じ量の薬剤を反復投与した場合，代謝能の低い人は有効血中濃度が治療域を超えてさらに上がっていく，すなわち中毒域に入っていきます。基本的に薬は普通の代謝能の人を対象に作られていますので，代謝能が平均的な人はある一定の治療濃度域に収まっていきます。その一方で，代謝能の高い人はいくら薬を飲んでも代謝されてしまうため，有効血中濃度に至らないという問題が出てきます。したがって，代謝能を調べるということは薬の有効な投与量を定めるのに有用と考えられます。

　さらに最近ではコンパニオン診断という言葉が使われるようになりました。これは特定の医薬品の有効性や安全性を高めるために，使用対象者に該当するかをあらかじめ検査することです。

●**薬剤の代謝とCYP遺伝子**：有名なシトクロムP450（CYP）スーパーファミリーを紹介しておきます。ヒトでは60種類近くのCYP遺伝子があるとされています。CYPは薬物代謝の第1相に関与し，主にモノオキシゲナーゼとして働いています。CYP分子種は非常にたくさんのファミリーからできていますので，分類として命名法が定められています。それぞれのCYPは複数の薬物の基質の代謝に関与し，多くの薬物は複数のCYP分子種により代謝されることが知られています。

　CYPは集団ごとに差異がみられ，例えば代謝能の低いCYP2D6とCYP2C19の頻度をみてみますと（表18.3），代謝能の低い人の頻度が集団

ごとに大きく異なっていることがわかります。

日本国内で現在，薬理遺伝学的検査として保険収載されているのは，UDP グルクロン酸転移酵素遺伝子多型に関するものです。抗がん剤である塩酸イリノテカンの投与対象となる患者に対し，投与量を判断することを目的に，この検査を行うことが可能です。この検査により，塩酸イリノテカンの副作用を予測することが可能になってきました。しかしこのような検査が利用されるのは，塩酸イリノテカンを使用するという特殊な状況だけになります。

このイリノテカンの例のように，かつての薬理遺伝学的検査は，薬剤投与という特別な環境においてみられる表現型の評価という意味合いでした。しかし，分子標的治療薬の発展により，遺伝情報による薬剤選択はより一般的なものとなっています。このような薬剤選択は，遺伝子パネル検査によってなされており，今後，エクソーム解析，全ゲノム解析といったさらに強力な網羅的解析によってなされるようになれば，対象となる疾患以外の疾患とかかわるバリアントの発見につながることは明白で，腫瘍を対象とした検査であっても生殖細胞系列のバリアントが発見されるでしょ

う。これらの検査は，本人の治療に役立てるための検査ではありますが，その家系構成員への配慮も必要な時代になってきたということを，よく認識することが大切と考えます。

direct-to-consumer 遺伝子検査

最後に direct-to-consumer 遺伝子検査について話します。direct-to-consumer は DTC と略されますが，医療機関を通さず，消費者に直接提供される遺伝子検査のことをいいます。多くはビジネスとして行われている体質検査や親子鑑定であり，実体の把握は非常に困難です。DTC での体質検査では多因子形質を調べることになるのですが，ここで単一遺伝子疾患と多因子遺伝形質の遺伝学的診断の意味を考えてみましょう。

図 18.7 は概念的なモデルですけれども，遺伝因子が例えばこの発症ラインを越える場合に疾患が起こるとして，優性遺伝では1つの遺伝子の変異によって発症ラインを越えるものと考えます。劣性遺伝の場合はどうかというと，2つのアレルの影響があって初めて発症することになります。

右の多因子形質の場合には，効果は少しずつ違ういくつものアレルが関与しています。このようなアレルの変化が組み合わさり，さらに環境要因が積み重なり発症に至ると考えます。よって同じ遺伝要因を持っていたとしても，環境要因によって発症／非発症が変わってくることになります。また逆に，遺伝要因が小さかったとしても，環境要因が大きくかかわれば発症することにもなります。このため，多因子形質に関与する遺伝子は「関連遺伝子」と呼ばれます。この場合には疾患を起こす原因遺伝子や責任遺伝子とはいえないということをよく覚えておいてください。

多因子疾患の遺伝子検査に関しては，その特性

表 18.3 さまざまな集団にみられる代謝能の低い *CYP2D6* と *CYP2C19* の頻度

集団の民族起源	代謝能の低い人の集団頻度（%）	
	CYP2D6	*CYP2C19*
サハラ以南のアフリカ	3.4	4
米国先住民	0	2
アジア人	0.5	15.7
白人	7.2	2.9
中東／北アフリカ	1.5	2
太平洋諸島系	0	13.6

データは文献3より引用。

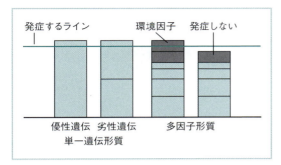

図18.7　単一遺伝形質と多因子形質

と課題について配慮が必要です．多因子疾患の発症には複数の遺伝要因が複雑にかかわります．さらに，この図の相加的効果モデルとは別に，SNPの組み合わせなどによる非相加的効果モデルの影響もあります．

　多因子疾患の遺伝子検査で得られる結果はあくまで確率であり，単一の遺伝子のバリアントによる予測性はそれほど高くありません．GWASのデータで発見された数百のバリアント情報を組み合わせても遺伝的な背景の一部しか説明できないとされています[4]．この限界を克服するために，複数の遺伝子の情報を組み合わせる polygenic risk score（多遺伝子リスクスコア）によるモデルや，まれなバリアントを用いたリスク評価，さらにこれらを結合させる研究が進んでいます．しかし，現時点では，ゲノム解析は万能のツールではなく[4]，精度には限界が残されています．

　易罹患性診断の有用性として，健康行動に影響するのではないかという意見がありますが，実際には健康行動に大きな変化はみられなかったという英国からの報告があります．今後の研究の進展によるリスク評価の精度向上が期待されますし，健康行動に対する影響についても検討が必要ではないかと考えられます．

　ここまでさまざまなゲノム医学の応用を説明しました．これまではゲノムワイド関連解析（GWAS）などに基づくデータ解析が行われていましたが，今後は，メディカルメガゲノムコホートに基づくデータ解析へと変わっていくと思います．つまり，ある程度選抜されたSNPなどで研究が行われるGWASによってではなく，全ゲノム解析によってさまざまな疾患と遺伝情報の関連が明らかになってくると考えられます．そして，これまで保険診療で行われていた単一遺伝子疾患の診断と，HBOCの発症前診断などの予測医療・先制医療，そして現在はDTC検査で行われている多因子疾患の罹患性リスク評価，これらすべてが技術革新や医学研究の成果により近接化・分離不能化し，真の precision medicine の実現につながっていくことでしょう．この実現に向けて，われわれ遺伝学を学ぶものは研鑽しなくてはいけません．そしてその一方で，臨床的有用性やELSIに対しての配慮を考えていく必要があるのではないでしょうか．

● 文献
1) 社会保険研究所：医科診療報酬点数表 平成30年4月版．社会保険研究所, 2018.
2) Nussbaum RL 著（福嶋義光監訳）：トンプソン＆トンプソン遺伝医学 第2版．メディカル・サイエンス・インターナショナル, 2017.
3) Burroughs VJ et al.: Racial and ethnic differences in response to medicines: towards individualized pharmaceutical treatment. *J Natl Med Assoc.* 2002; 94(10 Suppl): 1-26. [PMID: 12401060]
4) 岡田随象：ゼロから実践する 遺伝統計学セミナー〜疾患とゲノムを結びつける．羊土社, 2020.
5) 医学通信社：診療点数早見表 2021年4月増補版：［医科］2021年4月現在の診療報酬点数表（2021年4月増補版）．医学通信社, 2021.

第18講

表 18.1　遺伝学的検査 (D006-4) の対象として収載された疾患

ア　PCR 法, DNA シーケンス法, FISH 法又はサザンブロット法による場合に算定できるもの
① Duchenne 型筋ジストロフィー, Becker 型筋ジストロフィー及び家族性アミロイドーシス
② 福山型先天性筋ジストロフィー及び脊髄性筋萎縮症
③ 栄養障害型表皮水疱症及び先天性 QT 延長症候群

イ　PCR 法による場合に算定できるもの
① 球脊髄性筋萎縮症
② Huntington 病, 網膜芽細胞腫, 甲状腺髄様がん及び多発性内分泌腫瘍症 1 型

ウ　ア, イ, エ及びオ以外のもの
① 筋強直性ジストロフィー及び先天性難聴
② フェニルケトン尿症, ホモシスチン尿症, シトルリン血症 (1 型), アルギノコハク酸血症, イソ吉草酸血症, HMG 血症, 複合カルボキシラーゼ欠損症, グルタル酸血症 1 型, MCAD 欠損症, VLCAD 欠損症, CPT1 欠損症, 隆起性皮膚線維肉腫及び先天性銅代謝異常症
③ メープルシロップ尿症, メチルマロン酸血症, プロピオン酸血症, メチルクロトニルグリシン尿症, MTP (LCHAD) 欠損症, 色素性乾皮症, Loeys-Dietz 症候群及び家族性大動脈瘤・解離

エ　別に厚生労働大臣が定める施設基準に適合しているものとして地方厚生 (支) 局長に届け出た保険医療機関において検査が行われる場合に算定できるもの
① ライソゾーム病 (ムコ多糖症 I 型, ムコ多糖症 II 型, Gaucher 病, Fabry 病及び Pompe 病を含む。) 及び脆弱 X 症候群
② プリオン病, クリオピリン関連周期熱症候群, 神経フェリチン症, 先天性大脳白質形成不全症 (中枢神経白質形成異常症を含む。), 環状 20 番染色体症候群, PCDH19 関連症候群, 低ホスファターゼ症, Williams 症候群, Apert 症候群, Rothmund-Thomson 症候群, Prader-Willi 症候群, 1p36 欠失症候群, 4p 欠失症候群, 5p 欠失症候群, 第 14 番染色体父親性ダイソミー症候群, Angelman 症候群, Smith-Magenis 症候群, 22q11.2 欠失症候群, Emanuel 症候群, 脆弱 X 症候群関連疾患, Wolfram 症候群, 高 IgD 症候群, 化膿性無菌性関節炎・壊疽性膿皮症・アクネ症候群, 先天異常症候群, 副腎皮質刺激ホルモン不応症, DYT1 ジストニア, DYT6 ジストニア / PTD, DYT8 ジストニア / PNKD1, DYT11 ジストニア / MDS, DYT12 / RDP / AHC / CAPOS 及びパントテン酸キナーゼ関連神経変性症 / NBIA1
③ 神経有棘赤血球症, 先天性筋無力症候群, 原発性免疫不全症候群, Perry 症候群, Cruzon 症候群, Pfeiffer 症候群, Antley-Bixler 症候群, タンジール病, 先天性赤血球形成異常性貧血, 若年発症型両側性感音難聴, 尿素サイクル異常症, Marfan 症候群, 血管型 Ehlers-Danlos 症候群, 遺伝性自己炎症疾患及び Epstein 症候群

オ　臨床症状や他の検査等では診断がつかない場合に, 別に厚生労働大臣が定める施設基準に適合しているものとして地方厚生 (支) 局長に届け出た保険医療機関において検査が行われる場合に算定できるもの
① TNF 受容体関連周期性症候群, 中條–西村症候群及び家族性地中海熱
② Sots 症候群, CPT2 欠損症, CACT 欠損症, OCTN-2 異常症, シトリン欠損症, 非ケトーシス型高グリシン血症, β–ケトチオラーゼ欠損症, メチルグルタコン酸血症, グルタル酸血症 2 型, 先天性副腎低形成症, ATR-X 症候群, Hasting Gilford 症候群, 軟骨無形成症, Unverricht-Lundborg 病, Lafora 病, セピアプテリン還元酵素欠損症, 芳香族 L-アミノ酸脱炭酸酵素欠損症, Osler 病, CFC 症候群, Costello 症候群, チャージ症候群, リジン尿症蛋白不耐症, 副腎白質ジストロフィー, Blau 症候群, 瀬川病, 鰓耳腎症候群, Young-Simpson 症候群, 先天性腎性尿崩症, ビタミン D 依存性くる病 / 骨軟化症, ネイルパテラ症候群 (爪膝蓋症候群) / LMX1B 関連腎症, グルコーストランスポーター 1 欠損症, 甲状腺ホルモン不応症, Weaver 症候群, Coffin-Lowry 症候群, Mowat-Wilson 症候群, 肝型糖原病 (糖原病 I 型, III 型, VI 型, IXa 型, IXb 型, IXc 型, IV型), 筋型糖原病 (糖原病 III 型, IV 型, IXd 型), 先天性プロテイン C 欠乏症, 先天性プロテイン S 欠乏症及び先天性アンチトロンビン欠乏症
③ Dravet 症候群, Coffin-Siris 症候群, 歌舞伎症候群, 肺胞蛋白症 (自己免疫性又は先天性), Noonan 症候群, 骨形成不全症, 脊髄小脳変性症 (多系統萎縮症を除く), 古典型 Ehlers-Danlos 症候群, 非典型溶血性尿毒症症候群, Alport 症候群, Fanconi 貧血, 遺伝性鉄芽球性貧血, Alagille 症候群及び Rubinstein-Taybi 症候群

文献 5 より。

第**19**講

遺伝医学とゲノム医学における倫理社会的課題：
現実に起こるさまざまなジレンマ

田辺記子●国立がん研究センター中央病院 遺伝子診療部門

遺伝医学を実臨床で適応する際には，社会的・倫理的な問題が生じてきます。遺伝学的検査を受けるかどうか，患者やその血縁者に結果を知らせるか否か，子どもの検査を行うかどうかを親が決めてよいのか，検査の主目的以外の所見（ここでは二次的所見とします）がみつかった場合にどうするのか，といったさまざまな場面でジレンマに遭遇します。この講義では現時点での状況と課題をお伝えしたいと思います。

遺伝医学は社会的・倫理的問題と切り離せない

　最初に本講の背景，目的を述べておきたいと思います。われわれ人間の体は遺伝子を基本的な設計図として作られているわけですが，近年その解析が大きく進んでいます。疾患のなりやすさなどは遺伝子で決まっている部分があります。ここまでの講義で説明があったように環境要因もかかわってきますが，遺伝要因ももちろん重要です。
　人類遺伝学・ゲノム医学は医学・医療のすべての領域にかかわるだけではなく，倫理的な問題，社会的な問題，個人情報の問題，さらには政策的な問題も関係してきます。例えば，出生前診断や発症前診断は遺伝学的情報を使って行うことがあ

ります。最近の話題としては，雇用や保険における遺伝差別問題も挙げられます。個人情報としても，悪意を持ってゲノム配列を解読すれば，例えばそれをコンピュータ技術と組み合わせて，このサンプルのゲノム情報は誰のものかがわかる時代に入ってきました。
　さらに遺伝学的な情報は個人だけではなく血縁者にも影響を与えるという特徴があります。ある個人において判明した情報を血縁者にどう伝えるか。伝えたくない場合もあるでしょうし，伝えたほうがいい場合もあるでしょう。伝えられる側はどう受け止めるかという懸念も出てきます。
　加えて現在では塩基配列解析技術が急速に進んできています。いわゆる次世代シークエンサーなどがよく使われるようになってきて，大量の遺伝

情報が得られるようになってきました。そうすると，本来の検査目的とは異なる二次的所見の発見が問題となってきます。私はがん専門病院で働いており，治療につなげようという形で腫瘍細胞のゲノム解析をするわけですが，そういったなかでもしかしたらこれは生殖細胞系列のバリアントではないかという配列が見つかることもあります。この二次的所見というのも最近よく聞くようになった言葉だと思います。

社会状況は変化する

本講義では倫理的・社会的な話をするわけですが，この講義で述べる課題はまさに現時点のものだということをご理解いただきたく思います。今この時点では倫理的あるいは社会的に課題になっていることも，将来まったく状況が変わっている可能性があります。例えば，将来的には皆がゲノム情報をチップに埋め込んで持っている時代が来るかもしれません。病院を受診したらチップを読み込んで，「この人はこういう遺伝子配列を持ってるね，だったらこの治療を」なんてことが当たり前になるかもしれない。ただ，今はそういう時代ではないですし，あくまでも現時点で私がこういうふうに理解しているという課題を話していきます。

同時に，社会は変化するといっても，現在の状況でどのような対応が患者にとって一番いいのかということも考えていかなくてはなりません。社会的あるいは倫理的な課題がいま完全に解決はしないとしても，一定程度のコンセンサスが得られた形での対応というのはやはり重要です。完全な解決とまではいかないにしろ，現実問題として各種の課題をその場その場で乗り越えていかなければならないのです。

生命医学倫理の4原則

最初に生命医学倫理の4原則を紹介します（図19.1）。この原則に基づいて現在の問題をとらえていくと整理しやすいのではないかと思います。4つの原則が掲げられており，「個人の自律尊重」，「仁恵（善行）」，「正義（公平）」，「無危害」です。それぞれの説明が簡単に図の中に書いてあります。これらの原則を説明する際に「個人の自律尊重」が冒頭に挙げられることが多いのですが，これが特別に重要という意味ではなく，この4つはすべて重要だと考えてください。頻繁に最初に登場するので重要そうに見えますが，どれも大事な原則になります。

これら4つをすべて守ることができればよいのですが，現実には原則どうしの対立がしばしば起こります。こちらを立てればあちらが立たない，という状況です。そういった複雑な問題，倫理ジレンマに遭遇したときには，4原則のどういった要素がどういう対立構造になっているのかを考えていくと，ものごとの整理に役立つのではないかと思っています。

一例として，がんの告知を考えてみましょう。現在ではがんを告知しないことはあまりありません。もちろん告知しないことがゼロだというわけではありませんが，がん患者には診断を伝えて，そのうえで医療者と相談しながら治療を決めていくことが多くなっています。ただ，一昔前はがんがあまり告知されない時代があったと思います。近年の治療法の進歩もありますが，自律尊重よりも無危害に重きが置かれており，おそらくそれが社会のコンセンサスだったのだと思います。今は逆にいうと，もちろんがん宣告で衝撃を受ける人もいますけれども，それよりも個人の自律尊重を

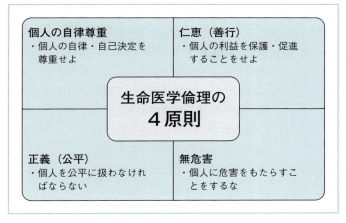

図19.1　生命医学倫理の4原則
この4原則どうしは時に対立することがあり，このことが複雑な問題やジレンマを生じさせる。

大切にし，その後の生活をどうするかを本人，あるいは家族と共に決めるということに重きが置かれる時代になったといえます。これも先ほど話した時代と共に状況が変わってくる例になると思います。

遺伝学的検査において発生する倫理的ジレンマ

遺伝医学領域ではさまざまな倫理的ジレンマが起こりますが，その例を紹介していきます。表19.1をみてください。遺伝学的検査，遺伝情報とプライバシー，遺伝情報の不適切な使用，遺伝学的スクリーニングなどの分類と，いくつか具体的課題が挙がっています。これらについて少しずつ解説をしていきます。

出生前診断

出生前診断の提供が求められるものには，例えば治療ができずに乳幼児期に亡くなってしまう疾患の情報があります。あるいは治療は可能だけれども，診断結果が中絶の意思決定に直結する疾患もあるでしょう。成人期発症で治療法がないもの

表19.1　遺伝医学・遺伝医療における主な倫理的政策的課題

遺伝学的検査
- 出生前診断，特に疾患ではない形質や性別の出生前診断
- 成人に対する成人期発症の疾患の発症前遺伝学的検査
- 小児に対する成人期発症の疾患の発症前遺伝学的検査
- リスクがわかった場合には，対処法や予防法がある疾患の病的変異が明らかになった際の二次的所見と知らないでいる権利

遺伝情報とプライバシー
- 通知する義務および通知する許可

遺伝情報の不適切な使用
- 被雇用者の遺伝型にもとづく雇用差別
- 被雇用者の遺伝型にもとづく，生命保険，健康保険契約時の差別

遺伝学的スクリーニング
- 新生児スクリーニングプログラムの悪用と不信
- プライバシー

もあれば，適切な管理を行えば予防可能な疾患もあります。

また，国や文化によっては男児のほうがいいとか女児のほうがいいといった傾向があるようですし，家系内の子どもの男女比を均等にしたいと

いった事情もあるかもしれません。性別も技術的には出生前診断でわかります。

その他にも医療上は軽微でも美容上の問題を伴う疾患は再発を避けたいとか，運動能力の高い子どもがほしいという希望もあるかもしれません。その表現型に影響するバリアントがわかっていれば出生前に確認が可能な時代になってきています。例えば両親が難聴で，自分の子どもも同様に難聴であってほしいという希望もありえます。もっといえば頭のいい子がほしいとか，性格のいい子がほしいとか，親はいろいろな思いを抱きます。これがどこまで許容できてどこから許せないのか，時と場合にもよるし，時代によっても変わっていくのだろうと思います。

●**出生前検査と人工妊娠中絶**：出生前遺伝学的検査の主要な目的は，胎児の状況を知って胎生期・出生期に適切な対処を行えるよう備えましょうということです。ただこれは人工妊娠中絶という課題にも直面することになります。

人工妊娠中絶に関しては他の講義でも扱われていると思いますが，胎児が重篤な疾患だからという理由で中絶することは法的には許されていません。人工妊娠中絶に関しては「母体保護法」による一定の規制があります。この法律は母性の生命健康を保護することを目的として制定されているもので，「妊娠の継続または分娩が身体的または経済的理由により母体の健康を著しく害するおそれのあるもの」であるとか，「暴行や脅迫，抵抗できないような状況で妊娠したもの」に関しては人工妊娠中絶が許されています。

出生前診断では両親が意思決定をすることになるので，それを尊重しなければなりませんが，例えば中絶の場合には罹患胎児の生命を絶つことを正当化できる理由があるのか，またそれを社会に幅広く説明できるのか，さまざまな面でのバラン

スを取っていく必要があります。

出生前診断に関しては日本産科婦人科学会が見解を出しています（**図 19.2**）。これは狭義の出生前診断になると思いますが，図の右のほうにある表1のいずれかに該当し，夫婦ないしカップルの希望があれば，検査前にきちんとした説明と適切な遺伝カウンセリングを行い，インフォームド・コンセントを得て実施すると書かれています。具体的な要件としては高年妊娠や染色体の問題，重篤な疾患が挙げられています。

着床前診断に関しても日本産科婦人科学会が見解を出しています（**図 19.3**）。こちらもやはり太字で書いておりますけれども，原則として重篤な遺伝性疾患児を出産する可能性がある場合に適応されると書かれています。

ではそもそも「重篤」なケースとは何なのでしょうか。この線引きの問題は昔からずっとあり，これは答えがないのだろうと思います。社会的にどこからが重篤かという一定の投票のようなことはできると思います。しかし，例えば親からみて重篤と感じるかどうかは同じ疾患でもさまざまでしょうし，医療者からみてそれは重篤ではないと思ったとしても，親は重篤だと思うこともあります。先ほども述べましたが，やはり社会的なコンセンサスやバランス，そういったこともみていく必要があります。

出生前診断に関しては先に挙げたように日本産科婦人科学会から一定の見解が出ていますので，そういった枠組みの中でやっていくことが現実的なのではないかと思います。出生前診断は本当に難しい問題だと常々思っています。

成人期発症疾患の発症前診断

次は成人期発症疾患の発症前診断で，易罹患性にかかわる遺伝学的検査となります。易罹患性を

第19講　遺伝医学とゲノム医学における倫理社会的課題：現実に起こるさまざまなジレンマ

4）　確定診断を目的とする出生前に行われる遺伝学的検査および診断の実施について：
　　遺伝学的検査については，日本医学会「医療における遺伝学的検査・診断に関するガイドライン」を遵守して実施することが定められているが，さらに出生前に行われる遺伝学的検査および診断については，医学的，倫理的および社会的問題を包含していることに留意し，特に以下の点に注意して実施しなければならない。
【中略】
　（3）　絨毛採取や，羊水穿刺など侵襲的な検査（胎児検体を用いた検査を含む）については，表1の各号のいずれかに該当する場合の妊娠について，夫婦ないしカップル（以下夫婦と表記）からの希望があった場合に，検査前によく説明し適切な遺伝カウンセリングを行った上で，インフォームドコンセントを得て実施する。

表1　侵襲的な検査や新たな分子遺伝学的技術を用いた検査の実施要件

1. 夫婦のいずれかが，染色体異常の保因者である場合
2. 染色体異常症に罹患した児を妊娠，分娩した既往を有する場合
3. 高齢妊娠の場合
4. 妊婦が新生児期もしくは小児期に発症する**重篤なX連鎖遺伝病**のヘテロ接合体の場合
5. 夫婦の両者が，新生児期もしくは小児期に発症する**重篤な常染色体劣性遺伝病**のヘテロ接合体の場合
6. 夫婦の一方もしくは両者が，新生児期もしくは小児期に発症する**重篤な常染色体優性遺伝病**のヘテロ接合体の場合
7. その他，胎児が**重篤な疾患**に罹患する可能性のある場合

図19.2　日本産科婦人科学会「出生前に行われる遺伝学的検査および診断に関する見解」
2013年6月22日改訂，一部抜粋。文献1より。

4. 適応と審査対象および実施要件
1）　検査の対象となるのは，**重篤な遺伝性疾患児を出生する可能性のある遺伝子変異ならびに染色体異常を保因する場合**，および均衡型染色体構造異常に起因すると考えられる習慣流産（反復流産を含む）に限られる。遺伝性疾患の場合の適応の可否は，日本産科婦人科学会（以下本会）において審査される。
2）　本法の実施にあたっては，所定の様式に従って本会に申請し，施設の認可と症例の適用に関する認可を得なければならない。なお，症例の審査方法については「着床前診断の実施に関する細則」に定める。
3）　本法の実施は，夫婦の強い希望がありかつ夫婦間で合意が得られた場合に限り認めるものとする。本法の実施にあたっては，実施者は実施前に当該夫婦に対して，本法の原理・手法，予想される成績，安全性，他の出生前診断との異同，などを文書にて説明の上，患者の自己決定権を尊重し，文書にて同意を得，これを保管する。また，被実施者夫婦およびその出生児のプライバシーを厳重に守ることとする。
4）　審査対象には，診断する遺伝学的情報（遺伝子・染色体）の詳細および診断法が含まれる。対象となるクライエントに対しては，診断法および診断精度等を含め，検査前，検査後に十分な遺伝カウンセリングを行う。

図19.3　日本産科婦人科学会「着床前診断に関する見解」
2018年6月23日改訂，一部抜粋。文献2より。

明らかにするための遺伝学的検査は，基本的に無症状の人を対象として行われます。検査中に発症する可能性ももちろんありますが，多くは検査後一定の時を経てから発症する疾患の検査となります。
　易罹患性の遺伝学的検査では，将来の罹患リスクを知ることができます。その人の人生設計に役立てられるかもしれないという意味では，自律尊重を大事にする部分があると思います。同時に，将来的な罹患リスクを知ることは大きな心理的負担になるかもしれません。この意味では無危害の原則には反する面があります。ただし，もし罹患

313

リスクに対して対処方法があるのであれば，罹患リスクを知ってそのまま放っておくのではなく，各種の介入を図ることもできます。医療者としてこのような情報を提供することは善行であるといえます。やはりここでも複数要素のバランスを考えながら実施していくことになると思います。

● **Huntington 病の場合**：例えば Huntington 病を考えてみます。Huntington 病は浸透率がきわめて高い神経疾患で，現在の医学ではほとんど治療法がない状況です。例えば，ある親が Huntington 病だとします。さらに浸透率もかなり高くなるまでにトリプレットリピートが増えていて，遺伝すれば高確率でその人も発症するという状況だったとします。自分がその人の子どもだったとして，Huntington 病の遺伝学的検査を受けるか受けないか。

根本的な治療法がない重篤な神経疾患なので慎重に扱う必要があり，遺伝学的検査を受けない決断をする人もいると思います。逆に罹患リスクをできる限り正確に知ったうえで，その後の人生設計を行いたいという人もいると思います。仮に病的アレルの継承が判明しても，決められた時間かもしれませんけれど，そこをどう生きていくかを自分で決めたい，そういった意思を尊重する判断もあります。もちろんうつ状態になったりする方がいるかもしれませんので，事前のアセスメントも非常に大事になってきます。

検査の結果，罹患リスクがないことがわかる場合もあります。この場合は将来の罹患の心配が取り除かれるという意味ではよかったねということになるのかもしれません。しかし，自分のきょうだいがそういった遺伝子を受け継いでいることがわかったり，親族が罹患したりすると，自分だけがそこから逃れてしまったという罪悪感（サバイバーズ・ギルト）を抱えることがあります。

遺伝学的な検査では，心理的苦痛は本人だけの問題ではない場合も多く，社会的スティグマともなりえます。また，保険や雇用における差別の可能性もどうしても残ってしまいます。どのような判断にも，どのような結果が出たとしても，何らかの課題は起こりうるということです。

● **遺伝性乳がん卵巣がん症候群の場合**：次に *BRCA1/2* 関連の遺伝性乳がん卵巣がん症候群を取り上げます。アンジェリーナ・ジョリーのリスク低減乳房切除で有名になりましたが，乳がんと卵巣がんを高頻度に発症する疾患です。Huntington 病とは異なり，リスク低減手法がとれる症候群になります。アンジェリーナ・ジョリーは乳房を両側切除してますし，卵巣と卵管も切除しています。

例えば自分自身が乳がんで，家族歴もあったとしましょう。若年で発症したか高齢で発症したかでリスクが違うのですが，あまり深く考えずに，自分が乳がんで家族歴もあると仮定します。この場合に遺伝学的検査を受けるか受けないか。これは受けるべきとか受けないでいいとか簡単に割り切れるものではないと思います。例えば，リスクを知りたくないという理由から遺伝学的検査を受けない選択をする人もいるでしょう。それとは別に，リスクは別に知ってもいいけれど，もともと子宮筋腫があって卵巣・卵管は既に切除済みで，自分には子どももいないし，知らせるべき親族もいない。乳がんに関してはいい検診法もあるからそちらを定期的にきちんと受けますという解釈をされる人もいます。リスクを知ること自体はかまわないけれど，自分の状況ではそのために例えば高額なお金をかける必要はないといった選択です。単にリスクを知りたくないから受けないのではなく，いろいろな状況が関連してきますので，それほど単純ではないということです。

遺伝性乳がん卵巣がん症候群の遺伝学的検査を受けて病的バリアントが見つかった場合，早期介入につなげることができます。頻回な定期健診をしたり，リスク低減手術である卵管・卵巣切除術や乳房切除術を受けることも選択肢として出てきます。なおこのリスクには被検者はもちろん，未発症の血縁者も関連してきます。血縁者の健康管理に役立ててほしいという思いで血縁者に情報を伝え，その方々が遺伝学的検査を受けることもあります。

逆に検査の結果，病的バリアントが検出されない場合もあります。自分は乳がんで，家族歴もあり，おそらくはリスクバリアントが見つかることを予想して検査をしたが，検出されなかった。リスクバリアントは持っていないので，子どもがBRCA1/2関連の遺伝性乳がん卵巣がんになるリスクは下がるかもしれませんし，自分自身も高リスクである心配は取り除けるかもしれません。ただ，もしかしたらBRCA1/2変異が単に見つけられなかっただけなのかもしれません。もちろんきちんと調べていますけれど，現在のスクリーニングではわからない変異があるかもしれない。さらにはBRCA1/2以外にも乳がんリスクを上げる遺伝子はありますので，それまで否定できたわけではない。つまりは今後もがんの検診は通常通り受けていく必要がありますし，例えば病的意義不明のバリアント（variant of unknown significance：VUS）という曖昧な結果が出た場合など，もやもや感をそのまま残していくような状況も出てきます。

●**家族性腺腫性ポリポーシスの場合**：3つ目の例として家族性腺腫性ポリポーシス（familial adenomatous polyposis：FAP）を取り上げます。ポリープが多発して放置するとがんに進展する疾患で，定期健診や予防的な手術もあります。

例えば親がFAPの病的バリアントを持つことがわかっているときに，遺伝学的検査をどうするでしょうか。検査を受ける選択ももちろんありますが，検査を受けないという選択をすることもありえます。お金がかかるなどの問題もあると思いますが，リスクを知りたくないという場合もあるでしょう。ただ，リスクを知りたくないとはいってもFAPであればほぼ100％発症しますので，遺伝学的検査をしなくてもある程度の年齢で内視鏡検査をすればFAPだということはわかります。逆に「遺伝学的検査は血液採るだけだからやってもいいけど，内視鏡検査はやりたくない」という方などもいます。

遺伝学的検査を早めに受けて病的バリアントが検出されれば，早期介入・早期治療が可能となります。頻回な定期健診へと進めますし，予防的な大腸切除術も可能です。さらには血縁者，特に自分のお子さんの診断につなげていくという面もあります。病的バリアントが検出されなかった場合でも，他のがんを罹患することはありますので，その点は一般の人と変わりありません。あとは先ほども述べたサバイバーズ・ギルトが問題となっています。

ここまでに3つの疾患の例を挙げてきました。易罹患性にかかわる遺伝学的検査では，予防できる疾患の高リスクが判明すれば医療者側としては予防してもらいたい気持ちが出てきます。ただし，検査結果を知らせることで心理的負荷がかかる可能性があり，この点では無危害の原則には反するかもしれません。しかし易罹患性を調べる遺伝学的検査に関していうと，やはり個人の自律尊重が重要と思います。本人が正しい情報を得て，それを理解して，十分に検討して，場合によっては家族とも相談してもらい，最終的に受ける/受けないを決めるということが大事だと考えます。

そしてこれを支援するのが遺伝カウンセリングだと思っています。

小児に対する成人期発症疾患の検査

　次は無症状の小児に対する成人期発症疾患の遺伝学的検査になります。この場合では年齢にもよりますが，子どもに「遺伝学的検査を受けたい」という意思表示ができるのか，あるいは知識も限られる段階での判断は妥当なものかといった問題が出てきます。結果，親が判断を行う場面が多くなり，親の意向が強く反映される傾向があります。

　両親が疾患のなりやすさを調べる検査を子どもに受けさせたいと考える理由はいくつかあると思いますが，例えば診断によって早期介入が可能になり，命を救えるようになるかもしれません。中鎖アシル CoA 脱水素酵素欠損症は現在ではタンデムマスを含む新生児マススクリーニングの対象疾患なので，早期にスクリーニングされます。ただ，罹患児の同胞が無症状で生活している可能性もないわけではありません。例えば下のお子さんがこの疾患だったときに，上のお子さんが無症状であっても早期介入のために検査を行うこともあるようです。また予防法や治療法がない疾患だとしても，将来大きな疾患にかかる可能性をきちんと子どもに伝えて準備しておいてほしいという親の意向がある場合もあります。

　あるいは家族計画に利用したい場合です。仮に親が遺伝性疾患を持っていて，第一子も同じ疾患を発症しそうだという状況があったとします。第一子が何らかの遺伝性疾患を高率で発症する状況にあり，実際に発症したら例えば大きな医療費がかかる場合，生活も考えなければいけない。第一子が高い確率で発症するのであれば，第二子はあきらめようということがあるかもしれません。そ

ういう利用法がいいかどうかは別ですけれども，技術的には可能です。自分の医療費もかかる。子どもも将来発症するかもしれない。子どもはまだ自分では意思決定できない状況だけれど，家族全体の生活がかかっているからということで検査を行いたいという場合です。

　子どもに重要な情報を伝えないことから生じる悪影響を避けたいという考え方もあります。子どもとの信頼関係を損なわないために，早めに事実を知らせておきたい。これが正しいということではなく，こういう考え方もあるということです。

　逆に，子どもにとっては知らないうちに遺伝学的検査を行われたことで，成長した後に心理的苦痛を感じる場合もあるでしょうし，烙印を押されたような気持ちになることがあるかもしれません。小さいころに行われた遺伝学的検査によって保険に入る際に影響が出るかもしれないし，雇用に影響が出る可能性もあります。さらにいえば，子どもの自律尊重を損なう可能性もあります。本人の意思で遺伝学的検査を行っているわけではないので，そのことが苦痛を招くこともあるかもしれません。これは発症前診断だけではなく，保因者診断でも同様の課題があります。

　子どもへの医学的ケアの有用性が明確に示されていない場合，無症状の小児を対象とした成人期発症疾患の発症前検査および保因者検査は行うべきではないというのが現在の大多数の生命倫理の専門家の考え方です。子どもが十分に成長して，自分自身で検査を希望するかどうかを決定できるようになってから（一般的には思春期後半あるいは成人以降）行うべきであるというのが，今の社会の主流な考え方であると思います。したがって，一般論としてはあまり不用意に小児の検査を行うのはよろしくないといえると思います。

　ただし，医学的ケアが非常に有用な場合は別の

考えが適用されます。きわめて大きな利益が期待できる医学的介入が可能な場合には，もちろんそのことを十分に親に理解してもらってからですが，遺伝学的検査を行うという流れになると思います。

二次的所見への対応

ここでいう二次的所見とは，検査の主目的とは無関係な病的バリアントが見つかった場合としています。なお，検査の当初の目的である疾患原因は一次的所見となります。二次的所見のような予定外の情報が見つかった場合，伝えたほうがいい場合もあるでしょうし，逆にそれを知らないでいる権利もあると思います。ただ，何を一次的所見と定義して，何を二次的所見とするのかは，状況や疾患にも左右されます。例えばがんの体細胞のクリニカルシークエンスをしたときに，生殖細胞系列の変異が見つかった場合，本来の目的は体細胞のシークエンスですので生殖細胞系列の所見は二次的所見という扱いをしたりします。しかしながら，例えば，乳がん患者に認められた*BRCA1/2*生殖細胞系列病的バリアント（遺伝性乳がんと卵巣がん症候群の原因）と，乳がん患者に認められた*RB1*の生殖細胞系列病的バリアント（遺伝性網膜芽細胞腫の原因）を同じ二次的所見として扱うことは，異論もあるかと思われます。

診断が未確定の疾患に罹患している人において医学的な要因を明らかにする際，次世代シークエンサーが使われるようになってきました。パネル検査という形で提供されることもあるかと思いますが，現在では全エクソンや全ゲノムの解析を行う場合が増えてきています。大量の遺伝情報を調べると，二次的所見が見つかることも一定割合で出てきます。つまり解析技術の進歩により，二次的所見に遭遇する機会も増えてくるというわけです。

全エクソンや全ゲノム解析における二次的所見への対処に関しては，例えば American College of Medical Genetics and Genomics（ACMG）が公表している「ACMG SF v2.0」という推奨があります。SF というのは二次的所見（secondary finding）のことです。この推奨のなかでは，二次的所見として異常が判明した場合には患者に結果を開示したほうがいいですよという遺伝子が59 種類挙げられています（**表 19.2**）。ほとんどが遺伝性腫瘍と心血管症候群に関連するものです。致命的，症状発現前の診断が困難，予防や治療が可能な疾患が多く入っています。もちろん，検査の前に遺伝カウンセリングを受けて，二次的所見は知りたくないですということであれば報告は行いません。二次的所見の解析実施と報告については本人の同意または拒否の機会を設けておくことが重要です。先の推奨にも知らないでいる権利を保障しましょうと書かれており，これは自律の尊重となります。

遺伝学的スクリーニング

詳しくは第 18 講で説明があったのでここでは簡単な解説にとどめますが，新生児スクリーニングは公衆衛生改善のための検査として古くから行われています。**図 19.4** は東京都のホームページから得られるものです。先天性代謝異常等の検査のお知らせと書かれていて，採血ろ紙に名前を書いて提出すると行ってくれる検査です。遺伝性疾患のスクリーニング検査になりますが，早期介入によって治療が可能な疾患が対象となっており，公衆衛生上，非常に大事な検査です。ただ，両親としっかり遺伝カウンセリングをして同意を取っているかというとそうではない側面もあり，「両親からの同意書が必要ではないのか」と思う人が

第19講

表 19.2 ACMG SF v2.0 で結果開示を推奨している 59 遺伝子

疾患名	遺伝形式	遺伝子	疾患名	遺伝形式	遺伝子
遺伝性乳がん卵巣がん症候群	AD	BRCA1	肥大型心筋症	AD	MYBPC3
		BRCA2	拡張型心筋症		MYH7
Li-Fraumeni 症候群	AD	TP53			TNNT2
Peutz–Jeghers 症候群	AD	STK11			TNNI3
Lynch 症候群	AD	MLH1			TPM1
		MSH2			MYL3
		MSH6			ACTC1
		PMS2			PRKAG2
家族性大腸腺腫症	AD	APC		XL	GLA
MYH 関連ポリポーシス	AR	MUTYH		AD	MYL2
若年性ポリポーシス	AD	BMPR1A			LMNA
		SMAD4	カテコールアミン誘発多形成心室頻拍	AD	RYR2
von Hippel–Lindau 病	AD	VHL	不整脈原性右室心筋症	AD	PKP2
多発性内分泌腫瘍症 1 型	AD	MEN1			DSP
多発性内分泌腫瘍症 2 型	AD	RET			DSC2
PTEN 過誤腫症候群	AD	PTEN			TMEM43
網膜芽細胞腫	AD	RB1			DSG2
遺伝性パラガングリオーマ・褐色細胞腫症候群	AD	SDHD	QT 延長症候群	AD	KCNQ1
		SDHAF2	Brugada 症候群		KCNH2
		SDHC			SCN5A
		SDHB	家族性高コレステロール血症	SD	LDLR
結節性硬化症	AD	TSC1		SD	APOB
		TSC2		AD	PCSK9
WT1 関連ウィルムス腫瘍	AD	WT1	Wilson 病	AR	ATP7B
神経線維腫症 2 型	AD	NF2	オルニチントランスカルバミラーゼ欠損症	XL	OTC
血管型 Ehlers–Danlos 症候群	AD	COL3A1	悪性高熱症	AD	RYR1
Marfan 症候群	AD	FBN1			CACNA1S
Loeys–Dietz 症候群		TGFBR1			
家族性胸部大動脈瘤・解離		TGFBR2			
		SMAD3			
		ACTA2			
		MYH11			

AD：常染色体優性，AR：常染色体劣性，SD：半優性，XL：X 連鎖性。
文献 3 より。

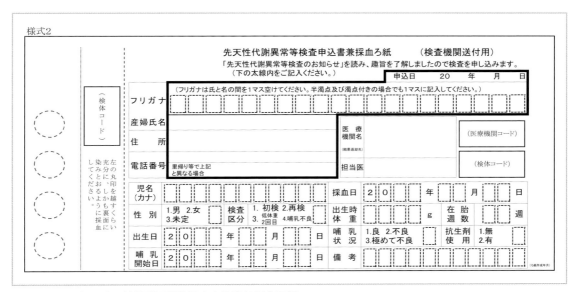

図19.4　東京都の先天性代謝異常等検査申込書兼採血ろ紙
http://www.fukushihoken.metro.tokyo.jp/kodomo/shussan/taisyaijou.files/youshiki2.pdf より。

いるかもしれません。

遺伝情報とプライバシー

　遺伝情報の法的保護に関しては，国際的にも統一されていない状況です。例えば米国では，Health Insurance Portability and Accountability Act（HIPAA）のプライバシー規則に記載があります。日本では「個人情報の保護に関する法律」と関連して，ゲノムデータは「個人識別符号」として扱いましょうとなっています。

　厚生労働省「医療・介護関係事業者における個人情報の適切な取扱いのためのガイダンス」では，遺伝学的検査などにより得られた遺伝情報の取り扱いについては，UNESCO「ヒト遺伝情報に関する国際宣言」，日本医学会「医療における遺伝学的検査・診断に関するガイドライン」に加え，「ヒトゲノム・遺伝子解析研究に関する倫理指針」「遺伝子治療等臨床研究に関する指針」「人を対象とする医学系研究に関する倫理指針」などのガイドラインや指針を参考とし，特に留意する必要があるとされています。

　もう1つ，どういう形がいいのか迷うのが，特に遺伝カウンセリングの場などでは家族歴を聴取する場合があることです。遺伝性疾患において家族歴を取るのは大変重要です。誰が何歳にどんな疾患にかかったなどをいろいろ聞くのですが，その場にいない人の情報が含まれる場合も多くなります。実質的には当人の許可なしに個人情報をたくさん聞いている状況です。その人にとっては自分の病歴が勝手に医療者へ伝えられていると感じられる可能性もなくはないかもしれません。もちろん家系図は医療記録として収集し，管理されたなかで行いますので，情報が漏洩することはないはずですが，家系内の個人情報をどう守るかはきちんと考えなければいけない問題です。

情報の開示問題

患者が「自分の医療情報は内緒にしてください」と希望する場合があります。遺伝的リスクが高いといわれて遺伝学的検査を行い，何らかの病的バリアントが見つかった。でもそれを血縁者には知らせたくないというのは出会うことがある状況です。もちろん話し合いをしながら進めていくのですが，基本的には患者の自律を尊重しなければいけません。

一方で，このような病的バリアントに関する情報が他の血縁者にとって健康上きわめて有用な情報となる場合があります。例えば発端者が病的バリアントを持っていて，血縁者もその病的バリアントを持っている可能性が高く，さらに有効な介入が可能な場合などです。患者情報の秘匿を行う義務もありますが，他の血縁者にそれを知らせる義務もあるのではないか。さらにその場合，患者に許可を取る必要があるかどうか。米国での判決例もありますので挙げておきます：

・Tarasoff v. Regents of the University of Cali-

fornia（Cal. 1976）
・Safer v. Estate of Pack（N.J. 1996）
・Pate v. Threlkel（Fla. 1995）

日本では遺伝医学関連 10 学会・研究会が出している「遺伝学的検査に関するガイドライン」に，図 19.5 のように書いてあります。基本的には被検者本人の同意を得て，血縁者に開示することが原則です。そして被検者の同意が得られない場合には，図に挙げてある要件を満たす場合に限り，血縁者への開示が可能とされています。ただし，被検者本人の同意がやはり必要だとする意見もあったとのことで，これが絶対的な基準というわけではありません。また，実際にガイドラインの 6 項目すべてを満たすのはなかなか難しいことが多く，現実的には疾患ごとで事情も異なりますし，発端者とのコミュニケーションのなかで決めていくことになると思います。基本的には医療者と被検者との話し合いが重要です。加えて医療関係者間での検討，倫理コンサルテーションや倫理委員会の判断も組み入れながら判断していきます。

---

6. 検査結果は，被検者の同意を得て，血縁者に開示することができる. 被検者の同意が得られない場合，以下の条件をすべて満たす場合に限り，被検者の検査結果を血縁者に開示することが可能である [注 5]. 但し，被検者の同意が得られない場合の開示の可否は，担当医師の判断のみによるのではなく，所轄の倫理委員会などの判断に委ねるべきである.
   (1) 被検者の診断結果が血縁者における重大な疾患の発症予防や治療に役立つ情報として利用できること
   (2) 開示することにより，その血縁者が被る重大な不利益を防止できると判断されること
   (3) 繰り返し被検者に説明しても，血縁者への開示に同意が得られないこと
   (4) 被検者の検査結果について，被検者の血縁者から開示の要望があること
   (5) 血縁者に開示しても，被検者が不当な差別を受けないと判断されること
   (6) 開示は，その疾患に限り，かつ血縁者の診断，予防，治療を目的とすること

注 5：仮に血縁者の被害防止に直接役立つ情報であっても本人の承諾がなければ情報を開示することは許容されないとする少数意見があった

図19.5　遺伝医学関連 10 学会・研究会による「遺伝学的検査に関するガイドライン」
2003 年 8 月，一部抜粋。文献 4 より。

遺伝情報と雇用・保険差別

遺伝差別に関して米国では Genetic Information Nondiscrimination Act（GINA）が 2008 年に制定されています。そのなかには「雇用および健康保険加入における遺伝差別禁止」とあり，健康保険や雇用で遺伝情報を使って判断してはいけませんとされています。ただし，生命保険，障害保険，長期療養保険などにこれは適用されていないことは注意してください。

日本では現状，特段の公的規制は存在していない状況にあり，遺伝情報の扱いは問題になっています。2017 年，保険会社 4 社の約款に，家族歴や遺伝学的検査の結果などの遺伝情報を加入審査に使っているととられかねない記載があったことが問題になりました。また，その 4 社を含む 33 社で，保険の運用方針を示した社内文書に問題のある表現が見つかっています。これを受けて金融庁は記載の削除を命じ，現在では保険審査には使用されていないということになっています。しかし一方で，法的な規制があるわけではないというのも日本の現状です。

優生学と非優生学

優生学（eugenics）というのは 19 世紀の後半に Francis Galton が創出した言葉で，その集団内で「最もよい」人々を選択して子孫を残させることにより，集団全体の改善を図るという考え方です。ただし「最もよい」とは何なのかとか，ヒトの理想的な形質とは何かという問題があり，しかもこういった価値観は社会的・民族的・経済的な偏見によって定義されていることが多いわけです。

しかし 20 世紀初頭くらいに優生学は世界的に非常に流行し，ナチスドイツによる優生学的政策は大きな批判を受けました。その後も優生学的な運動がまったくなくなったというわけではなく，日本でも優生保護法があり，社会として障害者の不妊手術を後押ししようという時代があったわけです。世界的にも差別的な産児制限や強制的な不妊手術，人種隔離といったことが行われました。

優生学と遺伝カウンセリングの違い

これを踏まえたうえで，遺伝カウンセリングがどういう役割を果たすのかということです。遺伝的素因を知ってそれを治療選択などに利用する面ももちろんありますが，優生学と遺伝カウンセリングは大きく異なります。遺伝カウンセリングでは，「遺伝性疾患によって生じる苦痛や苦悩に直面している患者・家族が，適切にそれに対応できるよう援助すること」が目的となります。

ここでの基本的な理念は非指示的カウンセリング（nondirective counseling）であり，強制はしないという原則です。優生学と異なり強制はせず，十分に正しい情報を提供したうえで本人に自己決定してもらうというのが遺伝カウンセリングです。ただし，厳密な意味での非指示的カウンセリングの実現というのは，実際の現場では容易ではありません。そこではやはり倫理 4 原則を念頭に置いて，自己決定を支援していくという基本態度が重要になってくるのだと思います。

非優生学

非優生学についても少しふれます。非優生学（dysgenics）とは，「有害なアレルの蓄積をもたらすような医療が行われることにより，集団全体の健康と福利が悪化する」という考え方です。ここで「有害なアレルの蓄積をもたらすような医療」といっているのは，つまり医療の発展ととら

えていいかと思います。昔は治療できなかった遺伝性疾患の治療が可能になってきて，生存や子孫を残すことも可能になってくる。そうすると，集団全体の健康と福利が悪化するのではないかというものです。ただ，遺伝性疾患の発生率と遺伝子頻度に変化を起こしうる医療が長期的にどのような影響を及ぼすかを予測することは，現状では困難です。

いくつかの単一遺伝子疾患では，医学的治療により特定の遺伝型に対する選択圧が減少し，非優生学的効果が起こる可能性はあります。例えば重篤な X 連鎖疾患では，これまでは子孫を残すまで患者が生存できず，集団からそのアレルはなくなっていたのですが，医療の進歩によって子孫を残せるようになると，集団中に保因者の頻度が増加してくるかもしれません。「かもしれない」というところを強調しておきます。

遺伝学的理由による妊娠中絶が普及した場合，生殖による相殺（compensation）が起こる可能性というのもいわれています。これも可能性の話ですが，例えば X 連鎖疾患の場合は男児に伝わると重篤になりますので，性別がわかった時点，仮に男児で病的バリアントを持っていたら中絶が行われるとします。そして女性は発症することはないので，出産まで至る。そうすると保因者女性が増えていくのではないかなどといわれていますが，このあたりが実際にどうなるのかは予測が難しい状況です。

Genetics in Medicine

1900 年にメンデルの法則が再発見され，1953 年に DNA の二重らせん構造が解明され，そしてヒトゲノム計画が始まり，2003 年に完全解読されました。いま我々は，DNA の標準配列や，包括的な（ただし完全ではない）ヒト遺伝子目録を手にしています。さらには DNA 配列やコピー数バリアントの同定とその意味の解明の精力的推進，種々の疾患と易罹患性におけるバリエーションに関する知識の急速な増大，全エクソン・全ゲノム規模の解析の低コスト化，強力な塩基配列決定技術といったものが実現されてきました。

大事なのは，こうして得られた遺伝学的な情報をどう使っていくかということです。遺伝学の発展のためだけにこういった情報を使うのではなく，人々の健康を維持・増進させ，苦痛を取り除き，人間の尊厳を高めるという目的のために使うべきであろうと考えます。それが遺伝医学，Genetics in Medicine にかかわる我々の責任なのだということを最後に述べて，講義を終わりたいと思います。

● 文献

1) 日本産科婦人科学会：出生前に行われる遺伝学的検査および診断に関する見解. http://www.jsog.or.jp/modules/statement/index.php?content_id=33
2) 日本産科婦人科学会：「着床前診断」に関する見解. http://www.json.or.jp/modules/statement/index.php?content_id=31
3) Kalia SS et al.: Recommendations for reporting of secondary findings in clinical exome and genome sequencing, 2016 update（ACMG SF v2.0）: a policy statement of the American College of Medical Genetics and Genomics. *Genet Med.* 2017; 19（2）: 249-255. ［PMID: 27854360］
4) 遺伝医学関連10学会・研究会：遺伝学的検査に関するガイドライン. http://www.jsgc.jp/geneguide.html

索引

欧文，和文の順に掲載。c はコラム，f は図，t は表を表す。

欧文索引

数字・ギリシャ文字

1p36 欠失症候群　97
1 型糖尿病，同胞再発率　130
I 型プロコラーゲン　201
2 精子受精　81
2 ヒット説　248
2 変数の和の分散　127
3′ 末端　17
4p マイナス症候群（Wolf-Hirschhorn 症候群）　75
5′ → 3′ 方向　19, 43
5p モノソミー　97
5′ 非翻訳領域　38
5′ 末端　17, 35
5-メチルシトシン　47, 64
13 トリソミー　92
18 トリソミー　92
　診断法　75
21-水酸化酵素欠損症　102
21 トリソミー　92
22q11.2 欠失症候群（DiGeorge 症候群）　80, 96
　診断法　75
22q11.2 重複症候群　96
α_1AT 欠損症　195
α_1 アンチトリプシン（AT）欠損症　193
α グロビン　35
α グロビン鎖　177
α サテライトファミリー　23
α サラセミア　181
β_{op}　130

β グロビン　35
β グロビン遺伝子　34
　RNA スプライシング　43
　構造　179
　転写　42
　変異　175
　ポリアデニル化　45
β グロビン遺伝子クラスター　177
β グロビン鎖　177
β サラセミア　109, 184
ΔF508 変異　222
δ-アミノレブリン酸（ALA）　195
θ　156
λ_S（同胞再発率）　129
μ　266
τ タンパク質　204

A

AAV1 ベクター　217
AAV2 ベクター　217
ABL1　252
ACCE モデル　301
achondroplasia　112
ACMG SF v2.0　317
ACTH（副腎皮質刺激ホルモン）　102
actionable　259
adenoma　250
adenoma-carcinoma sequence　250
Alagille 症候群　110
ALA 合成酵素　196
ALDH2　61c
ALDH2*1　61c

ALDH2*2　61c
allele　56
allelic heterogeneity　175
Alport 症候群　113
Alu ファミリー　23
Alzheimer 病　204
　GWAS 研究　141f
　家系集積性　140
Alzheimer 病易罹患性関連遺伝子　205f
American College of Medical Genetics and Genomics（ACMG）　317
amnion rupture　230
amniotic band syndrome　230
analogous　232
analytical validity　296
anaphase　25
ancestry informative marker　150
anencephaly　236
Angelman 症候群　80, 97, 115
annotation　167
anticipation　117
APC 遺伝子　248, 250
APOA5 遺伝子　139
APOE 遺伝子　140, 204
apoptosis　25
APP　140, 204
ARH アダプタータンパク質　196
AR 遺伝子　101
ASCII 文字　166
association analysis　162
ATM　258
ATRX 遺伝子　183
ATR-X 症候群　182

B

Bardet–Biedl 症候群　106
Barr 小体　51, 99
Bateson, William　2
Bayes の定理　262
BCR–ABL1　252
Beadle, George　13
Becker 型筋ジストロフィー（BMD）　199
Beckwith–Wiedemann 症候群　115
benign　274
BIN1　140
biometric school　1
birth defect　229
BMI, 遺伝率　133
BMP　241
branchio–oto–renal（BOR）　231
BRCA1　248, 255
BRCA1/2
　二次的所見　317
　臨床的有用性　301
BRCA2　248, 255

C

c（DNA の量）　25
CAG リピート　117, 209
carcinoma　245
care taker gene　248
CAT ボックス　43
CCR5（C-C chemokine receptor type5）　144, 148
cell free DNA　285
CENP-A　48
centromere　15
CFTR 遺伝子　198
CFTR タンパク質　222
CGG リピート　102, 118
CGH（comparative genomic hybridization）　74
Charcot–Marie–Tooth 病　111
CHARGE 症候群　111

CHD7 遺伝子　111
CHEK2　258
ChIP-Seq　48
chromothripsis　89
clinical significance　62
clinical validity　296
CLOVES 症候群　116
CNP（copy number polymorphism）　63
CNV（copy number variant）　58, 62
CNV（copy number variation）　102
COL1A1　200
COL1A2　200
common disease　122
comparative genomic hybridization（CGH）　74
compensation　321
complex disease　122
copy number polymorphism（CNP）　63
copy number variant（CNV）　58, 62
copy number variation（CNV）　102
Cornelia de Lange 症候群　148
CpG アイランド　43
CpG ジヌクレオチド, メチル化　47
CpG 配列　97
CREB 結合タンパク質（CBP）　244
Crick, Francis　3, 16
Crohn 病, 同胞再発率　130
crossing over　27
crown–rump length（CRL）　282
CRYBA1 遺伝子　105
CTG 反復配列　118
CYP2C19　305
CYP2D6　305

D

DAZ 遺伝子　99
de novo 変異　147
de Vries, Hugo　2
deformation　229
deletion　58, 82

depth 情報　78
determination　237
developmental biology　231
DHS（DNase I hypersensitivity site）　137
dicentric chromosome　83
direct–to–consumer（DTC）　67
direct–to–consumer 遺伝子検査　306
disease–containing haplotype　159
disorder of sex development（DSD）　101
disruption　229
DMD 遺伝子　113, 200
DMPK 遺伝子　118
DNA　14, 55
　構造　16
DNA mutation　57
DNase I 高感受性部位（DHS）　137
DNA 損傷　48
DNA の収納　20f
DNA のメチル化, がん　252
DNA の量　25
DNA 複製　18
DNA 変異　57
DNA メチル化　47
dominant negative　174
dominant negative effect　110
Down 症候群（21 トリソミー）　80, 85, 93, 276, 280
　再発率　94
driver gene　246
driver gene mutation　247
DSD（disorder of sex development）　101
DTC（direct–to–consumer）　67, 306
Duchenne 型筋ジストロフィー（DMD）　113, 199
duplication　83
dysgenics　321
dysmorphology　229

E

Edwards 症候群（18 トリソミー）　80,
　94
embryology　231
epiblast　234
epigenetics　46
epigenome　46
EST profile　105
eugenics　321
ExAC　169, 169t
eXome Hidden Markov Model
　（XHMM）　78
Exome Variant Server　169t
Expanded Carrier Screening　303
Expressed Sequence Tag　105
EYA1　231

F

Falconer の式　133
fastq　165
fate　237
FGFR3 遺伝子　112, 148
Fisher, Ronald　124
FISH 法（fluorescence *in situ* hybrid-
　ization）　70, 72, 79
fitness　112
fluorescence *in situ* hybridization
　（FISH 法）　70, 72, 79
FMR1 遺伝子　102, 117
formin　232
fragile X syndrome　102
Friedreich 失調症　209

G

G_0 期　24
G_1 期　24, 246
G_2 期　24, 246
G4 構造（グアニン四重鎖構造）　183
gain-of-function　110
Galton, Francis　1, 130, 321
Garrod, Archibald　2, 13

gate keeper gene　248
Gaucher 病　174, 222
GBA 遺伝子　174
GCY 遺伝子　100
GC リッチ　18
gene　20, 55
gene flow　148
gene mutation　57
GeneReviews　119
genetic drift　146
genetic heterogeneity　105
Genetic Information Nondiscrimina-
　tion Act（GINA）　321
genetic isolate　150
genetic marker　155
genetics　2, 55
genome　55
genome-wide association study
　（GWAS）　136, 163
genotype　56
germ cell　236
germline variant　255
Giemsa 分染法　15, 69, 71, 79
　遺伝子密度　71
GLI3　244
Gly551Asp 変異　222
GM_2-ガングリオシドーシス　193
gnomAD　169, 169t
G-quadruplex（G4）　183
GRCh38　21
gt-ag 法則　184
GT/AG ルール　44
Guthrie 法　303
GWAS（genome-wide association
　study）　136, 163
G バンド法　69

H

H^2　132
h^2　132
H2A.X　48
hallmarks of cancer　246

haploinsufficiency　82, 110
Hardy, Godfrey　143
Hardy-Weinberg の法則　143
Hardy-Weinberg 平衡　145
Hartnup 病　109
Haseman-Elston 回帰　134
HBOC（hereditary breast and ovarian
　cancer）　255
HbS　181
hCG　284
Hedgehog　241
HER2 遺伝子　252
hereditary breast and ovarian cancer
　（HBOC）　255
heredity　3, 55
heterogeneity　250
HEXA 遺伝子　109
HFE 遺伝子　114
hg16　21
hg38　21
Hirschsprung 病　174, 243, 254
holoprosencephaly　241
homologous　232
HomozygosityMapper　162
HOX 遺伝子　238
HTT　117
Human Gene Mutation Database　170
Human Genetic Variation Database
　169
Human Genome Project　21
Huntington 病　117, 209
　発症前診断　314

I

ID　102
iJGVD（integrative Japanese Genome
　Variation Database）　169
imprinting center　51
imprinting control region　51
indel　58
indel 多型　60
in-frame　174

inheritance　55
InhibinA　276
initiative on rare and undiagnosed diseases（IRUD）　8
insertion　58
Integrative Genomics Viewer（IGV）　167
intellectual disability　182
International System for Human Cytogenomic Nomenclature（ISCN）　71
inversion　85
IRUD（initiative on rare and undiagnosed diseases）　8
ISCN（International System for Human Cytogenomic Nomenclature）　71
isochromosome　83

J・K

JG（JG1, 2）　21

karyotype　15
Kearns–Sayre 症候群（KSS）　209t
Klinefelter 症候群　100, 280
Knudson　248
KRAS 遺伝子　250
K_S（有病率）　129

L

LCR（locus control region）　35, 43, 179
LCR（low copy repeat）　96
LD（linkage disequilibrium）　159
LDLR　139
LDL コレステロール　196
LDL 受容体　196, 224
LDL 受容体欠損症　197
LD ブロック　159
Leber 遺伝性視神経症（LHON）　209t
Leber 先天性黒内障遺伝子治療薬　217
Leigh 症候群　209t

Leri–Weill 軟骨骨異形成症　115
LHCGR　114
liability threshold model　124
likely benign　274
likely pathogenic　274
limb bud　244
LINE（long interspersed nuclear element）　23
linkage analysis　154
linkage disequilibrium（LD）　159
LMNA 遺伝子　106
locus　56
locus control region（LCR）　35, 43, 179
locus heterogeneity　175
LOD 値（Z）　161
Loeys–Dietz 症候群　110
logarithm of the odds score（Z）　161
LOH（loss of heterozygosity）　75, 254
long interspersed nuclear element（LINE）　23
loss of heterozygosity（LOH）　75, 254
loss-of-function　109
low copy repeat（LCR）　96
lumacaftor/ivacaftor 併用療法　222
Lynch 症候群　256

M

M（モルガン）　157
Machado–Joseph 病　117
macroH2A　51
malformation　229
Marfan 症候群　110, 225
marker chromosome　83
massively parallel sequencing（MPS）　285
maternally expressed gene（MEG）　97
MECP2　113
MEG（maternally expressed gene）　

97
meiosis　24
MELAS　207, 209t
MEN1 型　254
MEN2B　254
Mendel, Gregor　1
MERRF　209t
Meselson, Matthew　19
metaphase　25
migration　241
miRNA　37
missing heritability　139
MITOMAP　170
mitosis　24
MLH1　248, 257
MLPA（multiplex ligation-dependent probe amplification）法　79, 200
　筋ジストロフィー　200
modifier gene　176
MoM　277
mRNA　35, 38
MSH2　248, 257
MSH6　257
mtDNA　206
Mullis, Kary　4
multifactorial disease　121
multiple of the median　277
multiplex ligation-dependent probe amplification（MLPA）法　70
mutagen　233
mutant　56
mutation　56
MutationTaster　169t
MYCN がん原遺伝子　252
M 期　24, 246

N

n（染色体の数）　25
NAHR（non-allelic homologous recombination）　182
NCBI34　21
NIPBL 遺伝子　148

NIPT（non-invasive prenatal genetic test） 71c, 94, 116, 275, 276t, 285
　偽陽性 116
Nirenberg, Marshall 4
NMD（non-sense mediated mRNA decay） 186
non-allelic homologous recombination（NAHR） 182
noncoding gene 21
noncoding RNA 37
nondirective counseling 321
non-invasive prenatal genetic test（NIPT） 71c, 94
nonprocessed pseudogene 37
nonsense mediated mRNA decay（NMD） 186
nonsynonymous 60
NT（胎児後頸部浮腫） 282
NT 検査 282
NT 値, Down 症候群児 282
NT 肥厚 94
nuchal translucency（胎児後頸部浮腫） 282

O

odds ratio 163
oligogenic 121
OMIM（Online Mendelian Inheritance in Man） 107
OTUD3 遺伝子 167
out-of-frame 174

P・Q

p（短腕） 71
P110 255
pachytene 27
PALB2 258
PAPP-A 284
PAR（pseudoautosomal region） 98
Parkinson 病 174
PARP 阻害薬 256, 301
passenger gene 248

Patau 症候群（13 トリソミー） 80, 94
Patched 244
paternally expressed gene（PEG） 97
pathogenic 274
PCDH19 113
PCDH 関連症候群 113
PCR（polymerase chain reaction） 70
PCR/塩基配列決定法 79
PCSK9 プロテアーゼ 196
PCSK9 プロテアーゼ異常 198
Pearson, Karl 2
PEG（paternally expressed gene） 97
personalized medicine 305
phase 155
phenotype 56
Pierre Robin 症候群 231
PMP22 111
PMS2 257
polarity 234
polygenic disease 122
polymerase chain reaction（PCR） 70
polymorphism 57
PolyPhen-2 169t
Prader-Willi 症候群 80, 97, 115
precision medicine 305
premature termination codon 221
processed pseudogene 37
processing 38
programmed cell death 243
prometaphase 25
prophase 25
Proteus 症候群 116
proto-oncogene 247
proα1 201
PSEN 140
PSEN1 204
PSEN2 204
pseudoautosomal region（PAR） 52, 98
pseudogene 37

psychosocial emergency 101
q（長腕） 71

R

r（相関係数） 132
RAF 248
RAS 遺伝子 248, 251
RB1 248, 255
　――の生殖細胞系列病的バリアント 317
readthrough 174
reciprocal translocatio 83
recombination 27
regression 1
relative risk 163
retinoblastoma 255
Rett 症候群 113
RET 遺伝子 174, 254, 248
risk reducing salpingo-oophorectomy（RRSO） 256
RNA editing 45
RNA
　――の化学構造 41
　――のスプライシング 38
　――のプロセシング 38
RNA 干渉 219
　治療 219
RNA 編集 45
RNA ポリメラーゼ II 38
Robertson 型転座 84
Robertson 型転座保因者 85, 94
Robin シークエンス 231
rRNA 37, 41
RRSO（risk reducing salpingo-oophorectomy） 256
Rubinstein-Taybi 症候群 231

S

Sandhoff 病 193
Sanger 法 165
sarcoma 245
SD 126

SDHD 115
segmental duplication 23
SERPINA1 遺伝子 194
sex-influenced phenotype 114
sex-limited inheritance 114
short tandem repeat（STR） 62
SHOX 遺伝子 100, 115
sibling recurrence risk 129
SIFT, PROVEAN 169t
Silver-Russell 症候群 115
single nucleotide polymorphism
　（SNP） 57, 155
sister chromatid 25
SMA（spinal muscular atrophy） 214
Smith-Magenis 症候群 80
SMN1 遺伝子 214
snoRNA 37
SNP（single nucleotide polymor-
　phism） 57, 58, 66, 155
SNP アレイ 74
SNP 遺伝率 138
SNP マーカー 155
somatic variant 255
Sonic Hedgehog 241
Sotos 症候群 80, 110
specification 237
spinal muscular atrophy（SMA） 214
SRY 30
Stahl, Franklin 19
stem cell 237
Stickler 症候群 231
STR（short tandem repeat） 62
Sturge-Weber 症候群 116
Sutton, Walter 2
synonymous 60
synthetic lethality 256

S 期 24, 246

T

TATA ボックス 43
Tatum, Edward 13
Tay-Sachs 病 109, 193
telophase 25
Temple 症候群 115
The Fetal Medicine Foundation
　（FMF） 283
TP53 248, 250
trait 122
transcription 35
translation 35
tRNA 37, 38, 41
tumor suppressor gene 247
Turner 症候群 80, 83, 88, 100, 280

U・V

UDP グルクロン酸転移酵素遺伝子多型
　306
UniGene 105
uniparental disomy（UPD） 95

variant call 167
variant of unknown significance
　（VUS） 259, 274, 315
variation 3
VHL 遺伝子 105, 248
von Hippel-Lindau 病 105
VUS（variant of unknown signifi-
　cance） 259, 274, 315

W

Waardenburg 症候群 243
Watson, James 3, 16

Weinberg, Wilhelm 143
Werdnig-Hoffmann 病 214
wild-type 56
Williams 症候群 80
Wolf-Hirschhorn 症候群 75

X

X inactivation center（XIC） 52, 99
XHMM（eXome Hidden Markov
　Model） 78
XIC（X inactivation center） 99
XIST 52, 99
XXX 症候群 280
X 線 233
X 染色体 99
X 染色体不活化 51, 99, 113
X 染色体不活化センター（XIC） 52, 99
X 連鎖遺伝 105
X 連鎖型無 γ グロブリン血症 113
X 連鎖疾患 113
　　再発率の算出方法 264
　　保因者確率 263
X 連鎖致死性疾患，再発率の算出方法
　267
X 連鎖知的障害 102
X 連鎖優性遺伝疾患 113
X 連鎖劣性遺伝疾患 113

Y・Z

Y 染色体 98
　　遺伝子密度 22

Z（logarithm of the odds score） 161
Z score 285
Z_{max} 161
zygotene 27

和文索引

あ

悪性新生物 245
アセチル化 48
アセトアルデヒド 61c
アセトアルデヒド脱水素酵素 61c
アセンブリ 21
アダプター 165
アデニン 16
アデノウイルス 216
アデノ随伴ウイルス 216
アノテーション 167
アフェレーシス 224
アポタンパク質B100 196
アポトーシス 25, 244
アミノ酸代謝異常症 304
アミノレブリン酸 183
アミロイドβ前駆タンパク質（APP） 204
アミロイドβペプチド（Aβ） 204
アムステルダム基準 256
ありふれた疾患 122
アリロクマブ 198
アルカプトン尿症 13
アルコール 233
アレイCGH 74
アレル 56
アレル異質性 106, 175
アレル頻度 144
アレル頻度のデータベース 169
アレル不均衡 50
アンジェリーナ・ジョリー 314
安息香酸ナトリウム 223
アンチコドン 41
アンチセンス核酸製剤 227
アンチセンス鎖 38
アンドロゲン不応症候群 101

い

医学教育モデル・コア・カリキュラム
10
意義不明のバリアント（VUS） 259,
　274, 315
異型PKU 192
異常形態学 229
異数性 91
異数体 81
異染性白質ジストロフィー遺伝子治療薬
　217
イソトレチノイン 233
一塩基多型（SNP） 57, 58, 155
一次転写産物 RNA 38
一親等 9, 107
一倍体 24
一卵性双生児（MZ） 132
　遺伝情報の共有 128
遺伝 55
遺伝暗号 38
遺伝医療 7
　医学教育 10
遺伝因子 121
遺伝カウンセリング 110, 119, 216,
　272, 278, 316, 321
　性腺モザイク 117
　不均衡型の染色体 88
遺伝学 1, 55
　定義 2
　歴史 1
遺伝学的検査
　遺伝性腫瘍 259
　小児 316
　保険収載 296
遺伝学的スクリーニング 303
遺伝学的多様性 146
遺伝型 56, 104
遺伝型頻度 144
　陽性的中率 298
遺伝-環境共分散 131
遺伝看護専門職 294
遺伝差別 321

遺伝子 14, 20, 33, 55
　構造 34
　定義 20
　長さ 14
遺伝子関連検査 295
遺伝子検査, 多因子疾患 306
遺伝子検査ビジネス 9
遺伝子砂漠 34
遺伝子刷り込み 51
遺伝子増幅 252
遺伝子治療 215
　Parkinson病 217
　脊髄性筋萎縮症 214
　例 216t
遺伝子発現 33
　アレル不均衡 50
　調節 219
遺伝子発現プロファイル解析 259
遺伝子ファミリー 35
遺伝子プール 268
遺伝子変異 57
遺伝子密度 21, 34
遺伝情報
　特殊性 9
　プライバシー 319
遺伝子流動 148
遺伝性高胎児ヘモグロビン症 181
遺伝性腫瘍症候群 253
遺伝性乳がん卵巣がん症候群（HBOC）
　255
　発症前診断 314
　臨床的有用性 301
遺伝性ヘモクロマトーシス 114, 225
遺伝的異質性 105
　治療 227
遺伝的距離 157
遺伝的組換え 27
遺伝的差別 301
遺伝的致死 147
遺伝的バリアント 122

遺伝的浮動 146
遺伝統計学 124
遺伝ビジネス 67
遺伝マーカー 155
遺伝要因 5, 153
遺伝率（H^2） 130
遺伝率（h^2） 132
遺伝率，女性 133
いとこ 129
いとこ婚 110c, 273
イマチニブ 252
易罹患性 303, 307
　　遺伝学的検査 312
　　がん 258
　　多因子疾患 126
易罹患性閾値モデル 124
易罹患性スコア 126
医療介入 213
インシュレーター 35
陰性的中率 278, 297
イントロン 34, 43
　　スプライス異常 186
インプリンティング 51
インプリンティング遺伝子 97
インプリンティングセンター 51
インプリンティング調節領域 51

う

ウイルスベクター 215
迂回 223
ウラシル 41
運動能力 312

え

栄養膜細胞 234
エクソーム解析 78
　　出生前検査 279
　　出生前診断 292
エクソーム隠れMarkovモデル
　（XHMM） 78
エクソン 22, 34
　　スプライス異常 186

エクソンスキッピング 219
　　Duchenne型筋ジストロフィー 219
　　治療 219
エピゲノム 46
エピジェネティクス 45, 46
　　がん 252
エピスタシス 135
エボロクマブ 198
塩基 16
塩基対 18
塩基配列決定 21
遠近軸 238
塩酸イリノテカン 306
エンハンサー 35, 43

お

横断研究 163
岡崎フラグメント 19
おじ 129
おそらく病的 274
おそらく良性 274
オッズ比 298
オート接合性マッピング 161
オナセムノゲン アベパルボベク 215
おば 129
親子，遺伝情報の共有 128
親子回帰 130
親子回帰係数 130
オリゴジェニック 121

か

回帰 1
開示 320
開始コドン 39
外性器 101
階層化 150
改訂ベセスダ基準 256
外胚葉 236
鏡・緒方症候群 115
核型 15, 71
核小体低分子RNA 37
確証バイアス 135

隔世遺伝 115
確定検査 94
隔離集団 150
確率，表記方法 282c
確率密度関数 125
家系集積性 128
　　量的形質 130
家系図 107, 262
　　記号 107
　　例 111
家族計画 316
家族集積性，がん 253
家族性Alzheimer病 204
家族性高コレステロール血症 196, 223,
　224
家族性コレステロール血症 224
家族性腺腫性ポリポーシス
　　発症前診断 315
　　陽性的中率 300
家族性染色体異常の分離 97
家族歴，プライバシー 319
片親性イソダイソミー 109
片親性ダイソミー（UPD） 91, 94, 95
　　診断 75
片親性ヘテロダイソミー 109
カットオフ値 277
滑脳症 242
歌舞伎症候群 110
鎌状赤血球症 147, 181
ガラクトース血症 226, 304
ガラクトース毒性 226
がん 8, 116, 245, 317
　　染色体 89
　　特徴 246
　　不均一性 251
感音難聴，家系図 111
間期 24
間期核 20f
環境因子 121
　　双子 132
環境要因 5
がんゲノム医療 8, 259

がん原遺伝子　247, 248, 254
幹細胞　237
がん腫　245
環状染色体　83
完全優性遺伝　111
完全連鎖　156
感度　297
冠動脈疾患
　　GWAS　139
　　家系集積性　139
　　発症リスク　139
　　予防　198
がんの告知　310
がん抑制遺伝子　247, 248, 254
関連解析　162

き

キアズマ　27
偽遺伝子　37
偽陰性　298
偽陰性率　278
奇形　229
基質制限　223
偽常染色体優性遺伝疾患　115
偽常染色体領域（PAR）　30, 52, 98
偽性二動原体染色体　83
機能獲得型　110
機能獲得型変異　173
帰納確率　263
機能喪失型　109
機能喪失型変異　109, 173
機能的モザイク　99
キメラ　116
キメラタンパク質　252
逆位　58, 76, 85
　　染色体　85
逆位染色体の保因者　85
キャップ構造　38
嗅覚受容体（OR）遺伝子　34
嗅覚受容体（OR）遺伝子ファミリー
　　37, 50
急性間欠性ポルフィリン症　195

球脊髄性筋萎縮症　117
狭義の遺伝率　132
凝縮　15, 20
偽陽性率　278, 298
共分散　127, 130
極性　233, 241
筋強直性ジストロフィー　118, 209
均衡型構造異常　81, 83
近親　9
近親交配　150
近親婚家系　161

く

クアトロテスト™　276
　　計算方法　278
クアトロマーカー　276
グアニン　16
グアニン四重鎖構造（G4）　183
組換え　27, 52
　　ホットスポット　28
　　連鎖解析　155
組換え体　156
組換え率　156
クライアント（発端者）　107
クラスター　23
クラスタリング　259
クリニカルシークエンス
　　がん　260
　　二次的所見　317
クリニカルシークエンス研究　66
クレアチンキナーゼ　113
グロビン遺伝子スーパーファミリー
　　177
クロマチン　46
　　構造　46f, 48
クロマチン免疫沈降シークエンス　48
クロマチンループ　49f

け

ケアテイカー遺伝子　248
経験的再発率　272
蛍光 *in situ* ハイブリダイゼーション法

（FISH 法）　72
形質　122
　　定義　122
継承　3
血液系腫瘍　245
血縁者　320
血縁者間相関　130
血管型 Ehlers–Danlos 症候群　175
結婚　301
欠失　58, 82
　　染色体　82
血漿タンパク質分画製剤　222
血清マーカー　277
血族婚　110c, 150, 272
決定　237
血友病　222
　　副作用　226
ゲートキーパー遺伝子　248
ゲノム　14, 55
　　三次元構造　49f
　　定義　14
ゲノム医療，医学教育　11
ゲノムインプリンティング　97
ゲノムインプリンティング病　97, 115
ゲノム解析　295
ゲノム情報　8, 295
ゲノムのバリエーション，頻度　66
ゲノム配列決定法　78
ゲノムワイド関連解析（GWAS）　136,
　　163
健康保険　321
検出率（感度）　278
減数分裂　24, 26, 93
　　不分離　91
減数分裂時の不分離，異数体　81
顕性　104, →優性
限性遺伝　114
限性常染色体優性遺伝疾患　114
原発巣　251

こ

コアヒストン　48

口顔指症候群1型　113
後期　25
広義の遺伝率　132
後頸部　282
交互分離　84
交叉　27
　　　連鎖解析　155
合糸期　26
合成致死　256
構成的ヘテロクロマチン　23
高精度分染法　72
酵素異常　189
酵素インヒビター異常症　193
酵素阻害　224
酵素補充療法　222
高年妊娠　28, 279
高フェニルアラニン血症　189
　　　遺伝的異質性　227
高メチル化　47
個人ゲノム　66
個人識別符号　319
個人情報の保護に関する法律　319
骨形成不全症　200
骨髄移植　217
　　　ライソゾーム病　217
骨発生不全症　148
コード遺伝子　21
コドン　39
コドン表　40f
コヒーシン　28
コピー数異常　73
　　　がん　89
コピー数多型（CNP）　63
コピー数バリアント（CNV）　58, 279
個別医療　7
個別化医療　295, 305
個別化治療戦略, がん　259
コホート研究　163
雇用　314, 321
コラーゲン遺伝子　200
コレセベラム　223
コンバインド検査　284

コンパニオン診断　305

さ

座位　56
座位異質性　106, 175
　　　高フェニルアラニン血症　191
催奇形因子　233
鰓弓耳腎（BOR）　231
鰓耳腎症候群　110, 231
座位制御領域（LCR）　35, 43, 179
再発リスク　251
再発率, 計算　261, 262
細胞遺伝学的検査　70
細胞間シグナル伝達, 発生　241
細胞周期　24, 246
　　　チェックポイント　25
細胞の移動　241
細胞分裂　24
サイロキシンの補充　223
酒　61c
サテライト　72
サバイバーズ・ギルト　301, 314
サーベイランス
　　　乳がん　255
　　　卵巣がん　256
左右軸　238
サラセミア　175
　　　副作用　226
サリドマイド　233
散在する反復配列　23
参照配列　21, 167
　　　データベース　57
三尖弁逆流　282
三倍体　81
散発がん　250, 253

し

肢芽　244
時間要因　5
色素性乾皮症　257
シークエンス, 定義　230
事後確率　263

四肢　241, 244
歯状核赤核淡蒼球ルイ体萎縮症
　　　（DRPLA）　117
シスタチオンβ合成酵素　221
ジストロフィン　200
ジストロフィン異常症　199
次世代シークエンサー　4, 69, 165
　　　スクリーニング　304
　　　染色体検査　78
次世代シークエンス解析　166
事前確率　262
自然選択　147
自然流産　81, 83, 88, 280
次中部着糸型　72
疾患
　　　遺伝情報　7
　　　ゲノム情報　8
　　　バリアントの頻度　6
疾患遺伝子, 変異率　65
疾患オッズ比　163
疾患の原因となるバリアントを含むハプ
　　　ロタイプ　159
疾患頻度, 陽性的中率　298
質的　2
質的形質　123
質的形質閾値モデル　124
質量分析計　303
シトクロムP450（CYP）スーパーファミ
　　　リー　305
シトシン　16
　　　メチル化状態　97
　　　メチル化　47
自閉症, 同胞再発率　130
自閉症スペクトラム障害（ASD）　102
　　　遺伝率　138
脂肪酸代謝異常症　304
姉妹染色分体　25
社会的問題　309
終期　25
終止コドン　39, 221
重症度　123
就職　301

修飾遺伝子 176
従性常染色体劣性遺伝疾患 114
従性表現型 114
集団遺伝学 143
集団のサイズ 146
重篤 312
修復エラー 64
絨毛検査 94, 116, 276t, 286
縦列反復配列 23
縮重 39
受精 30
主成分分析 151
受精卵 233
出産 303
　　リスク 279
出生前遺伝カウンセリング 285
出生前遺伝学的検査，ガイドライン
　　289t
出生前検査，歴史 275
出生前検査契約施設数 290f
出生前診断
　　常染色体トリソミー 94
　　日本産科婦人科学会の見解 312
　　倫理的ジレンマ 311
腫瘍 245
受容体異常症 196
受容体拮抗 225
順序つきカテゴリ形質 123
商業利用 67
条件確率 262
症候群，定義 230
ショウジョウバエ 239
常染色体 91
常染色体トリソミー 276
常染色体優性遺伝 105
常染色体優性遺伝形式の晩期発症疾患，
　　再発率の算出方法 271
常染色体優性遺伝形式の不完全浸透疾
　　患，再発率の算出方法 269
常染色体優性遺伝疾患 110
常染色体優性家族性白内障の原因遺伝子
　　105

常染色体優性多発性囊胞腎 110
常染色体劣性遺伝 105
常染色体劣性遺伝疾患 107, 110c
常染色体劣性多発性囊胞腎 109
小児 316
小児科 103
小分子 221
情報性，マーカー 155
静脈管逆流 282
症例対照研究 163
初期コンバインド検査 281
除去 224
知る権利 293
進化 232
心筋梗塞，家系集積性 139
神経芽腫 252
神経管 243f
神経管閉鎖不全 236
神経線維腫症1型 110, 117
神経発達障害 102
人工妊娠中絶 312
新生児スクリーニング 223, 317
新生児マススクリーニング 193, 303,
　　316
新生変異 64, 112, 147
新生変異率 μ 266
身長 124
深度 78
親等 9
浸透率 105, 153
　　遺伝性腫瘍 253
真陽性 298
信頼区間 163
心理・社会的支援を要する緊急事態
　　101

す

水素結合 17
スクリーニング 303
スタチン 224
スプライシング 34
スプライシング異常 184

スプライス供与部位 184
スプライス受容部位 184
刷り込み 97
スリップ誤対合説 210

せ

生化学的反応経路 191
正規分布 123, 124, 125
性差 114
精子 29
　　変異 65
精子形成 29
脆弱X症候群 102, 113, 117, 209
成熟RNA（メッセンジャーRNA） 34,
　　38
生殖細胞 236
生殖細胞系列変異（病的バリアント）
　　253, 255, 317
生殖細胞系列モザイク 117
生殖適応度 147
精神疾患 136
正診率 298
性染色体 30, 98
　　異数性異常 91
性染色体異常 99
性腺モザイク 117
精巣決定遺伝子 SRY1 98
性の決定 98
正倍数体 81
生物計測学派 1
性分化疾患（DSD） 99, 101
精密医療 305
生命医学倫理の4原則 310
セカンドヒット 248, 253
脊髄小脳失調症 117, 209
脊髄性筋萎縮症（SMA） 109, 214
　　治療 214
脊髄発生 241
切断点 95
全エクソームシークエンス 165
前期 25
全ゲノム解析 168

333

全ゲノムシークエンス　165
全ゲノム配列決定法　79
腺腫　250
染色体　14
　　数　25
　　長さ　14
染色体異常　280
　　解析法　69
　　疾患　91
　　頻度　81, 87
　　略語　87
染色体疾患　280
染色体ターゲット検査　69
染色体転座, がん　252
染色体の構造異常　81
染色体の数的異常　28, 81
　　がん　252
染色体破砕　89
染色体不分離　31, 91
染色体分離　91
染色体分離異常　95
センス鎖　38
潜性　104, →劣性
選択的スプライシング　45
前中期　25
先天異常　229
先天異常の頻度
　　いとこ婚　273
　　血族婚　273
先天性関節拘縮　230
先天性代謝異常症　221, 224
先天性代謝障害　223
先天性難聴　7, 303
先天性副腎過形成　102
先天性副腎皮質過形成　304
セントラルドグマ　34, 38, 173
セントロメア　15, 72
　　染色体の分類　72
前脳胞症　241
前立腺がん　255

そ

相　155
相引　155
躁うつ病, 同胞再発率　130
相関　128
相関係数（r）　132
早期介入　315
早期新生児期発症てんかん性脳症9型
　　113
想起バイアス　135
双極性障害　136
　　遺伝率　138
相互転座　83
相互転座保因者　83
相殺　321
創始者効果　64, 146
相似性　232
双生児遺伝率　132
双胎　237
相対リスク　163, 298
相同性　232
相同染色体の分離　28
挿入　58
相反　155
層別化　139
相補的　17
相補的DNA（cDNA）　215
祖先混合　150
祖先情報マーカー　150
祖父母　129
ソレノイド　20

た

第一減数分裂　29f
第一度近親　9, 107
大うつ病, 遺伝率　138
体細胞　317
体細胞遺伝子再構成　50
体細胞分裂　24
体細胞変異（バリアント）　255
　　がん　253

体細胞モザイク疾患　116
胎児CT・MRI検査　276t
胎児期　236
体軸　238
胎児後頸部浮腫（nuchal translucency）
　　282
胎児性アルコール症候群　233
胎児性レチノイド症候群　233
胎児超音波精密検査　276t
胎児超音波マーカー検査　276t
代謝異常症　303
代謝経路　223
胎生致死　92
大腸がん　250
第二減数分裂　29f
胎盤　234
胎盤限局性モザイク　116
大量並行シークエンス　165
多因子疾患　6, 121
　　遺伝子検査　307
多型　57
　　種類　58
多指症　230
多段階発がんモデル　250
脱メチル化　47
多発性硬化症, 同胞再発率　130
多発性内分泌腫瘍症2型（MEN2）　174
多発性内分泌腫瘍症2A型（MEN2A）
　　254
多面発現　105, 230
多様性　3, 56
単一遺伝子疾患　5, 103
　　頻度　103
男女比　311
男性決定化因子　30
男性限性思春期早発症　114
男性乳がん　255
タンデム質量分析　303
タンパク質　173
　　遺伝性疾患　189
　　治療　219
　　補充　222

端部着糸型　72
端部着糸型染色体, Robertson型転座　84
短腕　15, 71

ち

チェックポイント, 細胞周期　246
チェリーレッド斑　193
知的障害　102, 182
遅発性Alzheimer病　140
チミン　16
着床前診断 (PGD)　237, 276t, 293
　　日本産科婦人科学会の見解　312
着床前スクリーニング (PGT-A)　276t
注意欠陥多動性障害 (ADHD)　102
　　遺伝率　138
中期　25
中期染色体　15, 20
　　染色体解析　70
中鎖アシルCoA脱水素酵素欠損症　316
中等度易罹患性遺伝子　258
中胚葉　236
中部着糸型　72
超音波マーカー　277, 282
調節的発生　237
調節領域　22, 42
重複　83
　　染色体　83
長腕　15, 71
治療　213
チロシンキナーゼ　252

つ

対合　27

て

低身長　115
低頻度反復配列 (LCR)　95
低メチル化　47
デオキシリボ核酸　14, 55
デオキシリボース　18f
適応度　112, 147

データベース
　　dbSNP　62
　　ヒトゲノム参照——　58t
鉄　114
テトラヒドロビオプテリン (BH$_4$)　189
テトラヒドロ葉酸　236
テロメア　24, 83
テロメラーゼ　24
転移RNA　37
転写　35, 38
転写因子, 発生　240
転写開始点　38

と

糖　16
同義置換　60
同義変異　174
統計学　123, 124
統合失調症　136
　　C4遺伝子　138
　　GWAS研究　136
　　MHC領域　138
　　遺伝率　138
　　同胞再発率　129
　　免疫系細胞　138
頭尾 (前後) 軸　238
同胞, 遺伝情報の共有　128
同胞再発率 (λ_S)　129
東北大学東北メディカル・メガバンク　21
同類交配　150
同腕染色体　83
特異度　278, 297
特定化　237
特発性染色体異常　96
特発性不妊　99
独立　127
独立の法則　104
ドミナンス効果　135
ドライバー遺伝子　246
ドライバー遺伝子変異　247
トランスサイレチン型アミロイドーシス

219
トランスポゾン　63
トリオ解析　168
トリソミー　22, 81, 88, 100, 110
トリソミーレスキュー　95, 110
トリプルマーカー　276
トリプレットリピート病　117

な

内胚葉　234
内部細胞塊　234
長い散在性の反復配列 (LINE)　23
軟骨無形成症　112
ナンセンス変異　174
　　スキップ　221
　　βサラセミア　186
ナンセンス変異依存性mRNA分解 (NMD)　186
難聴　209t

に

肉腫　245
二項分布　126
二次的所見　310, 317
二重らせん構造　16
日本人基準ゲノム配列　21
日本人集団のデータベース　169
二動原体染色体　83
二倍体　24
二本鎖　17
乳がん　252
乳房切除　301
乳房切除術　315
乳房造影MRI　256
尿素サイクル異常症　223
二卵性双生児 (DZ)　132
妊娠　233
　　リスク　279
妊娠中絶　286
妊娠中断　285
妊婦健診　294
妊孕性　101

335

ぬ

ヌクレオソーム 20
　　構造 46
ヌクレオチド 16
ヌシネルセン 215

の

嚢胞性線維症 198, 222

は

配偶子 26
配偶子形成 29, 83
　　均衡型構造異常 83
胚子期 236
胚発生 233
胚盤 234
胚盤葉上層 234
胚盤胞 233
背腹軸 238
破壊 229
パーソナルゲノミクス 67
発がん 250
白血球 70
発現シグネチャー 259
発症前診断 301
　　倫理的ジレンマ 312
発生遺伝学 229
発生運命 237
発生学 231
発生生物学 231
発生段階 177
パッセンジャー遺伝子 248
パネル検査 260, 317
母親の年齢，21トリソミー 93f
ハプロタイプ 104, 155
ハプロタイプ頻度 159
ハプロ不全 82, 97, 110, 173
　　骨形成不全症 201
パラメトリック解析 159
バリアント 23, 56, 57
　　影響力 6, 154

種類 168
評価 169
頻度 6
バリエーション 56
晩期発症 270
判定保留 286
バンド，解像度 71
半同胞 129
反復配列 23
　　──の伸長 209
半保存的複製 19

ひ

非アレル間相同組換え（NAHR） 182
比較ゲノムハイブリダイゼーション
　　（CGH） 74
非確定検査 94
鼻骨 282
非コードRNA 37
非コードRNA遺伝子 37
非コード遺伝子 21
微細欠失 96
微細欠失症候群 23, 80
微細染色体異常 69
非指示的カウンセリング 321
非侵襲的検査 285
非浸透保因者 105
ヒストンH3
　　アセチル化 48
　　メチル化 48
ヒストン修飾 48
ヒストン八量体 20
ヒストンバリアント 48
ビタミン 221
ビタミンB$_6$ 221
ヒト遺伝子マッピング 159
非同義置換 60, 174
ヒトゲノム計画 4, 21
ヒトゲノムの多様性 23
ヒト染色体分類の記載法（ISCN） 71
非発症保因者診断 302
皮膚がん 258

非優生学 321
美容 312
表現型 56, 104, 123
表現型異質性 106
表現促進 117
表現度 105
標準型トリソミー 279
標準偏差 126
病的 274
病的バリアント 168
　　頻度 168
非ランダム交配 149
ピリミジン 17

ふ

フィラデルフィア染色体 252
フェニルアラニン水酸化酵素（PAH）
　　189
フェニルアラニン制限食 192
フェニルアラニン水酸化酵素欠損症（フ
　　ェニルケトン尿症） 223
フェニルケトン尿症 109, 189
不完全浸透 105, 269
不完全優性遺伝 111
不均一性 250
不均衡型構造異常 81
不均衡型転座 75
複合確率 263
複合ヘテロ接合体 104
複雑性疾患 122
副作用 8, 305
　　グレード 123
複製エラー 65
腹膜がん 255
福山型筋ジストロフィー 63
父性発現遺伝子（PEG） 97
物理的距離 157
太糸期 27
不妊男性 83
部分胞状奇胎 81
不分離 93
プライバシー 311, 319

プリン　17
プレセニリン1（*PSEN1*）　204
プログラム細胞死　243
プロセシングを受けた偽遺伝子　37
プロセシングを受けていない偽遺伝子
　37
フローセル　165
プロトカドヘリン　113
プロトロンビン遺伝子　163
プローブ　72
プロモーター　35, 42
分散　125, 130
分子シャペロン療法　222
分析的妥当性　296
　　　新生児スクリーニング　304
分節性モザイク　117
分節重複　23, 95
分節重複間組換え　96
分配　25
分離の法則　104
分裂中期　15

へ

平均値μ　125
平衡選択　147
ヘキソサミニダーゼA　193
ヘテロ接合性の喪失（LOH）　75, 254
　　　解析　75
　　　がん　254
ヘテロ接合体　104
ヘテロプラスミー　206
ヘミ接合体　104
ヘム　177
ペムブロリズマブ　257
ヘモグロビン　176
ヘモグロビン異常症　180
　　　スイッチング異常　181
ヘモグロビン遺伝子, 胎児期　176
変異　56, 64, 65
　　　加齢　65
変異原　233
変異体　56

変異のタイプ, 病的な割合　65
変異率　64
変形　229
片頭痛　139

ほ

補因子　221
保因者　109
　　　均衡型構造異常　83
保因者確率, X連鎖疾患　263
傍神経節腫症　115
保険　314
保険加入　301
保険収載
　　　遺伝学的検査　296
　　　薬理遺伝学的検査　306
補充　223
母性発現遺伝子（MEG）　97
母性フェニルケトン尿症　193
母体血清マーカー検査　276, 276t
母体年齢　280
母体保護法　312
発端者　→クライアント
ボトルネック効果　146
ホメオボックス遺伝子　238
ホモ接合性マッピング　161
ホモ接合体　104
　　　頻度　150
ホモプラスミー　206
ポリAテール　35, 38, 45
ポリアデニル化　38
ポリグルタミン鎖　209
ポリグルタミン病　117
ポリジェニックな疾患　122
ポリジェニックモデル　124
ポリメラーゼ連鎖反応（PCR）　70
ポリメラーゼ連鎖反応（PCR）塩基配列
　決定法　70
ポルフォビリノーゲン（PBG）デアミナ
　ーゼ　195
翻訳　35, 41

ま

マイクロRNA　37, 176
マイクロアレイ染色体検査　73, 79, 95
　　　限界　76
　　　出生前検査　279
　　　出生前診断　290
マイクロアレイ染色体検査法　69
マイクロサテライト　62
マイクロサテライト不安定性（MSI）
　256
マイクロサテライトマーカー　155
マーカー染色体　83
マッピング　167
マラリア　181
マラリア原虫　147
慢性骨髄性白血病　252

み

短い縦列反復配列（STR）　62
未診断疾患イニシアチブ（IRUD）　8,
　273
ミスセンス変異　174
ミスマッチ修復（MMR）遺伝子　248,
　256, 257
見つからない遺伝率　139
ミトコンドリアDNA　206
ミトコンドリアゲノム　170, 208
　　　転写　41
ミトコンドリア病　206
民族集団　147

む

無侵襲的出生前遺伝学的検査（NIPT）
　71c, 94, 116
無精子症　99
無精子症因子AZF　99
無選択　147
無脳症　236

め

メガゲノムコホート　307

メチル化，ヒストン　48
メッセンジャーRNA　35
免疫チェックポイント阻害薬　257
メンデル　1
メンデル遺伝学　2
メンデル遺伝病　5, 104
　　　責任遺伝子　67
メンデルの法則　124

も

網膜芽細胞腫　255
網膜色素変性症，LOD値　161
網羅的ゲノム配列決定法　165
モザイク　81, 86, 116
　　　機能的──　99
　　　種類　116
モザイク的発生　237
モノソミー　81
モルフォゲン　241

や

薬剤の副作用　8
薬物代謝　305
薬理遺伝学的検査　305
野生型　56

ゆ

有意水準　165
有機酸代謝異常症　304
優性遺伝　104
優生学　321
優性阻害　174
優性阻害アレル　225
優性阻害効果　110
優性の法則　104
尤度比　160
　　　母体血清マーカー検査　277
有病率（K_S）　126, 129, 298
ユニークDNA　22
指，発生　243

よ

葉酸欠乏　236
羊水検査　94, 276t, 286
陽性的中率　277, 297
羊膜索症候群　230
羊膜破綻　230
羊膜破綻シークエンス　230
予防　315
予防医学　295
読み枠　39, 174
四価染色体　84
四倍体　81

ら

ライソゾーム酵素　219
ライソゾーム蓄積病　193
ライソゾーム病　109
ラギング鎖　19
ラボコープ　277
卵管がん　255
卵管・卵巣切除術　315
卵子　29
卵子形成　30, 93
卵巣がん　255, 256
ランダムな単一アレル発現　50

り

罹患胎児　312
罹患リスク　313
リスク低減手術　301
リスク低減乳房切除　314
リスク低減乳房切除術（RRM）　256
リスク低減卵管卵巣摘出術（RRSO）
　　256
リスク評価　261
リスジプラム　215
リーディング鎖　19
リード　78, 165
リピート病　208
リファレンス配列　21
リボース　41

リボソーム

リボソーム　41
リボソームRNA　37
リポタンパク質リパーゼ欠損症遺伝子治
　　療薬　217
流産　94
良性　274
量的　2
量的形質　123
　　　正規分布　124
リン酸　16
臨床遺伝学　10
臨床的意義　62, 274
臨床的異質性　106
臨床的妥当性　296
　　　新生児スクリーニング　304
臨床的有用性　300
　　　新生児スクリーニング　304
隣接1型分離　84
隣接2型分離　84
倫理ジレンマ　310
倫理的問題　309

る

累積がん発症罹患率　256
ループ　86

れ

レアバリアント　66
レチノイン酸　233
裂手裂足　105
劣性遺伝　104
レトロウイルス　215
レトロ転移　37
連鎖　154
連鎖解析　75, 154
連鎖不平衡（LD）　159
連鎖不平衡ブロック　159
連鎖平衡　159

ろ

ロサルタン　225
ロードマップエピゲノム研究　137

索引

わ

腕間逆位　85
腕内逆位　85

新 遺伝医学やさしい系統講義19講　定価：本体 4,600 円＋税

2019 年 9 月 26 日発行　第 1 版第 1 刷 ©
2022 年 4 月 5 日発行　第 1 版第 2 刷

監修者　福嶋 義光

編集者　櫻井 晃洋
　　　　古庄 知己

発行者　株式会社　メディカル・サイエンス・インターナショナル

　　　　代表取締役　金子 浩平
　　　　東京都文京区本郷 1-28-36
　　　　郵便番号 113-0033　電話 (03)5804-6050

　　　　印刷：日本制作センター
　　　　表紙装丁：岩崎邦好デザイン事務所
　　　　本文デザイン・イラスト：公和図書デザイン室

ISBN 978-4-8157-0166-6　C3047

本書の複製権・翻訳権・上映権・譲渡権・貸与権・公衆送信権(送信可能化権
を含む)は(株)メディカル・サイエンス・インターナショナルが保有します。
本書を無断で複製する行為(複写,スキャン,デジタルデータ化など)は,「私
的使用のための複製」など著作権法上の限られた例外を除き禁じられていま
す。大学,病院,診療所,企業などにおいて,業務上使用する目的(診療,研
究活動を含む)で上記の行為を行うことは,その使用範囲が内部的であっても,
私的使用には該当せず,違法です。また私的使用に該当する場合であっても,
代行業者等の第三者に依頼して上記の行為を行うことは違法となります。

JCOPY 〈出版者著作権管理機構 委託出版物〉
本書の無断複製は著作権法上での例外を除き禁じられています。
複製される場合は,そのつど事前に,出版者著作権管理機構
(電話 03-5244-5088,FAX 03-5244-5089,info@jcopy.or.jp)
の許諾を得てください。